新工科建设·电子信息科学与工程类专业系列教材
大连理工大学研究生新工科精品教材

相关熵与循环相关熵信号处理教程

邱天爽　栾声扬　田　全　张家成　编著

電子工業出版社
Publishing House of Electronics Industry
北京·BEIJING

内 容 简 介

本书为高等院校信息与通信工程专业研究生教材，主要面向硕士、博士研究生和教师，适当兼顾本科高年级学生。本书针对通信信号处理和无线电监测中的复杂电磁环境问题，提炼出一类非高斯、非平稳统计信号处理理论问题，深入讨论相关熵与循环相关熵的概念和理论，系统介绍相关熵与循环相关熵在复杂电磁环境下信号处理中的应用，并给出较多例题、计算机仿真程序及思考题和习题，以帮助读者建立在复杂电磁环境下进行非高斯、非平稳信号处理的基础。

全书共 10 章，包括：集合、空间与核函数的基本知识，脉冲噪声与同频干扰下的信号处理问题，基于分数低阶统计量的信号处理理论与应用，分数低阶循环统计量及其信号处理，相关熵基本理论，基于相关熵的信号滤波技术，相关熵信号处理的应用，广义相关熵与复相关熵，循环相关熵基本理论，基于循环相关熵的信号处理方法及其应用。

本书适合电子信息类及相关专业作为统计信号处理课程的研究生教材或教学参考书，也适合相关领域的教师和科技人员阅读。

图书在版编目（CIP）数据

相关熵与循环相关熵信号处理教程 / 邱天爽等编著. —北京：电子工业出版社，2021.8
ISBN 978-7-121-41726-9

Ⅰ．①相… Ⅱ．①邱… Ⅲ．①信号处理－研究生－教材 Ⅳ．①TN911.7

中国版本图书馆 CIP 数据核字（2021）第 154686 号

责任编辑：张小乐
印　　刷：三河市鑫金马印装有限公司
装　　订：三河市鑫金马印装有限公司
出版发行：电子工业出版社
　　　　　北京市海淀区万寿路 173 信箱　　邮编：100036
开　　本：787×1092　1/16　印张：19.5　字数：524 千字
版　　次：2021 年 8 月第 1 版
印　　次：2021 年 8 月第 1 次印刷
定　　价：72.00 元

前　言

非高斯、非平稳随机信号分析与处理是统计信号处理领域的前沿与热点研究问题。近年来，随着信号处理理论和计算机技术的发展，以往难以解决的非高斯、非平稳随机信号分析处理问题，已经或正在受到广泛的重视，并逐步得到解决。在这个前沿研究领域，近年来提出并得到迅速发展的相关熵和循环相关熵理论与方法正在日益受到人们的重视。在信号与信息处理专业的研究生课程中，加强非高斯、非平稳信号处理理论方法的教学是非常重要的。

相关熵（correntropy）是一种广义的相关函数，可以将数据空间的非线性问题通过非线性变换，映射为再生核希尔伯特空间的线性问题进行求解，是一种既能有效描述随机过程统计分布，又能刻画其时间结构的单一测度，同时也是一种有效的局部化相似性测度，对于远离统计分布中心的异常值具有很好的抑制作用，因此非常适合在 Alpha 稳定分布条件下的信号处理、参数估计与目标定位等研究与应用。循环相关熵（cyclic correntropy）则在相关熵概念的基础上融入了循环统计量的理论与方法，构建了一种新型循环统计量。循环相关熵保持了相关熵的特点，借助其在循环频率域能够对不同循环特性信号进行区分的特点，具有很好的同时抑制脉冲噪声与同频带干扰的能力。相关熵和循环相关熵在非高斯、非平稳信号处理中具有重要的理论意义和广泛的应用价值，值得作为信号与信息处理领域研究生的专业课进行系统教学和学习。

相关熵的概念是 2006 年由美国佛罗里达大学 Principe 教授团队首次提出的。循环相关熵的概念则是由本书作者团队于 2016 年率先给出的。近十几年来，相关熵和循环相关熵因其优越的性能，得到统计信号处理领域的高度重视和深入研究，其理论体系正在逐步形成并完善，其应用已经在信号检测、参数估计、数据滤波、目标定位、图像处理和自适应信号处理等领域广泛展开。

为了满足信号与信息处理专业博士、硕士研究生关于统计信号处理课程的教学需求，在大连理工大学研究生新工科精品教材建设项目支持下，本书作者团队系统整理了十几年来散落在期刊、会议、学位论文等各个角落的文献资料，并结合本书作者团队近年来的亲身研究经历和成果，编著了本书，希望能满足信号与信息处理学研究生课程教学和科研工作的需求。

全书共 10 章。第 1 章，集合、空间与核函数的基本知识，介绍了相关熵与循环相关熵理论所涉及的有关集合、空间、核方法和概率密度函数估计的 Parzen 窗法等基本数学知识。第 2 章，脉冲噪声与同频干扰下的信号处理问题，介绍了脉冲噪声和同频带干扰为主的复杂电磁环境的概念，详细介绍了 Alpha 稳定分布描述非高斯脉冲噪声的特点与传统信号处理理论方法产生退化的原因。第 3 章，基于分数低阶统计量的信号处理理论与应用，专题介绍经典的用于处理 Alpha 稳定分布噪声的分数低阶统计量理论与方法，用于后续章节与本书重点介绍的相关熵和循环相关熵的对比。第 4 章，分数低阶循环统计量及其信号处理，从循环平稳随机信号的概念出发，引入循环统计量和分数低阶循环统计量的概念和方法，作为后续章节介绍相关熵，特别是循环相关熵的对应方法。第 5 章，相关熵基本理论，主要介绍相关熵的起源、背景、基本概念和基本性质，特别着重介绍了最大相关熵准则、相关熵诱导距离和核函数与核长的选择问题，还介绍了相关熵的物理与几何解释。第 6 章，基于相关熵的信号滤波技术，专题介绍基于相关熵的多种滤波技术，特别是基于相关熵的自适应滤波、核自适应滤波和卡尔曼滤波等，并说明了相关熵估计与经典贝叶斯估计的关联。第 7 章，相关熵信号处理的应用，根据广泛文献阅读和作者团队亲身科研经历，整理介绍了基于相关熵的局部相似性测度、非线性检测、波达方向估计和时间延迟估计等方面的应用问题。第 8 章，广义相关熵与复相关熵，系统介绍了相关熵两个方面的推广，即广义相关熵和复相关熵的基本概念、性质和其他基本理论，给出了一些应用举例。第 9 章，循环相关熵基本理论，将相关熵与循环平稳特性相结合，构建了循环相关熵的概念和理论方法，分析了循环相关熵的存在性和其他主要性质。第 10 章，基于循环相关熵的信号处理方法及其应用，介绍了循环相关熵在信号载波频率估计、DOA 和 TDOA 等参数估计、调制方式识别和机械故障诊断等方面的方法与应用问题。

在编写过程中，本书作者团队从非高斯、非平稳随机信号处理的实际问题出发，尝试系统全面地介绍相关熵与循环相关熵的基本理论体系，注重基本概念和基本理论，遵循由浅入深、循序渐进的原则，并给出较多例题、计算机仿真程序及思考题和习题，更加适合作为研究生教材。

本书的编著者为邱天爽（第 1～4 章）、栾声扬（第 9～10 章）、田全（第 5 章、第 8 章）、张家成（第 6～7 章）。

编著者感谢大连理工大学研究生新工科精品教材建设项目的资助，感谢国家自然科学基金的支持，感谢西安交通大学陈霸东教授、大连理工大学殷福亮教授、深圳大学李霞教授的推荐，感谢大连理工大学电子信息与电气工程学部的积极支持，感谢在成书过程中做出贡献的课题组全体成员，特别是已毕业的宋爱民、刘洋、郭莹、李森、张金凤、王鹏、尤国红、于玲等多位博士和硕士，感谢在读研究生刘浩和杨佳同学所提供的帮助。本书在撰写过程中，参阅了许多相关文献资料，并利用了其中一些曲线图表等实验结果，在此谨向这些文献的作者和有关单位表示感谢。

编著者谨识

2021 年 3 月于大连

主要缩略语表

英 文 缩 写	英 文 全 称	中 文 含 义
ACS	almost-cyclostationary process	准循环平稳过程
AM	amplitude modulation	幅度调制
AOA	angle of arrival	波达角
AR	auto-regressive	自回归
ARMA	auto-regressive moving average	自回归滑动平均
BCI	brain-computer interface	脑机接口
CCCC	correlated cyclic cross-correlation method	基于循环互相关的相关法
CCE	cyclic correntropy	循环相关熵
CCE-LP	cyclic correntropy-based linear prediction	基于循环相关熵的线性预测
CCES	cyclic correntropy spectrum	循环相关熵谱
CD	correntropy for dimension	维度相关熵
CGH	array comparative genomic hybridization	序列比较基因杂交技术
CIM	correntropy induced metric	相关熵诱导距离
CLMS	constrained least mean squares	约束最小均方算法
CMCC	constrained maximum correntropy	约束最大相关熵
CRCO	correntropy based correlation	基于相关熵的相关
CRLS	constrained recursive least squares	约束递归最小二乘
CS	cyclostationary random process	循环平稳随机过程
CYC-LP	cyclic correlation-based linear prediction	基于循环相关的线性预测
DOA	direction of arrival	波达方向
EEG	electroencephalogram	脑电图
EKF	extended Kalman filter	扩展卡尔曼滤波器
ESPRIT	estimation of signal parameters via rotational invariance techniques	旋转不变子空间信号参数估计
ETDE	explicit time delay estimation	直接时间延迟估计
FLOCC	fractional lower-order cyclic correlation	分数低阶循环相关
FLOM	fractional lower-order moment	分数低阶矩
FLOS	fractional lower-order statistics	分数低阶统计量
FOT	fraction-of-time	时间片段
GACS	generalized almost cyclostationary	广义准循环平稳
GCIM	generalized correntropy induced metric	广义相关熵诱导距离
GGD	generalized Gaussian distribution	广义高斯分布
GGD	generalized Gaussian density	广义高斯密度

英 文 缩 写	英 文 全 称	中 文 含 义
GMM	Gaussian mixture model	高斯混合模型
HOS	higher-order statistics	高阶统计量
IP	information potential	信息潜
ISM	Industrial Scientific Medical Band	工业科学医疗频段
ITL	information theoretic learning	信息论学习
ITU	International Telecommunication Union	国际电信联盟
KF	Kalman filter	卡尔曼滤波器
KLMP	kernel least mean p-norm	核最小平均 p 范数
KLMS	kernel least mean square	核最小均方
KM	kernel method	核方法
KMC	kernel maximum correntropy	核最大相关熵
KRLS	kernel recursive least squares	核递归最小二乘
KRMC	kernel recursive maximum correntropy	核递归最大相关熵准则
LMP	least mean p norm	最小平均 p 范数
LMS	least mean square	最小均方
MA	moving average	滑动平均
MCC	maximum correntropy criterion	最大相关熵准则
MCCC	maximum complex correntropy criterion	最大复相关熵准则
MCC-LP	maximum correntropy criterion-based linear prediction	基于最大相关熵准则的线性预测
MCKF	maximum correntropy Kalman filter	基于 MCC 的卡尔曼滤波器
MD	minimal distribution	最小分散系数
MEE	minimize error entropy	最小误差熵
MGCC	minimum generalized correntropy criterion	最小广义相关熵准则
MMSE	minimal mean square error	最小均方误差
MU_CMA	multiuser constant modulus algorithm	多用户恒模算法
MUSIC	multiple signal classification	多重信号分类
PCA	principal component analysis	主成分分析
PCCAF	fractional lower-order cyclic ambiguity function	分数低阶循环模糊函数
PDF	probability density function	概率密度函数
PFLOM	phased fractional lower-order moment	相位分数低阶矩
PSD	power spectral density	功率谱密度
RBF	radial basis function	径向基函数
RKHS	reproducing kernel Hilbert space	再生核希尔伯特空间
RLS	recursive least square	递归最小二乘
RMSE	root mean square error	均方根误差
SOI	signal of interest	有用信号
SOS	second-order statistics	二阶统计量

英 文 缩 写	英 文 全 称	中 文 含 义
SPECCORR	spectral correlation ratio method	谱相关比率法
TDE	time delay estimation	时间延迟估计
TDOA	time difference of arrival	到达时差
UKF	unscented Kalman filter	无迹卡尔曼滤波器
ULA	uniform linear array	均匀线性阵列
ZOS	zero-order statistics	零阶统计量

主要符号表

符　号	含　义
X	随机变量
$f_X(x)$	随机变量 X 的概率密度函数
$F_X(x)$	随机变量 X 的概率分布函数，或称为累积分布函数
$X(t)$ 或 $\{x(t)\}$	随机过程
$x(t)$	连续时间信号，在不引起混乱时表示随机信号，即随机过程
$X(n)$	离散时间随机过程
$x(n)$	离散时间信号，在不引起混乱时表示离散时间随机信号，即离散时间随机过程
$E[X(t)]$	随机过程 $X(t)$ 的数学期望
$R_X(t_1,t_2)$	随机过程 $X(t)$ 的自相关函数
$R_{XY}(t_1,t_2)$	随机过程 $X(t)$ 与 $Y(t)$ 的互相关函数
$R_X(\tau)$	平稳随机过程 $X(t)$ 的自相关函数
$R_{XY}(\tau)$	平稳随机过程 $X(t)$ 与 $Y(t)$ 的互相关函数
$R_X(m)$	离散时间平稳随机过程 $X(n)$ 的自相关函数
$R_{XY}(m)$	离散时间平稳随机过程 $X(n)$ 与 $Y(n)$ 的互相关函数
$S_X(\omega)$	随机过程 $X(t)$ 的自功率谱密度函数
$E[\lvert X\rvert^p]$	随机变量 X 的 p 阶矩
α	Alpha 稳定分布的特征指数
β	Alpha 稳定分布的对称参数
γ	Alpha 稳定分布的分散系数
a	Alpha 稳定分布的位置参数
$\boldsymbol{R}_x$	信号 $x(n)$ 的自相关矩阵
$\lVert X\rVert_\alpha$	随机变量 X 的 α 范数
$[X,Y]_\alpha$	随机变量 X 与 Y 的共变
λ_{XY}	随机变量 X 与 Y 的共变系数
$E[XY^{\langle p-1\rangle}]$	第一类分数低阶相关或称为协方差
$E[X^{\langle a\rangle}Y^{\langle b\rangle}]$	第二类分数低阶相关或称为协方差
$\mathbb{H}$	再生核希尔伯特空间
$\boldsymbol{\varphi}(\cdot)$	映射函数
$\kappa(\cdot,\cdot)$	核函数
ε	循环频率
M_x^ε	循环均值
$\langle\cdot\rangle_t$	时间平均算子

符　　号	含　　义
$R_x^{\varepsilon}(\tau)$	循环自相关函数
$S_x^{\varepsilon}(f)$	循环谱密度函数
$M_{x,n}^{\varepsilon}(\tau_1, \cdots, \tau_{n-1})$	循环平稳随机信号 $x(t)$ 的 n 阶循环矩
$C_{x,n}^{\varepsilon}(\tau_1, \cdots, \tau_{n-1})$	循环平稳随机信号 $x(t)$ 的 n 阶循环累积量
$_\mathrm{M}S_{x,n}^{\varepsilon}(f_1, \cdots, f_{n-1})$	循环平稳随机信号 $x(t)$ 的 n 阶循环谱
$_\mathrm{C}S_{x,n}^{\varepsilon}(f_1, \cdots, f_{n-1})$	循环平稳随机信号 $x(t)$ 的 n 阶循环累积量谱
$R_x^{\varepsilon,p}(\tau)$	分数低阶循环自相关
$S_x^{\varepsilon,p}(f)$	分数低阶循环谱
$\boldsymbol{A}(\theta)$	导向矩阵
$\boldsymbol{R}_x^{\varepsilon,p}(\tau)$	p 阶循环自相关矩阵
$\mathrm{IP}(X)$	随机变量 X 的信息潜
$V_X(t,s)$	随机过程 $X(t)$ 的自相关熵
$V_{\sigma}(X(t),Y(t))$	随机过程 $X(t)$ 与 $Y(t)$ 的互相关熵
$V_{\sigma}(X,Y)$	随机变量 X 与 Y 的互相关熵
$V_{u,v}(X,Y)$	第一类广义相关熵
$C_{\sigma}(X,Y)$	第二类广义相关熵
$V_{\sigma}^{C}(C_1-C_2)$	复相关熵
$U_{XY}^{\sigma}(\varepsilon,\tau)$	循环互相关熵
$S_{XY}^{\sigma}(\varepsilon,f)$	循环互相关熵谱
$U_X^{\sigma}(\varepsilon,\tau)$	循环自相关熵
$S_X^{\sigma}(\varepsilon,f)$	循环自相关熵谱
$U_{XY}^{\sigma}(\varepsilon,\tau)$	复循环平稳随机过程 $X(t)$ 和 $Y(t)$ 的复循环互相关熵
$S_{XY}^{\sigma}(\varepsilon,f)$	复循环互相关熵谱
$U_X^{\sigma}(\varepsilon,\tau)$	复循环自相关熵
$S_X^{\sigma}(\varepsilon,f)$	复循环自相关熵谱
$U_{XY}^{(1)}(\varepsilon,\tau)$	第一类广义循环相关熵
$S_{XY}^{(1)}(\varepsilon,f)$	第一类广义循环相关熵谱
$U_{XY}^{(2)}(\varepsilon,\tau)$	第二类广义循环相关熵
$S_{XY}^{(2)}(\varepsilon,f)$	第二类广义循环相关熵谱

目　　录

第 1 章　集合、空间与核函数的基本知识 ··· 1
　1.1　概述 ··· 1
　1.2　集合与映射的概念 ··· 1
　　1.2.1　集合的概念与表示 ··· 1
　　1.2.2　映射的概念 ··· 3
　1.3　空间 ··· 3
　　1.3.1　空间的概念 ··· 3
　　1.3.2　线性空间 ··· 4
　　1.3.3　度量空间 ··· 4
　1.4　希尔伯特空间 ··· 5
　　1.4.1　有穷维矢量空间的内积 ··· 5
　　1.4.2　范数与线性赋范空间 ··· 6
　　1.4.3　内积空间与希尔伯特空间 ··· 6
　1.5　核函数与再生核希尔伯特空间 ··· 8
　　1.5.1　矩阵的特征分解 ··· 8
　　1.5.2　核函数的概念 ··· 9
　　1.5.3　Mercer 定理与再生核希尔伯特空间 ··· 11
　1.6　概率密度函数估计的 Parzen 窗法 ·· 12
　　1.6.1　概率密度函数及其估计问题 ··· 12
　　1.6.2　概率密度函数的 Parzen 窗估计方法 ··· 13
　1.7　本章小结 ··· 14
　　思考题与习题 ··· 15

第 2 章　脉冲噪声与同频干扰下的信号处理问题 ··· 16
　2.1　概述 ··· 16
　2.2　随机过程与随机信号 ··· 16
　　2.2.1　随机变量的概念 ··· 16
　　2.2.2　随机过程及其统计分布 ··· 17
　　2.2.3　时间片段（FOT）的概念 ··· 19
　2.3　平稳随机信号 ··· 20
　　2.3.1　平稳随机信号的概念 ··· 20
　　2.3.2　平稳随机信号的各态历经性 ··· 21
　　2.3.3　常见的随机信号与随机噪声 ··· 22
　2.4　非平稳随机信号与循环平稳随机信号 ··· 26
　　2.4.1　非平稳随机信号 ··· 26
　　2.4.2　循环平稳随机信号 ··· 27
　　2.4.3　通信中常用的几种随机信号 ··· 27
　2.5　Alpha 稳定分布与其他非高斯分布 ·· 28

      2.5.1   Alpha 稳定分布的概念 ·· 28

      2.5.2   Alpha 稳定分布的稳定性、收敛性和广义中心极限定理 ················ 31

      2.5.3   Alpha 稳定分布的参数估计 ·· 32

      2.5.4   计算机仿真相关问题 ··· 33

      2.5.5   其他非高斯分布简介 ··· 35

  2.6 同频带与邻近频带干扰的初步分析 ··· 36

      2.6.1   同频带干扰与邻近频带干扰的概念 ··· 36

      2.6.2   同频带与邻近频带干扰产生的原因 ··· 37

      2.6.3   同频干扰的危害与解决方法 ·· 38

  2.7 Alpha 稳定分布下经典信号处理方法退化的初步分析 ··············· 39

      2.7.1   常见的二阶统计量信号处理方法 ·· 39

      2.7.2   Alpha 稳定分布条件下经典信号处理方法退化的初步分析 ········· 42

      2.7.3   Alpha 稳定分布下避免算法退化的基本思路与方法 ················· 43

  2.8 本章小结 ·· 43

  思考题与习题 ··· 44

第 3 章   基于分数低阶统计量的信号处理理论与应用 ···························· 46

  3.1 概述 ··· 46

  3.2 分数低阶统计量 ·· 47

      3.2.1   分数低阶矩与 $S\alpha S$ 分布下的距离概念 ······························ 47

      3.2.2   零阶矩与负阶矩 ·· 48

      3.2.3   共变的定义与性质 ··· 50

      3.2.4   分数低阶相关与相位分数低阶矩算子 ····································· 52

  3.3 Alpha 稳定分布的线性理论 ·· 53

      3.3.1   Alpha 稳定分布的线性空间 ·· 53

      3.3.2   Alpha 稳定分布的线性理论 ·· 54

  3.4 Alpha 稳定分布下的参数模型与估计 ··· 55

      3.4.1   经典的线性参数模型 ·· 55

      3.4.2   基于共变的 AR 参数模型 ·· 57

      3.4.3   参数模型的最小 p 范数估计 ·· 58

  3.5 基于分数低阶统计量的自适应滤波 ··· 58

      3.5.1   最小平均 p 范数（LMP）自适应滤波器 ····························· 58

      3.5.2   递推最小平均 p 范数自适应算法 ······································· 60

  3.6 Alpha 稳定分布噪声下的核自适应滤波 ····································· 61

      3.6.1   核方法的概念 ·· 61

      3.6.2   核自适应滤波 ·· 61

      3.6.3   核最小平均 p 范数自适应滤波 ··· 63

  3.7 分数低阶统计量信号处理的应用 ·· 65

      3.7.1   在时间延迟估计中的应用 ··· 65

      3.7.2   在波达方向估计中的应用 ··· 69

      3.7.3   在信道盲均衡中的应用 ··· 73

3.8　本章小结 ··· 75

思考题与习题 ··· 75

第4章　分数低阶循环统计量及其信号处理 ······························· 77

4.1　概述 ··· 77

4.2　随机信号的循环平稳性与循环统计量 ·· 78

4.2.1　循环平稳随机信号的基本概念 ·· 78

4.2.2　循环平稳性与一阶循环平稳 ·· 80

4.2.3　循环相关函数与循环谱 ·· 83

4.2.4　循环谱估计方法 ·· 86

4.3　分数低阶循环统计量基本理论 ·· 88

4.3.1　Alpha 稳定分布噪声对循环统计量的影响 ································· 88

4.3.2　PFLOM 算子对时变分数低阶相关函数周期性的影响 ··············· 89

4.3.3　分数低阶循环统计量与分数低阶循环谱 ··································· 91

4.4　分数低阶循环相关匹配滤波器 ·· 94

4.4.1　匹配滤波器与循环相关匹配滤波器 ·· 94

4.4.2　分数低阶循环相关匹配滤波器 ·· 95

4.5　分数低阶循环统计量在时间延迟估计中的应用 ···································· 98

4.5.1　基于循环相关的时间延迟估计 ·· 98

4.5.2　基于分数低阶循环相关的时间延迟估计 ··································· 98

4.5.3　分数低阶循环模糊函数及其在时延与多普勒频移联合估计中的应用 ··· 100

4.6　基于分数低阶循环统计量的波达方向估计 ·· 104

4.6.1　背景与信号模型 ·· 104

4.6.2　循环 MUSIC 法及 DOA 估计 ·· 104

4.6.3　分数低阶循环 MUSIC 法及 DOA 估计 ····································· 105

4.7　本章小结 ·· 107

思考题与习题 ·· 107

第5章　相关熵基本理论 ··· 109

5.1　概述 ··· 109

5.2　相关熵的基本概念与原理 ·· 110

5.2.1　相关熵的概念 ·· 110

5.2.2　相关熵谱 ·· 112

5.2.3　相关熵诱导距离测度 ·· 113

5.2.4　相关熵的初步应用 ·· 114

5.3　最大相关熵准则 ·· 116

5.3.1　最大相关熵准则与估计 ·· 116

5.3.2　较大核长的最大相关熵估计 ·· 118

5.3.3　最大相关熵准则的应用 ·· 119

5.4　相关熵的核函数 ·· 123

5.4.1　核函数的概念 ·· 123

5.4.2　核函数核长的选取原则 ·· 124

5.4.3　核长对相关熵影响的数学解释 ·· 128

5.5　相关熵的性质 ·· 129

 5.5.1　相关熵的对称性、有界性与展开特性 ······································· 129

 5.5.2　相关熵的无偏估计与渐进一致估计 ··· 131

 5.5.3　相关熵与均方误差的对比 ·· 133

 5.5.4　相关熵函数的几个性质 ··· 133

 5.5.5　相关熵的映射空间特性 ··· 135

5.6　相关熵的物理与几何解释 ··· 137

 5.6.1　相关熵的物理解释 ·· 137

 5.6.2　相关熵的几何解释 ·· 138

5.7　本章小结 ·· 139

思考题与习题 ··· 139

第 6 章　基于相关熵的信号滤波技术 ··· 142

6.1　概述 ·· 142

6.2　最大相关熵估计与贝叶斯估计 ·· 142

 6.2.1　贝叶斯估计的基本原理 ··· 142

 6.2.2　最大相关熵准则与贝叶斯估计的关联 ··· 144

6.3　基于最大相关熵准则的信号滤波技术 ·· 146

 6.3.1　基于最大相关熵准则的自适应滤波器 ··· 146

 6.3.2　约束最大相关熵自适应滤波器 ··· 148

6.4　基于相关熵的核自适应滤波器 ·· 150

 6.4.1　基于核最大相关熵的自适应滤波器 ·· 150

 6.4.2　核递归最大相关熵自适应滤波器 ·· 153

6.5　基于相关熵的卡尔曼滤波器 ··· 156

 6.5.1　相关熵卡尔曼滤波器的产生背景 ·· 156

 6.5.2　基于最大相关熵的卡尔曼滤波器 ·· 157

 6.5.3　状态约束最大相关熵卡尔曼滤波器 ·· 159

 6.5.4　相关熵无迹卡尔曼滤波器 ··· 162

6.6　本章小结 ·· 165

思考题与习题 ··· 165

第 7 章　相关熵信号处理的应用 ·· 167

7.1　概述 ·· 167

7.2　相关熵作为局部相似性的测度 ·· 167

 7.2.1　常规的相似性测度 ·· 167

 7.2.2　相关熵作为相似性测度 ··· 168

7.3　相关熵在无线定位技术中的应用 ··· 170

 7.3.1　基于相关熵的时间延迟估计 ··· 170

 7.3.2　基于相关熵与稀疏表示的波达方向估计 ······································· 173

 7.3.3　基于相关熵的波束形成 ··· 175

7.4　基于相关熵的图像处理技术 ··· 176

      7.4.1 图像处理的概念 ··· 176

      7.4.2 相关熵在图像分割中的应用 ····································· 177

      7.4.3 相关熵在视觉跟踪中的应用 ····································· 179

      7.4.4 相关熵在人脸识别中的应用 ····································· 181

  7.5 基于相关熵的医学信号处理技术 ································· 182

      7.5.1 医学信号处理的必要性 ·· 182

      7.5.2 相关熵用于慢性心力衰竭呼吸模式分类 ················ 182

      7.5.3 相关熵用于序列比较基因杂交技术数据处理 ········ 184

      7.5.4 基于相关熵的脑电信号特征提取 ··························· 186

  7.6 相关熵在其他领域的应用 ··· 187

      7.6.1 相关熵用于天文时间序列周期估计 ······················· 187

      7.6.2 基于相关熵的网络流量预测 ····································· 188

      7.6.3 基于相关熵的电力消耗预测 ····································· 189

  7.7 本章小结 ·· 189

  思考题与习题 ·· 190

第 8 章 广义相关熵与复相关熵 ··· 191

  8.1 概述 ··· 191

  8.2 广义相关熵 ·· 191

      8.2.1 第一类广义相关熵 ·· 191

      8.2.2 第二类广义相关熵 ·· 195

  8.3 广义相关熵的应用 ·· 197

      8.3.1 广义相关熵诱导距离测度 ··· 197

      8.3.2 最小广义相关熵准则 ·· 198

      8.3.3 基于广义相关熵的波达方向估计 ··························· 198

      8.3.4 基于广义相关熵的风速预测 ····································· 202

  8.4 复相关熵 ·· 203

      8.4.1 复相关熵的概念与方法 ·· 203

      8.4.2 复相关熵的性质 ·· 205

  8.5 最大复相关熵准则及其应用 ··· 210

      8.5.1 最大复相关熵准则 ·· 210

      8.5.2 最大复相关熵准则的应用 ··· 212

  8.6 本章小结 ·· 216

  思考题与习题 ·· 216

第 9 章 循环相关熵基本理论 ··· 218

  9.1 概述 ··· 218

  9.2 循环相关熵与循环相关熵谱 ··· 219

      9.2.1 循环互相关熵与循环互相关熵谱 ··························· 219

      9.2.2 循环自相关熵与循环自相关熵谱 ··························· 221

      9.2.3 循环相关熵的存在性 ·· 223

  9.3 复循环相关熵与复循环相关熵谱 ································· 229

    9.3.1   复信号模型：解析信号与正交信号 ···································· 229

    9.3.2   复循环互相关熵与复循环互相关熵谱 ···························· 229

    9.3.3   复循环自相关熵与复循环自相关熵谱 ···························· 230

9.4   循环相关熵及其谱函数的主要性质 ·· 234

    9.4.1   循环相关熵的统计平均与时间平均 ······························ 235

    9.4.2   循环相关熵与偶数阶循环统计量的关系 ·························· 235

    9.4.3   循环相关熵的时移性质 ··· 236

    9.4.4   循环相关熵的对称性质 ··· 237

    9.4.5   循环相关熵谱的共轭对称性质 ··································· 238

    9.4.6   循环相关熵谱与载波频率和码元速率的关系 ······················ 238

9.5   广义循环相关熵与广义循环相关熵谱 ······································ 245

    9.5.1   第一类广义循环相关熵及其谱函数 ······························ 245

    9.5.2   第一类广义循环相关熵及其谱函数的主要性质 ···················· 247

    9.5.3   第二类广义循环相关熵及其谱函数 ······························ 249

    9.5.4   第二类广义循环相关熵及其谱函数的主要性质 ···················· 250

9.6   本章小结 ·· 252

思考题与习题 ··· 252

第 10 章   基于循环相关熵的信号处理方法及其应用 ························ 253

10.1   概述 ·· 253

10.2   基于循环相关熵谱的载波频率估计 ·· 254

    10.2.1   基于循环相关熵谱的单载波频率估计 ·························· 254

    10.2.2   基于循环相关熵谱的多载波频率估计 ·························· 258

    10.2.3   基于压缩循环相关熵谱的载波频率估计 ························ 260

10.3   循环相关熵在波达方向估计中的应用 ······································ 264

    10.3.1   基于循环相关熵的 DOA 估计 ································· 264

    10.3.2   基于循环相关熵的 DOA 与信号源个数联合估计 ··············· 267

10.4   广义循环相关熵在到达时差估计中的应用 ··································· 271

    10.4.1   基于第一类广义循环相关熵的 TDOA 估计 ···················· 272

    10.4.2   基于第二类广义循环相关熵的 TDOA 估计 ···················· 273

10.5   基于循环相关熵的调制方式识别 ·· 276

    10.5.1   通信信号调制识别的基本问题与方法 ·························· 276

    10.5.2   基于循环相关熵谱和神经网络的调制方式识别 ·················· 279

10.6   基于广义循环相关熵谱的机械故障诊断 ····································· 282

    10.6.1   基于循环平稳性的机械设备故障诊断 ·························· 282

    10.6.2   基于广义循环相关熵谱的轴承故障诊断 ························ 283

10.7   本章小结 ··· 286

思考题与习题 ··· 286

参考文献 ·· 288

第1章　集合、空间与核函数的基本知识

1.1　概述

本书系统地介绍相关熵与循环相关熵的基本概念、性质和基本理论，介绍基于相关熵与循环相关熵的信号处理基本理论方法及其应用。

相关熵（correntropy）在本质上是一种广义的相关函数，它可以将数据空间的非线性问题通过非线性变换，转换为再生核希尔伯特空间的线性问题来进行求解，是一种既能有效地描述随机过程统计分布，又能刻画其时间结构的单一测度，同时亦是一种有效的局部化相似性测度，它对于远离统计分布中心的异常值具有很好的抑制作用，因此非常适合在 Alpha 稳定分布条件下的信号处理、参数估计与目标定位等问题的研究与应用。

循环相关熵（cyclic correntropy）是一种新型循环统计量，是在相关熵概念的基础上融入循环统计量的理论与方法所构建起来的。循环相关熵保持了相关熵能够抑制脉冲噪声等特点，并因其在循环频率域具有对不同循环特性信号进行区分的能力，因而可在复杂电磁环境下同时抑制脉冲噪声与同频带干扰。

在本书的后面章节将会看到，相关熵与循环相关熵的概念会涉及数学领域中泛函分析的一些基本概念与理论，如集合、空间与映射等。为了便于读者阅读，更顺利地进入相关熵与循环相关熵的理论体系中，本章简要介绍数学中泛函分析的初步知识，特别着重于集合与空间的基本知识，同时还简要介绍希尔伯特空间的概念及与相关熵概念密切相关的核函数与再生核希尔伯特空间的概念与基本理论。除此之外，本章还介绍概率密度函数的 Parzen 窗估计方法，已便后续教学和学习之用。

1.2　集合与映射的概念

1.2.1　集合的概念与表示

1. 集合的基本概念

集合是数学中的一个基本概念，又称为集。它是指具有某种特定性质的具体的或抽象的对象汇总而成的集体。其中，构成集合的每个对象称为该集合的元素。例如，全体中国人这个集体就是一个集合，而这个集合的元素就是每一个中国人。再如，所有实数构成一个集合 R，它的元素是实数。

通常用大写字母如 A、B、$S \cdots$ 来表示集合，用小写字母如 a、b、$s \cdots$ 来表示集合的元素。若 A 表示一个集合，a 表示集合 A 的元素，则记为 $a \in A$（读作 a 属于 A）。若 a 不是集合 A 的元素，则记为 $a \notin A$（读作 a 不属于 A）。若集合 A 中没有元素，则称为空集，用符号 $\varnothing$ 表示。

若集合 A 的每一个元素都是集合 B 的元素，则称 A 是 B 的子集，记为 $A \subset B$（读作 A 包含于 B），也可以记为 $B \supset A$（读作 B 包含 A）。若满足 $A \subset B$ 且 $B \subset A$，则称集合 A 与集合 B 相等，记为 $A = B$。

有限集是指包含有限个元素的集合。反之，若集合中含有无限个元素，则称为无限集。若满足 $A \subset B$，$A \neq B$，且 $A \neq \varnothing$，则集合 A 称为集合 B 的真子集。若 $A \cap B = \varnothing$，则称集合 A 与集合 B 不相交。

在集合的概念中，一个元素要么属于这个集合，要么不属于这个集合；集合中的元素是不重复的；集合中的元素排列不分先后，即 $\{2,3,1\} = \{1,2,3\}$；$A \subset B$ 并不能保证集合 A 是集合 B 的真子集，因为其中包含了 $A = B$ 的情形；空集 $\varnothing$ 是任一集合的子集。

2. 集合的运算

（1）集合的并交运算

设 A 与 B 是两个集合，则 A 与 B 的并集记为 $A \cup B$，表示由 A 与 B 的全部元素构成的集合，表示为

$$A \cup B = \{x : x \in A \text{ 或 } x \in B\} \tag{1.1}$$

设 A 与 B 是两个集合，则 A 与 B 的交集记为 $A \cap B$，表示由 A 与 B 的公共元素构成的集合，表示为

$$A \cap B = \{x : x \in A \text{ 且 } x \in B\} \tag{1.2}$$

集合的并交运算满足以下性质：

① 交换律

$$A \cup B = B \cup A$$
$$A \cap B = B \cap A \tag{1.3}$$

② 结合律

$$(A \cup B) \cup C = A \cup (B \cup C)$$
$$(A \cap B) \cap C = A \cap (B \cap C) \tag{1.4}$$

③ 分配律

$$A \cap \left(\bigcup_{\alpha \in I} B_\alpha \right) = \bigcup_{\alpha \in I} (A \cap B_\alpha)$$
$$A \cup \left(\bigcap_{\alpha \in I} B_\alpha \right) = \bigcap_{\alpha \in I} (A \cup B_\alpha) \tag{1.5}$$

式中，$B_\alpha : \alpha \in I$ 表示一个集族。其中，I 是某个指标集。集族的并运算和交运算分别定义为 $\bigcup_{\alpha \in I} B_\alpha = \{x : \exists \alpha \in I, x \in B_\alpha\}$ 和 $\bigcap_{\alpha \in I} B_\alpha = \{x : \forall \alpha \in I, x \in B_\alpha\}$。

④ 吸收率

$$A \cup (A \cap B) = A$$
$$A \cap (A \cup B) = A \tag{1.6}$$

集合的并交运算可以推广到任意多个集合的情形。

（2）集合的差补运算

设 A 与 B 是两个集合，由属于 A 但不属于 B 的元素构成的集合称为 A 与 B 的差集，简称为 A 与 B 的差，记为 $A \setminus B$。若 X 为基本集，则称 $X \setminus A$ 为 A 的补集（或余集），记为 A^c。

集合的差补运算有下列性质：

① $A \setminus B = A \cap B^c$；

② $A \bigcup A^c = X$，$A \bigcap A^c = \varnothing$；

③ $X^c = \varnothing$，$\varnothing^c = X$，$(A^c)^c = A$；

④ 对偶原理（De Morgan 律）：$\left(\bigcup\limits_{\alpha \in I} A_\alpha \right)^c = \bigcap\limits_{\alpha \in I} A_\alpha^c$，$\left(\bigcap\limits_{\alpha \in I} A_\alpha \right)^c = \bigcup\limits_{\alpha \in I} A_\alpha^c$。

（3）集合的直积运算

设 A 与 B 是两个非空集合，则称集合 $\{(x,y) : x \in A, y \in B\}$ 为 A 与 B 的直积集，记为 $A \times B$。直积不服从交换律，即 $A \times B \neq B \times A$。

1.2.2　映射的概念

所谓映射，实际上是将函数概念中定义域和值域的范围由实数集推广到一般的集合。

定义 1.1　映射　设 X 和 Y 为两个非空集合，若 $\forall x \in X$，按照某一法则 f，在 Y 中有唯一的 y 与之对应，则称 f 是 X 到 Y 的映射，记为 $f : X \to Y$；y 称为 x 在映射 f 下的像，记为 $f(x)$；X 称为 f 的定义域，并称

$$f(X) = \{f(x) : x \in X\} \tag{1.7}$$

为 f 的值域。

映射又常称为算子，并根据 X 与 Y 的不同情形和不同数学分支有不同的名称。例如，当 $Y = X$ 时，f 可称为 X 上的变换。当 Y 是数集（实数集 $\mathbb{R}$ 或复数集 $\mathbb{C}$）时，f 可称为定义在 X 上的泛函。

对映射 $f : X \to Y$，若 f 的值域为 $f(X) = Y$，则称 f 为 X 到 Y 上的满射。若 $\forall x_1, x_2 \in X$，$x_1 \neq x_2$，有 $f(x_1) \neq f(x_2)$，则称 f 为 X 到 Y 上的单射。若 f 既是单射又是满射，则称 f 为 X 到 Y 上的双射（或一一映射）。

对映射 $f : X \to Y$，若 $A \subset X$，$B \subset Y$，则集合 $f(A) = \{f(x) : x \in A\}$ 称为 A 在 f 下的像集；集合 $f^{-1}(B) = \{x \in X : f(x) \in B\}$ 称为 B 在 f 下的原像集。

对映射 $f : A \to Y$，$F : B \to Y$，若 $A \subset B$，且 $\forall x \in A$ 有 $F(x) = f(x)$，则称 F 是 f 在 B 上的一个延拓，f 是 F 在 A 上的限制。

对映射 $f : X \to Y$，$g : Y \to Z$，由 $h(x) = g[f(x)]$ 所确定的映射 $h : X \to Z$ 称为 f 与 g 的复合映射，记为 $g \circ f$。

对映射 $f : X \to Y$，若存在 $g : Y \to X$，使得 $g \circ f = I_X$，$f \circ g = I_Y$，则称 g 为 f 的逆映射，记为 f^{-1}。

1.3　空间

1.3.1　空间的概念

在数学上，空间是指一种具有特殊性质及一些额外结构的集合，一般地，把"点"（即元素）的集合或具有某种几何结构的集合称为空间。例如，线性空间、向量空间、仿射空间、度量空间，等等。

现代数学常以集合为研究对象，有了研究对象，还需要有要遵循的规则。例如，要研究全班同学相互之间进行微信联系的情况，那么全班同学就是一个集合，每个同学就是该集合中的一个元素。可以定义这样一个规则，即班里的每一个同学都可以与班里其他任意一个同

学建立微信连接。定义了这个规则，就得到了一个赋有某种规则的全班同学的集合。当然，还可以进一步定义其他规则。这个定义了微信规则的同学集合可称为同学微信空间。

1.3.2　线性空间

所谓线性空间，就是定义了加法和数乘的空间。

线性空间强调空间中的元素是满足线性结构的，这就需要定义加法和数乘。定义了加法和数乘，空间里的一个元素就可以由其他元素线性表出，这就是线性空间。

线性空间中的元素为实的或复的，称为实或复线性空间。所有在区间 $[a,b]$ 上连续的实函数构成的集合，以 $C(a,b)$ 表示，为一线性空间。所有在区间 $[a,b]$ 上具有连续 k 阶导数的实函数构成的集合，以 $C(a,b)$ 表示，为一线性空间。

1．线性空间的定义

现以函数空间来说明。设 L 为定义在可测数集 $E(x)$ 上的函数集，在 L 中任取三个元素 $f(x)$、$g(x)$ 与 $h(x)$，在 $E(x)$ 中任取 α 和 β，若能满足下列性质：

① $(\alpha f + \beta g) \in L$；
② $f + g = g + f$，$(f + g) + h = f + (g + h)$；
③ $\alpha(\beta f) = (\alpha\beta)f$，$(\alpha + \beta)(f + g) = \alpha f + \beta f + \alpha g + \beta g$；
④ $1 \cdot f = f$。

则称 L 为线性空间。

2．l_2 线性空间与 L_2 线性空间

（1）l_2 线性空间

所有平方可和的无穷数列构成的下列集：

$$l_2 = \left\{ x = (\xi_1, \xi_2, \cdots), \quad \sum_{n=1}^{\infty} |\xi_n|^2 < \infty \right\} \tag{1.8}$$

称为 l_2 线性空间，其中加法与乘法分别定义为 $x + y = (\xi_1 + \eta_1, \xi_1 + \eta_2, \cdots)$ 和 $\lambda x = (\lambda\xi_1, \lambda\xi_2, \cdots)$。其中，$x = (\xi_1, \xi_2, \cdots)$，$y = (\eta_1, \eta_2, \cdots)$，$\lambda$ 为常数。

（2）L_2 线性空间

所有在区间 $[a,b]$ 上平方可积的函数构成的下列集：

$$L_2(a,b) = \left\{ x(t) : \int_a^b |x(t)|^2 \, \mathrm{d}t < \infty \right\} \tag{1.9}$$

称为 L_2 线性空间。

若 $x(t), y(t) \in L_2(a,b)$，则 $x(t) + y(t) \in L_2(a,b)$。

1.3.3　度量空间

所谓度量空间，就是定义了距离的空间。设 D 是一个非空集，d 是一个将 $D \times D$ 变为一维空间 $\mathbb{R}^1$ 的变换，如果对所有的 $x \in D$、$y \in D$ 和 $z \in D$，满足下列条件：

① 非负性：$d(x,y) \geq 0$，当且仅当 $x = y$ 时等号成立；
② 对称性：$d(x,y) = d(y,x)$；
③ 三角不等式：$d(x,y) + d(y,z) \geq d(x,z)$。

则称 d 为 D 的一个度量。$d(x,y)$ 是在 d 这个度量下的 x 和 y 的距离，D 是以 d 为度量的度量空间或距离空间。

在处理某种对象集合时，常常可以有几种不同的定义距离的方法。在函数空间中，若 $f(x)$ 与 $g(x)$ 为在有界区间 $[a,b]$ 上的两个实值函数，则 f 与 g 之间的 $d(f,g)$ 常用下列两种定义方式：

（1）均匀一致度量（C 度量）

$$d(f,g) = \sup\left\{\left|f(x) - g(x)\right| : x \in [a,b]\right\} \tag{1.10a}$$

式中，sup 表示上确界。或

$$d(f,g) = \max\left\{\left|f(x) - g(x)\right| : x \in [a,b]\right\} \tag{1.10b}$$

（2）二次度量（L_2 度量）

$$d(f,g) = \left[\int_a^b \left|f(x) - g(x)\right|^2 \mathrm{d}x\right]^{1/2} \tag{1.11}$$

设 $\{x_n\}_{n=1}^{\infty}$ 是度量空间 (D,d) 中的元素序列，如果 (D,d) 中的元素满足 $\lim_{n\to\infty} d(x_n,x) = 0$，则称 $\{x_n\}$ 为收敛序列，x 称为它的极限，记为 $x_n \to x$。

一般地，若能够在一个集合中确切地引入极限的概念，则称其为拓扑空间。度量空间是一种最常见的拓扑空间。应该注意，在定义度量空间时并没有要求它一定是线性空间，但是，如果一个线性空间再被赋予距离的概念，便可在其中研究许多有趣而深刻的课题。

1.4　希尔伯特空间

有穷维（n 维）空间的几何性质与三维空间的几何性质是相似的，因此，其几何意义是清楚的。然而，一般来说，希尔伯特空间是无穷维空间，为了使无穷维空间具有明显的几何意义，须把有穷维空间中的一些运算方法推广到无穷维空间中去。实际上，对有穷维空间的性质进行必要的补充或定义，就能够将大部分性质推广至无穷维空间中去。

1.4.1　有穷维矢量空间的内积

设 x 与 y 是分别具有复数元素（分量）$(\xi_1,\xi_2,\cdots,\xi_n)$ 与 $(\eta_1,\eta_2,\cdots,\eta_n)$ 的 n 维矢量，x 与 y 的内积定义为

$$\langle x,y \rangle = \sum_{i=1}^{n} \xi_i^* \eta_i \tag{1.12}$$

矢量 x 的长度为

$$\|x\| = \langle x,x \rangle^{1/2} = \left(\sum_{i=1}^{n} \xi_i^* \xi_i\right)^{1/2} = \left(\sum_{i=1}^{n} |\xi_i|^2\right)^{1/2} \tag{1.13}$$

在实或复矢量空间中的内积是一对有序矢量 x 与 y 的数量值函数，满足如下内积公理：

① $\langle x,y \rangle = \langle y,x \rangle^*$；

② $\langle \alpha x + \beta y, z \rangle = \alpha^* \langle x,z \rangle + \beta^* \langle y,z \rangle$，其中 α 和 β 是数量；

③ 对于任意 x，$\langle x,x \rangle \geqslant 0$，当且仅当 $x = 0$ 时，$\langle x,x \rangle = 0$。

具有上述内积的实矢量内积空间称为欧几里得（Euclidean）空间（简称欧氏空间），而复内积空间则称为酉空间。

当且仅当 $\langle \boldsymbol{x}, \boldsymbol{y} \rangle = 0$ 时，矢量 $\boldsymbol{x}$ 与 $\boldsymbol{y}$ 正交。而在有穷维矢量空间中，如果一个正交归一集合不包含于任何更大的正交归一集合之中，则称该正交归一集合是完备的。

1.4.2　范数与线性赋范空间

在函数空间中，把函数 $f(x)$ 的长度称为范数，记为 $\|f\|$。函数的范数可根据所研究问题的性质与目的而任意选择，但不应与习惯的三维欧氏空间中的"长度"的基本特点相矛盾。从这个观点来看，函数的范数需要满足下列公理：

① $\|f\| \geqslant 0$，当且仅当 $f(x) = 0$ 时，$\|f\| = 0$；

② $\|-f\| = \|f\|$；

③ $\|f + g\| \leqslant \|f\| + \|g\|$（$f$ 与 g 属于同一线性空间）；

④ $\|cf\| = |c| \cdot \|f\|$，c 为任意实数或复数。

在线性空间 L 中引入满足上述 4 条公理的范数后，L 就变为线性赋范空间。

范数的定义较多，常用的有以下两种。

（1）均匀一致范数或上确界范数。若定义在闭区间 $[a,b]$ 的连续函数 $f(x)$ 的范数为

$$\|f\|_c = \sup_{a \leqslant x \leqslant b} |f(x)| \tag{1.14}$$

则称这种范数为均匀一致范数或上确界范数。

（2）p 范数。若定义在闭区间 $[a,b]$ 的连续函数 $f(x)$ 的范数为

$$\|f\|_p = \left[\int_a^b |f(t)|^p \, \mathrm{d}t \right]^{1/p} \tag{1.15}$$

不难证明，上述两种定义是满足前面 4 条公理要求的。为了能在线性赋范空间中进行各种计算，还必须使其完备化。设 L 为定义在可测集 $E[x]$ 上的线性赋范函数集，若每一个收敛的元素序列 $\{f_n(x)\}$ 都以同一集中的某元素 $f(x)$ 为极限，即

$$\lim_{n \to \infty} f_n(x) = f(x) \in L \tag{1.16}$$

则 L 就是完备的线性赋范空间，否则就是不完备的。完备的线性赋范空间称为巴拿赫（Banach）空间，简称为 $\mathbb{B}$ 空间。

例 1.1　设 X 是 n 维矢量组成的集合，$\boldsymbol{x} = [x_1, \cdots, x_n]$，$\boldsymbol{y} = [y_1, \cdots, y_n]$ 是 X 中的任意矢量，α 为任意实数。若定义 $\boldsymbol{x} + \boldsymbol{y} = [x_1 + y_1, \cdots, x_n + y_n]$，$\alpha \boldsymbol{x} = [\alpha x_1, \cdots, \alpha x_n]$，则 X 构成线性空间。若再定义 $\|\boldsymbol{x}\| = \sqrt{x_1^2 + \cdots + x_n^2}$，则 X 构成线性赋范空间，且此时 X 为 n 维欧氏空间。

1.4.3　内积空间与希尔伯特空间

1. 内积空间与希尔伯特空间的定义

范数的定义有很多，除了 1.4.2 节介绍的均匀一致范数与 p 范数，还常用内积定义范数，这就是通常三维欧氏空间中用矢量的数量积来计算矢量长度与相互之间夹角的方法。这种空间就是内积空间。在闭区间 $[a,b]$ 按内积定义的范数为

$$\|f\| = \langle f, f \rangle^{1/2} = \left(\int_a^b |f(x)|^2 \, \mathrm{d}x \right)^{1/2} \tag{1.17}$$

式中，$\int_a^b |f(x)|^2 \mathrm{d}x < \infty$，即 $f(x)$ 为 $[a,b]$ 闭区间上的平方可积函数，由式（1.15）与式（1.17）可见，按内积定义的范数为 $p = 2$ 的 p 范数。

当按内积 $\|f\| = \langle f, f \rangle^{1/2}$ 赋范时，线性赋范空间就称为内积赋范空间，也就是 L_2 线性空间。完备的内积赋范空间称为希尔伯特空间（Hilbert space），简称为 $\mathbb{H}$ 空间。

巴拿赫空间 $\mathbb{B}$ 是包含了各种不同赋范规则的完备空间。按内积赋范的希尔伯特空间是它的子空间，即 $\mathbb{H} \in \mathbb{B}$。

2．完备的正交函数集

在有穷 n 维矢量空间中，如果 n 个互相正交的矢量形成一组完整的坐标系统，则任意一个矢量都可以表示为沿着这 n 个正交矢量的分量之和。在希尔伯特空间中，相应的问题是将函数表示成给定函数的线性组合，即利用给定的函数做级数展开。这种级数展开的典型例子是傅里叶级数。实际上，它还包括很多数学物理函数，而傅里叶级数仅是其中的一种特殊情况。

设 $f(x)$ 为希尔伯特空间中的任意（即任意平方可积）函数，并设 $\{\varphi_i(x)\}$ 为希尔伯特空间中一个正交函数集，若存在常数系数 $\{a_i\}$ 使得部分和序列

$$f_n(x) = \sum_{i=1}^n a_i \varphi_i(x) \tag{1.18}$$

平均收敛于 $f(x)$，则函数集 $\{\varphi_i(x)\}$ 是一个完备的正交函数集。等价地，若满足

$$\lim_{n \to \infty} \int_a^b |f(x) - f_n(x)|^2 \mathrm{d}x = \lim_{n \to \infty} \int_a^b \left| f(x) - \sum_{i=1}^n a_i \varphi_i(x) \right|^2 \mathrm{d}x = 0 \tag{1.19}$$

则集合 $\{\varphi_i(x)\}$ 是一个完备的正交函数集。注意到系数 $\{a_i\}$ 与 n 无关。当将求和扩展到无限时，可以认为无穷级数 $\sum_{i=1}^\infty a_i \varphi_i(x)$ 平均逼近于函数 $f(x)$，将其表示为

$$f(x) = \sum_{i=1}^\infty a_i \varphi_i(x) \tag{1.20}$$

这样，在无穷维函数空间中，将任意函数 $f(x)$ 分解为正交函数集的线性组合，$\{\varphi_i(x)\}$ 必须是完备的。线性组合中的系数 a_i 为 $f(x)$ 在正交函数集 $\{\varphi_i(x)\}$ 中 $\varphi_i(x)$ 上的投影，即

$$a_i = \langle f, \varphi_i \rangle = \int_a^b f(x) \varphi_i(x) \mathrm{d}x, \quad i = 1, 2, \cdots \tag{1.21}$$

可以证明

$$\int_a^b f^2(x) \mathrm{d}x = \sum_{i=1}^\infty a_i^2 \tag{1.22}$$

上式的几何意义：在希尔伯特空间中，矢量 $f(x)$ 的长度（范数）的平方等于该矢量在完备的正交函数集中矢量 $\varphi_i(x)$ 的投影 a_i 的平方和。

对于希尔伯特空间中正交函数是完备的这个概念，还可用封闭来定义。即若不存在与正交函数集中的每一个函数正交的非零函数，则称正交函数集为封闭的。

例 1.2　在 n 维欧氏空间中，定义内积 $\langle \boldsymbol{x}, \boldsymbol{y} \rangle = x_1 y_1 + x_2 y_2 + \cdots + x_n y_n$。容易验证，这样定义的内积满足内积基本条件。故 n 维欧氏空间是内积空间。

1.5 核函数与再生核希尔伯特空间

核方法是解决非线性模式分析问题的一种有效途径，其核心思想是：首先，通过某种非线性映射将原始数据嵌入合适的高维特征空间；然后，利用通用的线性学习器在这个新的空间中分析和处理模式。一个直观的示例如图 1.1 所示，假设有一些分别用实心圆和空心圆表示代表不同模式的点，它们在 $\mathbb{R}^2$ 空间中不容易线性分离。但是，如果我们将它们映射到高维特征空间中，就可以很容易地将它们线性分离了。

图 1.1　特征空间映射示意图

1.5.1　矩阵的特征分解

设 N 维非零矢量 v 为 $N \times N$ 矩阵 A 的特征矢量，则有下式成立：

$$Av = \lambda v \tag{1.23}$$

式中，λ 为一标量，是 v 对应的特征值。上式表明，当对特征矢量 v 施以线性变换 A 时，仅使矢量 v 伸长或缩短，而其方向不会改变。

若 A 为一实对称方阵，且有两个特征值 λ_1 和 λ_2 满足 $\lambda_1 \neq \lambda_2$，分别对应于两个特征矢量 v_1 和 v_2，则有

$$\lambda_1 v_1^{\mathrm{T}} v_2 = v_1^{\mathrm{T}} A^{\mathrm{T}} v_2 = v_1^{\mathrm{T}} A v_2 = \lambda_2 v_1^{\mathrm{T}} v_2 \tag{1.24}$$

由于 $\lambda_1 \neq \lambda_2$，则有 $v_1^{\mathrm{T}} v_2 = 0$，即 v_1 和 v_2 是正交的。

对于 $A \in \mathbb{R}^{n \times n}$，我们可以得到 n 个特征值和 n 个特征矢量。这样，A 可以分解为

$$A = Q\Lambda Q^{\mathrm{T}} \tag{1.25}$$

式中，Q 为正交矩阵，即满足 $QQ^{\mathrm{T}} = I$，$\Lambda = \mathrm{diag}(\lambda_1, \lambda_2, \cdots, \lambda_n)$。若把 Q 逐列展开写为

$$Q = [q_1,\ q_2,\ \cdots,\ q_n]$$

则有

$$A = Q\Lambda Q^{\mathrm{T}} = [q_1,\ q_2,\ \cdots,\ q_n] \begin{bmatrix} \lambda_1 & & & \\ & \lambda_2 & & \\ & & \ddots & \\ & & & \lambda_n \end{bmatrix} \begin{bmatrix} q_1^{\mathrm{T}} \\ q_2^{\mathrm{T}} \\ \vdots \\ q_n^{\mathrm{T}} \end{bmatrix} = \sum_{i=1}^{n} \lambda_i q_i q_i^{\mathrm{T}} \tag{1.26}$$

式中，$\{q_i\}_{i=1}^{n}$ 为 $\mathbb{R}^{n \times n}$ 的一组正交基。

1.5.2　核函数的概念

1. 核函数的概念

根据模式识别理论，低维空间线性不可分的模式通过非线性映射到高维特征空间，便可能实现线性可分。但是，如果直接在高维空间进行分类或回归，则可能在确定非线性映射函数的形式、参数和特征空间维数等问题上遇到困难，特别是在高维特征空间运算时可能会发生"维数灾难"，而采用核函数技术则可以有效地解决这一问题。

核函数（kernel function）是一类线性和非线性函数的统称，包括线性核函数、多项式核函数、高斯核函数等，它们可以将数据映射到无穷维。若在低维空间存在某个函数 $\kappa(x, y)$，而这个函数恰好与高维空间中特征函数的内积 $\langle \varphi(x), \varphi(y) \rangle$ 相等，即满足 $\kappa(x, y) = \langle \varphi(x), \varphi(y) \rangle$，则由函数 $\kappa(x, y)$ 可以直接得到非线性变换的内积，而无须再计算复杂的非线性变换。那么，称函数 $\kappa(x, y)$ 这类函数为核函数。

函数 $f(x)$ 可以被视为一个无穷矢量，记为 $f(\boldsymbol{x})$。而二元函数 $K(x, y)$ 可以被视为一个无穷矩阵，记为 $\kappa(\boldsymbol{x}, \boldsymbol{y})$。若满足 $\kappa(\boldsymbol{x}, \boldsymbol{y}) = \kappa(\boldsymbol{y}, \boldsymbol{x})$，且对任意函数 f 有

$$\iint f(\boldsymbol{x}) \kappa(\boldsymbol{x}, \boldsymbol{y}) f(\boldsymbol{y}) \mathrm{d}\boldsymbol{x} \mathrm{d}\boldsymbol{y} \geqslant 0 \tag{1.27}$$

则 $\kappa(\boldsymbol{x}, \boldsymbol{y})$ 是对称且正定（含半正定）的。

类似于矩阵的特征值和特征矢量，核函数 $\kappa(\boldsymbol{x}, \boldsymbol{y})$ 也存在特征值 λ 和特征函数 $\varphi(\boldsymbol{x})$，使得

$$\int \kappa(\boldsymbol{x}, \boldsymbol{y}) \varphi(\boldsymbol{x}) \mathrm{d}\boldsymbol{x} = \lambda \varphi(\boldsymbol{y}) \tag{1.28}$$

对于不同的特征值 λ_1 和 λ_2，其分别对应于特征函数 $\varphi_1(\boldsymbol{x})$ 和 $\varphi_2(\boldsymbol{x})$，容易得到

$$\begin{aligned} \int \lambda_1 \varphi_1(\boldsymbol{x}) \varphi_2(\boldsymbol{x}) \mathrm{d}\boldsymbol{x} &= \iint \kappa(\boldsymbol{y}, \boldsymbol{x}) \varphi_1(\boldsymbol{y}) \mathrm{d}\boldsymbol{y} \varphi_2(\boldsymbol{x}) \mathrm{d}\boldsymbol{x} \\ &= \iint \kappa(\boldsymbol{x}, \boldsymbol{y}) \varphi_2(\boldsymbol{x}) \mathrm{d}\boldsymbol{x} \varphi_1(\boldsymbol{y}) \mathrm{d}\boldsymbol{y} \\ &= \int \lambda_2 \varphi_2(\boldsymbol{y}) \varphi_1(\boldsymbol{y}) \mathrm{d}\boldsymbol{y} \\ &= \int \lambda_2 \varphi_2(\boldsymbol{x}) \varphi_1(\boldsymbol{x}) \mathrm{d}\boldsymbol{x} \end{aligned} \tag{1.29}$$

因此，

$$\langle \varphi_1, \varphi_2 \rangle = \int \varphi_1(\boldsymbol{x}) \varphi_2(\boldsymbol{x}) \mathrm{d}\boldsymbol{x} = 0 \tag{1.30}$$

可以看出，特征函数是正交的。这里，φ 表示函数（即无穷矢量）本身。

对于核函数，有

$$\kappa(\boldsymbol{x}, \boldsymbol{y}) = \sum_{i=1}^{\infty} \lambda_i \varphi_i(\boldsymbol{x}) \varphi_i(\boldsymbol{y}) \tag{1.31}$$

这实际上是 Mercer 定理的内容。由于 $i \neq j$ 时，有 $\langle \varphi_i, \varphi_j \rangle = 0$，因此 $\{\varphi_i\}_{i=1}^{\infty}$ 为函数空间构造了一组正交基。

例 1.3　设 $\boldsymbol{x} = [x_1, \ x_2, \ x_3]$ 和 $\boldsymbol{y} = [y_1, \ y_2, \ y_3]$ 分别为维数 $n = 3$ 的两组数据矢量。定义 $\varphi(\boldsymbol{x})$ 和 $\varphi(\boldsymbol{y})$ 分别表示对 $\boldsymbol{x}$ 和 $\boldsymbol{y}$ 由 $n = 3$ 维到 $m = 9$ 维的非线性映射，其中 $\varphi(\boldsymbol{x}) = [x_1 x_1, \ x_1 x_2, \ x_1 x_3,$ $x_2 x_1, \ x_2 x_2, \ x_2 x_3, \ x_3 x_1, \ x_3 x_2, \ x_3 x_3]$，同理，有 $\varphi(\boldsymbol{y}) = [y_1 y_1, \ y_1 y_2, \ y_1 y_3, \ y_2 y_1, \ y_2 y_2, \ y_2 y_3, \ y_3 y_1,$ $y_3 y_2, \ y_3 y_3]$。若令 $\boldsymbol{x} = [1, \ 2, \ 3]$，且 $\boldsymbol{y} = [4, \ 5, \ 6]$，则有 $\varphi(\boldsymbol{x}) = [1, \ 2, \ 3, \ 2, \ 4, \ 6, \ 3, \ 6, \ 9]$ 和

$\boldsymbol{\varphi}(\boldsymbol{y}) = [16, 20, 24, 20, 25, 30, 24, 30, 36]$。（1）试直接计算 $\boldsymbol{\varphi}(\boldsymbol{x})$ 与 $\boldsymbol{\varphi}(\boldsymbol{y})$ 的内积；（2）试采用核函数 $\kappa(\boldsymbol{x}, \boldsymbol{y}) = \left(\langle \boldsymbol{x}, \boldsymbol{y} \rangle\right)^2$ 来计算内积。

解 （1）根据内积的定义，直接计算 $\boldsymbol{\varphi}(\boldsymbol{x})$ 与 $\boldsymbol{\varphi}(\boldsymbol{y})$ 的内积，有

$$\langle \boldsymbol{\varphi}(\boldsymbol{x}), \boldsymbol{\varphi}(\boldsymbol{y}) \rangle = 16 + 40 + 72 + 40 + 100 + 180 + 72 + 180 + 324 = 1024$$

（2）根据核函数 $\kappa(\boldsymbol{x}, \boldsymbol{y}) = \left(\langle \boldsymbol{x}, \boldsymbol{y} \rangle\right)^2$，有

$$\kappa(\boldsymbol{x}, \boldsymbol{y}) = (4 + 10 + 18)^2 = 32^2 = 1024$$

显然，$\kappa(\boldsymbol{x}, \boldsymbol{y}) = \langle \boldsymbol{\varphi}(\boldsymbol{x}), \boldsymbol{\varphi}(\boldsymbol{y}) \rangle$。由此可知，只需要计算核函数 $\kappa(\boldsymbol{x}, \boldsymbol{y})$，就可以得到高维空间内积的结果。由例 1.3 可知，核函数 $\kappa(\boldsymbol{x}, \boldsymbol{y})$ 的作用，实际上显著简化了高维空间的计算，甚至可以解决无限维空间难以计算的问题。

2．常用核函数

常用的核函数包括线性核函数、多项式核函数、径向基核函数、Sigmoid 核函数和复合核函数、傅里叶级数核函数、B 样条核函数和张量积核函数等。简要介绍如下。

线性核函数：线性核函数是最简单的核函数，其表达式为

$$\kappa(\boldsymbol{x}, \boldsymbol{y}) = \boldsymbol{x}^{\mathrm{T}} \boldsymbol{y} \tag{1.32}$$

多项式核函数：多项式核函数是一种非标准核函数，它非常适合于处理正交归一化后的数据，其表达式为

$$\kappa(\boldsymbol{x}, \boldsymbol{y}) = (a\boldsymbol{x}^{\mathrm{T}} \boldsymbol{y} + c)^d \tag{1.33}$$

式中，a、c 和 d 为参数。

高斯核函数：高斯核函数是一种鲁棒的径向基核函数，对于数据中的噪声（特别是脉冲噪声）具有较好的抑制能力，其表达式为

$$\kappa(\boldsymbol{x}, \boldsymbol{y}) = \frac{1}{\sqrt{2\pi}\sigma} \exp\left(-\frac{\|\boldsymbol{x} - \boldsymbol{y}\|^2}{2\sigma^2}\right) \tag{1.34}$$

式中，参数 σ 称为核长。

指数核函数：指数核函数是高斯核函数的变形，它仅将矢量之间的 L_2 范数调整为 L_1 范数，这样改动会降低对参数的依赖性，但是适用范围相对狭窄，其表达式为

$$\kappa(\boldsymbol{x}, \boldsymbol{y}) = \exp\left(-\frac{|\boldsymbol{x} - \boldsymbol{y}|}{2\sigma^2}\right) \tag{1.35}$$

拉普拉斯核函数：拉普拉斯核函数也是高斯核函数的变形，其表达式为

$$\kappa(\boldsymbol{x}, \boldsymbol{y}) = \exp\left(-\frac{\|\boldsymbol{x} - \boldsymbol{y}\|}{\sigma}\right) \tag{1.36}$$

Sigmoid 核函数：Sigmoid 是一类函数的统称，其源于神经网络，现已广泛应用于深度学习领域，其中一种常用的表示形式为

$$\kappa(\boldsymbol{x}, \boldsymbol{y}) = \tanh(a\boldsymbol{x}^{\mathrm{T}} \boldsymbol{y} + c) \tag{1.37}$$

式中，$\tanh(\cdot)$ 为双曲正切函数，a 和 c 为参数。

1.5.3 Mercer 定理与再生核希尔伯特空间

1. Mercer 定理

定理 1.1 Mercer 定理 任何半正定函数都可以作为核函数。

设有数据集合 $x_1, x_2, \cdots, x_N$，定义一个 $N \times N$ 矩阵 $\boldsymbol{A}$，其元素表示为 $a_{ij} = f(x_i, x_j)$。若矩阵 $\boldsymbol{A}$ 是半正定的，则称 $f(x_i, x_j)$ 为半正定函数。

2. 再生核希尔伯特空间

（1）再生核的概念

设 X 为非空集，$\mathbb{H}$ 是定义在 X 上的希尔伯特空间。若核函数 κ 满足下面两条性质，则称 κ 为 $\mathbb{H}$ 的再生核，且 $\mathbb{H}$ 称为再生核希尔伯特空间（reproducing kernel Hilbert space，RKHS）：

① 对于 $\forall x \in X$，有 $\kappa(\cdot, x) \in \mathbb{H}$；

② 对于 $\forall x \in X$ 和 $f \in \mathbb{H}$，有 $f(x) = \langle f, \kappa(\cdot, x) \rangle_{\mathbb{H}}$。

其中，性质②又称为再生性质（reproducing property）。

（2）再生核希尔伯特空间与核技巧

考虑 $\left\{ \sqrt{\lambda_i} \varphi_i \right\}_{i=1}^{\infty}$ 为一组正交基并构成一个希尔伯特空间 $\mathbb{H}$。该空间中的任意函数或矢量可以表示为这个基的线性组合，即 $f = \sum_{i=1}^{\infty} f_i \sqrt{\lambda_i} \varphi_i$。可以把 $\boldsymbol{f}$ 表示为 $\mathbb{H}$ 中的一个无穷矢量，即 $\boldsymbol{f} = (f_1, f_2, \cdots)_{\mathbb{H}}^{\mathrm{T}}$。对于另一个函数 $\boldsymbol{g} = (g_1, g_2, \cdots)_{\mathbb{H}}^{\mathrm{T}}$，有 $\boldsymbol{f}$ 和 $\boldsymbol{g}$ 的内积为

$$\langle \boldsymbol{f}, \boldsymbol{g} \rangle_{\mathbb{H}} = \sum_{i=1}^{\infty} f_i g_i \tag{1.38}$$

再来看核函数 $\kappa(\boldsymbol{x}, \boldsymbol{y})$：若将其中一个元素固定，则 $\kappa(\boldsymbol{x}, \cdot)$ 也可以看成一个函数，有 $\kappa(\boldsymbol{x}, \cdot) = \sum_{i=1}^{\infty} \lambda_i \varphi_i(\boldsymbol{x}) \varphi_i$。在 $\mathbb{H}$ 空间，可以表示为

$$\kappa(\boldsymbol{x}, \cdot) = (\sqrt{\lambda_1} \varphi_1(\boldsymbol{x}), \ \sqrt{\lambda_2} \varphi_2(\boldsymbol{x}), \ \cdots)_{\mathbb{H}}^{\mathrm{T}} \tag{1.39}$$

由此计算内积，有

$$\langle \kappa(\boldsymbol{x}, \cdot), \kappa(\boldsymbol{y}, \cdot) \rangle_{\mathbb{H}} = \sum_{i=1}^{\infty} \lambda_i \varphi_i(\boldsymbol{x}) \varphi_i(\boldsymbol{y}) = \kappa(\boldsymbol{x}, \boldsymbol{y}) \tag{1.40}$$

上述关系称为再生性质。因此，空间 $\mathbb{H}$ 被称为再生核希尔伯特空间。再生性质是一个非常有用的性质，由上式可以看出，原本函数之间计算内积需要计算无穷维的积分（求和），但是由再生性质，只需要计算核函数就可以了。

为了把一个点 $\boldsymbol{x}$ 映射到无穷维的特征空间中，先定义一个映射

$$\boldsymbol{\varphi}(\boldsymbol{x}) = \kappa(\boldsymbol{x}, \cdot) = (\sqrt{\lambda_1} \varphi_1(\boldsymbol{x}), \ \sqrt{\lambda_2} \varphi_2(\boldsymbol{x}), \ \cdots)^{\mathrm{T}} \tag{1.41}$$

即先把点 $\boldsymbol{x}$ 变成一个函数，再把点 $\boldsymbol{x}$ 映射到 $\mathbb{H}$ 空间。于是有

$$\langle \boldsymbol{\varphi}(\boldsymbol{x}), \boldsymbol{\varphi}(\boldsymbol{y}) \rangle_{\mathbb{H}} = \langle \kappa(\boldsymbol{x}, \cdot), \kappa(\boldsymbol{y}, \cdot) \rangle_{\mathbb{H}} = \kappa(\boldsymbol{x}, \boldsymbol{y}) \tag{1.42}$$

因此，实际上并不需要真正知道映射是如何进行的，也不需要知道特征空间的基础和特性。然而，对于对称正定函数 κ，必须存在至少一个映射 $\boldsymbol{\varphi}$ 和一个特征空间 $\mathbb{H}$，以便使

$$\langle \boldsymbol{\varphi}(\boldsymbol{x}), \boldsymbol{\varphi}(\boldsymbol{y}) \rangle_{\mathbb{H}} = \kappa(\boldsymbol{x}, \boldsymbol{y}) \tag{1.43}$$

这就称为核技巧（kernel trick）。使用核技巧，可以方便地将数据映射到特征空间并进一步进行分析处理。

例 1.4 设核函数为 $\kappa(\boldsymbol{x}, \boldsymbol{y}) = (1 + \boldsymbol{x}^{\mathrm{T}} \boldsymbol{y})^2$，其中 $\boldsymbol{x} = [x_1, x_2]^{\mathrm{T}}$，$\boldsymbol{y} = [y_1, y_2]^{\mathrm{T}}$。试写出 $\boldsymbol{\varphi}(\boldsymbol{x})$ 和 $\boldsymbol{\varphi}(\boldsymbol{y})$，并验证 $\boldsymbol{\varphi}^{\mathrm{T}}(\boldsymbol{x})\boldsymbol{\varphi}(\boldsymbol{y}) = \kappa(\boldsymbol{x}, \boldsymbol{y})$。

解 用多项式表示核函数，可得

$$\kappa(\boldsymbol{x}, \boldsymbol{y}) = 1 + x_1^2 y_1^2 + 2x_1 x_2 y_1 y_2 + x_2^2 y_2^2 + 2x_1 y_1 + 2x_2 y_2$$

这样，输入矢量 $\boldsymbol{x}$ 在特征空间的像可写为 $\boldsymbol{\varphi}(\boldsymbol{x}) = [1, \ x_1^2, \ \sqrt{2}x_1 x_2, \ x_2^2, \ \sqrt{2}x_1, \ \sqrt{2}x_2]^{\mathrm{T}}$。同样，$\boldsymbol{y}$ 在特征空间的像为 $\boldsymbol{\varphi}(\boldsymbol{y}) = [1, \ y_1^2, \ \sqrt{2}y_1 y_2, \ y_2^2, \ \sqrt{2}y_1, \ \sqrt{2}y_2]^{\mathrm{T}}$。于是有

$$\boldsymbol{\varphi}^{\mathrm{T}}(\boldsymbol{x})\boldsymbol{\varphi}(\boldsymbol{y}) = \kappa(\boldsymbol{x}, \boldsymbol{y})$$

1.6 概率密度函数估计的 Parzen 窗法

以数据样本来推断概率总体分布问题，常称为统计推断问题，或称为概率密度函数估计问题，是统计信号处理与模式识别中经常遇到的问题。本节简要介绍概率密度函数的一种非参数估计方法，即 Parzen 窗估计方法。

1.6.1 概率密度函数及其估计问题

（1）概率密度函数

定义随机变量 X 取值不超过 x 的概率 P 为概率分布函数，记为 $F_X(x) = P(X \leq x)$。连续型随机变量的概率密度函数 $f_X(x)$（简记为 PDF）是描述该随机变量在某个确定取值点处的可能性的函数，定义为概率分布函数 $F(x)$ 对 x 的导数，即

$$f_X(x) = \frac{\mathrm{d}F_X(x)}{\mathrm{d}x} \tag{1.44}$$

也可以写成积分形式，即

$$F_X(x) = \int_{-\infty}^{x} f_X(\lambda)\mathrm{d}\lambda \tag{1.45}$$

最常用的概率密度函数是高斯（或称为正态）分布概率密度函数，其表达式为

$$f_X(x) = \frac{1}{\sqrt{2\pi}\sigma} \exp\left(-\frac{(x-\mu)^2}{2\sigma^2}\right) \tag{1.46}$$

式中，μ 和 σ 分别表示高斯分布的均值和标准差。若将一维的情况推广到多维，即假定 n 维随机矢量表示为 $\boldsymbol{x} = [x_1, \ x_2, \ \cdots, \ x_n]$，则 $\boldsymbol{x}$ 的概率密度函数 $f_X(\boldsymbol{x})$ 定义为其对应的 n 维概率分布函数 $F_X(\boldsymbol{x})$ 的 n 阶偏导数。

（2）概率密度函数的简单估计

给定 n 个数据样本 $x_1, x_2, \cdots, x_n$，用这些数据样本来估计对应的概率密度函数 $f_X(x)$。如果已知概率密度函数的分布形式，只需要确定其中的参数，则估计概率密度函数的问题转化为参数估计问题。但是，如果未知或不确定这些观测数据属于哪种概率分布模型，则只能用非参数估计的方法去估计真实数据所符合的概率密度模型。这就是概率密度函数估计的非参数方法。

设一个随机变量的样本 x 落入区域 R 中的概率为 $P = \int_R f_X(x)\mathrm{d}x$，假设区域 R 非常小，则 $f_X(x)$ 的变化也很小。这样，$P = \int_R f_X(x)\mathrm{d}x$ 可改写为

$$P = \int_R f_X(x)\mathrm{d}x \approx f_X(x)\int_R \mathrm{d}x = f_X(x)V \tag{1.47}$$

式中，V 表示 R 的"体积"。

另一方面，假设 $x_1, x_2, \cdots, x_n$ 是根据概率密度函数 $f_X(x)$ 独立取的 n 个样本点，其中有 k 个样本点落入区域 R 中，则关于 R 的概率估计为 $P = k/n$，这样就可以得到一个关于 $f_X(x)$ 的估计函数

$$f_X(x) = \frac{k/n}{V} \tag{1.48}$$

1.6.2 概率密度函数的 Parzen 窗估计方法

概率密度函数的 Parzen 窗估计方法是概率论中用来估计未知概率密度函数的一种有效的非参数估计方法，是以 E. Parzen 的名字命名的一种核概率密度估计方法。

设 R 为以 x 为中心的超立方体，h 为该超立方体的边长。在二维的正方形中，有 $V = h^2$，而在三维的正立方体中，则有 $V = h^3$。图 1.2 给出了二维正方形示意图。

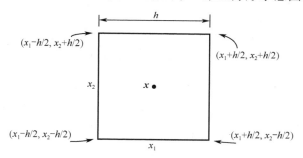

图 1.2　超立方体的二维正方形示意图

第 i 个数据样本 x_i 是否落在图 1.2 所示正方形中，可以表示为

$$\phi\left(\frac{x_i - x}{h}\right) = \begin{cases} 1, & \text{若 } \dfrac{\left|x_i^{(k)} - x^{(k)}\right|}{h} \leqslant \dfrac{1}{2}, \quad k = 1, 2 \\ 0, & \text{其他} \end{cases} \tag{1.49}$$

式中，$x^{(k)}$，$k = 1, 2$ 表示二维正方形中心的坐标。这样，Parzen 窗概率密度估计式为

$$f_X(x) = \frac{k/n}{V} = \frac{1}{n}\sum_{i=1}^{n}\frac{1}{h^2}\phi\left(\frac{x_i - x}{h}\right) \tag{1.50}$$

式中，$\phi\left(\dfrac{x_i - x}{h}\right)$ 称为窗函数。

同时，若对窗函数做一定的泛化，则可以得到其他形式的 Parzen 窗概率密度估计方法。例如，在一维的情况下，常使用高斯函数作为窗函数

$$f_X(x) = \frac{1}{n}\sum_{i=1}^{n}\frac{1}{\sqrt{2\pi}\sigma}\exp\left(-\frac{(x_i - x)^2}{2\sigma^2}\right) \tag{1.51}$$

这种方法相当于将以 n 个样本值为中心的高斯函数进行平均。其中，标准差 σ 需要预先设定。

例 1.5 给定 5 个数据样本点：$x_1 = 2$，$x_2 = 2.5$，$x_3 = 3$，$x_4 = 1$，$x_5 = 6$。试计算 $x = 3$ 位置的 Parzen 窗概率密度函数，采用 $\sigma = 1$ 的高斯函数作为窗函数。

解 依据高斯函数 $\dfrac{1}{\sqrt{2\pi}\sigma}\left(\dfrac{(x_i - x)^2}{2\sigma^2}\right)$ 分别对 5 个给定数据样本进行计算，并求其平均值。

计算过程如下：

$$\frac{1}{\sqrt{2\pi}}\exp\left(-\frac{(x_1 - x)^2}{2}\right) = \frac{1}{\sqrt{2\pi}}\exp\left(-\frac{(2-3)^2}{2}\right) = 0.2420$$

$$\frac{1}{\sqrt{2\pi}}\exp\left(-\frac{(x_2 - x)^2}{2}\right) = \frac{1}{\sqrt{2\pi}}\exp\left(-\frac{(2.5-3)^2}{2}\right) = 0.3521$$

$$\frac{1}{\sqrt{2\pi}}\exp\left(-\frac{(x_3 - x)^2}{2}\right) = \frac{1}{\sqrt{2\pi}}\exp\left(-\frac{(3-3)^2}{2}\right) = 0.3989$$

$$\frac{1}{\sqrt{2\pi}}\exp\left(-\frac{(x_4 - x)^2}{2}\right) = \frac{1}{\sqrt{2\pi}}\exp\left(-\frac{(1-3)^2}{2}\right) = 0.0540$$

$$\frac{1}{\sqrt{2\pi}}\exp\left(-\frac{(x_5 - x)^2}{2}\right) = \frac{1}{\sqrt{2\pi}}\exp\left(-\frac{(6-3)^2}{2}\right) = 0.0044$$

于是，

$$f_X(x = 3) = (0.2420 + 0.3521 + 0.3989 + 0.0540 + 0.0044) / 5 = 0.2103$$

图 1.3 给出了上述 Parzen 窗概率密度估计方法得到的结果。其中，假定给出的 5 个数据样本点对整个概率密度函数估计的贡献是相等的。

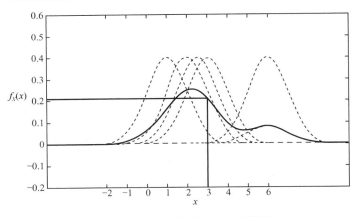

图 1.3 Parzen 窗概率密度估计举例

图 1.3 中，5 条细虚线分别表示给定的 5 个数据样本各自对应的高斯函数，而粗实曲线则表示 Parzen 窗估计方法得到的概率密度函数曲线。实际上，这条曲线是经由 5 条高斯函数曲线平均得到的。由图可见，在 $x = 3$ 处，对应的概率密度函数估计值为 0.2103。

1.7 本章小结

针对本书后续章节关于相关熵与循环相关熵基本理论及对应的信号处理方法的背景与需求，本章介绍了数学领域中关于泛函分析的初步知识，主要包括集合、映射和空间的基本概念与基本理论，介绍了核函数与再生核希尔伯特空间的概念与基本理论，还介绍了概率密度函数的 Parzen 窗估计方法。这些基本概念与基本理论，将对本书后续章节的内容提供一定的理论支持。

思考题与习题

1. 试说明什么是集合与集合中的元素。举几个例子来说明集合与其中的元素。
2. 试说明集合空集与子集的概念。
3. 集合 A 与集合 B 相等，是什么含义，如何表示？
4. 什么是有限集？什么是无限集？
5. 试说明集合的并交运算。
6. 试说明集合的差补运算。
7. 试说明映射的概念。
8. 什么是单射、双射和满射？
9. 什么是复合映射？什么是逆映射？
10. 试说明空间的概念。
11. 试解释线性空间与度量空间的概念。
12. 试解释有穷维矢量空间内积的概念。
13. 什么是范数与范数公理？什么是线性赋范空间？
14. 试说明范数需要满足的公理。
15. 试说明内积空间和希尔伯特空间的概念。
16. 试说明核函数的概念。
17. 掌握常用的核函数。
18. 试说明概率密度函数的 Parzen 窗估计方法。
19. 试证明集合的分配率：$A \cup (B \cap C) = (A \cup B) \cap (A \cup C)$。
20. 试证明集合的对偶原理，即 De Morgan 律：$\left(\bigcup\limits_{\alpha \in I} A_\alpha \right)^c = \bigcap\limits_{\alpha \in I} A_\alpha^c$。
21. 试证明等式 $(A_1 \times B_2) \cap (A_2 \times B_2) = (A_1 \cap A_2) \times (B_1 \cap B_2)$。
22. 若 X 是有限维线性赋范空间，试证明 X 上所有的范数彼此等价。

第 2 章　脉冲噪声与同频干扰下
的信号处理问题

2.1　概述

现代通信与网络技术的飞速发展，为人们带来了便捷与高效的通信方式，改变了社会的经济与文化娱乐模式，改变了人们的时间与空间观念。但是另一方面，随着各种通信与网络技术的大规模普及，人们赖以生存的环境也受到各种电磁噪声和干扰的严重影响，形成了所谓的复杂电磁环境问题。

所谓复杂电磁环境，主要是指在一定的时空范围内，自然形成和人为电磁发射的多种电磁现象的总合。构成复杂电磁环境的主要因素有各种军用电磁发射源所释放的高密度、高强度、多频谱的电磁波，民用电磁设备的辐射和自然界产生的电磁波等。

在诸如雷达、声呐、无线通信、无线电监测、目标定位及机械振动模态分析等信号处理应用领域，特别是接收信号强度较弱的条件下，接收到的有用信号（signal of interest，SOI）经常会受到各种噪声和干扰的影响，也常认为这种条件属于一种复杂的电磁环境。在复杂电磁环境下，对于信号检测、接收以及后续的分析处理、特征提取、信号识别等工作危害最大的是接收信号中混合的脉冲噪声（impulsive noise）和同频带干扰（co-channel interference），简称为脉冲噪声与同频干扰（INCI）并存环境。在这种复杂电磁环境中，传统的信号分析处理理论和方法会出现显著的性能退化，甚至不能正常工作。为此，必须研究在这种复杂电磁环境下具有较好鲁棒性的信号处理新理论与新方法。

针对这种脉冲噪声与同频干扰并存的复杂电磁环境下的信号处理问题，本章在简要介绍随机噪声统计分布理论的基础上，重点介绍描述脉冲噪声的 Alpha 稳定分布的概念、特点与理论，详细介绍复杂电磁环境下同频带（含邻近频带）干扰的概念、产生的原因与危害，并系统分析复杂电磁环境下，特别是 Alpha 稳定分布噪声条件下，传统信号处理方法产生性能退化的原因及避免退化的基本方法。

2.2　随机过程与随机信号

2.2.1　随机变量的概念

在一定条件下进行试验或观察会出现不同的结果（即出现多于一种可能的试验结果），而且在每次试验之前都无法预言将出现哪一种结果，这种现象称为随机现象。在随机试验中，可能出现也可能不出现，而在大量重复试验中具有某种规律性的事件称为随机事件。

随机变量（random variable）是表示随机现象各种结果的变量。例如，随机投掷一枚硬币，可能的结果有正面朝上或反面朝上两种。若定义 X 为投掷一枚硬币时正面朝上的情形，当正面朝上时，X 取值 1，当反面朝上时，X 取值 0，则 X 为一随机变量。又如，掷一颗骰子，其所有可能出现的结果是 1 点、2 点、3 点、4 点、5 点和 6 点。若定义 X 为掷一颗骰子时出现的点数，则 X 为一随机变量。此外，某一时间段内公共汽车站等车乘客的人数，电话交换台在一定时间段内收到的呼叫次数，以及灯泡的寿命等，都是随机变量的实例。

随机变量主要划分为连续型和离散型。连续型（continuous）随机变量在一定区间内的取值有无限多个，或数值无法一一列举出来。例如，某地区健康男性成人的身高值、体重值，一批传染性肝炎患者的血清转氨酶测定值等。有几个重要的连续型随机变量常常出现在概率论中，如均匀随机变量、指数随机变量、伽马随机变量和正态随机变量。离散型（discrete）随机变量则在一定区间内变量取值为有限个或可数个。例如，某地区某年人口的出生数、死亡数，某药治疗某疾病患者的有效数、无效数等。离散型随机变量通常依据概率质量函数分类，主要分为伯努利随机变量、二项随机变量、几何随机变量和泊松随机变量。此外，除了连续型和离散型随机变量，还存在混合型随机变量。

一般来说，若变量 X 的取值依随机试验的结果而定，则称变量 X 为随机变量。严格地说，若设 E 为随机试验，其样本空间为 $S = \{e_i\}$。如果对于每一个 $e_i \in S$，有一个实数 $X(e_i)$ 与之对应，则得到一个定义在 S 上的实的单值函数 $X = X(e)$，称 $X(e)$ 为随机变量，简写为 X。通常，用大写字母 X、Y、Z 等表示随机变量，用小写字母 x、y、z 表示对应随机变量的可能取值。

在一些实际问题中，对于某些随机试验的结果可能需要同时用两个或两个以上的随机变量来描述。举例来说，通常随机变量 X 可以用于描述随机信号的电压幅度，这时，X 称为一维随机变量；但是，若同时描述随机信号的幅度和相位，则必须使用两个随机变量 X 和 Y，由 X 和 Y 构成了一个随机矢量 (X, Y)，称 (X, Y) 为二维随机变量；对于更复杂的随机试验，则可能需要使用更多的随机变量（即多维随机变量）来描述。

2.2.2　随机过程及其统计分布

1. 随机过程与随机信号

随机变量的取值可以用来表示随机试验可能的结果。在许多情况下，这些随机变量会随着某些参数变化，是某些参数的函数，通常称这类随机变量为随机函数。在通信、电子信息与工程技术等领域，经常遇到的是以时间作为参变量的随机函数，在数学上称其为随机过程（stochastic process 或 random process）。

在工程技术中，通常使用随机信号（stochastic signal 或 random signal）的概念。所谓随机信号，是指信号中至少有一个参数（如信号的幅度或相位等）属于随机函数的一类信号。例如，测量仪器中电子元器件的热噪声是一种典型的随机信号。

定义 2.1　随机过程　设随机试验的样本空间 $S = \{e_i\}$，如果对于空间的每一个样本 $e_i \in S$，总有一个时间函数 $X(t, e_i)$，$t \in T$ 与之对应。那么，对于样本空间 S 的所有样本 $e \in S$，有一族时间函数 $X(t, e)$ 与其对应，这族时间函数定义为随机过程。

实际上，随机过程是一族时间函数的集合，用 $X(t)$ 来表示。随机过程的每个样本函数（sample function）是一个确定的时间函数 $x(t)$。另一方面，随机过程在一个确定的时刻 t_1，是一个随机变量 $X(t_1)$。由此可见，随机过程与随机变量既有区别，又有着密切的联系。在本书中，用大写形式 $X(t)$、$Y(t)$（或 $\{x(t)\}$、$\{y(t)\}$）等表示随机过程，用小写形式 $x(t)$、$y(t)$ 等表示随机过程的样本函数。

在工程技术领域，更多地使用随机信号这一概念来表示一个随机过程。在不引起混乱的前提下，也常用 $x(t)$、$y(t)$ 等表示随机信号（即随机过程）。图 2.1 给出了随机信号的例子。

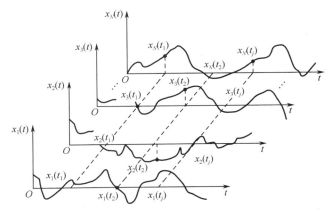

图 2.1　随机信号举例——晶体管直流放大器的温漂电压

如图 2.1 所示，如果把对晶体管直流放大器温度漂移电压的观察作为随机试验，则每一次试验得到一个样本函数 $x_i(t)$，所有样本函数的集合 $\{x_i(t)\}$，$i=1,2,\cdots,N$，当 $N\to\infty$ 时就构成了温漂电压可能经历的整个过程，即随机过程（或随机信号）$X(t)$。另一方面，在某一特定时刻 $t=t_1$，各样本函数值 $x_1(t_1),x_2(t_1),\cdots,x_N(t_1)$ 的集合构成一个随机变量，相当于在同一时刻同时测量 N 个相同放大器的输出值。

2．随机过程的概率分布与概率密度函数

随机过程 $X(t)$ 的一维分布函数和概率密度函数定义为

$$F_X(x_1,t_1)=P[X(t_1)\leqslant x_1] \tag{2.1}$$

$$f_X(x_1,t_1)=\frac{\partial F_X(x_1,t_1)}{\partial x_1} \tag{2.2}$$

同样，可以定义随机过程的 n 维概率分布函数和概率密度函数为

$$F_X(x_1,x_2,\cdots,x_n;\ t_1,t_2,\cdots,t_n)=P[X(t_1)\leqslant x_1,X(t_2)\leqslant x_2,\cdots,X(t_n)\leqslant x_n] \tag{2.3}$$

$$f_X(x_1,x_2,\cdots,x_n;\ t_1,t_2,\cdots,t_n)=\frac{\partial^n F_X(x_1,x_2,\cdots,x_n;\ t_1,t_2,\cdots,t_n)}{\partial x_1\partial x_2\cdots\partial x_n} \tag{2.4}$$

3．随机过程的数字特征

尽管随机过程的分布函数能够完全刻画随机过程的统计特性，但是在实际应用中，仅仅根据观察所得到的信息往往难于确定分布函数。因此，引入了随机过程的数字特征〔又常称为统计量（statistics）〕的概念，包括随机过程的数学期望（或均值）、方差和相关函数等。

随机过程的数学期望是该过程在时刻 t 的统计平均，是一个确定性的时间函数，定义为

$$\mu_X(t)=E[X(t)]=\int_{-\infty}^{+\infty}xf_X(x,t)\mathrm{d}x \tag{2.5}$$

随机过程的方差描述随机过程所有样本函数相对于数学期望 $\mu_X(t)$ 的分散程度，定义为

$$\sigma_X^2(t)=D[X(t)]=\int_{-\infty}^{+\infty}[x-\mu_X(t)]^2f_X(x,t)\mathrm{d}x \tag{2.6}$$

式中，$\sigma_X(t)$ 称为随机过程的标准差。

对于任意两个时刻 t_1 和 t_2，定义实随机过程 $X(t)$ 的自相关函数为

$$R_X(t_1,t_2) = E[X(t_1)X(t_2)] = \int_{-\infty}^{+\infty}\int_{-\infty}^{+\infty} x_1 x_2 f_X(x_1,x_2;\ t_1,t_2)\mathrm{d}x_1\mathrm{d}x_2 \tag{2.7}$$

定义实随机过程 $X(t)$ 和 $Y(t)$ 的互相关函数为

$$R_{XY}(t_1,t_2) = E[X(t_1)Y(t_2)] = \int_{-\infty}^{+\infty}\int_{-\infty}^{+\infty} xy f_{XY}(x,y;\ t_1,t_2)\mathrm{d}x\mathrm{d}y \tag{2.8}$$

相关的概念表征了随机过程在两个时刻之间的关联程度。与此相关联，随机过程的自协方差函数和互协方差函数分别定义为

$$C_X(t_1,t_2) = E\{[X(t_1)-\mu_X(t_1)][X(t_2)-\mu_X(t_2)]\}$$
$$= \int_{-\infty}^{+\infty}\int_{-\infty}^{+\infty} [x_1-\mu_X(t_1)][x_2-\mu_X(t_2)]f_X(x_1,x_2;\ t_1,t_2)\mathrm{d}x_1\mathrm{d}x_2 \tag{2.9}$$

$$C_{XY}(t_1,t_2) = E\{[X(t_1)-\mu_X(t_1)][Y(t_2)-\mu_Y(t_2)]\}$$
$$= \int_{-\infty}^{+\infty}\int_{-\infty}^{+\infty} [x-\mu_X(t_1)][y-\mu_Y(t_2)]f_{XY}(x,y;\ t_1,t_2)\mathrm{d}x\mathrm{d}y \tag{2.10}$$

由以上各式不难看出，相关函数与协方差函数满足如下关系：

$$C_X(t_1,t_2) = R_X(t_1,t_2) - \mu_X(t_1)\mu_X(t_2) \tag{2.11}$$

$$C_{XY}(t_1,t_2) = R_{XY}(t_1,t_2) - \mu_X(t_1)\mu_Y(t_2) \tag{2.12}$$

对于互相关函数和互协方差函数，若对任意两个时刻 t_1 和 t_2 都有 $R_{XY}(t_1,t_2)=0$，则称 $X(t)$ 和 $Y(t)$ 为正交过程；若对任意两个时刻 t_1 和 t_2 都有 $C_{XY}(t_1,t_2)=0$，则称 $X(t)$ 和 $Y(t)$ 是互不相关的。当 $X(t)$ 和 $Y(t)$ 相互独立时，$X(t)$ 和 $Y(t)$ 也一定是互不相关的。

2.2.3　时间片段（FOT）的概念

在经典的随机信号处理中，通常把信号建模为随机过程的一个实现（或称为样本函数），其概率统计函数定义为随机过程的总体平均。但是在某些场合下，可能只能得到时间序列的一个实现。例如，某种特定生物的生物信号、来自特定机械的振动信号、来自特定天体的信号、来自特定发射机的通信信号、特定场景记录的温度信号等，都可能只有一个时间序列的样本信号。在这些情况下，样本信号的总体是不存在的，或者是不可得到的。实际上，作为总体实现的随机过程，只是为创建信号分析方法的数学模型而引入的一种抽象。当手头只有单一的时间序列时，这种抽象就不那么必要，也无法实现了。

针对上述情况，在随机信号处理领域存在另一种信号分析处理的方法，称为"时间片段"（fraction-of-time，FOT）方法。在这种信号处理方法中，把观测到的信号或时间序列建模为单一时间函数，而不再将其考虑为随机过程的一个样本函数。这种方法是由 Wiener 于 1930 年在进行相关函数与谱估计时首次引入的。在 FOT 方法中，假设在观测时段之外也存在信号。但是与经典随机分析方法不同，FOT 方法避免了随机分析方法的两个抽象过程：先把观测到的一段信号扩展到整个时间范围，再把这个信号视为随机过程总体的一个样本实现。

FOT 方法的关键概念是 1938 年由 Kac 等人引入的相对测度（relative measure）μ_R 的概念。在 FOT 方法中，一旦对信号 $x(t)$ 确定了相对可测的特性，就可以构建一个有效的分布函数，而其数学期望则是信号的无限时间平均。由该分布和期望，可以得到熟悉的在统计信号分析中常用的时不变概率统计函数，包括均值、矩和累积量等概念。此外，若考虑该信号的两个或多个时移版本，则可以将此概念扩展到多变量情形，从而定义时不变的联合概率分布、

自相关函数、互相关函数和累积量等概念。在这个框架下，还可以进一步定义函数的独立性，且中心极限定理也得到了证明。

Gardner 等人的研究表明，基于无限时间平均值作为数学期望的 FOT 概率方法，可以得到由单一时间信号构建的平稳概率模型。对上述概念进一步扩展，使得 FOT 方法可以适应于周期性和准周期性时变概率函数。在这种情况下，期望算子成为信号中准周期成分的提取算子。FOT 方法也可以更进一步推广到高阶准周期时变统计量的情形。

在统计信号处理实际应用中，由于人们很难获取一个随机过程的总体，并对该总体进行直接的分析与处理，因此往往是对该随机过程总体的一个或几个样本实现进行分析处理。这个思路实际上与 FOT 方法的理论框架是相似的。在本书后面章节，将继续讨论随机过程或随机信号的概念与分析处理理论方法，而 FOT 的概念与方法可以作为一个参考。

2.3 平稳随机信号

2.3.1 平稳随机信号的概念

根据随机信号统计特性的时变特性，可以将随机信号分为平稳随机信号（stationary random signal）和非平稳随机信号（non-stationary random signal）两类。其中，平稳随机信号又可以分为严平稳（strict-sense stationary）随机信号（即狭义平稳随机信号）和宽平稳（wide-sense stationary）随机信号（习惯上常称为广义平稳随机信号）两类。

平稳随机信号是一类非常重要的随机信号。在实际应用中，许多随机信号是平稳的或近似平稳的。由于对平稳随机信号的分析与处理要比一般随机信号简单得多，因此，无论是理论研究还是实际应用，都尽可能把随机信号近似看作平稳的。

定义 2.2 严平稳随机过程 如果对于时间 t 的任意 n 个值 $t_1, t_2, \cdots, t_n$ 和任意实数 τ，随机过程（随机信号）$X(t)$ 的 n 维分布函数不随时间平移而变化，即满足

$$F_X(x_1, x_2, \cdots, x_n; \ t_1, t_2, \cdots, t_n) = F_X(x_1, x_2, \cdots, x_n; \ t_1 + \tau, t_2 + \tau, \cdots, t_n + \tau) \quad (2.13)$$

则称 $X(t)$ 为严平稳随机过程（随机信号），又称为狭义平稳随机过程（随机信号）。

也就是说，严平稳随机信号的 n 维概率分布函数不随时间起点的不同而变化。这样，在任何时刻计算它的统计结果都是相同的。

若两个随机信号 $X(t)$ 和 $Y(t)$ 的任意 $n+m$ 维的联合概率分布不随时间平移而变化，即满足

$$\begin{aligned} &F_{XY}(x_1, x_2, \cdots, x_n, y_1, y_2, \cdots, y_m; \ t_1, t_2, \cdots, t_n, t_1', t_2', \cdots, t_m') \\ &= F_{XY}(x_1, x_2, \cdots, x_n, y_1, y_2, \cdots, y_m; \ t_1 + \tau, t_2 + \tau, \cdots, t_n + \tau, t_1' + \tau, t_2' + \tau, \cdots, t_m' + \tau) \end{aligned} \quad (2.14)$$

则称随机信号 $X(t)$ 和 $Y(t)$ 是联合严平稳的。

严平稳随机信号具有两个主要性质：①严平稳随机信号 $X(t)$ 的一维概率密度与时间无关；②严平稳随机信号 $X(t)$ 的二维概率密度只与两个时刻 t_1 与 t_2 的间隔有关，而与时间的起点无关。

定义 2.3 宽平稳随机过程 如果随机过程（随机信号）满足下述条件：

$$E[X(t)] = \mu_X(t) = \mu_X$$
$$E[X^2(t)] < \infty \quad (2.15)$$
$$R_X(\tau) = R_{XX}(t_1, t_2) = E[X(t)X(t+\tau)]$$

则称 $X(t)$ 为宽平稳随机过程（随机信号）或广义平稳随机过程（随机信号）。式中，$\tau = t_2 - t_1$。

由上述两个定义可知，严平稳是从 n 维概率分布函数出发来定义的，而宽平稳只考虑了一维和二维统计特性函数。在工程实际中，较为常用的是广义平稳的概念。在本书的后续章节中，若不特别指明，则均指宽平稳或广义平稳。

当两个随机信号 $X(t)$ 和 $Y(t)$ 分别为广义平稳时，若它们的互相关函数满足

$$R_{XY}(\tau) = E[X(t)Y(t+\tau)] \tag{2.16}$$

则 $X(t)$ 和 $Y(t)$ 为联合广义平稳的。

广义平稳的离散时间随机信号 $X(n)$ 具有以下特性：

$$E[X(n)] = \mu_X(n) = \mu_X \tag{2.17}$$

$$E[X(n)X(n+m)] = R_X(n_1, n_2) = R_X(m), \quad m = n_2 - n_1 \tag{2.18}$$

$$E[(X(n) - \mu_X)^2] = \sigma_X^2(n) = \sigma_X^2 \tag{2.19}$$

$$E[(X(n) - \mu_X)(X(n+m) - \mu_X)] = C_X(n_1, n_2) = C_X(m) \tag{2.20}$$

若 $X(n)$ 和 $Y(n)$ 为两个广义平稳随机信号，则

$$E[X(n)Y(n+m)] = R_{XY}(m) \tag{2.21}$$

$$E[(X(n) - \mu_X)(Y(n+m) - \mu_Y)] = C_{XY}(m) \tag{2.22}$$

例 2.1　随机过程 $X(t) = A\cos(\omega_0 t + \Theta)$，$\Theta$ 为在 $[0, 2\pi]$ 范围满足 $f_\Theta(\theta) = \dfrac{1}{2\pi}$ 的均匀分布随机变量。试求 $X(t)$ 的均值、相关函数，并分析其平稳性。

解　$X(t)$ 的均值为

$$\mu_X(t) = E[X(t)] = E[A\cos(\omega_0 t + \Theta)] = \int_0^{2\pi} A\cos(\omega_0 t + \theta) \cdot \frac{1}{2\pi} \mathrm{d}\theta = \frac{A}{2\pi}\sin(\omega_0 t + \theta)\Big|_0^{2\pi} = 0$$

$X(t)$ 的相关函数为

$$\begin{aligned}
R_X(t_1, t_2) &= E[X(t_1)X(t_2)] = A^2 E[\cos(\omega_0 t_1 + \Theta)\cos(\omega_0 t_2 + \Theta)] \\
&= A^2 \int_0^{2\pi} \cos(\omega_0 t_1 + \theta)\cos(\omega_0 t_2 + \theta) \cdot \frac{1}{2\pi} \mathrm{d}\theta \\
&= \frac{A^2}{2} \int_0^{2\pi} [\cos[\omega_0(t_1 + t_2) + 2\theta] + \cos[\omega_0(t_2 - t_1)]] \cdot \frac{1}{2\pi} \mathrm{d}\theta \\
&= \frac{A^2}{2}\cos\omega_0\tau
\end{aligned}$$

式中，$\tau = t_2 - t_1$。由上述计算可知，$X(t)$ 的均值和相关函数均与观察时间 t 无关，因此 $X(t) = A\cos(\omega_0 t + \Theta)$ 为广义平稳随机过程。

2.3.2　平稳随机信号的各态历经性

对于平稳随机信号 $X(t)$ 或 $X(n)$，若其所有样本函数在某一固定时刻的一阶和二阶统计特性在概率意义上等于单一样本函数在长时间内的时间平均，则称 $X(t)$ 或 $X(n)$ 为各态历经（ergodic）信号，又称为各态遍历信号。各态历经的含义是，单一样本函数随时间变化的过程可以包括该信号所有样本函数的取值经历。这样，可以定义各态历经信号的数字特征。设 $x(t)$ 为各态历经信号 $X(t)$ 的一个样本函数，则有

$$E[X(t)] = \mu_X = \overline{x(t)} = \lim_{T \to +\infty} \frac{1}{2T} \int_{-T}^{T} x(t)\mathrm{d}t = \mu_x \tag{2.23}$$

21

$$E[X(t)X(t+\tau)] = R_X(\tau) = \lim_{T \to +\infty} \frac{1}{2T} \int_{-T}^{T} x(t)x(t+\tau)\mathrm{d}t = R_x(\tau) \tag{2.24}$$

式中，T 表示观测时长，$E[\cdot]$ 表示统计期望，又常称为集总平均，$\overline{x(t)}$ 表示对 $X(t)$ 中某一样本函数 $x(t)$ 取时间平均。μ_x 和 $R_x(\tau)$ 分别表示 $x(t)$ 的样本均值与样本自相关函数。对于各态历经的离散随机信号 $X(n)$，则相应地有

$$E[X(n)] = \mu_X = \overline{x(n)} = \lim_{N \to +\infty} \frac{1}{2N+1} \sum_{n=-N}^{N} x(n) = \mu_x \tag{2.25}$$

$$E[X(n)X(n+m)] = R_X(m) = \lim_{N \to +\infty} \frac{1}{2N+1} \sum_{n=-N}^{N} x(n)x(n+m) = R_x(m) \tag{2.26}$$

定义 2.4 各态历经过程 已知 $X(t)$〔或 $X(n)$〕为一平稳随机过程，若式（2.23）〔或式（2.25）〕以概率 1 成立，则称 $X(t)$〔或 $X(n)$〕具有均值各态历经性。若式（2.24）〔或式（2.26）〕以概率 1 成立，则称 $X(t)$〔或 $X(n)$〕具有相关函数各态历经性。若 $X(t)$〔或 $X(n)$〕的均值和自相关函数均具有各态历经性，则称 $X(t)$〔或 $X(n)$〕为各态历经过程。

所谓以概率 1 成立，其含义是对随机过程的所有样本函数都成立。一个各态历经的随机信号必定是平稳的，而平稳随机信号不一定是各态历经的。如果两个随机信号都是各态历经的，且它们的时间相关函数等于统计相关函数，则称它们是联合各态历经的。

例 2.2 已知随机过程 $X(t) = A\cos(\omega_0 t + \Theta)$，$\Theta$ 为在 $[0, 2\pi]$ 范围满足 $p(\theta) = \dfrac{1}{2\pi}$ 均匀分布的随机变量（与例 2.1 相同）。试分析 $X(t)$ 的各态历经性。

解 时间平均的均值为

$$\mu_x(t) = \lim_{T \to \infty} \frac{1}{2T} \int_{-T}^{T} A\cos(\omega_0 t + \theta)\mathrm{d}t = 0 = \mu_X(t) = E[X(t)]$$

时间平均的自相关函数为

$$\begin{aligned}
R_x(\tau) &= \lim_{T \to \infty} \frac{1}{2T} \int_{-T}^{T} A\cos(\omega_0 t + \theta) A\cos[\omega_0(t+\tau) + \theta]\mathrm{d}t \\
&= \lim_{T \to \infty} \frac{A^2}{2} \cdot \frac{1}{2T} \int_{-T}^{T} [\cos(2\omega_0 t + \omega_0 \tau + 2\theta) + \cos(\omega_0 \tau)]\mathrm{d}t \\
&= \frac{A^2}{2} \cos \omega_0 \tau = R_X(t_1, t_2) = E[X(t_1)X(t_2)]
\end{aligned}$$

由以上结果可知，时间平均的均值与统计平均的均值相等，即 $\mu_x(t) = E[X(t)]$，且时间平均的自相关函数与统计平均的自相关函数相等，即 $R_x(\tau) = E[X(t_1)X(t_2)]$。故随机过程 $X(t) = A\cos(\omega_0 t + \Theta)$ 是各态历经的。

2.3.3 常见的随机信号与随机噪声

1. 高斯（正态）分布随机信号

设随机过程 $X(t)$，若对于任何有限时刻 t_i（$i = 1, 2, \cdots, n$），由随机变量 $X_i = X(t_i)$ 组成的任意 n 维随机变量的概率分布是高斯分布的，则该随机过程称为高斯分布随机过程。高斯过程的 n 维概率密度函数和 n 维特征函数分别为

$$f_X(x_1, x_2, \cdots, x_n;\ t_1, t_2, \cdots, t_n) = \frac{1}{(2\pi)^{n/2} |\boldsymbol{C}|^{1/2}} \exp\left[-\frac{1}{2|\boldsymbol{C}|} \sum_{i=1}^n \sum_{j=1}^n |\boldsymbol{C}|_{ij} (x_i - \mu_{X_i})(x_j - \mu_{X_j})\right] \tag{2.27}$$

$$\phi_X(u_1, u_2, \cdots, u_n;\ t_1, t_2, \cdots, t_n) = \exp\left[j\sum_{i=1}^n u_i \mu_{X_i} - \frac{1}{2}\sum_{i=1}^n \sum_{j=1}^n C_{ij} u_i u_j\right]$$

式中，$\mu_{X_i} = E[X(t_i)]$，$|\boldsymbol{C}|_{ij}$ 是行列式 $|\boldsymbol{C}|$ 中元素 C_{ij} 的代数余子式，而 $C_{ij} = E[(X_i - \mu_{X_i})(X_j - \mu_{X_j})]$ 组成以下行列式：

$$|\boldsymbol{C}| = \begin{vmatrix} C_{11} & C_{12} & \cdots & C_{1n} \\ C_{21} & C_{22} & \cdots & C_{2n} \\ \vdots & \vdots & \ddots & \vdots \\ C_{n1} & C_{n2} & \cdots & C_{nn} \end{vmatrix} \tag{2.28}$$

并且，有 $C_{ij} = C_{ji}$，$C_{ii} = \sigma_{X_i}^2$。

同样，可以很方便地用矩阵形式给出高斯过程的 n 维概率密度函数和 n 维特征函数。令 $\boldsymbol{X} = [X_1, X_2, \cdots, X_n]^T$，其均值矢量为

$$E[\boldsymbol{X}] = \boldsymbol{\mu} = [E[X_1]\ E[X_2]\ \cdots\ E[X_n]]^T = [\mu_{X_1},\ \mu_{X_2},\ \cdots,\ \mu_{X_n}]^T \tag{2.29}$$

协方差矩阵为

$$\boldsymbol{C} = \begin{bmatrix} E[(X_1 - \mu_{X_1})^2] & \cdots & E[(X_1 - \mu_{X_1})(X_n - \mu_{X_n})] \\ \vdots & \ddots & \vdots \\ E[(X_n - \mu_{X_n})(X_1 - \mu_{X_1})] & \cdots & E[(X_n - \mu_{X_n})^2] \end{bmatrix} \tag{2.30}$$

高斯随机过程的 n 维概率密度函数和 n 维特征函数为

$$f_X(\boldsymbol{X}) = \frac{1}{(2\pi)^{n/2}\sqrt{|\boldsymbol{C}|}} \exp\left[-\frac{1}{2}(\boldsymbol{X} - \boldsymbol{\mu})^T \boldsymbol{C}^{-1}(\boldsymbol{X} - \boldsymbol{\mu})\right] \tag{2.31}$$

$$\Phi_X(\boldsymbol{u}) = \exp[j\boldsymbol{\mu}^T \boldsymbol{u} - \boldsymbol{u}^T \boldsymbol{C} \boldsymbol{u} / 2]$$

式中，$\boldsymbol{u} = [u_1,\ u_2,\ \cdots,\ u_n]^T$。

高斯随机过程是最常用的随机信号模型。由以上描述可知：只要知道信号的均值矢量 $E[\boldsymbol{X}] = \boldsymbol{\mu}$ 和协方差矩阵 $\boldsymbol{C}$，任意阶数的高斯概率密度函数均可以解析地表示出来。

若 $X(t)$ 为一维高斯随机信号，则有

$$f_X(x, t) = \frac{1}{\sqrt{2\pi}\sigma_X(t)} e^{-\frac{(x(t) - \mu_X(t))^2}{2\sigma_X^2(t)}} \tag{2.32}$$

$$\phi_X(u, t) = e^{[j\mu_X(t)u - \frac{1}{2}\sigma_X^2(t)u^2]}$$

式中，$\sigma_X^2(t)$ 表示随机信号 $X(t)$ 的方差函数，$\mu_X(t)$ 表示其均值函数。

若高斯过程是宽平稳的，则其一定是严平稳的。若高斯过程的各随机变量是不相关的，则其一定是统计独立的。此外，高斯过程经过线性运算之后仍为高斯过程。

例 2.3　用 MATLAB 程序随机产生服从高斯分布的 100 点均值为 0、方差为 1 的样本序列。并根据该数据计算其样本数字特征。

解　图 2.2 给出了由 MATLAB 产生的 100 点高斯分布随机信号序列的曲线。根据样本数字特征的计算公式，可以得到样本均值 $\hat{m}_x = -0.0804$ 和样本方差 $\hat{\sigma}_x^2 = 0.925$。如果增加数据

长度，则可以使计算结果进一步逼近其理论均值和理论方差。

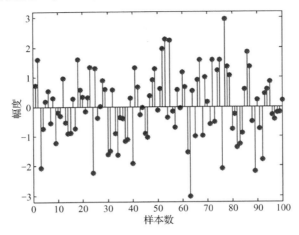

图 2.2　高斯分布随机信号序列

本例的 MATLAB 程序段如下：

```
clear all;  x=zeros(100,1);  x=randn(100,1);
mm=mean(x);  vv=var(x);                      %计算产生白噪声的均值与方差
figure(1);  stem(x,'filled');                 %绘制离散曲线
xlabel('样本数');  ylabel('幅度');  axis([0 100 -3.5 3.5]);  %曲线坐标
```

2．白噪声

白噪声（white noise）定义为在所有频率上具有相等功率谱密度的不相关随机过程。白噪声常用符号 $w(t)$ 表示，其双边功率谱密度表示为 $S_w(\omega)=N_0/2$。其中，常数 N_0 表示白噪声平坦功率谱密度的数值。由维纳-辛钦定理（Wiener-Khinchin theorem）可知，功率谱密度函数与自相关函数为一对傅里叶变换对，故其自相关函数表示为

$$R_w(\tau)=(N_0/2)\delta(\tau) \tag{2.33}$$

只有当 $\tau=0$ 时，$R_w(\tau)$ 才有非零值。当 $\tau\neq0$ 时，$R_w(\tau)\equiv0$。其含义表示不同时刻的白噪声是互不相关的。另一方面，白噪声的平均功率是趋于无穷大的，因而白噪声是物理不可实现的。然而在实际应用中，白噪声作为一个随机信号的模型，对于简化分析是很有意义的。

图 2.3 给出了白噪声的功率谱密度函数和自相关函数的曲线形式。

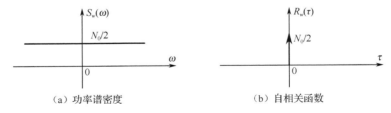

（a）功率谱密度　　　　　　　　　　　　（b）自相关函数

图 2.3　白噪声的功率谱密度和自相关函数

在许多实际问题中，通常使用高斯分布的白噪声。因此，高斯白噪声（Gaussian white noise）通常被用于表示具有高斯概率密度分布的白噪声随机过程。

类似地，若离散时间平稳随机序列 $W(n)$ 对所有 m 恒有自相关函数 $R_W(m)=(N_0/2)\delta(m)$ 和功率谱 $S_W(\mathrm{e}^{\mathrm{j}\omega})=N_0/2$，则称 $W(n)$ 为白噪声序列。

3．带限白噪声

由白噪声的定义可知，纯粹的白噪声只是一个理论上的概念，因为它需要有无穷大的功率来覆盖无穷宽的频率范围。另一方面，所有离散时间信号必须是有限带宽的，其最高频率分量必须小于采样频率的一半。定义带宽为 B 的带限白噪声信号 $X(t)$ 的功率谱为

$$S_X(\omega) = \begin{cases} N_0/2, & |\omega| \leqslant B \\ 0, & |\omega| > B \end{cases} \tag{2.34}$$

对上式两边求取傅里叶逆变换，得到带限白噪声的自相关函数为

$$R_X(\tau) = \frac{BN_0}{2\pi} \cdot \frac{\sin(B\tau)}{B\tau} \tag{2.35}$$

需要注意的是，带限白噪声的自相关函数在 $\tau = K\dfrac{\pi}{B}$（K 为整数）处有 $R_X(\tau) = 0$。因此，若采样速率为 π/B，则采样得到的数据样本将互不相关。π/B 也就是奈奎斯特采样率。

4．高斯-马尔可夫过程

自相关函数为指数型的平稳高斯过程称为高斯-马尔可夫过程。其自相关函数和功率谱密度函数分别为

$$R(\tau) = \sigma^2 \mathrm{e}^{-\beta|\tau|}$$

$$S(\omega) = \frac{2\sigma^2\beta}{\omega^2 + \beta^2} \tag{2.36}$$

式中，需保证指数参数 $\beta > 0$。随着采样间隔的加大，信号各采样值的相关性减弱，并趋于不相关。这种随机过程可以看作高斯白噪声是通过一个一阶自回归系统产生的。

5．有色噪声

有色噪声（colored noise）是指功率谱密度在整个频域内呈非均匀分布的噪声。由于其在各频段内的功率不同，与有色光相似，所以被称为有色噪声。在实际应用中，大多数音频噪声，如汽车噪声、计算机风扇噪声、电钻噪声等都属于有色噪声。

6．热噪声

热噪声（thermal noise）又称为 Johnson 噪声，是由导体中带电粒子的随机运动产生的。热噪声是所有电导体固有的，我们知道，电导体中含有大量的自由电子以及在平衡位置随机振动的离子。电子的自发运动构成了自发电流，即热噪声。随着温度的升高，自由电子会跃迁到更高的能级，热噪声也会增加。热噪声具有平坦的功率谱，因此属于白噪声。热噪声是不能通过对电子系统的屏蔽和接地而避免的。

7．散粒噪声

散粒噪声（shot noise）又称为散弹噪声，是由于离散电荷运动形成电流而引起的随机噪声，其噪声强度随着通过导体平均电流的增加而增加。散粒噪声这一名词，来自真空管内阴极发射电子的随机变化。电流中的离散电荷粒子是随机到达的，故平均粒子电流会有起伏变化。这种粒子流速率的波动形成了散粒噪声。半导体中的电子流以及电子和空穴的重新结合、光敏二极管发射的光电子流等，也会形成散粒噪声。散粒噪声与热噪声不同，热噪声是由于电子的随机热运动而产生的，与电压无关，而散粒噪声在有电压和电流时才产生。粒子到达

或发射速率的随机性表明散粒噪声的随机变化可以用泊松概率分布来描绘。

8. 电磁噪声

电磁噪声（electromagnetic noise）是指环境中存在的由电磁场交替变化而产生的噪声。实际上，每个产生、消耗或传输能量的电子设备都是无线电频谱的污染源，也是其他系统潜在的电磁噪声干扰源。一般来说，电压或电流越大，电子线路或设备之间的距离越近，所引起的电磁噪声就越大。在实际应用中，电磁噪声的来源主要包括：变压器、无线电和电视发射机、移动电话、微波发射器、交流电力线、电机和电机起动器、发电机、继电器、振荡器、荧光灯以及电磁风暴等。电磁噪声的主要特性与交变电磁场特性、受迫振动部件和空间形状等因素有关。电磁噪声通常是脉动的和随机的，也可以是周期性的。

2.4 非平稳随机信号与循环平稳随机信号

2.4.1 非平稳随机信号

任何既不属于严平稳又不属于广义平稳的随机信号，均称为非平稳随机信号。用统计量来叙述如下：若随机信号的某阶统计量是随时间变化的，则该随机信号为非平稳随机信号。最常见的非平稳随机信号是均值、方差、自相关函数或功率谱密度随时间变化的信号。从实际应用的角度来说，自然界和工程技术中的许多信号为非平稳随机信号。

非平稳随机信号的概率密度是时间的函数，当 $t = t_i$ 时的概率密度函数为

$$f(x, t_i) = \lim_{\Delta x \to 0} \frac{P[x < x(t_i) < x + \Delta x]}{\Delta x} \tag{2.37}$$

且满足 $\int_{-\infty}^{\infty} f(x, t_i) \mathrm{d}x = 1$。式中，$P$ 表示概率。基于概率密度函数 $f(x, t)$，可定义非平稳随机信号的均值 $\mu_x(t)$、均方值 $D_x(t)$ 和方差 $\sigma_x^2(t)$ 分别为

$$\mu_x(t) \triangleq E[x(t)] = \int_{-\infty}^{\infty} x f(x, t) \mathrm{d}x \tag{2.38}$$

$$D_x(t) \triangleq E[x^2(t)] = \int_{-\infty}^{\infty} x^2 f(x, t) \mathrm{d}x \tag{2.39}$$

$$\sigma_x^2(t) \triangleq D_x(t) - \mu_x^2(t) \tag{2.40}$$

应注意，非平稳随机信号只有集总意义上的统计特性，并无时间意义上的统计特性。图 2.4 给出了非平稳随机信号统计特性随时间变化的例子。

（a）时变均值情况

（b）时变均方值的情况

图 2.4 非平稳随机信号统计特性随时间变化的例子

2.4.2 循环平稳随机信号

在工程技术中，特别是在通信技术中常遇到一类非平稳随机信号，这类信号本身是非平稳的、随机的，但是它们的某些统计特性呈现某种周期性特性，称这类信号为循环平稳随机信号。例如，通信技术中的许多调制信号、某些机械振动信号、某些医学检测信号等，均呈现某种循环平稳特性，这类信号可以归为循环平稳随机信号（cyclostationary random signal）。

循环平稳随机信号是非平稳随机信号中的一个重要子类。循环平稳随机信号又可以进一步分为严循环平稳（strict-sense cyclostationary）随机信号和广义循环平稳（wide-sense cyclostationary）随机信号两类。若随机信号 $X(t)$ 的任意 n 阶概率分布函数满足周期性，则称 $X(t)$ 为严循环平稳随机信号；而若 $X(t)$ 的均值和相关函数满足周期性，则称 $X(t)$ 为广义循环平稳随机信号。关于随机信号循环平稳性的更严格的定义和更详细的讨论，将在本书第 4 章中给出。

需要说明的是，循环平稳随机信号并不是周期性信号。循环平稳信号的周期性是"潜在"的，是统计意义上的，是体现在其统计特性上的。在工程应用中，这种潜在的周期特征对于某些信号分析是很有意义的。例如，在通信技术中，对于同频带干扰下的信号参数估计问题，可以利用信号的循环平稳特性，在"循环频率域"对信号进行参数估计或信号分析，以抑制或排除同频带干扰的影响。

例 2.4 设实值广义平稳随机信号 $X(t)$ 通过幅度调制（AM）得到 AM 调制信号 $Y(t) = X(t)\cos(\omega_c t)$。其中，$\omega_c$ 为常数载频频率。试分析 AM 调制信号 $Y(t)$ 的循环平稳性。

解 计算 $Y(t)$ 的均值为
$$m_Y(t) = E[Y(t)] = E[X(t)]\cos(\omega_c t) = m_X \cos(\omega_c t)$$
计算 $Y(t)$ 的自相关函数为
$$\begin{aligned} R_Y(t, t+\tau) &= E[X(t)\cos(\omega_c t) \cdot X(t+\tau)\cos\omega_c(t+\tau)] \\ &= R_X(\tau)\cos\omega_c(t+\tau)\cos(\omega_c t) \\ &= \frac{1}{2}R_X(\tau)[\cos\omega_c(2t+\tau) + \cos(\omega_c\tau)] \end{aligned}$$

显然，AM 调制信号的均值 $m_Y(t)$ 是周期为 $2\pi/\omega_c$ 的周期函数，而其自相关函数 $R_Y(t, t+\tau)$ 是周期为 π/ω_c 的周期函数。因此，AM 调制信号 $Y(t)$ 为循环平稳信号，其统计特性的周期为 $T = 2\pi/\omega_c$。

2.4.3 通信中常用的几种随机信号

1. 随机正弦信号

随机正弦信号是通信信号中应用广泛的信号模型，定义为
$$X(t) = A\cos(\omega t + \theta), \quad t \in (-\infty, +\infty) \tag{2.41}$$
式中，A、ω 和 θ 三个参量部分或全部为随机变量。可以证明，若 ω 为确定量，A 和 θ 相互独立，并分别服从参数为 σ^2 的瑞利分布（Rayleigh distribution）和 $[0, 2\pi)$ 的均匀分布（uniform distribution），则该随机正弦信号的均值为 $E[X(t)] = 0$，其自相关函数为 $R_X(t_1, t_2) = \sigma^2\cos\omega_0(t_1 - t_2)$，显然，$R_X(t_1, t_2)$ 是随时间间隔按正弦规律变化的。

2．伯努利随机序列

伯努利（Bernoulli）随机序列表示为 $\{X_n,\ n=1,2,\cdots\}$。其中，各 X_n 为独立同分布的二值随机变量，记为 $P(X_n=1)=p$，$P(X_n=0)=1-p=q$，或 $X_n \sim B(1,p)$。

伯努利随机序列可以用来描述许多随机现象。例如，在 $n=1,2,\cdots$ 时刻独立、无休止地进行相同的投币试验，结果为正面记为 1，背面记为 0。在各种数字通信中，串行传输的二进制比特流也常用伯努利随机序列模型来描述。

伯努利随机序列的均值为 $E[X_n]=p$，其自相关函数为

$$R_X(n_1,n_2)=pq\delta(n_1-n_2)+p^2 \tag{2.42}$$

3．半随机二进制传输信号

半随机二进制传输信号是通信技术等领域广泛使用的传输信号模型，表示为 $\{X(t)=2X_n-1,\ (n-1)T\le t\le nT,\ t\ge 0\}$，其中，$\{X_n,\ n=1,2,\cdots\}$ 是伯努利随机序列，T 为常数，常在通信中表示 1 个时隙的时间长度。

半随机二进制传输信号也可以表示为

$$X(t)=\begin{cases}+1, & \text{若} X_n=1,\\ -1, & \text{若} X_n=0,\end{cases}\quad t\in[(n-1)T,nT] \tag{2.43}$$

半随机二进制传输信号的均值为 $E[X(t)]=p-q$，其自相关函数为

$$R_X(t_1,t_2)=\begin{cases}p+q=1, & \text{若} n_1=n_2,\ \text{即两时刻位于同一时隙}\\ 1-4pq, & \text{若} n_1\ne n_2,\ \text{即两时刻位于不同时隙}\end{cases} \tag{2.44}$$

图 2.5 给出了半随机二进制传输信号样本函数的示意图。

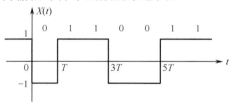

图 2.5　半随机二进制传输信号示意图

由图 2.5 可见，半随机二进制传输信号的时隙位置准确地与 $t=0$ 对齐，在通信技术中，这实际上是确知同步时钟的情形。

若同步时钟不能完全确知，则有更一般的情形，称为随机二进制传输信号，定义为 $Y(t)=X(t-\tau)$。其中，τ 是独立于 $X(t)$ 且在 $[0,T]$ 上均匀分布的随机变量。由于 τ 引入了随机滑动延迟，使得时隙边界的位置具有完全的不确定性。

2.5　Alpha 稳定分布与其他非高斯分布

2.5.1　Alpha 稳定分布的概念

1．从高斯分布到 Alpha 稳定分布

长期以来，囿于计算机的计算速度、存储空间，以及数学、信号分析处理理论和算法的

局限性，人们往往将实际应用中遇到的各种信号和噪声近似考虑为高斯分布。这是因为中心极限定理表明：在一定条件下，大量独立随机变量之和的极限分布是高斯分布。而且，基于高斯分布的假定使人们易于对信号处理问题建模，并对所设计的信号处理算法进行理论上的解析分析。因此，在通信、滤波、语音、参数估计检测、系统辨识等许多研究领域，高斯分布模型一直占据着主导地位，很多信号处理理论和方法都是基于高斯分布提出和发展的。

但是，在许多实际环境中，由于自然因素（如大气噪声、磁暴、雷电、宇宙电磁波等）和人为因素（如荧光灯、微波炉、汽车发动机点火、电动机、发电机、各种电磁设备等）的影响，噪声并不一定符合高斯分布。例如，雷达、声呐、无线通信、卫星通信和无线电监测等领域中实际测试数据中的强冲激性噪声发生概率较大。即在某些时刻，噪声/信号呈现突发的尖峰状，这样的过程被称为脉冲噪声/信号（impulsive noise/signal）。

根据信号处理理论，为深入分析和探讨算法的性能，通常需要基于一定的概率分布理论对信号和噪声进行建模或描述。当理想的基于高斯模型的算法在非高斯环境中不能得到最优解时，必须基于一个更有效的统计模型来进行新理论的发展。这个模型既要考虑其对噪声/信号本质的准确描述，又要考虑计算和分析的简洁性。目前，非高斯信号处理领域主要采用以下 4 种非高斯分布：混合高斯分布（Gaussian mixture model，高斯混合模型）、广义高斯分布（generalized Gaussian distribution）、广义柯西分布（generalized Cauchy distribution）和 Alpha稳定分布（Alpha-stable distribution）。表 2.1 对上述 4 种非高斯分布进行了比较。

表 2.1　几种常用非高斯分布的比较

分布类型	闭式概率密度函数 $f_X(x)$	特　点	拖　尾
混合高斯分布	$f_X(x) = \sum_{i=1}^{N} P(X_i) f_{X_i}(x_i)$	（1）数学描述和分析简单；（2）高斯分布是其特例	指数拖尾
广义高斯分布	$f_X(x) = \dfrac{\alpha}{2\beta\Gamma(1/\alpha)} \exp\left[-\left\|\dfrac{x-\mu}{\beta}\right\|^{\alpha}\right]$ 其中，$\Gamma(z) = \displaystyle\int_0^{\infty} \mathrm{e}^{-t} t^{z-1} \mathrm{d}t$ 为伽马函数，μ、σ^2、α 和 β 分别表示均值、方差、形状参数和尺度参数	（1）数学描述和分析简单；（2）高斯分布是其特例；（3）当 $\alpha < 1$ 时，概率密度函数不是钟形而是呈现过尖的形状	指数拖尾
广义柯西分布	$f(x) = a\sigma(\sigma^p + \|x-\theta\|^p)^{-2/p}$ 其中，p 是拖尾系数，表示冲激程度；θ 是位置参数	（1）柯西和 Meridian 分布是其特例；（2）高斯分布不是该分布特例	代数拖尾
Alpha 稳定分布	无统一的闭式表达式	（1）满足稳定性和广义中心极限定理；（2）描述脉冲噪声范围广；（3）高斯分布和柯西分布是其特例；（4）不存在阶数高于特征指数的统计量	代数拖尾

由表 2.1 可以得出以下初步结论：

① 混合高斯分布、广义高斯分布和广义柯西分布都具有闭式概率密度函数的表达式，在算法的数学分析上相对方便和简单。但混合高斯分布和广义高斯分布的拖尾是指数拖尾，而非代数拖尾。这并不符合在某些场合的实际情况，而且所描述脉冲噪声的范围也受限制。

② 广义柯西分布通过对拖尾系数 $p \in (0,2]$ 的控制，使其对脉冲噪声的描述范围远大于混合高斯分布和广义高斯分布。$p = 2$ 时为柯西分布，该特例也是与 Alpha 稳定分布的特例之一，但高斯分布不是该分布的特例。

③ Alpha 稳定分布是一种典型的非高斯分布，是描述真实噪声最有潜力和吸引力的模型

之一。它包含了高斯分布（$\alpha = 2$）和分数低阶 Alpha 稳定分布（$0 < \alpha < 2$）两种情况，可以通过对参数的不同选择来描述各种不同程度的、对称或非对称的脉冲噪声。Alpha 稳定分布具有代数拖尾，能够非常好地与实际数据相吻合。更重要的是，Alpha 稳定分布是唯一一类满足稳定性和广义中心极限定理的非高斯分布模型，具有更广泛的代表性。

Alpha 稳定分布的概念最早是由 Levy 于 1925 年在研究广义中心极限定理时提出的。实际上，最早将 Alpha 稳定分布规则用于随机过程建模的是丹麦天文学家 Holtsmark。他于 1919 年发现星际间引力场的随机波动在某些假设条件下服从特征指数为 $\alpha = 1.5$ 的 Alpha 稳定分布。20 世纪 60 年代，Mandelbrot 等人将 Alpha 稳定分布应用于经济学和金融学中。由于高斯假设和最小均方准则无法描述经济学中的时间序列问题，Mandelbrot 提出了一种基于 Alpha 稳定分布的方法来描述股票指数变动问题。经济学中的一些随机现象，如常见的股票指数、利率、期货指数、汇率等，与 Alpha 稳定分布随机过程有一致的分布特性。20 世纪 90 年代，随着统计信号处理理论向非高斯方向发展，Alpha 稳定分布引起信号处理领域研究者的关注。特别是美国南加州大学 Nikias 教授及其团队，把 Alpha 稳定分布从数理统计领域引入信号处理领域，并在信号处理的多个方面进行了诸多开创性的工作。近年来，Alpha 稳定分布在信号处理和通信技术领域受到普遍重视，得到许多重要应用，并逐渐成为描述脉冲性非高斯过程的主流统计分布。

2．Alpha 稳定分布的定义

由于 Alpha 稳定分布（常简称为稳定分布）没有统一的闭式概率密度函数表达式，故常用其统一的特征函数来定义，即

$$\phi(t) = \exp\left\{ jat - \gamma |t|^{\alpha} [1 + j\beta \mathrm{sgn}(t)\omega(t,\alpha)] \right\} \qquad (2.45)$$

式中，$\omega(t,\alpha) = \begin{cases} \tan(\alpha\pi/2), & \alpha \neq 1 \\ (2/\pi)\lg|t|, & \alpha = 1 \end{cases}$，且符号函数定义为 $\mathrm{sgn}(t) = \begin{cases} 1, & t > 0 \\ 0, & t = 0 \\ -1, & t < 0 \end{cases}$。通过 4 个参数 α、

a、β 和 γ 可以完全确定一个 Alpha 稳定分布的特征函数。

$\alpha \in (0, 2]$ 称为特征指数，用来度量分布函数拖尾的厚度。α 值越小，分布函数的拖尾越厚，即偏离其中心值的样本越多。α 值越大，则越趋向于高斯过程。当 $\alpha = 2$ 时，Alpha 稳定分布退化为高斯分布。称 $0 < \alpha < 2$ 的非高斯情况为分数低阶 Alpha 稳定分布。

$\gamma > 0$ 称为分散系数，用于度量数据样本的分散程度。其意义与高斯分布中的方差类似，在 $\alpha = 2$，即高斯分布时，γ 等于高斯分布方差的一半。

$\beta \in [-1, 1]$ 称为对称参数，用于表示分布的斜度。$\beta = 0$ 时命名为对称 Alpha 稳定分布，记为 $S\alpha S$。$\beta > 0$ 和 $\beta < 0$ 分别对应分布的左斜和右斜。

a 称为位置参数。对于 $S\alpha S$ 分布，当 $1 \leq \alpha \leq 2$ 时，a 为 Alpha 稳定分布的均值；当 $0 < \alpha < 1$ 时，a 表示 Alpha 稳定分布的中值。若 Alpha 稳定分布的位置参数 $a = 0$，且分散系数 $\gamma = 1$，则称此 Alpha 分布为标准 Alpha 稳定分布。

图 2.6 给出了不同特征指数 α 的标准 $S\alpha S$ 分布的概率密度函数。

服从 Alpha 稳定分布的随机变量 X，通常使用 $X \sim S_{\alpha}(\beta, \gamma, a)$ 的形式来表示。Alpha 稳定分布可以表示非常广泛的一类随机现象，若满足 $X \sim S_2(0, \gamma, a)$，则表示 X 服从高斯分布；若满足 $X \sim S_1(0, \gamma, a)$，则表示 X 服从柯西分布；若满足 $X \sim S_{1/2}(-1, \gamma, a)$，则表示 X 服从皮尔逊分布。

（a）完整的PDF曲线 （b）PDF曲线的拖尾

图 2.6 不同特征指数 α 的 $S\alpha S$ 分布概率密度（PDF）曲线

2.5.2 Alpha 稳定分布的稳定性、收敛性和广义中心极限定理

Alpha 稳定分布是一种广义化的高斯分布，即高斯分布是其特例之一。它之所以能够成为描述脉冲噪声的一个重要模型，是因为它满足以下重要定理。

定理 2.1 稳定性定理 若独立 Alpha 稳定分布随机变量 X_1 和 X_2 具有相同的特征指数 α 和对称参数 β，则对于任意常数 m_1 和 m_2，有下式成立：

$$m_1 X_1 + m_2 X_2 \overset{\text{d}}{=} mX + n \tag{2.46}$$

式中，m 和 n 为常数，$X \overset{\text{d}}{=} Y$ 表示 X 和 Y 具有相同的分布。上式表明，随机变量 X 也服从特征指数为 α、对称参数为 β 的稳定分布。

该定理可以更一般地表述为：若独立随机变量 $X_1, X_2, \cdots, X_N$ 都服从相同的特征指数为 α、对称参数为 β 的稳定分布，则这些随机变量的线性组合 $\sum_{j=1}^{N} a_j X_j$ 也服从特征指数为 α、对称参数为 β 的稳定分布。

定理 2.2 广义中心极限定理 若 $X_1, X_2, \cdots, X_N$ 是独立同分布的随机变量，当 $N \to \infty$ 时，

$$X = \frac{X_1 + X_2 + \cdots + X_N}{a_N} - b_N$$

则 X 服从 Alpha 稳定分布，其中 a_N 是正实数，b_N 是实数。

在该定理中，如果 $X_1, X_2, \cdots, X_N$ 是独立同分布的并且具有有限方差，那么这个极限分布是高斯的。广义中心极限定理也就成为中心极限定理了。

Alpha 稳定分布的另一重要性质是其随机变量只有阶数小于 α 阶的矩是有限的，即定理 2.3。

定理 2.3 有界性定理 任意服从 Alpha 稳定分布的随机变量 X，若 $0 < \alpha < 2$，则

$$\begin{cases} E[|X|^p] = \infty, & \text{若 } p \geqslant \alpha \\ E[|X|^p] < \infty, & \text{若 } 0 \leqslant p < \alpha \end{cases} \tag{2.47}$$

特别地，当 $\alpha = 2$ 时，

$$E[|X|^p] < \infty, \qquad p \geqslant 0 \tag{2.48}$$

式（2.47）表明，对于 $\alpha < 2$ 的分数低阶 Alpha 稳定分布随机变量，其方差（或其他二阶矩）是无界的。因此，基于方差或二阶统计量有界假设的信号处理方法（如相关、功率谱和最小均方等）将会显著退化，甚至会导致错误的结果。式（2.47）表明，只要满足 $0 \leqslant p < \alpha$

的条件，分数低阶矩就是有界的。因此，分数低阶统计量成为 Alpha 稳定分布条件下进行信号分析处理的有力工具。

2.5.3　Alpha 稳定分布的参数估计

Alpha 稳定分布是由特征指数 α、对称参数 β、分散系数 γ 和位置参数 a 这 4 个参数确定的。对于 $S\alpha S$ 分布，由于满足 $\beta = 0$，则其特性完全由 α、γ 和 a 确定。在实际应用中，由于分布参数的理论值难以获取，故常需要根据数据样本对这些参数进行估计。

1．参数估计的最大似然法

最大似然法是估计概率分布参数最直接的方法。对于标准 $S\alpha S$ 分布，其对数似然函数表示为

$$\sum_{i=1}^{N} \lg[f_\alpha(z_i)] = N \lg \alpha - N \lg(\alpha - 1)\pi + \sum_{i=1}^{N} (\lg z_i)/(\alpha - 1)$$
$$+ \sum_{i=1}^{N} \lg \int_0^{\pi/2} v(\theta) \exp[-z_i^{\alpha/(\alpha-1)} v(\theta)] \mathrm{d}\theta \tag{2.49}$$

式中，$v(\theta) = \dfrac{\cos[(\alpha-1)\theta](\cos\theta)^{1/(\alpha-1)}}{(\sin\alpha\theta)^{\alpha/(\alpha-1)}}$，$N$ 表示观测数据长度，$z_i = |x_i - a|/c$。其中，$c = \gamma^{1/\alpha}$。利用观测数据样本 $x_1, x_2, \cdots, x_N$，对式（2.49）求取最大值，可以得到对参数 α、a 和 c 的估计。不过，这种方法是一个复杂的非线性优化问题，计算量大，且缺乏初值选取的依据。

2．样本分位数法

（1）样本分位数的概念

设随机变量 X 的 $f(0 < f < 1)$ 分位数 x_f 由其分布函数定义为 $F(x_f) = f$。样本分位数 $\hat{x}_f$ 可以经由随机样本顺序统计量 $X_{(1)} \leqslant X_{(2)} \leqslant \cdots \leqslant X_{(N)}$ 表示为

$$\hat{x}_f = X_{(i)} + (X_{(i+1)} - X_{(i)}) \frac{f - q(i)}{q(i+1) - q(i)} \tag{2.50}$$

式中，$q(i) = (2i-1)/(2N)$，且 $i\ (0 \leqslant i \leqslant N)$ 由 $q(i) \leqslant f \leqslant q(i+1)$ 来确定。

（2）α 参数的估计

Alpha 稳定分布的特征指数 α 可以根据估计样本分位数 $\hat{v}_\alpha$ 通过查表 2.2 得到

$$\hat{v}_\alpha = \frac{\hat{x}_{0.95} - \hat{x}_{0.05}}{\hat{x}_{0.75} - \hat{x}_{0.25}} \tag{2.51}$$

式中，$\hat{x}_f(f = 0.95,\ 0.05,\ 0.75,\ 0.25)$ 为 f 分位数。

表 2.2　由 $\hat{v}_\alpha$ 估计 α 的查找表

$\hat{v}_\alpha$	2.439	2.5	2.6	2.7	2.8	3.0	3.2	3.5	4.0	5.0	6.0	8.0	10.0	15.0	25.0
α	2.0	1.916	1.808	1.729	1.664	1.563	1.484	1.391	1.279	1.128	1.029	0.896	0.818	0.698	0.593

（3）γ 参数的估计

在已知 α 值或已经得到其估计值的条件下，Alpha 稳定分布的分散系数 γ 可以根据估计 $c = \gamma^{1/\alpha}$ 通过查表 2.3 而得到。c 参数的样本分位数估计式如下：

$$\hat{c} = \frac{\hat{x}_{0.75} - \hat{x}_{0.25}}{\hat{v}_c(\alpha)} \tag{2.52}$$

式中，$\hat{v}_c(\alpha)$ 通过查表 2.3 得到。

表 2.3　由 α 估计 $\hat{v}_c(\alpha)$ 的查找表

α	2.00	1.90	1.80	1.70	1.60	1.50	1.40	1.30	1.20	1.10	1.00	0.90	0.80	0.70	0.60	0.50
$\hat{v}_c(\alpha)$	1.908	1.914	1.921	1.927	1.933	1.939	1.946	1.955	1.965	1.980	2.000	2.040	2.098	2.189	2.337	2.588

3．回归法

$S\alpha S$ 分布的参数 α、a 和 $c = \gamma^{1/\alpha}$ 可以基于分布特征函数与参数的关系，通过线性回归而估计得到。研究表明，这些参数的估计是一致的、渐进无偏的。并且，这种方法计算量较小。

Koutrouvelis 回归法是一种在一致性、偏差和效率等方面性能较好的参数估计方法。这种方法基于 $S\alpha S$ 分布的特征函数与其参数的关系，其表达式为

$$\lg\left(-\lg|\phi(u)|^2\right) = \lg(2c^\alpha) + \alpha\lg|u|$$

$$\frac{\mathrm{Im}[\phi(u)]}{\mathrm{Re}[\phi(u)]} = \tan(au) \tag{2.53}$$

由式（2.53），参数 α 和 c 可以从以下线性回归式估计得到：

$$y_k = \mu + \alpha w_k + \varepsilon_k, \quad k = 1, 2, \cdots, K \tag{2.54}$$

式中，$y_k = \lg\left(-\lg|\phi(u)|^2\right)$，$\mu = \lg(2c^\alpha)$，$\varepsilon_k = \alpha\lg|u|$。$\varepsilon_k$ 表示零均值独立同分布的误差项。

位置参数 a 可利用下面的线性回归式以相同的方法估计得到：

$$z_k = au_k + \varepsilon_k, \quad k = 1, 2, \cdots, K \tag{2.55}$$

式中，$z_k = \arctan\left(\frac{\mathrm{Im}[\hat{\phi}(u_k)]}{\mathrm{Re}[\hat{\phi}(u_k)]}\right)$。整个过程可以通过迭代方法来实现，直到满足预先设定的收敛条件。估计的初值可以通过样本分位数方法得到。以这种方法得到的回归估计 $\hat{\alpha}$、$\hat{c}$ 和 $\hat{a}$ 是一致收敛和渐近无偏的，且计算量小，较容易实现。

2.5.4　计算机仿真相关问题

1．Alpha 稳定分布随机变量的产生方法

为了进行仿真研究，常需要产生大量服从 Alpha 稳定分布的随机数。一般通过均匀分布和指数分布随机变量得到 Alpha 稳定分布的随机变量。常用的方法包括 Chambers-Mallows-Stuck 法和 Deroye 法等。这两种算法的基本思路是，先产生一个均匀分布的随机变量 U 和一个指数分布的随机变量 W，再经过概率分布变换得到服从 Alpha 稳定分布的随机变量。

例 2.5　试利用 MATLAB 编程产生服从 Alpha 稳定分布的随机变量。

解　函数形式的 MATLAB 程序代码如下：

```
function sas = genta(alpha,z1)              % 产生 Alpha 稳定分布随机序列
% 输入：alpha: Alpha 稳定分布的特征指数；z1: 产生序列的长度
% 输出：sas: 对称 Alpha 稳定分布序列
beta = 0;  pi2 = pi/2;                      % 参数初始化
```

```
if alpha == 2
  sas = randn(z1,1);                                    % 产生高斯序列
else
  nuni = rand(z1,1);  nunip = (nuni*pi)-pi2;            % 产生均匀分布序列
  zhi = rand (z1,1);  zhi1 = exprnd(1,z1,1);            % 产生指数分布序列
  if alpha == 1
    beta_a = beta;  gamma_a = pi2;  phi_0 = 0;
  else
    ka = 1-abs(1-alpha);  beta_a = 2*atan(beta*tan(pi*alpha/2))/(pi*ka);
    gamma_b = cos(pi*beta_a*ka/2);  phi_0 = -0.5*pi*beta_a*(ka/alpha);
  end
  ee = 1-alpha;  tau = -ee*tan(alpha*phi_0);  a = tan(0.5* nunip);  b =
tan(0.5*ee*nunip);
  z = (cos(ee*nunip)-tan(alpha*phi_0)sin(ee*nunip))./(zhi1.*cos(nunip));
  if alpha == 1
    d = 0;  B = 0;
  else
    d = (z.^(ee/alpha)-1)/ee;  B = tan(b)./(0.5*ee*nunip);
  end
  y1 = 2*(a-b).*(1+a.*b)-tau.*nunip.*B.*(b.*(1-a.*a)-2*a);
  y2 = (1-a.*a).*(1+b.b);  sas = (y1./y2).*(1+ee*d)+tau.*d;
end
```

2. 广义信噪比及其设定方法

（1）广义信噪比的概念

由于分数低阶 Alpha 稳定分布没有有限的二阶统计量，因此常规的依据信号与噪声功率之比定义的信噪比（SNR）变得没有意义了。为了适应信号处理中信噪比描述的需求，定义广义信噪比（又称混合信噪比）为

$$\text{GSNR}_{\text{dB}} = 10\lg\left[\frac{\sigma_s^2}{\gamma_v}\right] \qquad (2.56)$$

式中，σ_s^2 和 γ_v 分别表示信号的方差和分数低阶 Alpha 稳定分布噪声的分散系数，GSNR_{dB} 的单位亦为 dB。

（2）广义信噪比的设定

在计算机仿真中，假定要对给定信号 $s_1(n)$ 和加性分数低阶 Alpha 稳定分布噪声 $v(n)$ 设定广义信噪比为 GSNR $= m$ dB。由式（2.56）有

$$\sigma_s = \sqrt{\gamma_v \cdot 10^{m/10}} \qquad (2.57)$$

式中，σ_s 为设定广义信噪比 GSNR $= m$ dB 后信号 $s(n)$ 的标准差。按照式（2.58）调整给定信号 $s_1(n)$ 的幅度，就可以实现设定信噪比的目的。

$$s(n) = \frac{s_1(n)}{\sqrt{\text{Var}[s_1(n)]}} \sigma_s \qquad (2.58)$$

式中，$s(n)$ 为按照给定信噪比调整幅度后的信号，$\text{Var}[s_1(n)]$ 表示信噪比设定前信号的方差。

2.5.5　其他非高斯分布简介

描述非高斯脉冲噪声的统计分布，除了前文介绍的 Alpha 稳定分布，还常使用广义高斯分布和混合高斯分布。本节简要介绍这两种分布的概念与特性。

1. 广义高斯分布

广义高斯分布（generalized Gaussian distribution，GGD）又称为广义拉普拉斯分布，其分别以高斯分布和拉普拉斯分布为特例，而以均匀分布和狄拉克函数（δ 函数）为极限形式，是一种范围广泛的统计分布模型，在信号处理、图像处理等领域得到普遍重视和广泛应用。

设随机变量 X 服从广义高斯分布，其概率密度函数表示为

$$f_X(x) = \frac{\alpha}{2\beta\Gamma(1/\alpha)}\exp\left[-\left|\frac{x-\mu}{\beta}\right|^\alpha\right] \tag{2.59}$$

式中，$\beta = \sqrt{\dfrac{\sigma^2\Gamma(1/\alpha)}{\Gamma(3/\alpha)}}$，$\sigma > 0$。$\Gamma(z) = \int_0^\infty \mathrm{e}^{-t}t^{z-1}\mathrm{d}t$ 为伽马函数，μ、σ^2、α 和 β 分别表示 GGD 的均值、方差、形状参数和尺度参数。其中，形状参数 α 的作用类似于 Alpha 稳定分布的特征指数 α。当 $\alpha = 2$ 时，GGD 退化为高斯分布；当 $\alpha = 1$ 时，GGD 退化为常规的拉普拉斯分布，即双边指数分布；当 $\alpha > 2$ 时，GGD 为超高斯分布；当 $1 < \alpha < 2$ 时，GGD 为亚高斯分布；当 $\alpha \to 0$ 时，GGD 趋于 δ 函数；当 $\alpha \to \infty$ 时，GGD 退化为均匀分布。图 2.7 给出了广义高斯分布概率密度函数的示意图。

图 2.7　广义高斯分布的概率密度函数示意图

可见，广义高斯分布概率密度函数随参数选择的不同可以表示多种不同的分布情况。当形状参数 α 减小时，其概率密度函数曲线的拖尾变厚，可以用来描述脉冲随机信号与噪声。广义高斯分布的局限性主要体现在其不满足广义中心极限定理，且不具有代数型拖尾，不适合描述强脉冲噪声的情况。

2. 混合高斯分布

混合高斯分布又称为高斯混合模型（Gaussian mixture model，GMM），是一个用来表示总体分布中含有多个高斯子分布的概率模型。简单来说，GMM 就是多个单高斯分布模型之和。在许多实际应用中，用单一高斯分布模型来描述数据往往不能得到准确的匹配，若用多个高斯分布模型来描述这样的数据，则会有效避免或削弱由单一高斯分布模型进行描述而带

图 2.8　混合高斯分布应用举例

来的误差。例如，如图 2.8 所示，图中位于上方的黑色曲线表示数据真实的概率密度函数，很难用单一的高斯分布来描述。但是，图中下方的各条曲线之和的叠加则可以很好地描述这个统计分布。

混合高斯分布的概率密度函数表示为

$$f_X(x) = \sum_{i=1}^{N} P(X_i) f_{X_i}(x_i) \tag{2.60}$$

式中，$f_X(x)$ 表示随机变量 X 的混合高斯分布的概率密度函数，$P(X_i)$ 表示第 i 个高斯随机变量 $X_i \sim N(\mu_i, \sigma_i)$ 的先验概率，$f_{X_i}(x_i)$ 表示 X_i 概率密度函数。N 表示混合高斯模型中包含的高斯分布的数量，$P(X_i)$ 满足 $\sum_{i=1}^{N} P(X_i) = 1$。

混合高斯分布（GMM）几乎可以表示任意分布，包括非对称分布和具有多个局部众数的分布，也可以用于描述信号中混入的脉冲噪声，具有较高的灵活性和较宽的适用范围。但是，与 Alpha 稳定分布相比，GMM 的概率密度函数属于指数型拖尾，不便于描述厚拖尾的强脉冲性过程的统计特性，且不满足广义中心极限定理，因而具有一定的局限性。

2.6　同频带与邻近频带干扰的初步分析

2.6.1　同频带干扰与邻近频带干扰的概念

同频带干扰（co-channel interference），简称同频干扰，是指接收信号中无用信号的载频与有用信号（signal of interest，SOI）的载频相同（或相邻），且无用信号对接收同频有用信号的接收机造成的干扰。图 2.9 给出了同（邻）频带干扰的示意图。由图可见，相邻频道的信号频谱有所重叠，从而相互造成了同频带或邻近频带干扰，进而对各自信道的接收信号造成影响。

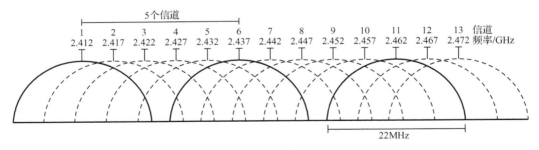

图 2.9　同（邻）频带干扰示意图

以图 2.9 中序号为 6，即中心频率为 2.437GHz 的信道为例。由图可见，该频段频谱范围分别与序号为 2、3、4、5 的相邻低频信道和序号为 7、8、9、10 的相邻高频信道的频谱范围有不同程度的重叠，从而造成相互之间的同频（邻频）干扰，对该信道与各相邻信道的信号传播造成较大影响。另一方面，由图可见，为了防止同频（邻频）干扰，必须保证信道之间间隔 5 个信道，以实现充分的隔离，如图中信道 1、信道 6、信道 11 所示。

特别地，在移动通信系统中，为了提高频率利用率，增加系统的容量，常常采用频率复用（reuse）技术。频率复用（也称为再用）是指在相隔一定距离后，在给定的覆盖区域内，存在着许多使用同一组频率的小区，这些小区称为同频小区。同频小区之间的干扰也称为同频干扰。

通常，用有用信号与同频干扰信号幅度的比值来表征同频干扰的严重程度，这个比值定义为同频干扰比。同频干扰比由接收设备参数、信号传播环境、通信概率、移动通信小区半径、信号传播的双工方式和同频复用距离等因素决定。

所谓同频复用最小安全距离，是指为了提高频率利用率，在满足一定通信质量的条件下，允许使用相同频道的无线小区之间的最小距离，简称为同频复用距离或共道复用距离。所谓"安全"是指接收机输入端的有用信号与同频干扰的比值必须大于射频防护比。

射频防护比（RF protection ratio）是指达到设定的接收质量时，所需的射频信号对干扰信号的比值。一般用 dB 表示。在移动通信中，为避免同频干扰，必须保证接收机输入端的信号与同频干扰信号之比大于或等于射频防护比。从这一关系出发，可以研究并设置同信道复用距离。当然，有用信号和干扰信号的强度不仅取决于通信距离，而且与调制方式、电波传播特性、要求的可靠通信概率、无线小区半径、选用的工作方式等因素有关。因此，在不同情况下，射频防护比也有所不同。

在无线电监测中，同频干扰往往指与被监测信号具有相同和/或邻近载波频率的干扰信号，或者是带宽与有用信号有重叠的干扰信号。这种同频带或邻近频带干扰信号的存在，对有效监测并分析被监测信号造成严重的干扰。

2.6.2　同频带与邻近频带干扰产生的原因

大体上来说，同频或邻频干扰的产生有以下主要原因。

1. 移动通信中频率复用所引起的同频干扰

在蜂窝式移动通信系统中，假设基站 A 和 B 使用相同的频道，移动台 M 正在接收基站 A 发射的信号，如图 2.10 所示。由于基站天线高度大于移动台天线高度，因此，当移动台 M 处于小区边缘时，容易受到基站 B 发射信号的同频干扰。如果输入移动台的有用信号与同频道干扰之比等于射频防护比，则 A、B 两基站之间的距离即为同频道复用距离。

在图 2.10 中，D_t 为同频干扰从干扰基站 B 至被干扰移动台 M 的距离，D_s 为有用信号从基站 A 至移动台 M 的传播距离，即为基站 A 的半径 r_0。

图 2.10　移动通信中同频带干扰示意图

图 2.10 中，A、B 两基站之间的距离为 $D = D_t + D_s = D_t + r_0$。同频带复用系数 C 定义为

$$C = D/r_0 = 1 + D_t/r_0 \tag{2.61}$$

由于干扰信号的传播距离 D_t 与有用信号的传播距离 D_s 之比与射频防护比 S/I 由式（2.62）约束，即

$$D_t/D_s = 10^{\frac{S/I}{40}} \qquad (2.62)$$

通常取 $S/I = 8\mathrm{dB}$，因此可得同频复用距离为 $D = D_t + r_0 = 2.6r_0$。以上情况只考虑了来自一个小区基站的干扰，实际上，在蜂窝移动通信中，同频干扰有可能来自周围若干小区。

2. 无线电监测中未授权信号所引起的同频干扰问题

无线电频谱是一种非常重要且有限的自然资源，广泛地应用于广播、电视、通信及其他相关领域中。由于无线电频谱资源是有限的，而电台的数量飞速增加，因此必然导致频率紧缺的局面。因此，如何从技术上挖掘无线电频谱的潜力，科学地管理和使用无线电频率，已成为各国无线电管理部门的重要任务。

国际电联（ITU）为不同的无线电传输技术和应用分配了无线电频谱的不同区间，ITU 的"无线电规则"定义了约 40 项无线电通信业务。在我国，无线电频谱资源是由国家无线电频谱管理中心统一管理的。根据社会需求，国家把部分无线电频谱的使用授权给无线电传输业务运营商，如蜂窝移动通信运营商或广播电视台，以及其他应用领域。此外，各国也规划了特定频段的频谱提供给工业、科学和医学机构使用，称为 ISM 频段（Industrial Scientific Medical Band）。应用 ISM 频段来进行无线电传输，无须许可证或使用费用，而只需遵守一定的发射功率（一般低于 1W）要求，不对其他频段造成干扰即可。

如果无意或恶意违反国际电联和国家的规则，在未授权的情况下随意进行无线电传输或广播，则必然会对所占用频道的合法授权信号造成干扰。这是无线电监测中最为关注的同频带或邻近频带干扰问题，也是需要着力解决的问题。此外，一些授权信号也可能出现发射功率或带宽等指标超出授权范围的问题，这种现象也会对其他合法授权信号造成同频或邻频干扰。

在无线电监测中，无线电监管部门的任务之一就是发现并查处这些未授权或超出授权范围的信号。由于这些未授权信号占用了合法授权信号的信道，因此，在对这些未授权信号的监测中，往往是将其作为"目标"信号进行监测和分析处理的，并希望通过对这些信号的分析处理来获得这些非法信号的相关信息，特别是其发射源位置，以便进行进一步的查处。而与这些未授权信号具有相同或相邻频段的授权信号，在上述监测和分析处理中往往被视为监测信号中的"干扰"。这也是无线电监测中同频带干扰的主要来源之一。

2.6.3 同频干扰的危害与解决方法

1. 同频干扰的危害

在通信技术中，同频干扰的存在对于通信的有效性和可靠性造成了较大危害。例如，在 CDMA 网络中，同频干扰对提升 CDMA 系统的容量及其他关键指标有重要影响。在时分复用同步码分多址接入的 TD-SCDMA 系统中，由于该系统具有时分复用特性，且采用的扩频码较短，扩频增益较小，故同频干扰的危害更为显著。在一些应用中，由于同频干扰的存在，使得用户接入失败率或掉话率较高，从而影响通信的可靠性、有效性和网络容量等技术指标。

2. 同频干扰的解决办法

由于同频干扰对于正常通信和无线电监测的影响，使得学术界和应用领域均研究或采取各种措施来减小或抑制同频干扰。

（1）协作通信中的解决办法

在常规的协作通信技术中，通过发送方和接收方的协作调整，有可能较有效地解决同频干扰问题。常用的解决办法包括：适当调整发射机的发射功率，或采用加大天线增益的办法来提高接收点的载噪比；相邻发射台采用不同的极化方式；采用屏蔽技术，例如把接收天线系统设置在周围有山丘或楼房处，可对干扰起到屏蔽作用；相邻发射台的载频采用 2/3 行频（10kHz）偏置，或 3MHz、4MHz（错开几兆赫兹）偏置，可降低对同频保护度的要求；使用调频技术和裂向技术等，均可以有效地减小同频干扰的影响。

（2）非协作通信中的解决办法

在无线电监测和一些军事通信技术中，通信的双方往往是非协作的，因此基于双方协作的发射与接收调整的同频干扰解决方案是不可行的，必须基于对接收信号的分析处理，寻找削弱和抑制同频干扰的新办法。本书后面章节重点介绍的循环统计量和循环相关熵技术，就是借助信号的循环频率来抑制同频干扰信号的。总体来说，尽管同频干扰与有用信号占有相同的时段和频段，但只要它们的循环频率有所差别，依然可以在循环频率域对有用信号和同频干扰进行区别甚至分离，从而提取出有用信号，或有效地削弱并抑制同频干扰。

2.7　Alpha 稳定分布下经典信号处理方法退化的初步分析

2.7.1　常见的二阶统计量信号处理方法

统计信号处理是信号处理的重要组成部分。经典的统计信号处理理论与方法，大多是基于二阶统计量的，如常用的信号相关运算、功率谱估计、AR 模型参数估计、维纳滤波器、卡尔曼滤波器及自适应滤波器等。为了配合后续章节关于分数低阶统计量和相关熵等信号处理新理论、新方法的介绍，本节择要介绍几种常用的基于二阶统计量的信号处理方法。

1．相关函数

相关函数是评价信号相似性有效的线性测度，是一种常用的二阶统计量。对于广义平稳随机过程 $X(t)$，其自相关函数为

$$R_X(\tau) = E[X(t)X(t+\tau)] = E[X(t+t_1)X(t+t_1+\tau)] \tag{2.63}$$

当两个随机过程 $X(t)$ 和 $Y(t)$ 为联合广义平稳时，它们的互相关函数为

$$R_{XY}(\tau) = E[X(t)Y(t+\tau)] \tag{2.64}$$

对于离散广义平稳随机序列，其自相关与互相关序列有完全类似的结果，不再赘述。

2．功率谱密度函数

随机过程 $X(t)$ 的自功率谱密度（auto-power spectral density，PSD）函数定义为

$$S_X(\omega) = E\left[\lim_{T \to \infty} \frac{1}{2T}\left|X_T(\mathrm{j}\omega)\right|^2\right] = \lim_{T \to \infty} \frac{1}{2T}E\left[\left|X_T(\mathrm{j}\omega)\right|^2\right] \tag{2.65}$$

式中，$X_T(\mathrm{j}\omega)$ 表示随机过程 $X(t)$ 样本截断函数 $X_T(t)$ 的傅里叶变换。由维纳-辛钦定理，随机信号的自相关函数与其自功率谱密度函数互为傅里叶变换，即

$$S_X(\omega) = \int_{-\infty}^{\infty} R_X(\tau)\mathrm{e}^{-j\omega\tau}\mathrm{d}\tau \tag{2.66}$$

同样，可以定义两个随机过程 $X(t)$ 与 $Y(t)$ 的互功率谱密度函数为

$$S_{XY}(\omega) = \int_{-\infty}^{\infty} R_{XY}(\tau) \mathrm{e}^{-\mathrm{j}\omega\tau} \mathrm{d}\tau \tag{2.67}$$

3．AR 模型参数估计

随机信号的模型参数估计，即随机信号的建模问题，在信号处理领域的应用非常广泛。许多平稳随机信号序列 $x(n)$ 可以看作由白噪声序列 $w(n)$ 激励某一确定的线性系统 $h(n)$ 而得到的响应。这样，只要白噪声的参数确定了，对随机信号 $x(n)$ 的研究就可以转化为对产生随机信号的线性系统 $h(n)$ 的研究。这就是随机信号分析的参数模型法。

AR（auto-regressive，自回归）模型是随机信号分析处理最常用的手段之一，其他常用的参数模型，如 MA（moving average）和 ARMA（auto-regressive moving average）模型等，均可以通过 AR 模型转化而得到。设广义平稳随机信号 $x(n)$ 的 AR 模型满足以下表达式：

$$x(n) = -\sum_{k=1}^{p} a_k x(n-k) + w(n) \tag{2.68}$$

式中，$a_k(k=1,2,\cdots,p)$ 为 AR 模型系数，p 为模型的阶数，是 AR 模型参数估计要估计的参数。在 AR 参数估计过程中，需要依据接收信号的自相关函数构建 Yule-Walker 方程，并进一步进行求解。Yule-Walker 方程为

$$\begin{bmatrix} R_x(0) & R_x(-1) & \cdots & R_x(-p) \\ R_x(1) & R_x(0) & \cdots & R_x(1-p) \\ \vdots & \vdots & \ddots & \vdots \\ R_x(p) & R_x(p-1) & \cdots & R_x(0) \end{bmatrix} \begin{bmatrix} 1 \\ a_1 \\ \vdots \\ a_p \end{bmatrix} = \begin{bmatrix} \sigma_w^2 \\ 0 \\ \vdots \\ 0 \end{bmatrix} \tag{2.69}$$

式中，$R_x(\cdot)$ 表示接收信号 $x(n)$ 的自相关函数取值，σ_w^2 表示信号中噪声的方差。

4．维纳滤波

维纳滤波器是以美国数学家、控制论的创始人诺伯特·维纳（Norbert Wiener）的名字命名的一类线性最优滤波器的统称，是 20 世纪线性滤波理论最重要的理论成果之一。维纳滤波器的基本任务，是从被噪声污染的观测数据中提取有用信号的波形或估计信号的参数。

设线性离散系统 $h(n)$ 的输入信号 $x(n)$ 是有用信号 $s(n)$ 与观测噪声 $v(n)$ 的线性组合，即 $x(n) = s(n) + v(n)$，则系统的输出 $y(n)$ 为输入信号与系统的卷积，表示为

$$y(n) = x(n) * h(n) = \sum_{m=-\infty}^{+\infty} h(m)x(n-m) \tag{2.70}$$

维纳滤波器的任务是使输出信号 $y(n)$ 与有用信号 $s(n)$ 尽可能地接近，记为 $y(n) = \hat{s}(n)$。若 $h(n)$ 是因果的，则输出的 $y(n) = \hat{s}(n)$ 可以看作是由当前时刻的观测值 $x(n)$ 与过去时刻的观测值 $x(n-1),\ x(n-2),\ \cdots$ 的线性组合来估计的。定义估计误差信号（error signal）为

$$e(n) = s(n) - \hat{s}(n) \tag{2.71}$$

维纳滤波器求解最小均方误差（MMSE）意义下系统对有用信号的估计，即

$$E[e^2(n)] = E[(s(n) - \hat{s}(n))^2] \to \min \tag{2.72}$$

对于因果系统 $h(n)$，将 $y(n) = \hat{s}(n) = \sum_{m=0}^{+\infty} h(m)x(n-m)$ 代入式（2.72），对其相对于各 $h(m)$，$m = 0,1,\cdots$ 求偏导，并令导数为 0，再利用相关函数进行整理，可以得到维纳-霍夫方程（Wiener-Hopf equation）为

$$\begin{bmatrix} R_x(0) & R_x(1) & \cdots & R_x(N-1) \\ R_x(1) & R_x(0) & \cdots & R_x(N-2) \\ \vdots & \vdots & \ddots & \vdots \\ R_x(N-1) & R_x(N-2) & \cdots & R_x(0) \end{bmatrix} \begin{bmatrix} h(0) \\ h(1) \\ \vdots \\ h(N-1) \end{bmatrix} = \begin{bmatrix} R_{xs}(0) \\ R_{xs}(1) \\ \vdots \\ R_{xs}(N-1) \end{bmatrix} \tag{2.73}$$

或写为

$$R_x H = R_{xs} \tag{2.74}$$

式中，R_x 为接收信号 $x(n)$ 的自相关矩阵，R_{xs} 为 $x(n)$ 与待估计信号 $s(n)$ 的互相关矢量，H 表示待求维纳滤波器。通过求解式（2.74），即可得到维纳滤波器的单位脉冲响应。

5．卡尔曼滤波

卡尔曼滤波器（Kalman filter）是一种以鲁道夫·埃米尔·卡尔曼（Rudolph E. Kalman）的名字命名的用于线性时变系统的递归滤波器。这种滤波器将过去的测量估计误差合并到新的测量误差中来估计将来的误差，可以用包含正交状态变量的微分方程（或差分方程）模型来描述。当输入信号为由白噪声产生的随机信号时，卡尔曼滤波器可以使期望输出和实际输出之间的均方误差达到最小。卡尔曼滤波器的一个典型应用是从有限的带噪观测数据中估计信号的参数。例如，在雷达应用中，由于观测噪声的影响，所得到的测量值（包括目标的位置、速度和加速度等）往往不够准确。如果利用卡尔曼滤波器对观测数据进行处理，则可以得到关于目标参数的更好的估计。

卡尔曼滤波器可以被认为是维纳滤波器的推广。与维纳滤波器相比，卡尔曼滤波器具有以下 4 个主要特点：①它可以适用于平稳和非平稳随机过程的滤波问题，应用范围更加广泛；②它是一种用状态空间描述的系统，过程噪声和观测噪声的统计特性是估计过程中需要利用的信息；③它的计算过程是一个不断"预测-修正"的过程，更适合计算机实时处理；④其算法的计算量并不是很大，且有些计算可以预先离线进行。在卡尔曼滤波的递推过程中，状态矢量 $x(k)$ 的协方差矩阵 $P(k+1)$ 的递推是关键环节之一。

6．LMS 自适应滤波

自适应滤波（adaptive filtering）是信号处理领域的一个非常重要的分支。自 1959 年维德罗（Widrow）提出自适应的概念以来，自适应滤波理论与方法一直受到广泛的重视，得到不断的发展和完善，并且在诸如通信、雷达、声呐、自动控制、图像与语音处理、模式识别、生物医学及地震勘探等领域得到广泛的应用，推动了这些领域的进步。

图 2.11　自适应滤波器原理框图

自适应滤波器的原理框图如图 2.11 所示。

以单输入横向自适应滤波器结构为例，简要介绍自适应滤波器的工作原理。设输入信号矢量 $x(n)$ 与自适应滤波器权系数矢量 $w(n)$ 相乘，形成 n 时刻的输出信号

$$y(n) = x^{\mathrm{T}}(n)w(n) = w^{\mathrm{T}}(n)x(n) \tag{2.75}$$

误差信号为 $e(n) = d(n) - y(n) = d(n) - x^{\mathrm{T}}(n)w(n)$。其中，$d(n)$ 为参考信号（或称为期望响应信号）。自适应滤波器通过调整权系数，使 $e(n)$ 的均方值 $E[e^2(n)]$ 达到最小，得到

$$E[e^2(n)] = E[d^2(n)] + \boldsymbol{w}^{\mathrm{T}}(n)\boldsymbol{R}w(n) - 2\boldsymbol{p}^{\mathrm{T}}\boldsymbol{w}(n) \tag{2.76}$$

式中，$\boldsymbol{R}$ 为输入信号 $\boldsymbol{x}(n)$ 的自相关矩阵，$\boldsymbol{p}$ 为参考信号 $d(n)$ 与输入信号 $\boldsymbol{x}(n)$ 的互相关矢量。显然，$E[e^2(n)]$ 为超抛物面的形式，且由于自相关矩阵 $\boldsymbol{R}$ 为正定的，故 $E[e^2(n)]$ 有唯一的最小值。自适应滤波器在 $E[e^2(n)]$ 所构成的超抛物面上搜索，最终收敛于最优权矢量 $\boldsymbol{w}_{\mathrm{opt}}$。

2.7.2 Alpha 稳定分布条件下经典信号处理方法退化的初步分析

1. 很多经典信号处理方法是基于二阶统计量的

在信号处理中，常用的二阶统计量主要包括方差、均方、相关、协方差、功率谱密度等。如前所述，很多经典的信号处理方法是基于二阶统计量的。例如，相关函数的运算是基于二阶统计量的；由维纳-辛钦定理可知，功率谱密度函数是相关函数的傅里叶变换，因此，其运算与应用也是基于二阶统计量的；AR 参数模型的建模与应用，均涉及自相关矩阵的表示与求解，自然也是基于二阶统计量的；维纳滤波的基本思路是求解滤波器输出信号与接收信号中纯净信号的均方误差最小，因此也是一种基于二阶统计量的统计信号处理方法；卡尔曼滤波器的关键是状态矢量的递推迭代，在这个过程中，状态矢量的协方差矩阵、激励矢量的协方差矩阵和观测误差矢量的协方差矩阵扮演重要角色，因此，卡尔曼滤波器也是基于二阶统计量的算法；从原理上来说，自适应滤波器是维纳滤波器的自适应实现，其本质上是求解自适应滤波器输出信号与期望响应信号的均方误差最小，也是一种基于二阶统计量的算法。

其他经典的统计信号分析、滤波、预测、平滑等处理算法，也大多是基于信号的二阶统计量的。自 20 世纪 80 年代发展起来的高阶统计量信号处理理论与方法，则是基于高阶统计量的。

2. 分数低阶 Alpha 稳定分布过程不存在有限的二阶统计量

所谓分数低阶 Alpha 稳定分布过程，是指服从 Alpha 稳定分布的随机过程（随机信号或噪声），且其特征指数满足 $0 < \alpha < 2$。

由 2.5 节给出的定理 2.3 可知，对于任意服从 Alpha 稳定分布的随机变量 X，若其特征指数满足 $0 < \alpha < 2$，则有

$$E[|X|^p] = \infty, \quad p \geq \alpha \tag{2.77}$$

上式表明，对于服从分数低阶 Alpha 稳定分布的信号或噪声，其二阶统计量是无界的、发散的。同理，由式（2.77）可知，对于服从分数低阶 Alpha 稳定分布的信号或噪声，其高阶统计量也是无界的、发散的。

这样，从理论上来说，在分数低阶 Alpha 稳定分布信号或噪声条件下，任何基于二阶统计量有限假设的信号处理方法（如相关、功率谱分析和最小均方等）都不能收敛，任何协方差矩阵或自相关矩阵等，也都不是有界的。

而在实际应用中，尽管大多算法以真实数据二阶统计量的估计值来替代其理论值，或者回避直接使用二阶统计量，但是这些基于二阶统计量推导出来的信号处理算法，都会由于信号噪声不存在二阶统计量而产生性能退化，而远远不能达到其正常使用条件下应有的性能。这就是在分数低阶 Alpha 稳定分布噪声条件下传统的基于二阶统计量信号处理方法退化的根本原因。

同理，在分数低阶 Alpha 稳定分布噪声条件下，基于高阶统计量的信号处理算法也会出现类似的退化问题。

2.7.3　Alpha 稳定分布下避免算法退化的基本思路与方法

针对 Alpha 稳定分布下基于二阶统计量信号处理算法退化的问题，学术界进行了广泛而深入的研究，得到了许多重要的研究成果。实际上，避免信号处理算法在 Alpha 稳定分布下退化最根本的思路与方法，就是在算法设计时避免采用二阶或高阶统计量，而采用分数低阶统计量是最初的一个很好的选择。

20 世纪 90 年代中期，美国南加州大学 Nikias 教授团队，基于传统数学原理，提出了基于分数低阶统计量（fractional lower-order statistics，FLOS）的信号处理概念、理论与方法，避免在信号处理算法中使用二阶或高阶统计量，而大范围地采用 FOLS 替代二阶统计量，从而有效解决了传统信号处理算法在 Alpha 稳定分布下退化的问题。

进一步地，美国佛罗里达大学 Principe 教授团队于 2006 年提出了基于相关熵（correntropy）的信号处理概念、理论与方法，进一步改善了传统信号处理方法在 Alpha 稳定分布下退化的问题。所谓相关熵，实际上是一种广义的相关函数，它具有能够同时反映信号的时间结构和统计特性的优点，可看作再生核希尔伯特空间定义的相关函数。相关熵依据其核函数的调整与控制，对信号中的脉冲噪声有很好的抑制作用，且其对于信号噪声先验知识的依赖程度较低，具有较好的鲁棒性。自从基于相关熵的信号处理概念被提出以来，受到信号处理领域的广泛关注，成为近十几年来非高斯、非平稳信号处理领域的一个前沿与热点研究问题。

针对脉冲噪声与同频带干扰并存的复杂电磁环境下的信号处理问题，本书作者团队把相关熵与循环统计量（cyclic statistics）有机结合，面向通信技术和机械振动信号检测分析等具有循环平稳特性（cyclostationarity）的信号领域，提出了循环相关熵（cyclic correntropy）的概念及相应的信号分析处理理论与方法。循环相关熵既保持了相关熵的特点，又借助其对于不同循环特性信号的区分特性，具有同时抑制脉冲噪声与同频带干扰的能力，是复杂电磁环境下进行信号分析处理的有力工具。

本书后续章节将分别对分数低阶统计量、相关熵和循环相关熵信号处理的基本理论与基本方法进行详细介绍。

2.8　本章小结

复杂电磁环境下的噪声与干扰问题，是本书后续章节系统地介绍基于相关熵、循环相关熵，以及分数低阶统计量的信号处理理论方法的基本背景和基础问题。本章从随机过程（即随机信号）的基本概念和基本理论入手，较为系统地介绍了平稳随机过程和非平稳随机过程的概念和相应的信号处理方法。还特别介绍了循环平稳过程这种特殊的非平稳随机过程的概念和特点，便于后续章节关于循环统计量和循环相关熵内容的介绍。本章系统地介绍了统计描述脉冲噪声的 Alpha 稳定分布概念和基本理论，为后续章节关于分数低阶统计量和相关熵理论提供准备。本章从无线电通信应用的角度，介绍了同频及邻频干扰相关问题，包括这种干扰的基本概念、产生的原因和抑制的方法等。在简要介绍常用二阶统计量信号处理理论方法的基础上，分析了这类经典方法在 Alpha 稳定分布噪声条件下退化的原因，并介绍了避免算法退化的基本思路与基本方法。总之，本章的内容，为后续章节在复杂电磁环境下信号处理新理论和新方法的建立打下了必要的基础。

思考题与习题

1．试说明随机变量的概念。试说明随机过程的概念。

2．解释随机过程的概率密度函数与概率分布函数。

3．解释随机过程统计特性的基本概念，包括：均值、方差、标准差、均方值、相关函数、协方差函数、功率谱密度函数等。

4．试说明时间片段（FOT）的概念。

5．什么是平稳随机信号？什么是非平稳随机信号？

6．说明广义平稳与狭义平稳随机信号的特点。

7．解释各态历经性的概念。

8．什么是循环平稳随机信号？循环平稳信号是平稳信号还是非平稳信号？

9．试解释常见的随机信号与随机噪声的特点。

10．试解释通信技术中常用随机信号的特点。

11．试说明脉冲噪声的特点与含义。

12．什么是 Alpha 稳定分布？Alpha 稳定分布有哪些主要特点？它与高斯分布有什么同异？

13．试总结常用非高斯分布的特点。

14．为什么说 Alpha 稳定分布是最适合描述脉冲噪声的统计分布？

15．试说明 Alpha 稳定分布的稳定性定理。

16．试说明广义中心极限定理。

17．试解释 Alpha 稳定分布条件下分数低阶矩的收敛性条件。

18．试总结 Alpha 稳定分布参数估计的基本方法，各有什么特点？

19．试采用 MATLAB 编程产生 Alpha 稳定分布的随机变量。

20．什么是广义信噪比？Alpha 稳定分布噪声条件下，如何设定信号的信噪比？

21．试说明广义高斯分布与混合高斯分布的特点。

22．什么是同频带干扰？什么是邻近频带干扰？

23．同频（邻频）干扰是如何产生的？同频（邻频）干扰对正常感兴趣（SOI）信号有什么影响。

24．试解释射频防护比、频率复用、ISM 频段等概念？如何计算频带复用系数？

25．在协作通信和非协作通信条件下，如何解决同频（邻频）干扰问题？

26．试分析在 Alpha 稳定分布下二阶统计量信号处理方法性能退化的机理和原因。

27．Alpha 稳定分布下避免信号处理算法退化的基本思路与方案有哪些？

28．设 $Y(t) = X_1 \cos \omega_0 t - X_2 \sin \omega_0 t$，其中 $X_1 \sim N(0, \sigma^2)$，$X_2 \sim N(0, \sigma^2)$。试分析 $Y(t)$ 是否为广义平稳随机过程。

29．假设平稳随机过程 $X(t)$ 与 $Y(t)$ 是统计独立的，试证明 $Z(t) = X(t)Y(t)$ 也是平稳随机过程。

30．已知两个均值为零且相互独立的随机过程 $X(t)$ 与 $Y(t)$，二者自相关函数分别为 $R_X(t) = \mathrm{e}^{-|\tau|}$ 和 $R_Y(\tau) = \cos(2\pi\tau)$。试求：（a）$Z_1(t) = X(t) + Y(t)$，$Z_2(t) = X(t) - Y(t)$ 的自相关函

数；（b）$Z_1(t)$ 与 $Z_2(t)$ 的互相关函数。

31．已知 $X(t)$ 为平稳随机过程，试求随机过程 $Y(t) = X(t) - X(t+\tau)$ 的均值和方差。

32．已知相关函数 $R_x(\tau) = a\mathrm{e}^{-a|\tau|}\cos(\omega_0\tau)$，求功率谱密度函数 $S_x(\omega)$。

33．试利用 MATLAB 编程分别产生 $N = 10000$ 点的均匀分布、高斯分布随机序列，并计算其均值、方差、自相关函数和功率谱密度函数，绘制自相关函数曲线和功率谱密度函数曲线。改变 N 值，看看发生什么变化？

34．试利用 MATLAB 编程产生 $\alpha = 1.3$、$a = 0$、$\beta = 0$、$\gamma = 1$，且 $N = 10000$ 点的 Alpha 稳定分布随机序列，计算其均值、$p = 1.2$ 阶矩，并绘出序列的波形曲线。改变上述参数重新产生 Alpha 稳定分布序列，并重新计算和绘制，看看有什么规律性？

第 3 章　基于分数低阶统计量的信号处理理论与应用

3.1　概述

随机信号的统计量（statistics）主要包括均值、方差、相关、协方差等，它们为信号的分析和处理提供了丰富的信息，是分析处理随机信号的有效工具。随机信号统计量（统计矩）的整个分布范围可以从零阶一直延伸到 ∞ 阶。图 3.1 给出了统计矩的分布示意图。

图 3.1　随机信号统计矩的分布示意图

图 3.1 中，一阶和二阶统计量（second-order statistics，SOS）是经典统计信号处理常用的统计量，例如，均值是常用的一阶统计量，而方差和相关等是常用的二阶统计量。高于二阶的统计量称为高阶矩或高阶统计量（higher-order statistics，HOS），一般取整数阶，即取 $[3, +\infty)$ 范围内的整数。而低于二阶的统计量称为分数低阶矩或分数低阶统计量，其范围为 $(0, 2)$，可以取这个范围内的任意值，故称这个范围内的统计量为分数低阶量（fractional lower-order statistics，FLOS）。此外，文献中也给出了关于零阶统计量和负阶统计量的概念。

直到 20 世纪 80 年代中期，统计信号处理基本上是建立在二阶统计量基础上的，例如，对随机信号的均值、方差、相关函数和功率谱密度等的分析，以及基于信号二阶统计量的滤波、预测、检测与估值等。由于功率谱密度函数是相关函数的一维傅里叶变换，因此，功率谱也是建立在二阶统计量基础上的。众所周知，高斯分布是统计信号处理领域所普遍采用的描述随机信号和/或随机噪声的模型，这主要是由于中心极限定理决定了满足有限均值和方差的独立同分布随机变量之极限和为高斯分布，并且高斯概率密度函数可以完全由两个参数来描述，即均值和方差。这样，在统计信号处理领域采用高斯分布模型和基于二阶统计量的信号处理方法就成为顺理成章的事情。然而，基于二阶统计量的方法会受到信号噪声模型假设的限制，例如通常假设信号或噪声是二阶矩有限的，常用高斯分布来进行描述。

如果随机信号不是高斯分布的，其概率密度函数就不能仅由均值和方差这两个参数确定，高阶矩（HOM）或高阶统计量（HOS）可能比单独使用二阶统计量揭示出信号中更多的信息。严格地说，对于非高斯随机信号而言，通常需要利用其概率密度函数才能对其进行完整的刻画。但是在实际应用中，要获得随机信号的概率密度函数往往是比较困难的。不过幸运的是，概率密度函数的特征往往可以由信号的统计量来描述。这样，在非高斯信号处理中，高阶矩或高阶统计量（特别是三阶和四阶统计量）受到了普遍的重视并得到了广泛的应用。

FLOS 是另一类分析处理非高斯信号的有力工具，是整个矩分布的另一个方面。我们知道，Alpha 稳定分布是广义的高斯分布，它比高斯分布具有更广泛的适用性。根据广义中心极限定理，Alpha 稳定分布是唯一的一类构成独立同分布随机变量之和的极限分布。若随机信号的特征指数为 α，则只有阶数小于 α 的统计量是有界的。即若信号或噪声的特征指数满足 $0 < \alpha < 2$（称为分数低阶 Alpha 稳定分布），则其二阶统计量和高阶统计量都是不存在的。在这种情况下，基于二阶统计量和基于高阶统计量的信号分析处理方法都会出现显著的性能退化，甚至会得出错误的结果。于是，分数低阶矩（FLOM）或分数低阶统计量成为非高斯 Alpha 稳定分布条件下信号分析处理的重要手段，自 20 世纪 90 年代中期以来，受到信号处理学术界的广泛关注。

另一方面，基于分数低阶统计量的分数低阶 Alpha 稳定分布信号处理不可避免地会对线性问题引入非线性，从而导致信号处理算法的复杂化。引入非线性的基本原因是必须在巴拿赫（Banach）空间或度量空间来解决线性估计问题，而不是在希尔伯特（Hilbert）空间。众所周知，由高斯过程所产生的线性空间是希尔伯特空间，而 Alpha 稳定分布过程的线性空间为巴拿赫空间（当 $1 \leqslant \alpha < 2$ 时）或度量空间（当 $0 < \alpha < 1$ 时）。对于线性估计问题来说，巴拿赫空间或度量空间均不具有与希尔伯特空间一样好的特性和结构。尽管如此，作为一种具有良好韧性的信号分析和处理工具，Alpha 稳定分布和分数低阶统计量理论及方法依然受到普遍的关注和研究，并在许多领域得到了广泛的应用。

本章重点介绍以下 4 个方面的问题：①分数低阶统计量的基本概念与基本理论；②Alpha 稳定分布随机变量的线性空间与线性理论问题；③Alpha 稳定分布下基于分数低阶统计量信号处理的应用问题；④Alpha 稳定分布下的核方法特别是核自适应滤波问题。

3.2　分数低阶统计量

随机信号的统计量包含了丰富的有关信号特性的信息。如图 3.1 所示，统计量的分布可以从零阶一直延伸到无穷阶。传统的信号处理方法通常只利用一阶和二阶统计量，后来伴随着信号处理理论的发展，出现了基于高阶统计量的信号处理技术，主要从三阶或四阶统计量中提取有用的信息。实际上，除了一阶、二阶和高阶统计量，还存在低于二阶的分数低阶统计量，其范围为 $(0, 2)$，记为 FLOS。FLOS 是分析处理 Alpha 稳定分布随机信号的有力工具。

3.2.1　分数低阶矩与 $S\alpha S$ 分布下的距离概念

1．分数低阶矩

随机变量 X 的二阶矩通常定义为 $E[X^2]$。对于 Alpha 稳定分布随机变量，定义分数低阶矩（fractional lower order moment，FLOM）为 $E[|X|^p]$，其中，$0 < p < \alpha \leqslant 2$。

由第 2 章给出的定理 2.3 可知，对于 Alpha 稳定分布随机变量 X，若其特征指数满足 $0 < \alpha < 2$，则有

$$\begin{cases} E[|X|^p] = \infty, & \text{若 } p \geqslant \alpha \\ E[|X|^p] < \infty, & \text{若 } 0 \leqslant p < \alpha \end{cases} \quad (3.1)$$

若满足 $\alpha = 2$，则有

$$E[|X|^p] < \infty , \quad p \geq 0 \tag{3.2}$$

显然，若 Alpha 稳定分布随机变量的特征指数为 $0 < \alpha < 2$，则只有阶数小于 α 的统计量是有界的，其方差（或其他二阶统计量）是无界的。这样，基于二阶统计量有界假设的信号处理方法将会显著退化，甚至会导致错误的结果。

定理 3.1 分数低阶矩定理 设 X 为位置参数 $a = 0$ 的对称 Alpha 稳定分布（$S\alpha S$ 分布）随机变量，其分数低阶矩 $E[|X|^p]$ 与分散系数 γ 之间满足

$$E[|X|^p] = \begin{cases} C(p,\alpha)\gamma^{p/\alpha}, & 0 < p < \alpha \\ +\infty, & p \geq \alpha \end{cases} \tag{3.3}$$

式中，

$$C(p,\alpha) = \frac{2^{p+1}\Gamma\left(\dfrac{p+1}{2}\right)\Gamma(-p/\alpha)}{\alpha\sqrt{\pi}\Gamma(-p/2)} \tag{3.4}$$

式中，伽马函数 $\Gamma(x) = \int_{-\infty}^{x} t^{x-1}e^{-t}dt$。$C(p,\alpha)$ 为 α 和 p 的函数。

若 X 是 $S\alpha S$ 分布随机变量，分散系数为 $\gamma > 0$，位置参数为 $a = 0$，则 X 的 α 范数定义为

$$\|X\|_\alpha = \begin{cases} \gamma^{1/\alpha}, & 1 \leq \alpha \leq 2 \\ \gamma, & 0 < \alpha < 1 \end{cases} \tag{3.5}$$

即范数 $\|X\|_\alpha$ 只与分散系数 γ 有关。

2．$S\alpha S$ 分布下的距离概念

若 X 和 Y 是联合 $S\alpha S$ 分布的，则 X 和 Y 之间的距离定义为

$$d_\alpha(X,Y) = \|X - Y\|_\alpha \tag{3.6}$$

结合式（3.3）和式（3.5），可以得到

$$d_\alpha(X,Y) = \begin{cases} \left[\dfrac{E(|X-Y|^p)}{C(p,\alpha)}\right]^{1/p}, & 0 < p < \alpha, \ 1 \leq \alpha \leq 2 \\[4mm] \left[\dfrac{E(|X-Y|^p)}{C(p,\alpha)}\right]^{\alpha/p}, & 0 < p < \alpha, \ 0 < \alpha < 1 \end{cases} \tag{3.7}$$

故当 $0 < p < \alpha$ 时，两个 $S\alpha S$ 分布随机变量的距离等同于这两个随机变量之差的 p 阶矩。当 $\alpha = 2$ 时，距离等于这两个随机变量之差的方差的一半。另一方面，$S\alpha S$ 分布随机变量的所有分数低阶矩都是等价的，也就是说，对于任意 $0 < p, q < \alpha$，$S\alpha S$ 分布随机变量的 p 阶矩和 q 阶矩只相差一个与该随机变量独立的系数。

3.2.2 零阶矩与负阶矩

1．零阶矩

（1）对数矩的概念

零阶统计量（zero-order statistics，ZOS）的概念是 1997 年由 Gonzalez 等人基于对数"矩"提出的。随机变量 X 的分布具有代数型拖尾时，定义对数矩为

$$E[\lg|X|] < \infty \tag{3.8}$$

已经证明，Alpha 稳定分布过程的对数矩是有界的。由于通常以"二阶"过程来表示方差有

界的随机过程，故以"对数阶"过程来表示对数矩有界的随机过程。这样，Alpha 稳定分布过程属于对数阶过程。

（2）几何功率

定义 3.1　几何功率　设 X 为一对数阶随机变量，则 X 的几何功率定义为

$$S_0 = S_0(X) = \exp\{E[\lg|X|]\} \tag{3.9}$$

由于随机过程的功率属于二阶统计量范畴，而分数低阶 Alpha 稳定分布没有有限的二阶统计量，故不能用"功率"这个概念来描述和评价 Alpha 稳定分布过程。但是，用几何功率却可以描述和评价 Alpha 稳定分布过程的强度或"功率"指标，显示出一定的优越性。图 3.2 给出了两个随机信号分别用常规的"二阶功率"和几何功率来描述的情况。

$$\alpha = 1.99 \qquad\qquad \alpha = 2$$
$$二阶功率 = \infty \qquad\qquad 二阶功率 = 5.56$$
$$几何功率 = 1 \qquad\qquad 几何功率 = 1$$

图 3.2　独立同分布过程二阶功率与几何功率的比较

在图 3.2 中，左半部分对应于 $\alpha = 1.99$ 的 Alpha 稳定分布过程，右半部分对应于 $\alpha = 2$ 的高斯分布过程。若用几何功率来测量这两个信号，所得到的结果都是 $S_0 = 1$，即二者具有相同的几何功率。事实上，二者确实具有相同的强度。然而，如果采用常规的二阶功率来测量，由于 Alpha 稳定分布的二阶统计量趋于无穷，故左半部分的二阶功率趋于无穷，这与真实情况相去甚远。这表明常规的二阶功率不适合描述分数低阶 Alpha 稳定分布过程，而几何功率则可以客观准确地描述。几何功率的这种特性提供了一种可以用于比较任意对数阶信号的通用框架。

（3）零阶矩

零阶矩（zero order moment，ZOM）的概念是根据几何功率与分数低阶统计量的关联而引出的。

定理 3.2　零阶矩定理　设 $S_p = \left[E[|X|^p]\right]^{1/p}$ 表示由随机变量 X 的分数低阶矩 $E[|X|^p]$ 定义的尺度参数。若对于足够小的 p 值，S_p 存在，则几何功率 S_0 与分数低阶矩尺度参数 S_p 的关联如下：

$$S_0 = \lim_{p \to 0} S_p \tag{3.10}$$

定理 3.2 表明，几何功率与分数低阶统计量是零阶相关的。由此定义了零阶矩或零阶统计量的概念。零阶矩或零阶统计量对于估计强脉冲噪声下随机信号的均值或中值等参数，可以得到比分数低阶统计量更好的估计结果。

2．负阶矩

定理 3.3　负阶矩定理　设 X 是一个 $S\alpha S$ 分布随机变量，其位置参数 $a=0$，分散系数为 γ，其矩的统一表达式为

$$E(|X|^p)=C(p,\alpha)\gamma^{p/\alpha}, \quad -1<p<\alpha \tag{3.11}$$

式中，$C(p,\alpha)$ 与式（3.4）的形式相同。

显然，定理 3.3 把分数低阶矩的范围由式（3.3）的 $0<p<\alpha$ 扩展到 $-1<p<\alpha$。实际上，负阶矩式（3.11）的定义式，对于 $p=0$ 也是成立的，这是另一种形式的零阶矩。可以认为，式（3.11）是一个扩展的分数低阶统计量。

3.2.3　共变的定义与性质

由于当 $\alpha<2$ 时，$S\alpha S$ 分布没有有限的二阶统计量，故其方差和协方差都是不存在的。为了解决 $S\alpha S$ 分布下随机变量的分析处理问题，Miller 和 Cambanis 提出了共变（covariation）的概念。共变这个量在 $S\alpha S$ 分布理论中的地位与协方差在高斯分布理论中的地位非常相似。

1．共变的定义与计算

定义 3.2　共变　对于联合 $S\alpha S$ 分布的随机变量 X 和 Y，其特征指数 $1<\alpha\le2$，则 X 与 Y 的共变定义为

$$[X,Y]_\alpha=\int_s xy^{\langle\alpha-1\rangle}\mu(\mathrm{d}s) \tag{3.12}$$

式中，s 表示单位圆，$\mu(\cdot)$ 表示 $S\alpha S$ 分布随机矢量 (X,Y) 的谱测度。式（3.12）中运算符 $\langle\cdot\rangle$ 的含义为

$$z^{\langle b\rangle}=|z|^b\,\mathrm{sgn}(z) \tag{3.13}$$

式中，z 为任意实变量，参数 $b\ge0$，$\mathrm{sgn}(\cdot)$ 为符号函数。此外，定义联合 $S\alpha S$ 分布随机变量 X 与 Y 的共变系数为

$$\lambda_{XY}=\frac{[X,Y]_\alpha}{[Y,Y]_\alpha} \tag{3.14}$$

与高斯随机变量的协方差不同，除 $\alpha=2$ 以外，对于其他的 α 值，共变不存在对称性，即

$$[X,Y]_\alpha\ne[Y,X]_\alpha, \quad 1<\alpha<2 \tag{3.15}$$

由于谱测度 $\mu(\cdot)$ 不易得到，因此上述关于共变和共变系数的定义很难应用于实际问题。然而，由于共变、共变系数与分数低阶矩之间存在一定的联系，从而使共变成为具有实际应用价值的概念与算子。

定理 3.4　共变定理　设 X 和 Y 是联合 $S\alpha S$ 分布随机变量，特征指数满足 $1<\alpha\le2$。若 Y 的分散系数为 γ_y，则

$$[Y,Y]_\alpha=\|Y\|_\alpha^\alpha=\gamma_y \tag{3.16}$$

$$\lambda_{XY}=\frac{E[XY^{\langle p-1\rangle}]}{E[|Y|^p]}, \qquad 1\le p<\alpha \tag{3.17}$$

$$[X,Y]_\alpha=\frac{E[XY^{\langle p-1\rangle}]}{E[|Y|^p]}\gamma_y, \qquad 1\le p<\alpha \tag{3.18}$$

定理 3.4 把共变的概念转化为对分数低阶矩 $E[|Y|^p]$ 和分数低阶协方差 $E[XY^{\langle p-1 \rangle}]$ 的计算，从而使共变成为分数低阶信号处理中的一个有力工具。关于分数低阶协方差或分数低阶相关的概念，可参见 3.2.4 节的介绍。

2．共变的性质

共变具有一些十分重要的性质，对 Alpha 稳定分布信号处理有很重要的作用。

性质 3.1 若 X 和 Y 是联合 $S\alpha S$ 分布的，设 a 和 b 是任意实数，则共变 $[X,Y]_\alpha$ 对第一变元 X 是线性的，即

$$[aX_1 + bX_2, Y]_\alpha = a[X_1, Y]_\alpha + b[X_2, Y]_\alpha \tag{3.19}$$

性质 3.2 当 $\alpha = 2$，即 X 和 Y 是零均值联合高斯分布随机变量时，X 和 Y 的共变退化为协方差

$$[X,Y]_\alpha = E[XY] \tag{3.20}$$

性质 3.3 若 Y_1 和 Y_2 是独立的，设 a 和 b 是任意实数，并且 X、Y_1 和 Y_2 是联合 $S\alpha S$ 分布的，则共变具有对第二变元的伪线性。

$$[X, aY_1 + bY_2]_\alpha = a^{\langle \alpha-1 \rangle}[X, Y_1]_\alpha + b^{\langle \alpha-1 \rangle}[X, Y_2]_\alpha \tag{3.21}$$

性质 3.4 若 X 和 Y 是独立 $S\alpha S$ 分布的，则

$$[X,Y]_\alpha = 0 \tag{3.22}$$

但是，反之通常是不成立的。

性质 3.5 对于联合 $S\alpha S$ 分布的随机变量 X 和 Y，存在 Cauchy-Schwartz 不等式

$$\left| [X,Y]_\alpha \right| \leqslant \|X\|_\alpha \|Y\|_\alpha^{\langle \alpha-1 \rangle} \tag{3.23}$$

如果 X 和 Y 具有单位分散系数，则

$$\left| [X,Y]_\alpha \right| \leqslant 1 \tag{3.24}$$

定理 3.5 共变计算 设 U_i, $i = 1, \cdots, n$ 为独立 $S\alpha S$ 分布随机变量，其分散系数为 γ_i, $i = 1, \cdots, n$。若对于任意系数 $a_1, \cdots, a_n$ 和 $b_1, \cdots, b_n$，其中 $b_i \neq 0$, $i = 1, \cdots, n$，有 $X = a_1 U_1 + \cdots + a_n U_n$ 和 $Y = b_1 U_1 + \cdots + b_n U_n$，则

$$[X,X]_\alpha = \gamma_1 |a_1|^\alpha + \cdots + \gamma_n |a_n|^\alpha \tag{3.25}$$

$$[Y,Y]_\alpha = \gamma_1 |b_1|^\alpha + \cdots + \gamma_n |b_n|^\alpha \tag{3.26}$$

$$[X,Y]_\alpha = \gamma_1 a_1 b_1^{\langle \alpha-1 \rangle} + \cdots + \gamma_n a_n b_n^{\langle \alpha-1 \rangle} \tag{3.27}$$

$$\lambda_{XY} = \frac{\gamma_1 a_1 b_1^{\langle \alpha-1 \rangle} + \cdots + \gamma_n a_n b_n^{\langle \alpha-1 \rangle}}{\gamma_1 |b_1|^\alpha + \cdots + \gamma_n |b_n|^\alpha} \tag{3.28}$$

例 3.1 设 $\alpha = 1.5$, $A = 1$, $B = -2$，$[X, Y_1]_\alpha = 2, [X, Y_2]_\alpha = 3$。试求 $[X, AY_1 + BY_2]_\alpha$。

解 利用共变的伪线性性质，有 $[X, AY_1 + BY_2]_\alpha = A^{\langle \alpha-1 \rangle}[X, Y_1]_\alpha + B^{\langle \alpha-1 \rangle}[X, Y_2]_\alpha$。将其代入已知条件，有

$$[X, AY_1 + BY_2]_\alpha = 2 - 3\sqrt{2}$$

例 3.2 设 U 为 $S\alpha S$ 分布随机变量，其分散系数为 $\gamma = 1$。设 $X = a_1 U$，$Y = U$，试求共变 $[X,Y]_\alpha$ 和共变系数 λ_{XY}。

解 根据给定条件，X 和 Y 不是相互独立的。由定理 3.5，可得共变和共变系数为

$$[X,Y]_\alpha = \gamma a_1 b_1^{\langle \alpha-1 \rangle} = 1 \times a_1 \times 1 = a_1$$

$$\lambda_{XY} = \frac{\gamma_1 a_1 b_1^{\langle\alpha-1\rangle}}{\gamma \mid b_1 \mid^{\alpha}} = a_1$$

3. 复 $S\alpha S$ 分布随机变量的共变

若复变量 $X = X_1 + \mathrm{j}X_2$ 和 $Y = Y_1 + \mathrm{j}Y_2$ 服从联合 $S\alpha S$ 分布，则可定义 X 与 Y 的共变和共变系数。实际上，复变量的共变系数与实变量的共变系数具有相同的形式，并且实 $S\alpha S$ 分布共变的一些性质可以推广到复 $S\alpha S$ 分布共变的情况。例如，复变量共变系数的计算式与式（3.17）相同；关于第一变元的线性性质，复共变与实共变二者具有相同的形式；若复 $S\alpha S$ 分布随机变量 X 和 Y 是独立的，则 $[X,Y]_\alpha = 0$，也与实 $S\alpha S$ 分布的情况相同。

3.2.4 分数低阶相关与相位分数低阶矩算子

1. 分数低阶相关

由定义 3.2 和定理 3.4 可知，尽管共变作为一种重要的分数低阶统计量，在信号处理中占有重要的地位，但其只适用于特征指数 $1 < \alpha \le 2$ 的情形，并且只对单个变量进行 $z^{\langle p-1 \rangle} = \mid z \mid^{p-1} \mathrm{sgn}(z)$ 的幅度压缩处理。针对这些问题，提出了分数低阶相关（fractional lower-order correlation），又称为分数低阶协方差（fractional lower-order covariance）的概念。

需要说明的是，在统计信号处理中，相关函数（correlation function）与协方差函数（covariance function）的概念与计算是相似的，但二者之间有一定的差异。简单来说，二者的差异主要表现为是否去除随机信号的均值。不去除均值的是相关函数，去除均值的是协方差函数。在零均值条件下，则认为二者是相等的。鉴于此，本节不严格区分分数低阶相关函数与分数低阶协方差函数，以分数低阶相关的概念表示二者的运算。

（1）第一类分数低阶相关

第一类分数低阶相关表示为

$$R_{XY}^C = E[XY^{\langle p-1 \rangle}], \quad 1 \le p < \alpha \tag{3.29}$$

显然，第一类分数低阶相关是非对称的，即 $R_{XY}^C \ne R_{YX}^C$。可以看出，第一类分数低阶相关与共变系数式（3.17）是非常相似的。

（2）第二类分数低阶相关

第二类分数低阶相关表示为

$$R_{XY}^D = E[X^{\langle a \rangle}Y^{\langle b \rangle}], \quad 0 \le a < \alpha/2, \quad 0 \le b < \alpha/2 \tag{3.30}$$

式中，a 和 b 为表示阶数的参量。当 $a = b$ 时，第二类分数低阶相关是对称的，即 $R_{XY}^D = R_{YX}^D$。

2. 相位分数低阶协方差与相位分数低阶矩算子

对于任意两个服从联合 $S\alpha S$ 分布的随机变量 X 和 Y，若其特征指数满足 $0 < \alpha < 2$，且 p 指数满足 $0 < p < \alpha/2$，则相位分数低阶协方差定义为

$$R_{XY}^P = E[X^{\langle p \rangle}Y^{-\langle p \rangle}] \tag{3.31}$$

式中，对于复变量 z，有

$$z^{\langle p \rangle} = \begin{cases} \mid z \mid^{p+1}/z^*, & z \ne 0, \quad z \in \mathbb{C} \\ 0, & z = 0 \end{cases} \tag{3.32}$$

称为相位分数低阶矩（phased fractional lower-order moment，PFLOM）算子，简称为 PFLOM 算子。显然，PFLOM 算子是针对复变量 z 设计的。若 z 为实变量，则式（3.32）退化为式（3.13）。

对于脉冲噪声，PFLOM 算子具有很好的抑制能力。设复变量 $z = re^{j\theta}$，易于得到 $z^{\langle p \rangle} = r^p e^{j\theta}$。这表明，PFLOM 算子仅对被处理信号噪声的幅度进行处理，而保留其相位不变。若设定 $p = 1$，数据没有任何变化；而若设定 $p = 0$，则从信号中删除了所有的幅度信息，仅保留下其相位信息。PFLOM 算子 p 指数变化对信号振幅的调节作用如图 3.3 所示。

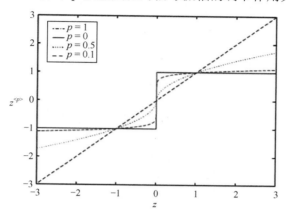

图 3.3　PFLOM 算子 p 指数变化对信号振幅的调节作用

由于 PFLOM 算子对信号振幅的抑制或调节作用，可以证明式（3.31）的相位分数低阶协方差在分数低阶 Alpha 稳定分布噪声环境下是有界的。

3.3　Alpha 稳定分布的线性理论

3.3.1　Alpha 稳定分布的线性空间

所谓线性空间，是定义了加法和数乘的空间。或者说，线性空间中的一个元素，可以由其他元素线性表出。

统计信号处理中的一个重要问题是给出一组观测样本 $\{X(t), t \in T\}$，从其张成的线性空间中找到未知随机变量 Y 的最佳估计。这就是所谓的随机过程的线性理论，包括线性估计、线性预测和线性滤波。

长期以来，二阶矩过程（特别是高斯过程）的线性理论得到了充分的发展。在二阶统计量存在的情况下，观测样本 $\{X(t), t \in T\}$ 的线性空间 $L\{X(t), t \in T\}$ 是希尔伯特空间。在最小均方误差（MMSE）准则下对未知变量 Y 的最佳线性估计是 Y 在 $L\{X(t), t \in T\}$ 上的正交投影。

然而，对于分数低阶 Alpha 稳定分布过程来说，其线性空间的问题要更为复杂。假设 $\{X(t), t \in T\}$ 为服从 $S\alpha S$ 分布的随机过程，研究表明，当 $1 \leqslant \alpha < 2$ 时，$S\alpha S$ 分布过程张成的线性空间是巴拿赫（Banach）空间；而当 $0 < \alpha < 1$ 时，$S\alpha S$ 分布过程张成的线性空间是度量（metric）空间。

我们知道，希尔伯特空间是一个内积空间，有度量和角度以及由此引申而来的正交性概念。此外，希尔伯特空间还是一个完备的空间，该空间上的所有柯西序列均收敛，因此数学分析中的大部分概念都可以无障碍地推广到希尔伯特空间中。希尔伯特空间为基于正交基上多项式表示的傅里叶级数和傅里叶变换提供了一种有效的表述方式，而这也是泛函分析的核心概念之一。由此可见，在希尔伯特空间进行信号处理有许多便利条件。

作为完备的内积赋范空间，希尔伯特空间是巴拿赫空间的一个特例，或者说，巴拿赫空间是希尔伯特空间的推广。巴拿赫空间是完备的线性赋范空间，不过其范数却不一定是基于内积定义的。另一方面，巴拿赫空间又是引入范数的度量空间，而一般的度量空间则为仅定义了距离测度的空间。显然，巴拿赫空间特别是度量空间并不具备像希尔伯特空间那样具有好的特性和结构，因此在这两个空间进行信号分析与处理，有许多需要特别解决的问题。

3.3.2　Alpha 稳定分布的线性理论

随机信号的线性理论可以简要地归纳为，依据观测信号数据样本，从随机信号张成的线性空间中对未知变量进行最优估计、预测或滤波的问题。对于二阶随机过程而言，线性估计（或预测、滤波）的最优准则常采用最小均方误差（MMSE）准则，即

$$E[(\theta - \hat{\theta})^2] \to \min \tag{3.33}$$

式（3.33）表示，MMSE 准则使估计值 $\hat{\theta}$ 与真值 θ 的误差均方值达到最小，从而实现最优估计（或预测、滤波）。

对于分数低阶 Alpha 稳定分布，由于其没有有限的二阶统计量，因此最小均方误差准则不再成立。然而，由 Alpha 稳定分布的线性空间理论可知，Alpha 稳定分布所张成的线性空间是巴拿赫空间（$1 \le \alpha < 2$）或度量空间（$0 < \alpha < 1$），前者可以定义范数的概念，且二者均可定义距离的概念。式（3.6）实际上定义了 Alpha 稳定分布的距离的概念，并可以进一步引申为线性估计（或预测、滤波）中真实值与估计值之间的距离，用来测度二者之间误差的大小

$$d_\alpha(\theta, \hat{\theta}) = \left\| \theta - \hat{\theta} \right\|_\alpha = \|e\|_\alpha \tag{3.34}$$

式中，$e = \theta - \hat{\theta}$ 表示二者的误差。当距离 $d_\alpha(\theta, \hat{\theta})$ 达到最小时，$\hat{\theta}$ 为 θ 的最优估计。故 $d_\alpha(\theta, \hat{\theta}) \to \min$ 可称为最小距离准则。

另一方面，由式（3.7）可知，Alpha 稳定分布距离的最小化对应于其分数低阶矩的最小化，而由式（3.5）和式（3.34），可推得 $d_\alpha(\theta, \hat{\theta})$ 的最小化对应于 Alpha 稳定分布分散系数的最小化，即

$$\min\{d_\alpha(\theta, \hat{\theta})\} = \min\{\|e\|_\alpha\} \Leftrightarrow \min\{E[|e|^p]\} \Leftrightarrow \min\{\gamma_e\}, \quad 0 < \alpha < 2 \tag{3.35}$$

式中，符号"$\Leftrightarrow$"表示等价于，γ_e 表示误差 e 的分散系数。由式（3.35）可见，Alpha 稳定分布的最小距离准则，等价于最小 α 范数准则，等价于最小 p 阶矩准则，也等价于最小分散系数（minimal distribution，MD）准则。

对于 Alpha 稳定分布过程来说，分散系数 γ 的概念与高斯过程方差的概念具有同样的地位和作用，均表示统计分布的分散程度，或表示接收数据的"功率"或"能量"方面的信息。分散系数越大，远离分布均值或中值的随机变量样本越多，概率密度函数的拖尾越厚。通过分散系数的最小化，可以使估计误差的平均幅度达到最小。因此，在 Alpha 稳定分布的线性滤波、估计和预测等问题中，常用 MD 准则替代二阶过程的 MMSE 准则，实现在 Alpha 稳定分布噪声条件下的统计滤波或参数估计等运算。

3.4　Alpha 稳定分布下的参数模型与估计

3.4.1　经典的线性参数模型

许多平稳随机信号 $x(n)$ 可以看作由白噪声 $w(n)$ 激励某一确定的线性系统 $h(n)$ 而得到的响应。这样，只要白噪声的参数确定了，对随机信号的研究就可以转化为对产生随机信号的线性系统的研究。这就是随机信号研究分析的参数模型法。一方面，由给定的平稳随机信号序列，可以为其建立相应的参数模型，即模型建立或模型参数估计问题；另一方面，利用给定白噪声和参数模型，可以产生出所需要的随机信号序列，即随机信号产生问题。来进行功率谱估计及其他应用问题。

1. MA 模型

广义平稳随机信号 $x(n)$ 的 MA（moving average，滑动平均）模型满足以下表达式：

$$x(n) = \sum_{k=0}^{q} b_k w(n-k) \tag{3.36}$$

式中，$w(n)$ 表示激励白噪声，b_k 为 MA 模型系数，q 为模型阶数。记式（3.36）所示模型为 MA(q)。经过 z 变换和整理，可得 MA 系统的系统函数为

$$H(z) = \frac{X(z)}{W(z)} = \sum_{k=0}^{q} b_k z^{-k} \tag{3.37}$$

由于 $H(z)$ 在有限范围内没有极点，故称 MA 模型为全零点模型，且系统一定是稳定的。

2. AR 模型

广义平稳随机信号 $x(n)$ 的 AR（autoregressive，自回归）模型满足以下表达式：

$$x(n) = -\sum_{k=1}^{p} a_k x(n-k) + w(n) \tag{3.38}$$

式中，a_k 为 AR 模型的系数，p 为模型阶数，记为 AR(p)。经过 z 变换和整理，可得 AR 系统的系统函数为

$$H(z) = \frac{1}{1 + \sum\limits_{k=1}^{p} a_k z^{-k}} \tag{3.39}$$

可见，系统函数中只有极点，没有零点，故称该系统为全极点模型。由于系统存在极点，因此需要考虑系统的稳定性问题。

3. ARMA 模型

广义平稳随机信号 $x(n)$ 的 ARMA（autoregressive moving average，自回归滑动平均）模型满足以下表达式：

$$x(n) = \sum_{k=0}^{q} w(n-k) - \sum_{k=1}^{p} a_k x(n-k) \tag{3.40}$$

显然，ARMA 模型是 AR 模型与 MA 模型的结合，记为 ARMA(p, q)，其系统函数为

$$H(z) = \frac{\sum\limits_{k=0}^{q} b_k z^{-k}}{1 + \sum\limits_{k=1}^{p} a_k z^{-k}} \tag{3.41}$$

ARMA 模型既有零点，又有极点，称为零极点模型。

例 3.3 试利用 MATLAB 编程，分别产生 AR(2)、MA(1)和 ARMA(1, 2)随机序列，并绘制波形图。

解 MATLAB 程序如下：

```
clear all; clear; clc;
whitenoise = randn(1000,1); % 产生 1000 点高斯分布白噪声
a1 = [1.0 -0.2 -0.1]; b1 = 1; y1 = filter(b1,a1,whitenoise); % 2 阶 AR 模型与
信号
a2 = 1; b2 = [1.0 0.1]; y2 = filter(b2,a2,whitenoise); % 1 阶 MA 模型与信号
a3 = [1.0 -0.2]; b3 = [1.0 0.1 -0.2]; y3 = filter(b3,a3,whitenoise); % ARMA
模型与信号
figure(1);
subplot(3,1,1); plot(y1); xlabel('样本数'/n); ylabel('幅度'); % 绘制曲线
subplot(3,1,2); plot(y2); xlabel('样本数'/n); ylabel('幅度'); % 绘制曲线
subplot(3,1,3); plot(y3); xlabel('样本数'/n); ylabel('幅度'); % 绘制曲线
```

运行上述程序，可以分别产生 AR(2)、MA(1)、ARMA(1, 2)数据，并绘制曲线。

4. AR 模型的参数估计

根据沃尔德分解定理，AR、MA 和 ARMA 三个模型是可以相互转换的。故在信号处理的参数建模领域，一般主要讨论 AR 模型的参数估计问题。

对式（3.38）所示的 AR 模型 $x(n) = -\sum\limits_{k=1}^{p} a_k x(n-k) + w(n)$ 求取自相关函数，并利用自相关函数 $R_x(m)$ 的对称性，可以得到

$$R_x(m) = \begin{cases} -\sum\limits_{k=1}^{p} a_k R_x(m-k), & m > 0 \\ -\sum\limits_{k=1}^{p} a_k R_x(m-k) + h(0)\sigma_w^2, & m = 0 \\ R_x(-m), & m < 0 \end{cases} \tag{3.42}$$

对于因果系统 $h(n)$，经整理可得到 Yule-Walker 方程的矩阵形式为

$$\begin{bmatrix} R_x(0) & R_x(-1) & \cdots & R_x(-p) \\ R_x(1) & R_x(0) & \cdots & R_x(1-p) \\ \vdots & \vdots & \ddots & \vdots \\ R_x(p) & R_x(p-1) & \cdots & R_x(0) \end{bmatrix} \begin{bmatrix} 1 \\ a_1 \\ \vdots \\ a_p \end{bmatrix} = \begin{bmatrix} \sigma_w^2 \\ 0 \\ \vdots \\ 0 \end{bmatrix} \tag{3.43}$$

在阶数 p 及自相关函数 $R_x(m)$ 已知或可估计的前提下，通过求解 Yule-Walker 方程，可以得到 AR 参数的估计。

3.4.2　基于共变的 AR 参数模型

在分数低阶 Alpha 稳定分布条件下，经典的 Yule-Walker 方程由于自相关函数不存在而失去意义，因此 AR、MA 和 ARMA 模型参数的估计需要寻找新的方法。为了解决这个问题，文献中提出了一种广义 Yule-Walker（GYW）方程。

1. 广义 Yule-Walker 方程

设服从 $S\alpha S$ 分布的随机信号 $x(n)$ 的 p_a 阶 AR 模型为

$$x(n) = -\sum_{k=1}^{p_a} a_k x(n-k) + v(n) \tag{3.44}$$

式中，$v(n)$ 表示特征指数为 α、分散系数为 γ 的 $S\alpha S$ 分布过程。对式（3.44）两边同时取条件期望，可以得到

$$E[x(n)|x(m)] = a_1 E[x(n-1)|x(m)] + \cdots + a_{p_a} E[x(n-p_a)|x(m)], \ n-p_a < m < n-1 \tag{3.45}$$

由于 $S\alpha S$ 分布噪声 $v(n)$ 与 $x(n)$ 互相独立，故 $E[v(n)|x(m)] = 0$。根据条件期望的性质，可得

$$E[x(n+l)|x(n)] = \lambda(l)x(n) \tag{3.46}$$

式中，$\lambda(l)$ 是 $x(n+l)$ 与 $x(n)$ 的共变系数，且 $\lambda(0)=1$。将式（3.46）代入式（3.45），有

$$\lambda(n-m)x(m) = a_1\lambda(n-m-1)x(m) + \cdots + a_{p_a}\lambda(n-m-p_a)x(m), \ n-p_a \leq m \leq n-1 \tag{3.47}$$

由式（3.47）可以得到广义 Yule-Walker 方程的矩阵形式为

$$\begin{bmatrix} \lambda(0) & \lambda(-1) & \cdots & \lambda(1-p_a) \\ \lambda(1) & \lambda(0) & \cdots & \lambda(2-p_a) \\ \vdots & \vdots & \ddots & \vdots \\ \lambda(p_a-1) & \lambda(p_a-2) & \cdots & \lambda(0) \end{bmatrix} \begin{bmatrix} a_1 \\ a_2 \\ \vdots \\ a_{p_a} \end{bmatrix} = \begin{bmatrix} \lambda(1) \\ \lambda(2) \\ \vdots \\ \lambda(p_a) \end{bmatrix} \tag{3.48}$$

式中，$C = \begin{bmatrix} \lambda(0) & \lambda(-1) & \cdots & \lambda(1-p_a) \\ \lambda(1) & \lambda(0) & \cdots & \lambda(2-p_a) \\ \vdots & \vdots & \ddots & \vdots \\ \lambda(p_a-1) & \lambda(p_a-2) & \cdots & \lambda(0) \end{bmatrix}$ 为共变矩阵，是托普利兹矩阵。定义共变系

数矢量 $\boldsymbol{p} = [\lambda(1), \ \lambda(2), \ \cdots, \ \lambda(p_a)]^T$ 和 AR 参数矢量 $\boldsymbol{a} = [a_1, a_2, \cdots, a_{p_a}]^T$，有

$$\boldsymbol{Ca} = \boldsymbol{p} \tag{3.49}$$

若 C 是满秩的，则可以通过求解式（3.48）或式（3.49）而得到 AR 参数 $\boldsymbol{a}$ 的估值。在实际应用中，需要根据接收数据 $x(n)$ 来估计共变矩阵 C 和矢量 $\boldsymbol{p}$，因此需要估计共变系数 $\lambda(l)$。

2. 共变系数的 FLOM 估计方法

为了求解广义 Yule-Walker 方程，需要依据接收数据对共变系数 $\lambda(l)$ 进行估计。根据式（3.17）给出的共变系数定义，可以得到共变系数估计的分数低阶矩（FLOM）法

$$\hat{\lambda}_{\text{FLOM}}(X,Y) = \frac{\sum_{i=1}^{N} X_i |Y_i|^{p-1} \text{sgn}(Y_i)}{\sum_{i=1}^{N} |Y_i|^p} \tag{3.50}$$

式中，$(X_1, Y_1), \cdots, (X_n, Y_n)$ 为独立观测数据。若考虑计算效率，可以选择 $p=1$，则

$$\hat{\lambda}_{\mathrm{FLOM}}(X,Y) = \frac{\sum_{i=1}^{N} X_i \, \mathrm{sgn}(Y_i)}{\sum_{i=1}^{N} |Y_i|} \tag{3.51}$$

无论是对于相互独立观测数据还是 AR 过程的输出序列，基于 FLOM 的共变系数估计都是一致估计。分析表明，广义 Yule-Walker 方程中的共变系数可以由 FLOM 法来估计，进而得到 AR 参数的一致估计。

3.4.3　参数模型的最小 p 范数估计

1. AR 模型参数的最小 p 范数（LPN）估计

由分数低阶矩（FLOM）的定义可以得到在最小分散系数（MD）准则下模型参数辨识的最优方法：求 $S\alpha S$ 分布随机变量的 p 阶分数低阶矩的最小化，便得到 MD 意义下的最优参数集。特别地，对 p_a 阶线性 AR 模型估计问题，可以得到 AR 参数的最小 p 范数（least p-norm，LPN）估计

$$\hat{a}_{\mathrm{LPN}} = \arg\min_{a} \sum_{n=p_a}^{N} |x(n) - a_1 x(n-1) - \cdots - a_{p_a} x(n-p_a)|^p, 1 \leqslant p \leqslant 2 \tag{3.52}$$

这里讨论的 LPN 方法限于 $1 \leqslant p \leqslant 2$，因为对于 $p < 1$，误差函数不再是凸函数，且收敛算法复杂。而且，对于 $\alpha < 1$，$S\alpha S$ 分布信号或噪声的脉冲性过强，通常不用作信号处理问题的统计模型。LPN 估计是一致收敛的。

2. AR 参数的最小绝对偏差（LAD）估计

在式（3.52）中，若选取 $p = 1$，则 AR 参数 $\boldsymbol{a} = [a_1, \ a_2, \ \cdots, \ a_{p_a}]^{\mathrm{T}}$ 的估计称为最小绝对偏差（LAD）估计

$$\hat{\boldsymbol{a}}_{\mathrm{LAD}} = \arg\min_{a} \sum_{n=p_a}^{N} |x(n) - a_1 x(n-1) - \cdots - a_{p_a} x(n-p_a)| \tag{3.53}$$

通常，LAD 估计是一致估计。

3.5　基于分数低阶统计量的自适应滤波

自适应滤波是信号处理中一个重要的研究领域，并在许多领域得到广泛的应用。本节介绍几种典型的基于分数低阶统计量的自适应滤波算法。

3.5.1　最小平均 p 范数（LMP）自适应滤波器

1. 经典的最小均方（LMS）自适应滤波

考虑一个以 $\boldsymbol{x}(n) = [x(n), \ x(n-1), \ \cdots, \ x(n-M)]^{\mathrm{T}}$ 为输入信号的有限脉冲响应（FIR）横向自适应滤波器，其权矢量为 $\boldsymbol{w}(n) = [w_0(n), \ w_1(n), \ \cdots, \ w_M(n)]^{\mathrm{T}}$，期望响应（或称为参考信号）为 $d(n)$，滤波器的输出为 $y(n)$。

经典的 LMS（lease mean square）自适应滤波器是基于最小均方误差（MMSE）准则的算法，其期望响应 $d(n)$ 与滤波器输出 $y(n)$ 之差

$$e(n) = d(n) - y(n) \tag{3.54}$$

的均方值定义为 $\xi = E[e^2(n)]$。式（3.54）中，$y(n) = \boldsymbol{x}^{\mathrm{T}}(n)\boldsymbol{w}(n)$。为了使均方误差达到最小，使用梯度下降法在性能表面上搜索，并在梯度搜索中利用误差信号 $e(n)$ 的瞬时值替代其均方值 $E[e^2(n)]$，可以得到 LMS 算法权系数矢量的递推迭代公式为

$$\boldsymbol{w}(n+1) = \boldsymbol{w}(n) + 2\mu e(n)\boldsymbol{x}(n) \tag{3.55}$$

通常，只要满足迭代步长 μ 的收敛条件，LMS 自适应滤波器就能够收敛到最优维纳解。

2．最小平均 p 范数（LMP）自适应滤波

在 Alpha 稳定分布条件下，LMS 算法性能退化。采用最小分散系数（MD）准则替代 MMSE 准则，并用误差信号 $e(n)$ 的 p 范数取代均方误差函数。由分数低阶矩理论，只要满足 $0 < p < \alpha$，$S\alpha S$ 过程的 p 范数等价于其 p 阶矩。这样，构建最小平均 p 范数（least mean p norm，LMP）自适应滤波器，其代价函数写为

$$J = E[|e(n)|^p] \tag{3.56}$$

利用梯度技术，并以误差信号的瞬时值替代其统计平均，得到梯度估计为

$$\hat{\nabla}(n) = \frac{\partial J}{\partial \boldsymbol{w}(n)} = p|e(n)|^{p-1}\,\mathrm{sgn}[e(n)][-\boldsymbol{x}(n)], \quad 1 \le p < \alpha \le 2 \tag{3.57}$$

这样，可以得到 LMP 自适应滤波算法为

$$y(n) = \boldsymbol{w}^{\mathrm{T}}(n)\boldsymbol{x}(n)$$
$$e(n) = d(n) - y(n) \tag{3.58}$$
$$\boldsymbol{w}(n+1) = \boldsymbol{w}(n) + \mu p \boldsymbol{x}(n)|e(n)|^{p-1}\,\mathrm{sgn}[e(n)]$$

若取 $p = 1$，则 LMP 算法就退化成极性自适应滤波算法，命名为最小平均绝对偏差（LMAD）算法。其迭代表达式为

$$\boldsymbol{w}(n+1) = \boldsymbol{w}(n) + \mu p \boldsymbol{x}(n)\,\mathrm{sgn}[e(n)] \tag{3.59}$$

与经典的 LMS 算法相比，LMP 算法对于脉冲噪声有较强的韧性。但是在强脉冲噪声情况下，LMP 算法并不理想。为了提高算法的稳定性和收敛速度，文献中又提出了针对 LMP 和 LMAD 算法的归一化方法，分别称为 NLMP 和 NLMAD 算法。二者的自适应迭代公式分别由式（3.60）和式（3.61）给出

$$\boldsymbol{w}(n+1) = \boldsymbol{w}(n) + \mu p \boldsymbol{x}(n)\frac{|e(n)|^{p-1}\,\mathrm{sgn}[e(n)]}{\|x(n)\|_p^p + \lambda} \tag{3.60}$$

$$\boldsymbol{w}(n+1) = \boldsymbol{w}(n) + \mu p \boldsymbol{x}(n)\frac{\mathrm{sgn}[e(n)]}{\|\boldsymbol{x}(n)\|_1 + \lambda} \tag{3.61}$$

式中，λ 是为了避免出现分母为零而补充的一个较小的常量。

LMP 算法除了 FIR 结构，还存在对应的格形结构算法。近年来，LMP 算法已经广泛应用于非高斯自适应信号处理的各个应用领域。

3．自适应滤波器的计算机仿真

本节以 LMP 算法和 LMS 算法为例进行计算机仿真，使读者进一步体会以分数低阶统计量理论为基础的 FIR 线性自适应滤波的特性。

例 3.4　试设计一个 10 阶 FIR 自适应滤波器，期望信号是一个相对带宽为 0.1 的低通信号，利用 MATLAB 编程实现 LMP 和 LMS 自适应滤波器，并观察两种滤波器的性能。

解 MATLAB 程序代码如下：

```
clc; clear; close all;
L = 500; N =10; alpha = 1.5;                % 序列长度 L，滤波器阶数 N，Alpha=1.5
p = alpha-2;  % LMP 算法的 p 参数
tem = randn(1,L); [b,a] = butter(3,0.2); s = filter(b,a,tem); clear tem b a;
%产生期望信号
v = (genta(alpha,L))';                       % 产生 Alpha 稳定分布噪声
s = s/std(s); x = s+0.5*v;                    % 产生观测信号并调整信号强度
w_lmp(1:N+1,1:L) = 0; w_lms(1:N+1,1:L) = 0; mu = 0.003; LMP 和 LMS 滤波器设置
for n = N+1:L-1
    y_lmp(n) = x(n-N:n)* w_lmp(:,n); err_lmp(n)=s(n)-y_lmp(n);   % LMP 滤波
    w_lmp(:,n+1) = w_lmp(:,n)+mu*abs(err_lmp(n))^(p-1)*sign(err_lmp(n)* x(n-N:n)';
    y_lms(n)= x(n-N:n)* w_lms(:,n);  err_lms(n)=s(n)-y_lms(n);   % LMS 滤波
    w_lms(:,n+1) = w_lms(:,n)+mu* err_lms(n)*x(n-N:n)';
end
figure,
subplot(2,2,1); plot(w_lmp','linewidth',2); grid on;
xlabel('(a) 样本下标'); ylabel('LMP 权系数幅值');
subplot(2,2,2); plot(w_lms','linewidth',2); grid on;
xlabel('(a) 样本下标'); ylabel('LMS 权系数幅值');
subplot(2,2,3); plot(s,'r','linewidth',2); hold on; plot(x,'linewidth',2);
plot(y_lmp,'k','linewidth',2); grid on;
legend('理想信号','观察信号','lmp 滤波','Orientation','horizontal');
xlabel('(c) 样本下标'); ylabel('信号幅值');
subplot(2,2,4); plot(s,'r','linewidth',2); hold on; plot(x,'linewidth',2);
plot(y_lms,'m','linewidth',2); grid on;
legend('理想信号','观察信号','lms 滤波','Orientation','horizontal');
xlabel('(d) 样本下标'); ylabel('信号幅值');
```

通过运行例 3.4 的程序，可以观察到，在 Alpha 稳定分布噪声条件下，LMS 算法的性能受到较大影响，而 LMP 算法受到的影响较小，能够较好地收敛。

3.5.2　递推最小平均 p 范数自适应算法

递推最小平均 p 范数（简称为 RLMP）自适应算法的思路是，采用滑动窗方法来自适应调整滤波器的系数，即在一个大小为 L 的窗口内使得误差 $e(n)$ 的平均 p 范数最小。RLMP 自适应滤波器的代价函数为

$$J(n) = \sum_{k=n-L+1}^{n} |e(k)|^p = \sum_{k=n-L+1}^{n} |d(k) - \boldsymbol{w}^{\mathrm{T}}(n)\boldsymbol{x}(k)|^p, \quad 0 \leqslant p < 2 \tag{3.62}$$

式中，$\boldsymbol{x}(k)$ 表示输入信号最近的 L 个样本。求取 $J(n)$ 相对于权系数矢量 $\boldsymbol{w}(n)$ 的梯度并令其为零，可以得到

$$\sum_{k=n-L+1}^{n} u(k)\boldsymbol{x}(k)\boldsymbol{x}^{\mathrm{T}}(k)\boldsymbol{w}(n) = \sum_{k=n-L+1}^{n} u(k)d(k)\boldsymbol{x}(k) \tag{3.63}$$

式中，$u(k) = |e(k)|^{p-2}$。进一步定义 $\boldsymbol{r}(n) = \sum_{k=n-L+1}^{n} u(k)d(k)\boldsymbol{x}(k)$ 和 $\boldsymbol{R}(n) = \sum_{k=n-L+1}^{n} u(k)\boldsymbol{x}(k)\boldsymbol{x}^{\mathrm{T}}(k)$，可得权矢量表达式为

$$\boldsymbol{w}^*(n) = \boldsymbol{R}^{-1}(n)\boldsymbol{r}(n) \tag{3.64}$$

上式是通过在大小为 L 的窗口内求误差 p 范数最小化得到的。注意到，由于 $\mathbf{R}(n)$ 和 $\mathbf{r}(n)$ 都是 $\mathbf{w}^*(n)$ 的函数，因此 $\mathbf{w}^*(n)$ 不能由式（3.64）直接求解得到。文献中给出了迭代求解 $\mathbf{w}^*(n)$ 的方法，其基本思路是通过逐步迭代求得每一时刻的最优权矢量，并以上一时刻的最优权矢量作为下一时刻权矢量的初值。

3.6　Alpha 稳定分布噪声下的核自适应滤波

3.6.1　核方法的概念

核方法（kernel method，KM）是近年来得到广泛重视和快速发展的一类模式识别算法，是解决非线性模式分析问题的一种有效途径。核方法的核心思想是：通过某种非线性映射将原始数据映射到适当的高维特征空间，再利用通用的线性学习器在这个新的空间对数据进行分析和处理。

与以往的非线性信号处理方法不同，核方法处理非线性问题具有坚实的数学基础，且成功应用于诸如支持向量机（SVM）、核主分量分析（KPCA）、核 Fisher 判别分析（KFDA）等。特别地，核方法在非线性自适应信号处理领域开辟了一个新领域。

核方法的理论可以追溯到 1909 年 Mercer 定理的提出。在 Mercer 定理的基础上，Aronszjn 于 1950 年提出了再生核希尔伯特空间（RKHS）的概念和理论。1995 年，Cortes 等人依据 RKHS 提出了非线性 SVM 并将其应用于手写字符识别问题。之后，核方法又被成功推广到 Fisher 判别分析和核主分量分析等领域。

近年来，核方法与自适应滤波技术深度结合，开创性地形成了一个核自适应滤波（kernel adaptive filtering）领域。其中，最早将核方法用于自适应滤波的是 Frieb 等人，他们于 1999 年提出了核 Adline 算法，把 Adline 推广到非线性领域。2008 年，Principe 团队的 Liu 等人提出了核最小均方（kernel LMS，KLMS）自适应滤波算法，得到广泛的重视，并在非线性信道均衡、信道辨识和信号预测等方面有很好的效果。之后，文献中报道了诸多 KLMS 算法的改进算法，包括归一化核 LMS 算法（NKLMS）、多核 LMS 算法（MKLMS）、量化核 LMS 算法（QKLMS）等。另一方面，Liu 等人提出了核仿射投影算法（kernel affine projection，KAP），具有更好的效果。Engel 等人则把经典的递归最小二乘（RLS）算法推广到非线性领域，提出了核递归最小二乘算法（kernel recursive least squares，KRLS），并引领了后续的改进和扩展。针对 Alpha 稳定分布噪声环境下的自适应滤波问题，赵知劲和 Gao 等人分别提出了核最小平均 p 范数（kernel LMP，KLMP）自适应滤波算法，成为适用于 Alpha 稳定分布噪声和非线性并存条件的一种有效的自适应滤波方法。

3.6.2　核自适应滤波

1. 线性自适应滤波

自适应滤波或自适应滤波器是信号处理中的一个非常重要的分支，自 1959 年 Widrow 提出自适应滤波的概念和方法以来，自适应滤波和自适应滤波器的理论和方法一直受到广泛的重视，并得到不断的发展和完善，经久不衰。

经典的自适应滤波器由线性组合器构成，属于线性滤波器。最常见的滤波器单元，是由抽头延迟线构成的横向滤波器结构。滤波器的单位冲激响应是一组可调参数的权系数矢量，记为 $w(n)$。n 时刻的输入信号矢量记为 $x(n)$，滤波器的输出信号 $y(n)$ 与外部输入的期待响应 $d(n)$ 进行比较，产生误差信号 $e(n)$，系统利用这个误差信号对权系数矢量进行调整，使得滤波器得到更新。

自适应滤波器常以均方误差（MMSE）最小作为系统的代价函数，即

$$J(n) = E[e^2(n)], \quad n = 1, 2, \cdots \tag{3.65}$$

经典的最小均方（LMS）算法和递归最小二乘（RLS）算法都是典型的线性自适应滤波算法。

尽管线性自适应滤波器结构简单、易于实现，但是其应用却非常广泛。其强大的信号处理能力使其在噪声抵消、回声对消、信道估计与均衡、阵列自适应波束形成等应用中取得显著成果，并进一步在诸如通信、控制、雷达、声呐、地震信号处理及生物医学工程等多个领域得到广泛的应用。可以说，线性自适应滤波器理论已经发展到一个高度成熟的阶段。

2．非线性自适应滤波

在自然界和工程技术中存在大量的非线性问题，很难依据经典的线性自适应滤波器来解决。这样，非线性自适应滤波理论与技术应运而生。最早的非线性自适应滤波器是通过线性滤波器的串联来实现的，但是这种方法存在三个主要问题，一是其建模能力有限，二是其模型不能独立于问题，三是训练过程中存在局部最优的弊端。这些问题的存在，影响了非线性自适应滤波器的应用和推广。

现有的非线性自适应滤波器中，基于 Volterra 级数展开的非线性自适应滤波器受到广泛重视。理论分析与实践表明，由于这种非线性自适应滤波器综合利用了展开的线性和非线性项，可以很好地逼近非线性过程。然而，Volterra 非线性自适应滤波器的计算复杂度非常高，影响了这种滤波器的进一步推广应用。随后出现的时间抽头多层感知器、径向基函数网络和并发神经网络等，均利用随机梯度法进行实时训练。尽管这些方法也曾获得了一定的成功，但是这些方法本质上均属于非凸优化，限制了其在线应用和进一步发展。

式（3.66）给出了构建一个非线性自适应滤波器所需遵守的序贯学习规则

$$f(n) = f(n-1) + g(n)e(n) \tag{3.66}$$

式中，$f(n)$ 表示时刻 n 由输入信号 $x(n)$ 到输出信号 $y(n)$ 的映射关系，即 $y(n) = f[x(n)]$，$e(n)$ 是预测误差函数，$g(n)$ 是与新输入数据有关的增益函数。上式看似简单，但实际上，算法本身可以采用各种不同的目标函数来实现，由此可以产生多种不同的非线性自适应滤波算法。

3．核自适应滤波

核自适应滤波是一类新型的非线性自适应滤波方法，其基本原理是依据 Mercer 定理，采用核方法，通过非线性映射，把输入数据空间的非线性问题映射到高维特征空间，称为再生核希尔伯特空间（RKHS），从而转化为线性问题。然后，再在特征空间使用线性方法进行信号处理。实际上，只要算法可以表示成内积的形式，利用再生核希尔伯特空间的性质和核技巧，就无须直接在高维空间进行计算，使得高维空间的自适应滤波变得非常简单。在这个过程中，RKHS 起到非常关键的作用，它为核自适应滤波提供了非常好的条件，包括线性特性、凸性和通用的逼近能力。有关 RKHS 的详细介绍，可参见本书 1.5 节的内容或参考有关文献。

概括起来，核自适应滤波属于非线性自适应滤波的范畴，但实际上，它又是一种广义的线性自适应滤波。核自适应滤波的核心思想可以概括为两个方面：①使用 Mercer 核将输入数

据空间非线性映射到高维特征空间；②使用线性自适应滤波器进行自适应信号处理。这样，对于诸如自适应均衡、预测、控制、建模和系统辨识等应用中在线、小规模的非线性自适应信号处理，都可以采用最经典的线性自适应滤波，如 LMS 算法或 RLS 算法来完成。

3.6.3　核最小平均 p 范数自适应滤波

核最小平均 p 范数（KLMP）自适应滤波是依据核自适应滤波方法对最小平均 p 范数（LMP）自适应滤波进行改造而成的新型自适应滤波方法。其主要特点是适用于输入-输出的非线性映射关系，并能够在 Alpha 稳定分布噪声条件下保持良好的鲁棒性。本节在简要介绍核 LMS（KLMS）算法的基础上，给出对 KLMP 的介绍。

（1）KLMS 算法

LMS 算法是自适应信号处理领域最经典并应用广泛的线性自适应滤波算法。通常，LMS 算法假设其由线性有限脉冲响应（FIR）滤波器构成。若滤波器的期待响应 $d(n)$ 与输入信号 $x(n)$ 之间的映射是高度非线性的，则 LMS 算法的性能会急剧退化。为了改善 LMS 算法在非线性条件下的性能，Principe 团队的 Liu 等人提出了核 LMS 自适应滤波算法，简称为 KLMS 算法。

为了便于对比，现将 LMS 自适应滤波算法的主要公式列于式（3.67）中

$$\begin{cases} \boldsymbol{w}(0) = 0 \\ e(n) = d(n) - \boldsymbol{w}^{\mathrm{T}}(n-1)\boldsymbol{x}(n) \\ \boldsymbol{w}(n) = \boldsymbol{w}(n-1) + \mu e(n)\boldsymbol{x}(n) \end{cases} \tag{3.67}$$

式中，$\boldsymbol{w}(n)$ 和 $\boldsymbol{x}(n)$ 分别表示自适应滤波器的权矢量和输入信号矢量，$d(n)$ 为期待响应，$e(n)$ 为误差信号，μ 为自适应滤波器的收敛因子。

采用核方法，把原输入空间 $\mathbb{U}$ 中的输入信号 $\boldsymbol{x}(n)$ 通过非线性映射函数 $\boldsymbol{\varphi}$ 映射到高维 RKHS 空间 $\mathbb{H}$，形成 $\boldsymbol{\varphi}(\boldsymbol{x}(n))$，简记为 $\boldsymbol{\varphi}(n)$。由于 $\boldsymbol{x}(n)$ 与 $\boldsymbol{\varphi}(n)$ 的维度差异，$\boldsymbol{w}^{\mathrm{T}}\boldsymbol{\varphi}(\boldsymbol{x}(n))$ 是比 $\boldsymbol{w}^{\mathrm{T}}\boldsymbol{x}$ 更强大的模型。进一步地，通过随机梯度下降法寻找权矢量 $\boldsymbol{w}(n)$ 的最优值，是实现非线性滤波的基本方法。在 RKHS 空间 $\mathbb{H}$ 中的新样本序列 $\{\boldsymbol{\varphi}(n), d(n)\}$ 上使用 LMS 算法，可以得到

$$\begin{cases} \boldsymbol{w}(0) = 0 \\ e(n) = d(n) - \boldsymbol{w}^{\mathrm{T}}(n-1)\boldsymbol{\varphi}(n) \\ \boldsymbol{w}(n) = \boldsymbol{w}(n-1) + \mu e(n)\boldsymbol{\varphi}(n) \end{cases} \tag{3.68}$$

显然，式（3.68）与式（3.67）具有高度相似性。不过，前者是在 RKHS 空间 $\mathbb{H}$ 中的运算，而后者是在输入信号空间 $\mathbb{U}$ 的运算。

由于 $\boldsymbol{\varphi}$ 的维度很高，且为隐式表达，不方便计算。若对式（3.68）中的权矢量 $\boldsymbol{w}(n)$ 进行反复迭代，则可得

$$\begin{aligned} \boldsymbol{w}(n) &= \boldsymbol{w}(n-1) + \mu e(n)\boldsymbol{\varphi}(n) \\ &= \left[\boldsymbol{w}(n-2) + \mu e(n-1)\boldsymbol{\varphi}(n-1)\right] + \mu e(n)\boldsymbol{\varphi}(n) \\ &= \boldsymbol{w}(n-2) + \mu \left[e(n-1)\boldsymbol{\varphi}(n-1) + e(n)\boldsymbol{\varphi}(n)\right] \\ &\cdots \\ &= \boldsymbol{w}(0) + \mu \sum_{m=1}^{n} e(m)\boldsymbol{\varphi}(m) \end{aligned} \tag{3.69}$$

若 $w(0) = 0$ ，则 $w(n) = \mu \sum_{m=1}^{n} e(m)\varphi(m)$ 。这表明，经过 n 步训练，权矢量的估计值表示为非线性映射后所有数据的线性组合形式。并且，该自适应系统对于一个新输入 x' 的输出，可以表示成映射后输入信号的内积形式，即

$$w^{\mathrm{T}}(n)\varphi(x') = \left[\mu \sum_{m=1}^{n} e(m)\varphi(x(m))^{\mathrm{T}} \right] \varphi(x') = \mu \sum_{m=1}^{n} e(m) \left[\varphi(x(m))^{\mathrm{T}} \varphi(x') \right]$$

再通过核技巧 $\varphi^{\mathrm{T}}(x)\varphi(x') = \kappa(x, x')$ ，可以在输入空间 $\mathbb{U}$ 通过核函数非常高效地计算滤波器的输出。

$$w^{\mathrm{T}}(n)\varphi(x') = \mu \sum_{m=1}^{n} e(m)\kappa[x(m), x'] \tag{3.70}$$

显然，上述新算法与 LMS 算法相比，滤波器的输出仅需要内积运算，不涉及权矢量的迭代，计算量显著减小。KLMS 算法完整的序贯学习规则为

$$\begin{cases} f_{n-1} = \mu \sum_{m=1}^{n-1} e(m)\kappa[x(m), \cdot] \\ f_{n-1}(x(n)) = \mu \sum_{m=1}^{n-1} e(m)\kappa[x(m), x(n)] \\ e(n) = d(n) - f_{n-1}(x(n)) \\ f_n = f_{n-1} + \mu e(n)\kappa[x(n), \cdot] \end{cases} \tag{3.71}$$

式中， f_n 表示 n 时刻输入–输出非线性映射的估计。KLMS 是 RKHS 空间的 LMS 算法。

（2）KLMP 算法

由于 KLMS 算法不能适应 Alpha 稳定分布条件下的非线性滤波问题，赵知劲和 Gao 等人分别提出了基于最小平均 p 范数的核自适应滤波方法，统称为 KLMP 自适应滤波算法。该算法基于核方法，对 LMP 自适应滤波算法进行改造，可以有效地抑制脉冲噪声的影响，并适用于非线性条件下的自适应滤波。

与 LMS 算法相似，LMP 算法（见本书 3.5 节的介绍）的主要计算式如下：

$$\begin{cases} w(0) = 0 \\ e(n) = d(n) - w^{\mathrm{T}}(n-1)x(n) \\ w(n) = w(n-1) + \mu p \, |e(n)|^{p-1} \, \mathrm{sgn}[e(n)]x(n), \quad 1 \leq p < \alpha \end{cases} \tag{3.72}$$

式中， $\alpha \in (0, 2]$ 为 Alpha 稳定分布的特征指数， p 表示自适应滤波器的阶数，其余参数与 LMS 算法的说明一致。

与 KLMS 算法的推导相似，在非线性条件下，依据核方法，把原输入空间 $\mathbb{U}$ 中的输入信号 $x(n)$ 通过非线性映射函数 φ 映射到高维 RKHS 空间 $\mathbb{H}$ 中，形成 $\varphi(x(n))$ ，同样简记为 $\varphi(n)$ 。在 RKHS 空间 $\mathbb{H}$ 中的新样本序列 $\{\varphi(n), d(n)\}$ 上使用 LMP 算法，可以得到

$$\begin{cases} w(0) = 0 \\ e(n) = d(n) - w^{\mathrm{T}}(n-1)\varphi(n) \\ w(n) = w(n-1) + \mu p \, |e(n)|^{p-1} \, \mathrm{sgn}[e(n)]\varphi(n), \quad 1 \leq p < \alpha \end{cases} \tag{3.73}$$

对式（3.73）中的权矢量 $w(n)$ 进行反复迭代，可以得到

$$w(n) = \mu p \sum_{m=1}^{n} |e(m)|^{p-1} \operatorname{sgn}[e(m)]\varphi(m) \tag{3.74}$$

式中假设了 $w(0) = 0$。滤波器输出 $y(n)$ 可表示为

$$y(n) = w^{\mathrm{T}}(n-1)\varphi(n) = \mu p \sum_{m=1}^{n-1} |e(m)|^{p-1} \operatorname{sgn}[e(m)]\varphi^{\mathrm{T}}(m)\varphi(n) \tag{3.75}$$

依据 Mercer 核函数简化内积计算规则 $\varphi^{\mathrm{T}}(x)\varphi(x') = \kappa(x, x')$，可得 KLMP 算法为

$$y(n) = \mu p \sum_{m=1}^{n-1} |e(m)|^{p-1} \operatorname{sgn}[e(m)]\kappa[x(m), x(n)] \tag{3.76}$$

KLMP 算法是 RKHS 空间 $\mathbb{H}$ 的 LMP 算法。由式（3.76）可以看出，KLMP 算法的本质是核函数与误差函数的运算。从输入数据空间 $\mathbb{U}$ 到再生核希尔伯特空间 $\mathbb{H}$ 的非线性映射和在 $\mathbb{H}$ 空间的处理，都隐含在核函数 $\kappa[x(m), x(n)]$ 和误差信号 $e(n)$ 中。当然，KLMP 算法的关键环节和基本原理是所谓的"核技巧"。

例 3.5　试在 Alpha 稳定分布噪声条件下进行 KLMP 算法的仿真，并与 KLMS 算法进行对比。

解　设定仿真条件：输入信号为独立同分布高斯随机信号，均值为 0，方差为 0.25；Alpha 稳定分布噪声的特征指数为 $\alpha = 1.5$，分数低阶矩指数取 $p = 1.3$；核长参数取 $\sigma = 0.35$，收敛因子为 $\mu = 0.01$。采用 KLMS 算法与 KLMP 算法进行对比。

图 3.4 给出了两种算法仿真结果的学习曲线。

图 3.4　KLMP 算法与 KLMS 算法的仿真结果

图 3.4 中，横轴表示迭代次数，纵轴表示误差的均方差（mean square deviation，MSD）。显然，在 Alpha 稳定分布噪声条件下，KLMP 收敛快速且稳定，而 KLMS 算法则由于 Alpha 稳定分布噪声的影响，产生较大的误差。

3.7　分数低阶统计量信号处理的应用

3.7.1　在时间延迟估计中的应用

1．时间延迟估计的概念与用途

时间延迟（简称为时延），一般指接收器阵列中不同接收器所接收到的同源带噪信号之

间由于信号传输距离不同而引起的时间差。时间延迟估计（time delay estimation，TDE）一般是指利用参数估计和信号处理方法，对上述时间延迟进行估计和测定，并由此进一步确定其他有关参数，如目标信源的距离、方位、运动的方向和速度等。在无线电目标定位等领域，时间延迟估计也常称为到达时差（time difference of arrival，TDOA）估计。

根据目标信源和检测系统的不同，TDE/TDOA 问题大致可分为两种类型，即主动（active）时延估计和被动（passive）时延估计。对于前者，检测系统要发送信号；而对于后者，检测系统不发送信号，仅依据接收信号估计目标信源的参数。主动雷达和主动声呐是主动 TDE 的典型应用，而被动雷达和被动声呐是被动 TDE 的典型应用。在无线电监测的目标定位中，由于监测系统本身不发送信号，仅接收被监测目标发出的信号，因此属于被动 TDE 系统。

在被动 TDE 问题中，通常假定信号在信道中是以无色散球面波传播的。为了简化分析和处理，常假设信号源和接收器在同一平面内，从而把三维空间简化为二维空间。在二维空间中，若进一步地假定信源的距离远大于接收器阵列的几何尺寸，则可以认为信源发出的信号是以二维平面波的方式传播到接收器的。

目标定位是 TDE 或 TDOA 估计的主要应用之一。图 3.5 给出了基于 TDE 的目标信源被动定位示意图。

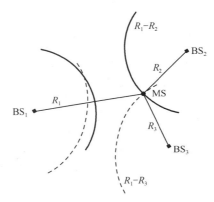

图 3.5　基于 TDE 的目标信源被动定位示意图

如图 3.5 所示，考虑二维平面内的目标定位问题。设待定位目标位于图中 MS 处，三个接收器 BS_1、BS_2 和 BS_3 组成被动 TDE 定位系统。设 MS 信号到达 BS_1 和 BS_2 的时间差为 D_{12}，而到达 BS_1 和 BS_3 的时间差为 D_{13}，通过估计这两个时间差，就可以进一步确定目标信源 MS 的坐标位置。几何定位方程如下：

$$\begin{cases} \sqrt{(x-x_1)^2+(y-y_1)^2} - \sqrt{(x-x_2)^2+(y-y_2)^2} = cD_{12} \\ \sqrt{(x-x_1)^2+(y-y_1)^2} - \sqrt{(x-x_3)^2+(y-y_3)^2} = cD_{13} \end{cases} \tag{3.77}$$

式中，c 表示信号传播速率，(x, y) 表示目标信源 MS 的坐标，(x_1, y_1)、(x_2, y_2) 和 (x_3, y_3) 分别表示已知的三个接收器 BS_1、BS_2 和 BS_3 的坐标。

2．经典的时间延迟估计方法

（1）基于相关分析的 TDE 方法

设两个接收器所接收信号的离散形式 $x_1(n)$ 和 $x_2(n)$ 分别为

$$\begin{cases} x_1(n) = s(n) + v_1(n) \\ x_2(n) = \lambda s(n-D) + v_2(n) \end{cases} \tag{3.78}$$

式中，$s(n)$ 为接收到的目标信源 MS 的纯净信号，$v_1(n)$ 和 $v_2(n)$ 分别表示两个接收器的接收噪声，λ 表示信号的相对衰减，常假定 $\lambda = 1$，D 表示待估计时间延迟。计算 $x_1(n)$ 和 $x_2(n)$ 的互相关函数，并利用信号与噪声的不相关特性，有

$$R_{x_1 x_2}(\tau) = E[x_1(n)x_2(n+\tau)] = R_{ss}(\tau - D) \tag{3.79}$$

根据自相关函数的性质，可知 $R_{ss}(\tau - D)$ 在 $\tau - D = 0$ 处取得最大值，表明此刻两信号 $x_1(n)$ 和 $x_2(n)$ 具有最大相关性。故选择 $R_{ss}(\tau - D)$ 取得最大值处的 τ 值作为时间延迟的估计值，即

$$\hat{D} = \arg\max_{\tau}[R_{ss}(\tau - D)] \tag{3.80}$$

（2）广义相关 TDE 方法

针对相关分析方法存在的抗噪声和干扰能力不强的局限性，Carter 等人提出了广义相关 TDE 方法，简称为 GCC-TDE 方法。其基本思路是，对两接收信号的互功率谱密度函数进行加权滤波，一方面抑制噪声，另一方面进行白化处理，以获得更好的时间延迟估计。图 3.6 给出了 GCC-TDE 方法的原理框图。

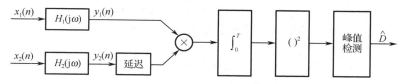

图 3.6　广义相关 TDE 方法原理框图

广义相关函数定义为加权后广义互功率谱函数的傅里叶逆变换

$$R_{y_1 y_2}^{G}(\tau) = F^{-1}[G_{y_1 y_2}(\omega)] = F^{-1}[H(j\omega)G_{x_1 x_2}(\omega)] \tag{3.81}$$

式中，$H(j\omega)$ 为广义相关加权函数。常用的广义相关加权函数有 Roth 处理器 $\dfrac{1}{G_{x_1 x_2}(\omega)}$、相位变换 $\dfrac{1}{|G_{x_1 x_2}(\omega)|}$ 和平滑相干变换 $\dfrac{1}{\sqrt{G_{x_1 x_1}(\omega)G_{x_2 x_2}(\omega)}}$ 等。

3. 基于分数低阶统计量的 TDE 方法

上述经典 TDE 方法均是基于信号与噪声的二阶统计量的。若接收噪声服从 Alpha 稳定分布，则这些经典方法性的能显著退化。文献中报道了一类基于分数低阶统计量的 TDE 方法，用以抑制 Alpha 稳定分布噪声的影响，从而在复杂电磁环境中得到更好的 TDE 结果。

（1）基于第一类分数低阶相关的 TDE 方法

两接收信号 $x_1(n)$ 和 $x_2(n)$ 的第一类分数低阶相关为

$$\begin{aligned} R^{C}(m) &\triangleq E\{x_2(n)[x_1(n+m)]^{\langle p-1 \rangle}\} \\ &= E\{x_2(n)|x_1(n+m)|^{p-1}\operatorname{sgn}[x_1(n+m)]\}, \quad 1 \leqslant p < \alpha \end{aligned} \tag{3.82}$$

在实际计算中，常采用有限时间平均来近似统计平均，则第一类分数低阶相关可以由样本估计得到

$$\hat{R}^{C}(m) = \frac{1}{L_2 - L_1}\sum_{n=L_1+1}^{L_2} x_2(n)|x_1(n+m)|^{p-1}\operatorname{sgn}[x_1(n+m)], \quad 1 \leqslant p < \alpha \tag{3.83}$$

式中，$L_1 = \max(0, -m)$，$L_2 = \min(N - m, N)$。由此可以得到时间延迟估计为

$$\hat{D} = -\arg\max_m \hat{R}^C(m) \tag{3.84}$$

由 p 的取值范围可见，该算法适用于 $1 < \alpha \leq 2$ 稳定分布的噪声环境。

（2）基于第二类分数低阶相关的 TDE 方法

两接收信号 $x_1(n)$ 和 $x_2(n)$ 的第二类分数低阶相关为

$$R^D(m) \triangleq E\{[x_2(n)]^{\langle a \rangle}[x_1(n+m)]^{\langle b \rangle}\}, \quad 0 \leq a < \frac{\alpha}{2}, \quad 0 \leq b < \frac{\alpha}{2} \tag{3.85}$$

与第一类分数低阶相关算法相类似，用有限时间平均来近似统计平均，计算公式为

$$\hat{R}^D(m) = \frac{1}{L_2 - L_1} \sum_{n=L_1+1}^{L_2} |x_2(n)|^a |x_1(n+m)|^b \, \text{sgn}(x_2(n)x_1(n+m)) \tag{3.86}$$

由此可以得到时间延迟估计为

$$\hat{D} = -\arg\max_m \hat{R}^D(m) \tag{3.87}$$

该算法的适用范围为 $0 < \alpha \leq 2$。

（3）自适应最小平均 p 范数 TDE 方法

依据最小分散系数（MD）准则，参照经典的 LMS 自适应滤波算法，可以得到自适应最小平均 p 范数（LMP）TDE 方法。定义代价函数

$$J_p(\boldsymbol{w}) \triangleq E\left[\left|x_2(n) - \sum_{m=-M}^{M} w(m)x_1(n+m)\right|^p\right], \quad 1 < p < \alpha \tag{3.88}$$

式中，$m \in [-M, M]$ 表示滤波器权矢量的阶数。LMP 算法的自适应迭代公式为

$$\boldsymbol{w}(n+1) = \boldsymbol{w}(n) - \mu p |e(n)|^{p-1} \text{sgn}[e(n)]\boldsymbol{x}_1(n) \tag{3.89}$$

要估计的时间延迟为

$$\hat{D} = \arg[\max_m(\boldsymbol{w})], \quad m = -M, -M+1, \cdots, 0, \cdots, M \tag{3.90}$$

在 LMP 算法中，p 值须满足 $p \in [1, \alpha)$，即 LMP 算法只能应用于 $1 < \alpha \leq 2$ 的条件。

（4）基于分数低阶矩的 ETDE 方法

直接时间延迟估计（explicit time delay estimation，ETDE）算法是 So 等人提出的一种自适应 TDE 方法，其特点是在自适应迭代过程中，直接对时间延迟估计值 $\hat{D}(n)$ 进行递推估计，无须插值即可直接得到非整数时间延迟估计。ETDE 的迭代计算公式为

$$\hat{D}(n+1) = \hat{D}(n) - 2\mu e(n) \sum_{k=-M}^{M} x(n-k)f[k - \hat{D}(n)] \tag{3.91}$$

式中，$f(v) = \dfrac{\cos(\pi v) - \text{sinc}(v)}{v}$，$v = k - \hat{D}(n)$。

基于分数低阶矩改进得到的 LETDE 自适应迭代公式为

$$\hat{D}(n+1) = \hat{D}(n) - \mu p |e(n)|^{p-1} \text{sgn}[e(n)] \sum_{k=-M}^{M} x(n-k)f[k - \hat{D}(n)] \tag{3.92}$$

比较式（3.92）与式（3.91），可见 LETDE 是具有时变步长 $\mu(n)$ 的 ETDE 算法，即

$$\mu(n) = \frac{\mu p |e(n)|^{p-1}}{2} \tag{3.93}$$

当输入信号中伴有强脉冲噪声时，采用归一化方法，并补充参数 λ，式（3.93）可写成

$$\hat{D}(n+1) = \hat{D}(n) - \mu p |e(n)|^{p-1} \operatorname{sgn}[e(n)] \frac{\displaystyle\sum_{k=-M}^{M} x(n-k) f[k - \hat{D}(n)]}{\left\| \displaystyle\sum_{k=-M}^{M} x(n-k) f[k - \hat{D}(n)] \right\|_p^p + \lambda} \tag{3.94}$$

例 3.6 试利用 MATLAB 编程实现对 LETDE 和 ETDE 两种算法计算机仿真，并分析。

解 设信号 $s(k)$ 为 0 均值高斯白噪声，延迟信号 $s(n-D)$ 由 $s(n)$ 经过单位冲激响应为 $\displaystyle\sum_{k=-M}^{M} \operatorname{sinc}(k-D) z^{-k}$ 的 31 阶 FIR 滤波器产生，噪声 $v_1(n)$ 和 $v_2(n)$ 为 Alpha 稳定分布过程。每次实验的数据长度为 15000 点，每次实验均是 500 次蒙特卡罗仿真的平均。图 3.7 给出了两种算法计算机仿真的结果。由图可见，在 Alpha 稳定分布噪声下，LETDE 算法比 ETDE 算法具有更高的估计精度和更好的跟踪能力。

（a）时延估计收敛曲线
（时延真值为 1.7，$\alpha = 1.5$，GSNR = 0dB）

（b）对突变时延的跟踪能力
（时延真值从 1.5 突变为 1.2）

图 3.7 两种算法计算机仿真的结果

3.7.2 在波达方向估计中的应用

1. 波达方向估计的概念与用途

波达方向（direction of arrival，DOA）估计，又称为波达角（angle of arrival，AOA）估计，其基本概念是依据阵列天线的指向作用，确定接收信号的来波方向，进而通过多组阵列天线的交叉作用，确定信源目标的位置信息。图 3.8 给出了 DOA 估计的示意图。如图所示，无线电接收阵列（或声学接收阵列）通过 DOA 估计算法，可以将其阵列波瓣指向对应目标的来波方向，从而实现目标的方位测定。

DOA 估计是阵列信号处理中的基本任务之一，是实现目标测向定位的关键技术，广泛

图 3.8 DOA 估计进行目标测向定位示意图

应用于雷达、声呐及无线电监测等多个领域。最典型 DOA 估计方法是以多重信号分类法（multiple signal classification，MUSIC）和旋转不变子空间（estimation of signal parameters via rotational invariance techniques，ESPRIT）为代表的基于特征子空间的超分辨率 DOA 估计方法及其改进和扩展算法。其中，MUSIC 算法的基本思想是对阵列输出数据的协方差矩阵进行子空间分解，利用信号子空间与噪声子空间的正交性构造空间谱，通过谱峰搜索获得 DOA 估计值。ESPRIT 方法同样是基于子空间理论的超分辨算法，该方法避免了 MUSIC 算法中的谱峰搜索，利用信号子空间的旋转不变特性获得入射信号的角度估计值，具有较高的计算速度和较低的计算复杂度。

2. 基于 MUSIC 算法的 DOA 估计

（1）均匀线阵与信号模型

均匀线性阵列（uniform linear array，ULA，简称为均匀线阵）是接收阵列中最常见、结构最简单的一种形式，是指所有阵元（或称为传感器）均匀地分布在一直线上的阵列。图 3.9 给出了均匀线阵的示意图。

图 3.9　均匀线阵示意图

如图 3.9 所示，在 x 轴方向上等间距地布置 M 个接收阵元，相邻阵元之间的距离为 d，阵列孔径为 $(M-1)d$。通常将第一个阵元在 x 轴的位置定义为坐标原点和参考点。考虑已知中心频率 ω 和入射角度为 $\{\theta_1, \theta_2, \cdots, \theta_K\}$ 的 $K < M$ 个各向同性非相干窄带信号入射到均匀线性阵列。由于跨传感器的传播延迟远小于信号带宽的倒数，因此第 m 个阵元接收到的信号可表示为

$$x_m(t) = \sum_{k=1}^{K} a_m(\theta_k)s_k(t) + v_m(t), \quad m = 1, 2, \cdots, M \tag{3.95}$$

式中，$a_m(\theta_k) = \exp\left[-\mathrm{j}\frac{2\pi}{\lambda}(m-1)d\sin\theta_k\right]$ 为第 m 个阵元在 θ_k 方向的导向矢量，λ 为载波波长。$s_k(t)$ 是第 m 个阵元接收到的第 k 个信号，$v_m(t)$ 表示第 m 个阵元的接收噪声。

（2）经典 MUSIC 算法

Schmidt 提出的以正交子空间投影为基础的 MUSIC 算法，作为现代谱估计研究的里程碑之一，对 DOA 估计产生了深远的影响。作为一种超分辨率阵列信号处理技术，MUSIC 算法实现了空间谱估计向超分辨率的飞跃。

在均匀线性阵列条件下，基于 MUSIC 算法的 DOA 估计问题，可以归结为从 N 个快拍的数据中估计 K 个信源的波达方向 $\{\theta_1, \theta_2, \cdots, \theta_K\}$ 问题。将式（3.96）所示的信号模型改写为矢量形式，有

$$\boldsymbol{x}(t) = \boldsymbol{A}(\theta)\boldsymbol{s}(t) + \boldsymbol{v}(t) \tag{3.96}$$

式中，$\boldsymbol{x}(t) = [x_1(t), x_2(t), \cdots, x_M(t)]^{\mathrm{T}}$ 和 $\boldsymbol{v}(t) = [v_1(t), v_2(t), \cdots, v_M(t)]^{\mathrm{T}}$ 分别表示阵列输出信号矢量和加性观测噪声矢量，$\boldsymbol{s}(t) = [s_1(t), s_2(t), \cdots, s_K(t)]^{\mathrm{T}}$ 表示纯净信号（即 SOI 信号）矢量，$\boldsymbol{A}(\theta) = [\boldsymbol{a}(\theta_1), \boldsymbol{a}(\theta_2), \cdots, \boldsymbol{a}(\theta_K)]^{\mathrm{T}}$ 表示 $M \times K$ 维导向矩阵。这样，阵列输出信号的协方差阵为

$$\boldsymbol{R} = E[\boldsymbol{x}(t)\boldsymbol{x}^{\mathrm{H}}(t)] = \boldsymbol{A}E[\boldsymbol{s}(t)\boldsymbol{s}^{\mathrm{H}}(t)]\boldsymbol{A}^{\mathrm{H}} + \sigma^2 \boldsymbol{I} \tag{3.97}$$

式中，$(\cdot)^{\mathrm{H}}$ 表示共轭转置，σ^2 为噪声方差。$\boldsymbol{R}$ 为正定 Hermitain 矩阵，对其进行特征分解，得

$$\boldsymbol{R} = \sum_{k=1}^{K} \rho_k \boldsymbol{u}_k \boldsymbol{u}_k^{\mathrm{H}} + \sigma^2 \boldsymbol{I} = \sum_{m=1}^{M} \lambda_m \boldsymbol{u}_m \boldsymbol{u}_m^{\mathrm{H}} \tag{3.98}$$

式中，λ_m 和 $\boldsymbol{u}_m$ 分别表示协方差矩阵的特征值和特征矢量。可以证明，协方差矩阵 $\boldsymbol{R}$ 的前 K 个较大特征值对应的特征矢量（记为 $\boldsymbol{U}$）张成信号子空间，而其余较小特征值对应的特征矢量（记为 $\boldsymbol{G}$）张成噪声子空间。将方向矢量向噪声子空间投影，得到以 DOA 为参数的空间谱函数的 MUSIC 估计方法为

$$P(\theta) = \frac{1}{\boldsymbol{a}^{\mathrm{H}}(\theta)\boldsymbol{G}\boldsymbol{G}^{\mathrm{H}}\boldsymbol{a}(\theta)} = \frac{1}{\boldsymbol{a}^{\mathrm{H}}(\theta)(\boldsymbol{I} - \boldsymbol{U}\boldsymbol{U}^{\mathrm{H}})\boldsymbol{a}(\theta)} \tag{3.99}$$

对式（3.99）取峰值就能得到 L 个信源的 DOA 估计。

（3）基于分数低阶统计量的子空间方法与鲁棒性 MUSIC 波达方向估计

在 Alpha 稳定分布条件下，以 MUSIC 为代表的一类 DOA 估计算法均出现性能退化。针对这个问题，Tsakalides 和 Nikias 提出了基于共变的子空间概念，并提出了基于共变的鲁棒性 MUSIC（ROC-MUSIC）的 DOA 估计算法。

采用与经典 MUSIC 方法相同的均匀线性阵列和信号结构条件，假定信号中的加性噪声服从 $S\alpha S$ 分布。定义阵列输出信号 $\boldsymbol{x}(t)$ 的共变矩阵为 $\boldsymbol{R}^{(\mathrm{C})}$，其第 (i, j) 个元素表示为

$$R_{i,j}^{(\mathrm{C})} = [x_i(t), x_j(t)]_{\alpha} \tag{3.100}$$

可以证明，共变矩阵 $\boldsymbol{R}^{(\mathrm{C})}$ 与式（3.98）中的协方差矩阵 $\boldsymbol{R}$ 具有完全相似的结构形式，即

$$\boldsymbol{R}^{(\mathrm{C})} = [\boldsymbol{x}(t), \boldsymbol{x}(t)]_{\alpha} = \boldsymbol{A}(\theta)\boldsymbol{\Lambda}_s \boldsymbol{A}^{\langle\alpha-1\rangle}(\theta) + \gamma_v \boldsymbol{I} \tag{3.101}$$

式中，导向矩阵 $\boldsymbol{A}(\theta) = [\boldsymbol{a}(\theta_1), \boldsymbol{a}(\theta_2), \cdots, \boldsymbol{a}(\theta_K)]^{\mathrm{T}}$，对角阵 $\boldsymbol{\Lambda}_s = \mathrm{diag}[\gamma_{s_1}, \gamma_{s_2}, \cdots, \gamma_{s_k}]$，$\gamma_v$ 表示 $S\alpha S$ 噪声的分散系数，$\gamma_{s_k} = [s_k, s_k]_{\alpha}$，$\boldsymbol{I}$ 为单位阵，$z^{\langle\alpha-1\rangle} = |z|^{\alpha-1}\,\mathrm{sgn}(z)$。由导向矢量

$$\boldsymbol{a}(\theta_k) = \left[1, \ \mathrm{e}^{-\mathrm{j}\frac{2\pi}{\lambda}d\sin\theta_k}, \ \cdots, \ \mathrm{e}^{-\mathrm{j}\frac{2\pi}{\lambda}(M-1)d\sin\theta_k} \right]^{\mathrm{T}}$$

可以得到 $[\boldsymbol{A}^{\langle\alpha-1\rangle}(\theta)]_{i,j} = [\boldsymbol{A}(\theta)]_{j,i}^*$。这样，式（3.101）可改写为

$$\boldsymbol{R}^{(\mathrm{C})} = [\boldsymbol{x}(t), \boldsymbol{x}(t)]_{\alpha} = \boldsymbol{A}(\theta)\boldsymbol{\Lambda}_s \boldsymbol{A}^{\mathrm{H}}(\theta) + \gamma_v \boldsymbol{I} \tag{3.102}$$

仿照经典 MUSIC 算法对共变矩阵 $\boldsymbol{R}^{(\mathrm{C})}$ 进行特征分解，可得基于共变的 MUSIC 算法（ROC-MUSIC）为

$$P_{\mathrm{ROC\text{-}MUSIC}}(\theta) = \frac{1}{\sum_{m=K+1}^{M} |\boldsymbol{a}^{\mathrm{H}}(\theta)\boldsymbol{u}_m|^2} \tag{3.103}$$

式中，$\boldsymbol{u}_m$ 为共变矩阵的特征矢量。对式（3.103）进行峰值搜索，可得 K 个信源的 DOA 估计。

（4）其他基于分数低阶统计量的 MUSIC 波达方向估计方法

理论分析和实验验证均表明，共变并不是性能最优的分数低阶统计量，诸如分数低阶矩、

分数低阶协方差和相位分数低阶协方差等，在抑制 Alpha 稳定分布噪声方面，均可能具有更好的性能。

在 ROC-MUSIC 算法的启发下，文献中还报道了多种基于不同分数低阶统计量的改进的 MUSIC 算法以及对应的 DOA 估计方法，如基于分数低阶矩的 MUSIC（FLOM-MUSIC）算法、基于符号协方差矩阵的 MUSIC（SCM-MUSIC）算法和基于相位分数低阶矩的 MUSIC（PFLOM-MUSIC）等。相对于 ROC-MUSIC 算法，这些改进的分数低阶 MUSIC 类算法的性能均取得了一定程度的改善。

定义阵列输出信号 $\boldsymbol{x}(t)$ 的分数低阶矩矩阵为 $\boldsymbol{R}^{(\mathrm{F})}$，其第 (i, j) 个元素表示为

$$R_{i,j}^{(\mathrm{F})} = E[x_i(t)|x_j(t)|^{p-2}x_j^*(t)], \quad 1 < p < \alpha \tag{3.104}$$

已经证明，$\boldsymbol{R}^{(\mathrm{F})}$ 可以写成式（3.98）的形式，也可以进一步通过子空间分解，得到类似 MUSIC 算法的结果，记为 FLOM-MUSIC。

定义阵列输出信号 $\boldsymbol{x}(t)$ 的相位分数低阶矩矩阵为 $\boldsymbol{R}^{(\mathrm{P})}$，其第 (i, j) 个元素表示为

$$R_{i,j}^{(\mathrm{P})} = E[[x_i(t)]^{\langle p \rangle}[x_j(t)]^{\langle p \rangle}], \quad 0 < p < \alpha/2 \tag{3.105}$$

经过同样的处理方法，可以得到基于相位分数低阶矩的 MUSIC 算法，记为 PFLOM-MUSIC。

（5）DOA 估计的计算机仿真

例 3.7 试采用 MATLAB 编程，对经典 MUSIC 算法和 ROC-MUSIC 算法进行 DOA 估计的计算机仿真。并依据 DOA 估计的均方误差 MSE 和可分辨概率来对仿真结果进行评价。

解 定义可分辨概率为正确分辨两入射角次数 N_{res} 与 Monte Carlo 实验总次数 N_{MC} 之比，即 $P_{\mathrm{res}} = N_{\mathrm{res}}/N_{\mathrm{MC}}$。若满足 $P(\theta_m) - \frac{1}{2}\{P(\theta_1) + P(\theta_2)\} > 0$，则称这两个入射角是可分辨的。其中，设 θ_1 和 θ_2 为两个信号的入射角，$\theta_m = (\theta_1 + \theta_2)/2$，而 $P(\theta_m)$ 表示对应角度的 MUSIC 噪声空间谱的倒数。

设 2 个独立的具有相同功率的 QAM 通信信号入射到均匀线性阵列。阵列中包含 5 个阵元，各阵元的间隔为信号的半波长。QAM 信号的加性噪声服从 $S\alpha S$ 分布，其分散系数为 γ。对两种算法分别进行 200 次 Monte Carlo 仿真实验。图 3.10 给出了计算机仿真的结果。显然，ROC-MUSIC 比经典 MUSIC 具有更好的 DOA 估计性能。

图 3.10 MUSIC 类算法进行 DOA 估计计算机仿真的结果

例 3.8　试对几种分数低阶 MUSIC 算法进行 DOA 估计的对比。

解　采用 FLOM_SS（分数低阶矩）、PFLOM_SS（相位分数低阶矩）和 SCM_SS（符号协方差矩阵）三种分数低阶 DOA 估计算法，各算法名称的后缀 SS 表示算法进行了空间平滑运算。图 3.11 给出了这三种算法进行 DOA 估计的可分辨概率和均方误差随广义信噪比 GSNR 变化的情况。显然，基于相位分数低阶矩的 MUSIC 算法的 DOA 估计效果更好。

图 3.11　几种分数低阶 MUSIC 算法进行 DOA 估计的对比

3.7.3　在信道盲均衡中的应用

1．信道均衡的概念

信道均衡（channel equalization）是通信技术中一种重要的技术，是指为了提高衰落信道条件下通信系统的传输性能而采取的一种抗衰落措施。其机理是对信道或整个传输系统特性进行补偿，以消除或减弱宽带通信时多径时延带来的码间串扰（ISI）问题。针对信道恒参或变参特性以及数据速率不同的情况，信道均衡包括多种结构方式，大致可分为线性均衡与非线性均衡两类。

2．经典的多用户恒模算法

多用户恒模算法（multiuser constant modulus algorithm，记为 MU_CMA）是一种受到广泛关注的信道均衡算法，适用于 MIMO 系统。这种算法在常规恒模算法（CAM）的基础上，增加了不同均衡器输出信号间的互相关部分，保证了各均衡器输出信号之间的不相关性，解决了一对多的问题。

MU_CMA 算法代价函数如下：

$$J_{\mathrm{MU\_CMA}}^{l} = E[(\left|y_l(k)\right|^2 - R_2)^2] + K\sum_{m=1}^{l-1}\sum_{\delta=-(N+L)}^{N+L}\left|r_{m,\delta}(k)\right|^2 \tag{3.106}$$

式中，$r_{m,\delta}(k) = E[y_l(k)y_m^*(k-\delta)]$ 为第 l 个均衡器输出与第 m，$m = 1,2,\cdots,l-1$ 个均衡器输出之间的互相关。考虑到所有可能的信道时延，δ 的取值范围为 $[-(N+L),\ N+L]$。$K \in \mathbf{R}^+$ 为混合参数。以梯度下降法最小化代价函数式（3.106），可得算法的更新方程，并得到互相关 $r_{m,\delta}(k)$ 的递推表达式。

3．基于分数低阶统计量的多用户恒模算法

当信道中存在 Alpha 稳定分布噪声时，式（3.106）不能收敛，从而使算法的应用性能受

到显著影响。若使用分数低阶统计量替代式（3.106）中的二阶统计量，则分数低阶多用户恒模算法（简称为 FMU_CAM）的代价函数表示为

$$J_{\text{FMU\_CMA}}^{l} = E[(|y_l(k)|^p - R_p)^2] + K\sum_{m=1}^{l-1}\sum_{\delta=-(N+L)}^{N+L}\left|r_{m,\delta}^p\right|^2, \quad p < \alpha/2 \qquad (3.107)$$

式中，p 表示分数低阶矩，$r_{m,\delta}^p = E[y_l(k)y_m^{\langle p-1\rangle}(k-\delta)]$ 为第 l 个均衡器输出与第 m（$m = 1,2,\cdots,l-1$）个均衡器输出之间的分数低阶互相关。其余参数与式（3.106）相同。采用与 MU_CAM 算法相同的操作，可以得到分数低阶互相关 $r_{m,\delta}^p(k)$ 的递推表达式。

例 3.9 试利用 MATLAB 编程，分别仿真实现采用 MU_CAM 算法和 FMU_CAM 算法对 MIMO 系统信道的均衡。

解 仿真中采用的 MIMO 系统为 2 输入 3 输出的 FIR 系统。源信号采用独立同分布的零均值 16-QAM 信号。Alpha 稳定分布噪声的特征指数为 $\alpha = 1.85$，广义信噪比设定为 GSNR = 25dB，分数低阶矩指数设定为 $p = 0.875$。

图 3.12 和图 3.13 分别给出了采用 MU_CAM 和 FMU_CAM 算法进行信道均衡的结果。显然，MU_CAM 算法第一个均衡器的输出信号勉强可以分离开，而第二个均衡器的输出信号完全混叠在一起。FMU_CAM 算法的两个均衡器的输出信号很好地聚集在各自的星座点上。进一步得到的组合信道单位脉冲响应，表明 FMU_CAM 信道均衡器可以较好地分离源信号并很好地进行恢复，消除了码间干扰的影响。

（a）均衡器1的输出　　　　　　　　（b）均衡器2的输出

图 3.12　MU_CAM 算法的均衡器输出

（a）均衡器1的输出　　　　　　　　（b）均衡器2的输出

图 3.13　FMU_CAM 算法的均衡器输出

3.8 本章小结

针对传统的基于二阶统计量信号处理理论方法在 Alpha 稳定分布噪声下的性能退化问题，本章系统地介绍了分数低阶统计量的概念与基于分数低阶统计量的信号处理基本理论框架，主要包括分数低阶统计量的基本概念、性质和基本原理，Alpha 稳定分布的线性空间与线性理论，基于分数低阶统计量的线性参数模型与信号参数估计等。此外，结合分数低阶统计量的应用，介绍了多种 TDOA、DOA 和信道均衡的典型应用。为了配合后续章节关于相关熵和循环相关熵内容的介绍，本章还特别介绍了 Alpha 稳定分布条件下核方法与核自适应滤波的概念。总之，本章内容在理论和实际应用上为后续章节起到承上启下的作用。

思考题与习题

1. 总结归纳随机信号统计量的分布情况。

2. 简要说明什么是一阶、二阶统计量，什么是高阶统计量，什么是分数低阶统计量。

3. 试解释分数低阶矩的概念，解释为什么分数低阶矩能抑制 Alpha 稳定分布噪声的影响。

4. 说明零阶矩和负阶矩的概念。

5. 解释几何功率的概念。为什么几何功率更适合评价脉冲噪声的功率？

6. 解释共变的概念。如何计算共变与共变系数？

7. 学习并掌握共变的主要性质。

8. 什么是分数低阶相关？解释第一类和第二类分数低阶相关。

9. 说明相位分数低阶矩算子的概念与作用。

10. 试解释 Alpha 稳定分布的线性空间理论。

11. 试解释 Alpha 稳定分布下最小距离测度、最小误差 α 范数、最小误差 p 阶矩和最小分散系数准则及其相互之间的联系。

12. 解释基于共变的 Yule-Walker 方程的物理意义。

13. 说明参数模型的最小 p 范数估计方法。

14. 解释基于分数低阶统计量的自适应滤波技术。

15. 什么是核方法？试说明再生核希尔伯特空间的概念。

16. 说明核自适应滤波的概念与方法。

17. 说明基于分数低阶统计量的核自适应滤波的概念与方法。

18. 解释基于分数低阶统计量的时间延迟估计的概念与方法。

19. 解释基于分数低阶统计量的波达方向估计的概念与方法。

20. 试说明基于分数低阶统计量的信道均衡的概念与方法。

21. 试分别由高斯分布和柯西分布的特征函数推导各自的概率密度函数。

22. 试根据共变系数的定义来分析 p 值对共变系数的影响。

23. 设 U_1、U_2 是独立同分布的标准 $S\alpha S$ 分布（$\alpha = 1.5$）的随机变量。X 和 Y 是 U_1、U_2 的线性组合：$X = a_1 U_1 + a_2 U_2$，$Y = b_1 U_1 + b_2 U_2$。若 $(a_1, a_2, b_1, b_2) = (-0.75, 0.25, 0.18, 0.78)$，试求共变系数 λ_{XY}。

24．试利用 MATLAB 编程，根据计算机产生标准 $S\alpha S$ 分布（$\alpha = 1.5$）随机变量 U_1、U_2 的数据，按照上题构成随机变量 X 和 Y，依据 FLOM 方法估计共变系数 λ_{XY}。其中分别取 $p = 0.3, 0.5, 0.7, 1.0, 1.3$。

25．试利用 MATLAB 编程，实现 LMP 自适应滤波算法的计算机仿真，并于 LMS 自适应算法进行对比。

26．试利用 MATLAB 编程，实现核自适应滤波器（KLMP 和 KLMS 算法）的计算机仿真，比较二者的性能。

27．试利用 MATLAB 编程，在 Alpha 稳定分布下（如 $\alpha = 1.5$，GSNR = 5dB）实现基于分数低阶统计量的时间延迟估计算法。进一步实现目标信源定位。并与基于二阶统计量的算法对比。

28．改变 α 取值，再做习题 27。

29．改变 GSNR，再做习题 27。

30．试利用 MATLAB 编程，在 Alpha 稳定分布下（如 $\alpha = 1.5$，GSNR = 5dB）实现基于分数低阶统计量的波达方向估计算法。并进一步实现目标信源定位。

31．改变 α 取值，再做习题 30。

32．改变 GSNR，再做习题 30。

第 4 章　分数低阶循环统计量及其信号处理

4.1　概述

在诸如无线电监测、目标定位和雷达、声呐及机械振动等信号处理应用领域，接收到的有用信号（signal of interest，SOI）经常会受到脉冲噪声和同频带干扰的影响，简称为脉冲噪声与同频干扰并存的复杂电磁环境。从统计信号处理的角度来说，脉冲噪声属于一类典型的非高斯随机过程，通常用 Alpha 稳定分布来描述或建模。另一方面，无线电监测和通信信号处理中的大部分接收信号和同频带干扰，可以归属于循环平稳随机过程（cyclostationary random process，简称为 CS 过程），是一类典型的非平稳随机过程。因此，脉冲噪声与同频干扰并存的复杂电磁环境下的信号处理问题，可以提炼为一类非高斯、非平稳随机信号分析与处理问题。

循环平稳随机信号是非平稳随机信号中一个非常重要的子类。与常规的非平稳随机信号的特点不同，循环平稳随机信号最主要的特征是其特定阶次的统计量是随时间周期性变化的函数。大部分无线电通信信号、雷达与声呐的接收信号、某些旋转或往复运动机械的振动信号，以及自然界中的水文数据、气象数据、海洋数据和诸如心电图之类的人体生理信号，都可以归为循环平稳随机信号这一类。

典型的循环平稳随机信号具有某些随时间周期性变化的统计特性，如周期性的均值和自相关函数等。其中，周期性自相关函数在弱正则性条件下可以展开为傅里叶级数，其系数称为循环自相关函数（cyclic auto-correlation），是时移变量的函数。傅里叶系数即循环自相关函数，其所对应的频率称为循环频率，是循环平稳周期倒数的倍数。更广泛地说，如果自相关函数是时间的概周期函数（almost-periodic function，本章将其称为"准周期函数"，也称为"几乎周期函数"），则该循环平稳过程称为准循环平稳过程（almost-cyclostationary process，ACS），或称为几乎循环平稳过程。为了简化起见，本章使用循环平稳过程这个概念来表示上述具有循环平稳性（cyclostationarity）和准循环平稳性（almost-cyclostationarity）的随机过程。自相关函数的周期性或准周期性在频域中表现为信号各谱分量之间的相关性，而这些谱分量之间的间隔与循环频率（cycle frequency）相等。作为对比，我们熟知的广义平稳随机过程，其自相关函数与时间无关，而只依赖于时移参数，且所有谱分量都是互不相关的。

循环统计量（cyclic statistics）是描述和分析循环平稳随机信号的有力工具。循环均值（cyclic mean）和循环相关（cyclic correlation）是常用的一阶和二阶循环统计量。此外，还有高阶循环统计量（higher-order cyclic statistics）和分数低阶循环统计量（fractional lower-order cyclic statistics）。另一方面，循环平稳过程可用循环谱（cyclic spectrum）来表征其在循环频率域的特征。循环谱是循环相关函数的傅里叶变换。在给定循环频率处，循环谱表示循环平稳过程两个谱分量之间的相关程度，这两个谱分量的频率间隔等于过程的循环频率。因此，在循环平稳信号处理中，还常使用循环谱（又称谱相关函数）和循环模糊函数（cyclic ambiguity function）等循环频率域分析方法。

有关非高斯 Alpha 稳定分布过程的基本概念、基本理论和分数低阶统计量的基本理论方法及其在信号分析处理、参数估计和信道均衡等领域的应用等问题，已经在第 2 章和第 3 章分别做了较为详细的介绍。本章简要介绍随机信号的循环平稳特性，较为系统地介绍一阶和二阶循环统计量及其对应的谱相关函数和循环模糊函数的基本概念、特性与理论，系统地介绍 Alpha 稳定分布条件下的分数低阶循环统计量的理论与方法，并给出分数低阶循环统计量在信号分析处理、参数估计和匹配滤波等方面的应用。

4.2 随机信号的循环平稳性与循环统计量

4.2.1 循环平稳随机信号的基本概念

1．循环平稳随机信号

依据信号统计特性的时变特性对信号进行分类，随机信号大体上可以划分为平稳随机信号和非平稳随机信号。关于平稳随机信号与非平稳随机信号的概念，第 2 章已给出了较为严格的定义和较为详细的说明。

（1）循环平稳随机信号的概念

在自然界和工程技术中，存在一类很特殊的非平稳随机信号。这类非平稳随机信号的某些统计特性是随时间呈周期性变化的。例如，由于地球自转和公转的周期性机制，诸如天文和气象数据、水文数据、海洋数据等来自自然界的信号，都由于昼夜变化或季节性变化等因素，而具有某种程度的循环平稳特性。

此外，人体的心电信号、心音信号和脉搏信号等，也由于人体心脏节律的周期性和昼夜更迭的周期性，呈现某种特定的循环平稳性。图 4.1 给出了一段心音信号的波形图及其对应的希尔伯特包络图。

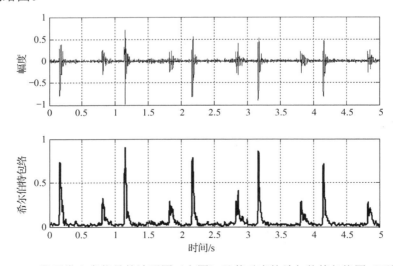

图 4.1　一段正常心音信号的波形图（上图）及其对应的希尔伯特包络图（下图）

由图 4.1 可以看出，心音信号具有某种程度的近似周期性，其统计特性也具有某种近似的周期特性，称为准循环特性或循环特性。这种循环特性的机理可以解释为心脏的各腔室及瓣膜在每一个搏动周期中重复着相同的机械运动，导致心音信号呈现一定的周期性特点，而其统计特性具有近似的循环平稳性。

在通信技术中，常见的许多调制信号及电视、雷达、声呐系统中的信号，以及导航、遥测、遥控中的信号大多属于循环平稳随机信号。这些信号的循环平稳性是由数据对载波或脉冲序列的调制所引起的。已经证明，双边带幅度调制（DSB-AM）信号 $x(t) = s(t)\cos(2\pi f_0 t + \phi_0)$ 是典型的循环平稳信号，其循环周期为 $T_0 = 1/(2f_0)$，其中，f_0 为信号的载波频率。脉冲幅度调制（PAM）信号和直接序列扩频信号等常用的通信信号，均属于循环平稳信号。图 4.2 给出了 DSB-AM 信号循环相关函数幅度示意图。

图 4.2　DSB-AM 信号的循环相关函数幅度示意图

（2）信号循环平稳性的起因与大致分类

人工产生某些通信信号的循环平稳性是由信号的构造以及后续处理中对信号的处理操作造成的，这些处理包括对信号的调制、采样、扫描、多路复用和编码操作等。在现代通信技术中采用的大多数调制信号均为循环平稳信号或准循环平稳信号。

在机械监控与故障诊断领域，机械振动信号的循环平稳性源自机械系统中齿轮、皮带和轴承等零部件的旋转效应。在经济学领域，股票市场周期性的开放与关闭以及贸易市场上货物供应与需求的季节性变化，造成了相关经济学数据的循环平稳性。

根据信号统计特性所表现出来的不同特点的周期性，循环平稳过程可以进一步划分为一阶（或称为均值）循环平稳、二阶（或称为相关函数）循环平稳和高阶循环平稳。显然，一阶循环平稳随机信号的均值是周期性的，二阶循环平稳随机信号的相关函数是周期性的，而高阶循环平稳随机信号的高阶统计量是周期性的。

2. 循环平稳信号处理的起源与发展

对循环平稳信号的研究可以追溯到 1958 年 Bennett 对于具有循环平稳性的非平稳信号的研究工作，他首次使用了“cyclostationary”（循环平稳）这个术语。由于循环平稳信号的某些统计量，如自相关函数或功率谱密度函数具有周期性特点，由此引出了三种不同的表示方法：基于傅里叶级数（Fourier series）的表示方法、基于调和级数（harmonic series）的表示方法和平移级数（translation series）的表示方法。

实际上，这三种表示方法的本质是相同的，即均采用一组完备正交基将时变自相关（或其他统计量）展开，只是各自采用了不同的基函数。1986 年，Gardner 里程碑式的论文 *The spectral correlation theory of cyclostationary time-series* 进一步系统地提出了循环平稳和谱相关

（spectral correlation）的概念和理论。

谱相关理论首次揭示了循环平稳信号的本质特征，即谱相关特征。谱相关特性引出了循环频率（cycle frequency）的概念，指出，若将信号谱在频率上分别上下搬移一定值，所得到的两个信号谱是具有相关性的，且搬移的频率差值就是信号的循环频率。Gardner 等人的进一步工作，建立了循环平稳信号分析处理的理论基础，提出了循环相关函数和循环谱相关函数的高精度计算方法，并给出了常见循环平稳信号分析处理的应用实例。

20 世纪 80 年代至 90 年代，是循环平稳信号处理应用基础理论的建立阶段。在对循环平稳信号本质特征深刻理解的基础上，出现了分析这种本质特征的数学工具。本领域的研究主要集中在构建循环平稳信号分析处理框架上，特别是循环平稳信号的检测与参数估计理论等。其主要研究进展包括：Gardner 提出了关于循环平稳信号截获和时间延迟估计理论与方法、基于循环平稳理论的循环 MUSIC 算法和循环 ESPRIT 算法等，实现了空间源信号的 DOA 估计；Dandawate 提出了基于循环相关函数的信号检测方法，更适合循环平稳信号的检测；Spooner 构建了具有延迟积形式的直扩信号检测结构，具有较高的鲁棒性；Gardner 等人深入研究了强噪声条件下的时间延迟估计问题，进一步完善了时间延迟估计的理论与应用；Schell 等人的研究表明，基于信号循环平稳性的 DOA 估计要优于传统 DOA 估计；而 Xu 等人的研究，则得到了一个与信号带宽无关的阵列信号处理模型，进一步完善了空间谱估计的理论和技术。

近 20 年来，循环平稳信号处理技术得到了迅速的发展，并在许多领域取得显著的研究进展和应用成果。根据 Gardner 等人 2005 年发表的论文 *Cyclostationarity: half a century of research*，以及黄知涛等人 2006 年出版的著作《循环平稳信号处理与应用》和 Napolitano 于 2020 年出版的著作 *Cyclostationary Processes and Time Series：Theory，Applications，and Generalizations*，循环平稳信号分析与处理领域依然在理论和应用两个方面进一步深入发展。在理论研究方面，针对调和过程框架下离散时间循环平稳过程，在理论上进行了严格的研究；关于循环平稳信号处理的广义化问题，集中研究了移动场景下的谱分析方法；在振动信号处理中，对随机振荡信号的数学模型进行了深入研究与分析。此外，对发射机与接收机相对运动情况下的广义准循环平稳（generalized almost-cyclostationary，GACS）与振荡准循环平稳（oscillatory almost-cyclostationary，OACS）信号的模型进行了系统研究与对比分析。在应用研究方面，继续研究快速、高精度谱相关函数估计方法和基于循环平稳特征的信号检测、波束形成及信号盲分离等新方法，等等。

自 1958 年循环平稳的概念出现以来，尽管循环平稳信号处理的理论研究日趋完善，实际应用日益广泛深入，但是仍然存在许多尚未解决的问题，相关研究领域与空间还在不断拓展。本书第 9 章和第 10 章关于循环相关熵（cyclic correntropy）基本理论、方法与应用的内容，可以认为是循环平稳信号处理理论与应用的进一步推广与深化。可以说，对于循环平稳信号处理理论与应用的研究与探索依旧方兴未艾。

4.2.2　循环平稳性与一阶循环平稳

1. 严循环平稳与广义循环平稳的概念

（1）严循环平稳

定义 4.1　严循环平稳性　若随机信号 $X(t)$ 的任意 n 阶概率分布函数满足下述周期性：

$$F_X(x_1, x_2, \cdots, x_n; t_1, t_2, \cdots, t_n) = F_X(x_1, x_2, \cdots, x_n; t_1 + kT_0, t_2 + kT_0, \cdots, t_n + kT_0) \quad (4.1)$$

则 $X(t)$ 具有严循环平稳性，或称 $X(t)$ 为严循环平稳（strict-sense cyclostationary）随机信号。式中，k 为任意整数，T_0 为正值常数，表示 $X(t)$ 的循环周期。

根据定义 4.1，严平稳过程可以看作循环周期为任意值的严循环平稳过程。并且严循环平稳过程若在其循环周期内均匀随机滑动，可将其转变为严平稳过程。

（2）广义循环平稳

定义 4.2 给出了广义循环平稳性（wide-sense cyclostationary）的定义。实际上，这个定义与第 2 章的定义 2.5 是一致的。为了便于与严循环平稳的概念对比，把这个定义再次给出如下。

定义 4.2　广义循环平稳性　若随机信号 $X(t)$ 的均值和相关函数具有下述周期性：

$$\begin{cases} E[X(t)] = E[X(t + kT_0)], \quad \text{或写为} \quad M_X(t) = M_X(t + kT_0) \\ R_X(t_1, t_2) = R_X(t_1 + kT_0, t_2 + kT_0) \end{cases} \quad (4.2)$$

则随机信号 $X(t)$ 具有广义循环平稳性。式中，k 为任意整数，T_0 为正值常数，表示 $X(t)$ 的循环周期。式中，$M_X(t)$ 表示随机信号 $X(t)$ 的均值函数。

由定义 4.1 和定义 4.2 可见，严循环平稳性和广义循环平稳性，与常规随机过程的严平稳和广义平稳的概念是一一对应的。根据随机过程概率分布函数定义的循环平稳性，属于严循环平稳性，而经由随机信号统计矩定义的循环平稳性，则对应于广义循环平稳性。

在信号传输过程中，随机信号 $X(t)$ 经过传输而产生时间延迟，使得接收信号变为 $Y(t) = X(t-D)$。其中，D 表示传输延迟，通常是随机变量，可认为其在 $[0, T_0)$ 上服从均匀分布。这种由传输延迟而引起的变化称为随机滑动。循环平稳过程的统计特性以周期 T_0 循环重复，但在一个周期内，其统计特性是不一致的。而 $[0, T_0)$ 上的均匀随机滑动消除了这种周期内的不一致性，从而使统计特性不再随参数的移动而变化。因此，若 $X(t)$ 在其循环周期内均匀随机滑动，则 $X(t)$ 变为广义平稳过程。因此可以认为，无论是严循环平稳性还是广义循环平稳性，都是它们各自对应的严平稳过程和广义平稳过程的特例，也是非平稳随机过程的特例。

（3）准循环平稳

若连续时间实值随机过程 $X(t)$ 的均值 $E[X(t)]$ 是 t 的准周期函数，其自相关函数 $R_X(t, \tau)$ 也是 t 的准周期函数，且其频率与 τ 无关，则称 $X(t)$ 为广义准循环平稳（almost-cyclostationary，ACS）随机过程。

（4）联合准循环平稳过程

根据 Napolitano 给出的定义，若两个复值随机信号 $X(t)$ 和 $Y(t)$ 的时变互相关函数可以表示为二者循环互相关的傅里叶级数形式，则称这两个随机过程是联合准循环平稳（jointly almost-cyclostationary）的。

（5）循环平稳信号的各态历经性

对于平稳随机信号 $X(t)$ 或 $X(n)$，若其所有样本函数在某一固定时刻的循环统计特性在概率意义上等于单一样本函数在长时间内的时间平均特性，则称 $X(t)$ 或 $X(n)$ 为各态历经循环平稳（ergodic cyclostationary）过程。

例 4.1　设实值广义平稳随机信号 $X(t)$ 通过幅度调制（AM）得到 AM 调制信号 $Y(t) = X(t)\cos(\omega_c t)$。其中，载波频率 $\omega_c = 2\pi f_c$ 为一定值。若经过 $[0, T_0)$ 周期上的随机滑动后，得到 $Z(t) = Y(t-D)$，其中 D 是 $[0, T_0)$ 上均匀分布的随机变量，且 D 与 $X(t)$ 统计独立，试确

定 $Z(t)$ 的平稳性。

解 由第 2 章例 2.4 知，AM 调制信号 $Y(t) = X(t)\cos(\omega_c t)$ 为循环平稳信号，其循环周期为 $T_0 = 2\pi/\omega_c$。

经过 $[0, T_0)$ 周期上的随机滑动后，得到 $Z(t) = Y(t-D) = X(t-D)\cos[\omega_c(t-D)]$，由此有

$$M_Z = \frac{1}{T_0}\int_0^{T_0} M_X \cos(\omega_c t)\,\mathrm{d}t = 0$$

$$\begin{aligned}
R_Z(\tau) &= \frac{1}{T_0}\int_0^{T_0} \frac{1}{2} R_X(\tau)\{\cos[\omega_c(2t+\tau)] + \cos(\omega_c\tau)\}\,\mathrm{d}t \\
&= \frac{1}{2}R_X(\tau)\left\{\frac{1}{T_0}\int_0^{T_0}\cos[\omega_c(2t+\tau)]\,\mathrm{d}t + \frac{1}{T_0}\int_0^{T_0}\cos(\omega_c\tau)\,\mathrm{d}t\right\} \\
&= \frac{1}{2}R_X(\tau)\cos(\omega_c\tau)
\end{aligned}$$

显然，$Z(t) = Y(t-D)$ 的均值和相关函数均与时间 t 的变化无关，是广义平稳随机信号。

2．一阶循环平稳的概念

设确定性复正弦信号 $s(t) = a\mathrm{e}^{\mathrm{j}(2\pi f_0 t + \theta)}$ 与零均值白噪声 $v(t)$ 的线性组合信号为

$$x(t) = s(t) + v(t) = a\mathrm{e}^{\mathrm{j}(2\pi f_0 t + \theta)} + v(t) \tag{4.3}$$

式中，a 表示信号的振幅，f_0 表示频率，θ 表示信号的初始相位。对 $x(t)$ 求取数学期望，有

$$M_x(t) = E[x(t)] = a\mathrm{e}^{\mathrm{j}(2\pi f_0 t + \theta)} \tag{4.4}$$

显然，随机信号 $x(t)$ 的均值是随时间变化的函数。若已知复正弦信号 $s(t)$ 的周期为 $T_0 = 1/f_0$，则可用同步平均方法对信号进行周期性采样。即在任意时刻，对信号 $x(t)$ 取间隔为 T_0 的 $2N+1$ 个点的时间平均来估计信号的统计均值。这样

$$M_x(t) = \lim_{T\to\infty} M_x^{(T)}(t) = \lim_{N\to\infty} \frac{1}{2N+1}\sum_{k=-N}^{N} x(t+kT_0) \tag{4.5}$$

式中，$T = (2N+1)T_0$ 表示观测时长。对比式（4.5）与式（4.4），可以得到

$$M_x(t) = M_x(t+kT_0) \tag{4.6}$$

上式表明，$M_x(t)$ 是周期为 T_0 的周期性函数。这表明，确定性正弦信号 $s(t)$ 与零均值白噪声 $v(t)$ 的线性组合 $x(t)$ 为一阶循环平稳（或均值循环平稳）随机信号。

3．循环均值与循环频率

对于任意一阶循环平稳信号 $x(t)$，由于其时变均值 $M_x(t)$ 是周期性函数，故可以写为傅里叶级数的形式，即

$$M_x(t) = \sum_{m=-\infty}^{\infty} M_x^{\varepsilon} \mathrm{e}^{\mathrm{j}2\pi mt/T_0} \tag{4.7}$$

式中，$\varepsilon = m/T_0$ 定义为一阶循环频率，简称为循环频率（cycle frequency）。需要说明的是，许多文献采用 $\alpha = m/T_0$ 表示循环频率。在本书中，由于 α 已经用于表示 Alpha 稳定分布的特征指数，为避免混乱，故采用 ε 来表示循环频率，其含义与文献中表示的循环频率相同。这样，式（4.7）可以进一步改写为

$$M_x(t) = \sum_{m=-\infty}^{\infty} M_x^{\varepsilon} \mathrm{e}^{\mathrm{j}2\pi\varepsilon t} \tag{4.8}$$

式中，傅里叶级数的系数 M_x^ε 的表达式为

$$M_x^\varepsilon = \frac{1}{T_0} \int_{-T_0/2}^{T_0/2} M_x(t) \mathrm{e}^{-\mathrm{j}2\pi\varepsilon t}\mathrm{d}t = \frac{1}{T_0} \int_{-T_0/2}^{T_0/2} M_x(t) \mathrm{e}^{-\mathrm{j}2\pi m t/T_0}\mathrm{d}t \qquad (4.9)$$

式（4.9）称为一阶循环平稳信号的循环均值（cyclic mean），即一阶循环统计量。

将式（4.5）代入式（4.9），可以得到循环均值的时间平均形式

$$M_x^\varepsilon = \lim_{N \to \infty} \frac{1}{T} \int_{-T/2}^{T/2} x(t) \mathrm{e}^{-\mathrm{j}2\pi\varepsilon t}\mathrm{d}t = \lim_{N \to \infty} \frac{1}{T} \int_{-T/2}^{T/2} x(t) \mathrm{e}^{-\mathrm{j}2\pi m t/T_0}\mathrm{d}t$$
$$= \left\langle x(t)\mathrm{e}^{-\mathrm{j}2\pi\varepsilon t} \right\rangle_t = \left\langle x(t)\mathrm{e}^{-\mathrm{j}2\pi m t/T_0} \right\rangle_t \qquad (4.10)$$

式中，$\langle \cdot \rangle_t$ 表示时间平均。

由式（4.10），循环均值 M_x^ε 的物理意义可以解释为：将循环平稳信号 $x(t)$ 的频谱左移 $\varepsilon = m/T_0$，然后再取时间平均。只要 $x(t)$ 存在频率为 ε 的频率分量，则循环均值存在，即 $M_x^\varepsilon \neq 0$。这表明，$M_x^\varepsilon \neq 0$（$\exists \varepsilon \neq 0$）可以作为随机信号 $x(t)$ 是否具有一阶循环平稳性的一个判据。

4.2.3　循环相关函数与循环谱

1. 循环相关函数

设平稳随机信号 $x(t)$，若其统计自相关函数 $E[x(t)x^*(t+\tau)]$ 具有周期为 T_0 的周期性，即

$$R_x(t,\tau) = E[x(t)x^*(t+\tau)] = R_x(t+kT_0,\tau) \qquad (4.11)$$

上式所示的时变自相关形式，也可以写为时间平均的形式

$$R_x(t,\tau) = \lim_{N \to \infty} \frac{1}{2N+1} \sum_{k=-N}^{N} x(t+kT_0)x^*(t+kT_0+\tau) \qquad (4.12)$$

上式实际上假设了 $x(t)$ 满足循环平稳信号的各态历经性条件。这样，由于自相关函数 $R_x(t,\tau)$ 是时间 t 的周期性函数，可以写为傅里叶级数的形式，即

$$R_x(t,\tau) = \sum_{m=-\infty}^{\infty} R_x^\varepsilon(\tau) \mathrm{e}^{\mathrm{j}2\pi m t/T_0} \qquad (4.13)$$

由于循环频率 $\varepsilon = m/T_0$，故式（4.13）可以改写为

$$R_x(t,\tau) = \sum_{m=-\infty}^{\infty} R_x^\varepsilon(\tau) \mathrm{e}^{\mathrm{j}2\pi\varepsilon t} \qquad (4.14)$$

式（4.13）和式（4.14）中的傅里叶系数 $R_x^\varepsilon(\tau)$ 表示为

$$R_x^\varepsilon(\tau) = \frac{1}{T_0} \int_{-T_0/2}^{T_0/2} R_x(t,\tau) \mathrm{e}^{-\mathrm{j}2\pi\varepsilon t}\mathrm{d}t \qquad (4.15)$$

式（4.15）即为循环自相关函数（cyclic auto-correlation function）的表达式，式中，$\varepsilon = m/T_0$ 称为循环频率。对上式进行整理，可得循环自相关函数的时间平均形式

$$R_x^\varepsilon(\tau) = \lim_{T \to \infty} \frac{1}{T} \int_{-T/2}^{T/2} x(t)x^*(t+\tau) \mathrm{e}^{-\mathrm{j}2\pi\varepsilon t}\mathrm{d}t$$
$$= \left\langle x(t)x^*(t+\tau)\mathrm{e}^{-\mathrm{j}2\pi\varepsilon t} \right\rangle_t \qquad (4.16)$$

在理论和应用中，常将式（4.16）的非对称形式循环自相关函数写为对称形式，即

$$R_x^\varepsilon(\tau) = \left\langle x(t+\tau/2)x^*(t-\tau/2)\mathrm{e}^{-\mathrm{j}2\pi\varepsilon t} \right\rangle_t \qquad (4.17)$$

由式（4.15）～式（4.17）可以看出，循环自相关函数 $R_x^\varepsilon(\tau)$ 是时移 τ 与循环频率 ε 的二元函数。它不仅可以反映信号在时移域的特性，也可以反映信号在循环频率域的特性，从而可揭示出关于信号的更多的信息。

2. 循环谱

对循环自相关函数 $R_x^\varepsilon(\tau)$ 相对于时移变量 τ 求取傅里叶变换，得到

$$S_x^\varepsilon(f) = \int_{-\infty}^{\infty} R_x^\varepsilon(\tau) e^{-j2\pi f\tau} d\tau \qquad (4.18)$$

上式称为循环平稳信号 $x(t)$ 的循环谱密度函数（cyclic spectrum function），简称为循环谱，又称为谱相关函数。

3. 循环谱分析

（1）谱相关系数

为了分析循环谱的物理意义，将式（4.17）表示的循环自相关函数改写为

$$R_x^\varepsilon(\tau) = \left\langle [x(t+\tau/2)e^{-j\pi\varepsilon(t+\tau/2)}][x(t-\tau/2)e^{j\pi\varepsilon(t-\tau/2)}]^* \right\rangle_t \qquad (4.19)$$

令

$$\begin{cases} m(t) = x(t)e^{-j\pi\varepsilon t} \\ n(t) = x(t)e^{j\pi\varepsilon t} \end{cases} \qquad (4.20)$$

则式（4.19）所示的循环自相关函数可表示成 $m(t)$ 与 $n(t)$ 的互相关函数

$$R_x^\varepsilon(\tau) = R_{mn}(\tau) = \left\langle m(t+\tau/2)n^*(t-\tau/2) \right\rangle_t \qquad (4.21)$$
$$= \lim_{T\to\infty} \frac{1}{T}\int_{-T/2}^{T/2} m(t+\tau/2)n^*(t-\tau/2)\,dt$$

对上式相对于时移变量 τ 做傅里叶变换，有

$$S_x^\varepsilon(f) = M(f)N^*(f) = X(f+\varepsilon/2)X^*(f-\varepsilon/2) \qquad (4.22)$$

式中，$X(f)$、$M(f)$ 和 $N(f)$ 分别表示 $x(t)$、$m(t)$ 和 $n(t)$ 的傅里叶变换。

式（4.22）表明了循环平稳信号 $x(t)$ 的频谱 $X(f+\varepsilon/2)$ 和 $X(f-\varepsilon/2)$ 之间的相关性。定义谱相关系数为

$$\rho_x^\varepsilon(f) = \frac{S_{mn}(f)}{\sqrt{S_m(f)S_n(f)}} = \frac{S_x^\varepsilon(f)}{\sqrt{S_x^\varepsilon(f+\varepsilon/2)S_x^\varepsilon(f-\varepsilon/2)}} \qquad (4.23)$$

谱相关系数 $\rho_x^\varepsilon(f)$ 是频率的函数。对于特定的频率 f，可由 $f+\varepsilon/2$ 和 $f-\varepsilon/2$ 两频率处的频谱分量的相关程度计算出谱相关系数。

（2）谱冗余的概念

对于循环平稳信号 $x(t)$，在 ε 取值不等于循环频率处，其谱相关系数 $\rho_x^\varepsilon(f) \equiv 0$。若在某个频率 f_0 处有 $|\rho_x^\varepsilon(f_0)| = 1$，则说明在频率 $f_0+\varepsilon/2$ 和 $f_0-\varepsilon/2$ 处的频谱分量是完全相关的。称这种特殊的谱相关特性为谱冗余（spectral redundancy）。这种特性是一般平稳随机信号的功率谱所不具备的。

谱冗余的特点之一是循环谱 $S_x^\varepsilon(f)$ 包含相位信息。我们知道，一般平稳随机信号的功率谱函数是不具有相位信息的，因此，即使掌握了信号经过线性时不变系统的输入信号 $x(t)$ 和输出信号 $y(t)$ 的功率谱密度函数，也无法辨识出系统的相位信息。而对于循环谱来说，如果

已经掌握了输入、输出信号的自谱相关函数 $S_x^\varepsilon(f)$ 和 $S_y^\varepsilon(f)$，则由下式可以直接辨识出完整的系统传递函数 $H(f)$：

$$S_y^\varepsilon(f) = H(f)H^*(f-\varepsilon)S_x^\varepsilon(f) \tag{4.24}$$

这个特点表明，循环相关函数和循环谱可以用来辨识非最小相位系统，这在通信技术中的信道辨识与信道均衡中具有重要意义。

4. 高阶循环统计量与高阶循环谱

（1）高阶循环统计量

信号的高阶循环平稳性（higher-order cyclostationarity）是以信号的高阶循环统计量为理论基础的。常用的高阶循环统计量主要包括高阶循环矩、高阶循环累积量和对应的高阶循环谱。

循环平稳随机信号 $x(t)$ 的 n 阶循环矩定义为其相对于时间 t 的 n 阶延迟积的时间平均，即

$$M_{x,n}^\varepsilon(\tau_1,\ \tau_2,\ \cdots,\ \tau_{n-1}) = \left\langle x(t)x(t+\tau_1)\cdots x(t+\tau_{n-1})\mathrm{e}^{-\mathrm{j}2\pi\varepsilon t}\right\rangle_t \tag{4.25}$$

式中，ε 为循环频率。此外，式（4.25）中使用了符号 $M_{x,n}^\varepsilon$，下标 n 表示循环矩的阶数。按照这个规则，循环均值 M_x^ε 可以写为 $M_{x,1}^\varepsilon$，即一阶循环矩；循环相关 $R_x^\varepsilon(\tau)$ 可以写为 $M_{x,2}^\varepsilon$，即二阶循环矩。这样，n 阶循环矩也可以称为 n 阶循环相关。

式（4.26）给出了循环平稳信号 $x(t)$ 的 n 阶循环累积量的定义式

$$C_{x,n}^\varepsilon(\tau_1,\ \tau_2,\ \cdots,\ \tau_{n-1}) = \sum_{\bigcup_{j=1}^q I_j = I}\left[(-1)^{q-1}(q-1)!\sum_{\varepsilon_1+\cdots+\varepsilon_q=\beta}\prod_{j=1}^q M_{x,n_j}^{\varepsilon_j}(\boldsymbol{\tau}_{I_j})\right] \tag{4.26}$$

式中，$\displaystyle\sum_{\bigcup_{j=1}^q I_j = I}$ 表示集合 $I = \{0, 1, \cdots, n-1\}$ 中所有无交连非空分割（partition）之和，q 表示分割数，$n_j = |I_j|$ 表示分割 I_j 中元素的个数，$M_{x,n_j}^{\varepsilon_j}(\cdot)$ 表示循环平稳信号的循环矩。ε_1，ε_2，$\cdots$，ε_q 表示对应的循环频率。

（2）高阶循环谱

循环平稳信号 $x(t)$ 的 n 阶循环谱 $_{\mathrm{M}}S_{x,n}^\varepsilon(f_1,\ f_2,\ \cdots,\ f_{n-1})$ 和 n 阶循环累积量谱 $_{\mathrm{C}}S_{x,n}^\varepsilon(f_1,\ f_2,\ \cdots,\ f_{n-1})$ 分别定义为

$$_{\mathrm{M}}S_{x,n}^\varepsilon(f_1,\ f_2,\ \cdots,\ f_{n-1}) = \sum_{\tau_1=-\infty}^\infty \cdots \sum_{\tau_{n-1}=-\infty}^\infty M_{x,n}^\varepsilon(\tau_1,\ \tau_2,\ \cdots,\ \tau_{n-1})\mathrm{e}^{-\mathrm{j}\sum\limits_{i=1}^{n-1}2\pi f_i\tau_i} \tag{4.27}$$

$$_{\mathrm{C}}S_{x,n}^\varepsilon(f_1,\ f_2,\ \cdots,\ f_{n-1}) = \sum_{\tau_1=-\infty}^\infty \cdots \sum_{\tau_{n-1}=-\infty}^\infty C_{x,n}^\varepsilon(\tau_1,\ \tau_2,\ \cdots,\ \tau_{n-1})\mathrm{e}^{-\mathrm{j}\sum\limits_{i=1}^{n-1}2\pi f_i\tau_i} \tag{4.28}$$

式中，高阶循环累积量谱也称为循环多谱。特别地，三阶循环累积量谱称为循环双谱，四阶循环累积量谱称为循环三谱，与随机信号的高阶累积量谱的命名规则类似。

例 4.2 已知幅度调制正弦信号 $x(t) = a(t)\cos(\omega_0 t - \theta)$，其中 $a(t)$ 为零均值实平稳随机信号。试求 $x(t)$ 的循环谱密度 $S_x^\varepsilon(f)$。

解 由欧拉公式，有

$$\cos(\omega_0 t - \theta) = \frac{1}{2}\mathrm{e}^{\mathrm{j}(\omega_0 t-\theta)} + \frac{1}{2}\mathrm{e}^{-\mathrm{j}(\omega_0 t-\theta)}$$

则 $x(t+\tau/2)x(t-\tau/2) = \frac{1}{4}a(t+\tau/2)a(t-\tau/2)[\mathrm{e}^{\mathrm{j}2\omega_0 t}\mathrm{e}^{-\mathrm{j}2\theta} + \mathrm{e}^{-\mathrm{j}2\omega_0 t}\mathrm{e}^{\mathrm{j}2\theta} + \mathrm{e}^{\mathrm{j}\omega_0\tau} + \mathrm{e}^{-\mathrm{j}\omega_0\tau}]$。由于 $a(t)$ 是实平稳的，对所有 $\beta \neq 0$，有 $\langle a(t+\tau/2)a(t-\tau/2)\mathrm{e}^{\mathrm{j}2\pi\beta t}\rangle_t = 0$，因此，

$$\langle x(t+\tau/2)x(t-\tau/2)\mathrm{e}^{-\mathrm{j}2\pi\varepsilon t}\rangle_t = \begin{cases} \frac{1}{4}\langle a(t+\tau/2)a(t-\tau/2)\mathrm{e}^{\mp 2\theta}\rangle_t, & \varepsilon = \pm\omega_0/\pi \\ \frac{1}{2}\langle a(t+\tau/2)a(t-\tau/2)\cos(\omega_0\tau)\rangle_t, & \varepsilon = 0 \\ 0, & \text{其他} \end{cases}$$

对上式简化，有

$$R_x^\varepsilon(\tau) = \begin{cases} \frac{1}{4}R_a(\tau)\mathrm{e}^{\mp 2\theta}, & \varepsilon = \pm\omega_0/\pi = \pm 2f_0 \\ \frac{1}{2}R_a(\tau)\cos(\omega_0\tau), & \varepsilon = 0 \\ 0, & \text{其他} \end{cases}$$

式中，$R_x^\varepsilon(\tau)$ 表示信号 $x(t)$ 的循环自相关函数，$R_a(\tau)$ 为 $a(t)$ 的相关函数。对上式做傅里叶变换，可得 $x(t)$ 的循环谱密度函数

$$S_x^\varepsilon(f) = \begin{cases} \frac{1}{4}S_a(f)\mathrm{e}^{\mp 2\theta}, & \varepsilon = \pm 2f_0 \\ \frac{1}{2}S_x^\varepsilon(f+f_0) + \frac{1}{2}S_x^\varepsilon(f-f_0), & \varepsilon = 0 \\ 0, & \text{其他} \end{cases}$$

当 $\theta = 0$，$\varepsilon = 2f_0$ 时，有 $S_x^\varepsilon(f) = \frac{1}{4}S_a(f)$。

4.2.4 循环谱估计方法

与二阶统计量信号处理中基于有限数据估计信号的功率谱类似，循环谱密度函数也可以根据有限观测数据序列 $\{x(t),\ t\in(-T/2,T/2)\}$ 来估计。循环谱的估计涉及两个频率变量，即循环频率 ε 和谱频率 f。要得到可靠的循环谱估计，二者的分辨率 $\Delta\varepsilon$ 和 Δf 需满足可靠性条件，即 $\Delta f/\Delta\varepsilon \gg 1$，或 $\Delta t\Delta f \gg 1$。

1. 循环相关图与循环周期图

（1）循环相关图

循环相关图（cyclic correlogram）定义为

$$R_{x,T}^\varepsilon(t,\tau) = \frac{1}{T}\int_{t-(T-|\tau|)/2}^{t+(T-|\tau|)/2} x(u+\tau/2)x^*(u-\tau/2)\mathrm{e}^{-\mathrm{j}2\pi\varepsilon u}\mathrm{d}u \tag{4.29}$$

实际上，循环相关图是基于有限数据对循环相关函数 $R_x^\varepsilon(\tau)$ 的自然估计量（natural estimator）。

（2）循环周期图

对循环相关图做傅里叶变换，可以得到循环周期图（cyclic periodogram）的定义式为

$$S_{x,T}^{\varepsilon}(t,f) = \int_{-T/2}^{T/2} R_{x,T}^{\varepsilon}(t,\tau) e^{-j2\pi f\tau}\, d\tau = \frac{1}{T} X_T(t, f + \varepsilon/2) X_T^*(t, f - \varepsilon/2) \tag{4.30}$$

式中，$X_T(t,f)$ 为 $x(t)$ 的短时傅里叶变换。

2. 基于循环周期图的循环谱估计

实际上，循环周期图为循环相关图的傅里叶变换。循环周期图可以用于进行循环谱密度的估计，但是由于这种估计的方差较大，且不是一致估计，故通常需要进行平滑处理。平滑处理的方法包括时域平滑法和频域平滑法。

（1）循环周期图的时域平滑法

将式（4.30）所示的循环周期图 $S_{x,T}^{\varepsilon}(t,f)$ 中的 T 改用 Δf 表示，并在 Δt 时间内对 $S_{x,\Delta f}^{\varepsilon}(t,f)$ 求平均，有

$$S_{x,\Delta f}^{\varepsilon}(t,f)_{\Delta t} = \frac{1}{\Delta t} \int_{-\Delta t/2}^{\Delta t/2} S_{x,\Delta f}^{\varepsilon}(u,f)\, du \tag{4.31}$$

（2）循环周期图的频域平滑法

将式（4.30）所示的循环周期图 $S_{x,T}^{\varepsilon}(t,f)$ 中的 T 改用 Δt 表示，并在 Δf 频率宽度内对 $S_{x,\Delta t}^{\varepsilon}(t,f)$ 求平均，有

$$S_{x,\Delta t}^{\varepsilon}(t,f)_{\Delta f} = \frac{1}{\Delta f} \int_{-\Delta f/2}^{\Delta f/2} S_{x,\Delta t}^{\varepsilon}(t,v)\, dv \tag{4.32}$$

为了减小时域平滑法与频域平滑法的随机性，一般要求在足够的时宽或频宽内进行平滑，其须满足 $\Delta t \gg 1/\Delta f$。经时域平滑或频域平滑的平滑周期图改善了对循环谱的估计性能，在某些假定条件下，可以达到一致估计。

3. 循环谱的最大熵估计

多通道最大熵估计是估计多通道信号功率谱的有效工具。若假定通道数 $m = 2$，则可得到 2 通道最大熵谱估计法，可以用于估计 2 个频率分量间的常规互功率谱密度，并可得到循环谱密度的估计。

设 m 通道 p 阶 AR 模型表示为

$$\boldsymbol{x}(t) = -\sum_{k=1}^{p} \boldsymbol{A}_k^{\mathrm{H}} \boldsymbol{x}(t-k) + \boldsymbol{w}(t) \tag{4.33}$$

式中，$\boldsymbol{x}(t)$ 和 $\boldsymbol{w}(t)$ 分别表示 $m \times 1$ 维信号矢量与噪声矢量，$\boldsymbol{A}_k$，$k = 1, \cdots, p$ 为 $m \times m$ 维系数矩阵，也称为 AR 模型参数矩阵。经由下式可以得到功率谱密度矩阵 $\boldsymbol{S}(f)$：

$$\boldsymbol{S}(f) = [\boldsymbol{F}^{-1}(f)]^{\mathrm{H}} \boldsymbol{P} [\boldsymbol{F}^{-1}(f)] \tag{4.34}$$

式中，$\boldsymbol{F}(f) = \boldsymbol{I} + \boldsymbol{A}_1 e^{-j2\pi f} + \boldsymbol{A}_2 e^{-j2\pi\cdot 2f} + \cdots + \boldsymbol{A}_p e^{-j2\pi pf}$，$\boldsymbol{P} = E[\boldsymbol{w}(t)\boldsymbol{w}^{\mathrm{H}}(t)]$，$\boldsymbol{I}$ 为单位阵。

对于循环谱估计问题，假定 $x(t)$ 的 2 个频移信号为

$$\begin{cases} u(t) = x(t) e^{-j2\pi\alpha t} \\ v(t) = x(t) e^{j2\pi\alpha t} \end{cases} \tag{4.35}$$

并定义 $x(t) = \begin{bmatrix} u(t) \\ v(t) \end{bmatrix}$。利用式（4.33）构建 $m = 2$ 的 p 阶 AR 模型。估计出 AR 模型参数矩阵

A_k，$k = 1, \cdots, p$，再依据式（4.34）计算功率谱密度，有

$$S(f) = \begin{bmatrix} S_u(f) & S_{vu}(f) \\ S_{uv}(f) & S_v(f) \end{bmatrix} \tag{4.36}$$

式中，$S_u(f)$ 和 $S_v(f)$ 分别为 $u(t)$ 和 $v(t)$ 的常规自功率谱，$S_{uv}(f)$ 和 $S_{vu}(f)$ 分别为 $u(t)$ 和 $v(t)$ 的常规互功率谱。实际上，$S_{uv}(f)$ 即为待估计的循环谱。

4.3 分数低阶循环统计量基本理论

4.3.1 Alpha 稳定分布噪声对循环统计量的影响

Alpha 稳定分布的一个显著特点，如第 2 章中的定理 2.3 所述，对于任意服从 Alpha 稳定分布（$0 < \alpha < 2$）的随机变量 X，有 $E[|X|^p] < \infty$，且有 $E[|X|^p] = \infty$，$p \geq \alpha$。也就是说，分数低阶 Alpha 稳定分布随机变量和随机过程的二阶统计量是不存在的。正是由于这个原因，使得信号处理中基于二阶统计量的算法在 Alpha 稳定分布下性能退化。本节以循环相关函数和循环谱为例，分析讨论循环统计量在 Alpha 稳定分布噪声下的性能退化问题。

式（4.15）、式（4.16）和式（4.17）分别给出了循环自相关函数的定义，式（4.18）给出了循环谱的定义。可以看出，循环自相关函数本质上是循环平稳随机信号周期性时变自相关函数的傅里叶级数展开式，而循环谱则是对循环自相关函数的傅里叶变换。

设循环平稳随机信号 $s(t)$ 受到分数低阶 Alpha 稳定分布随机噪声 $v(t)$ 的影响，所构成的接收信号 $x(t)$ 表示为

$$x(t) = s(t) + v(t) \tag{4.37}$$

式中，$s(t)$ 为感兴趣信号，记为 SOI，假定 SOI 信号与噪声相互统计独立。考虑实值信号的情况，计算随机信号 $x(t)$ 的时变自相关函数，有

$$\begin{aligned} R_x(t, \tau) &= E\big[x(t)x(t - \tau)\big] \\ &= E\big[s(t)s(t - \tau) + s(t)v(t - \tau) + v(t)s(t - \tau) + v(t)v(t - \tau)\big] \\ &= E\big[s(t)s(t - \tau)\big] + E\big[s(t)v(t - \tau)\big] + E\big[v(t)s(t - \tau)\big] + E\big[v(t)v(t - \tau)\big] \end{aligned} \tag{4.38}$$

若 Alpha 稳定分布噪声满足 $0 < \alpha < 2$，则上式中右边最后一项不存在，即 $E[v(t)v(t - \tau)] \to \infty$；若 Alpha 稳定分布噪声满足 $0 < \alpha < 1$，上式中右边第二项和第三项也不收敛，即 $E[s(t)v(t - \tau)] \to \infty$，$E[v(t)s(t - \tau)] \to \infty$。这样，在分数低阶 Alpha 稳定分布（$0 < \alpha < 2$）噪声下，循环平稳随机信号 $x(t)$ 的时变自相关函数不收敛，即 $R_x(t, \tau) \to \infty$，$0 < \alpha < 2$。进一步地，由时变相关函数 $R_x(t, \tau)$ 求傅里叶级数所得到的循环相关函数 $R_x^\varepsilon(\tau)$ 也是不收敛的，即 $R_x^\varepsilon(\tau) \to \infty$。同理，对循环相关函数 $R_x^\varepsilon(\tau)$ 再做傅里叶变换所得到的循环谱也是不收敛的，有 $S_x^\varepsilon(f) \to \infty$。再进一步地，在 Alpha 稳定分布噪声下，高阶循环统计量和高阶循环谱也均为不收敛的。

如此一来，体系完备、性能强大的循环平稳信号和循环统计量理论方法的适用性受到 Alpha 稳定分布致命的挑战。图 4.3 和图 4.4 给出了 Alpha 稳定分布噪声条件下，BPSK 信号的循环相关函数与循环谱的仿真图。仿真条件为：广义信噪比设定为 $-3\,\mathrm{dB}$，载频选取为 $f_c = 0.125 f_s$（f_s 为采样频率），码元速率设定为 $R_B = 0.00625 f_s$。

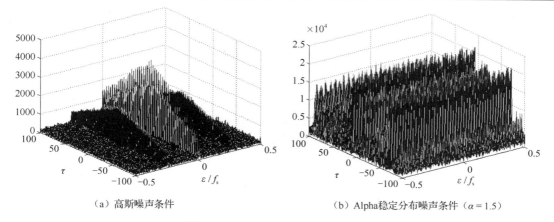

　（a）高斯噪声条件　　　　　　　　　　　　（b）Alpha稳定分布噪声条件（$\alpha = 1.5$）

图 4.3　BPSK 信号的循环相关函数

　（a）高斯噪声条件　　　　　　　　　　　　（b）Alpha稳定分布噪声条件（$\alpha = 1.5$）

图 4.4　BPSK 信号的循环谱

　　由图 4.3 和图 4.4 可见，在高斯噪声条件下，BPSK 的循环相关函数与循环谱均能有效地抑制噪声，并准确地反映 BPSK 信号的特性。而在 Alpha 稳定分布噪声条件下，由于理论上循环相关函数与循环谱发散所引起的算法性能退化，致使循环相关函数与循环谱均不能有效抑制噪声并展示出 BPSK 信号的特性。

　　一般而言，诸如循环相关函数和循环谱这样的二阶循环统计量，不能有效抑制 Alpha 稳定分布噪声的影响，并由于对应循环统计量的发散，而导致算法性能显著退化，乃至不能正常工作。同样，高阶循环统计量与高阶循环谱也具有同样的问题。这就为研究 Alpha 稳定分布噪声下新的循环统计量提出了需求。

4.3.2　PFLOM 算子对时变分数低阶相关函数周期性的影响

1. 广义循环平稳信号的时变相关函数与时变分数低阶相关函数

　　设含有加性噪声的接收信号 $x(t)$ 表示为

$$x(t) = s(t) + v(t) \tag{4.39}$$

式中，$s(t)$ 和 $v(t)$ 分别表示感兴趣的循环平稳信号和加性 Alpha 稳定分布噪声。$x(t)$ 的时变自相关函数表示为

$$R_x(t,\tau) = E[x(t)x^*(t+\tau)] = R_x(t+kT_0,\tau) \tag{4.40}$$

由上式可见，$R_x(t, \tau)$ 相对于时间变量 t 具有周期性，周期为 T_0，k 为任意整数。

在 Alpha 稳定分布条件下，通常用分数低阶相关函数替代相关函数，以保证其满足有界性和收敛性。时变分数低阶相关函数的表达式可以写为

$$R_x^p(t, \tau) = E[x(t)[x^*(t + \tau)]^{(p-1)}], \quad 1 < p < \alpha \tag{4.41}$$

式中，α 表示 Alpha 稳定分布的特征指数，p 表示分数低阶统计量的阶数。在循环平稳信号处理中，我们关心的问题是：时变分数低阶相关函数 $R_x^p(t, \tau)$ 是否满足周期性条件。实际上，$R_x^p(t, \tau)$ 的周期性完全取决于分数低阶算子对 $x(t)$ 进行变换处理的结果。下面以相位分数低阶矩（PFLOM）算子为例，研究其对时变分数低阶自相关函数周期性的影响。

2．PFLOM 算子对时变分数低阶自相关函数周期性的影响

第 3 章给出了相位分数低阶矩（PFLOM）算子的定义为

$$z^{\langle p \rangle} = \begin{cases} |z|^{p+1}/z^*, & z \neq 0, \quad z \in \mathbb{C} \\ 0, & z = 0 \end{cases} \tag{4.42}$$

考虑 $z = re^{j\theta}$ 的极坐标下复变量形式，由式（4.42）可以得到（$z \neq 0$ 时）

$$z^{\langle p \rangle} = \begin{cases} e^{j\theta}, & \text{若 } p = 0 \\ re^{j\theta}, & \text{若 } p = 1 \\ r^p e^{j\theta}, & \text{若 } 0 < p < 1 \end{cases} \tag{4.43}$$

为直观表示 PFLOM 算子的作用，取 z 为实变量，可以得到 PFLOM 算子对信号幅度的抑制作用，图 3.3 显示了 $z^{\langle p \rangle}$ 算子对原变量 z 的幅度的抑制作用。

由图 3.3 可知，若 $z^{\langle p \rangle}$ 算子的指数 $p = 1$，则 $z^{\langle p \rangle}$ 的作用相当于一个线性变换，不对输入变量做任何变换；若 $z^{\langle p \rangle}$ 算子的指数 $p = 0$，则 $z^{\langle p \rangle}$ 的作用相当于对输入信号进行极性运算；若 $z^{\langle p \rangle}$ 算子的指数满足 $0 < p < 1$，则其主要作用是对输入信号进行幅度抑制，包括对于小输入信号的放大或近似线性运算，以及对大输入信号的衰减，从而保证信号在 Alpha 稳定分布噪声下的有界性。

另一方面，在复变量 $z = re^{j\theta}$ 的情况下，有

$$z^{\langle p \rangle} = [re^{j\theta}]^{\langle p \rangle} = \begin{cases} r^p e^{j\theta}, & z \neq 0 \\ 0, & z = 0 \end{cases} \tag{4.44}$$

表明，PFLOM 算子 $z^{\langle p \rangle}$ 的作用是仅仅对输入信号 $z = re^{j\theta}$ 的幅度进行变换，而未对该信号的相位有任何影响。这表明 PFLOM 算子 $z^{\langle p \rangle}$ 对 $x(t)$ 处理，不会对信号 $x(t)$ 造成任何时移效应，因而不会对时变分数低阶相关函数的周期性造成影响。即对于广义循环平稳随机信号 $x(t)$，若其时变相关函数具有周期性，则其时变分数低阶相关函数具有相同的（或几乎相同的）周期性。这意味着 PFLOM 算子可以保持使用该算子的分数低阶相关函数的周期性不变或几乎不变。或者说，若二阶循环平稳信号 $x(t)$ 的循环相关函数具有周期性，则 $x(t)$ 的时变分数低阶相关函数显著体现出周期性，或准周期性。

根据以上分析，对于广义循环平稳随机信号，式（4.41）所示的时变分数低阶相关函数是周期性的。将式（4.41）所示的时变分数低阶相关函数写为周期性函数的形式，有

$$R_x^p(t + T_0, \tau) = R_x^p(t, \tau), \quad 1 < p < \alpha \tag{4.45}$$

称 $R_x^p(t, \tau)$ 为周期性分数低阶相关函数。

4.3.3　分数低阶循环统计量与分数低阶循环谱

针对 Alpha 稳定分布条件下基于二阶及以上循环统计量算法性能的显著退化问题，文献中报道了一类分数低阶循环统计量（fractional lower-order cyclic statistics）的理论与方法。在 Alpha 稳定分布条件下，循环平稳随机信号的分数低阶统计量，如共变、p 阶矩、分数低阶协方差等时变分数低阶统计量，也具有类似于高斯噪声条件下时变相关函数的周期性或准周期性特性。依据其周期性或准周期性，也可以将这些周期性的时变共变、时变 p 阶矩和时变分数低阶协方差写成傅里叶级数的形式，从而构成各自对应的分数低阶循环统计量。图 4.5 给出了分数低阶循环统计量与分数低阶循环谱的构成原理。

图 4.5　分数低阶循环统计量与分数低阶循环谱的构成原理

1. 第一类分数低阶循环相关函数与分数低阶循环谱

（1）第一类分数低阶循环相关函数

时变相关函数的有界性和周期性，是构建循环相关函数和求取循环谱的关键条件。根据分数低阶统计量的基本理论，时变分数低阶相关函数满足 Alpha 稳定分布下的有界性。而关于时变分数低阶相关函数的周期性，则根据前文关于 PFLOM 算子的分析，可知经由分数低阶运算的时变分数低阶相关函数具有周期性或准周期性特性。

式（4.41）给出了时变分数低阶相关函数 $R_x^p(t, \tau)$ 的表达式（简称为 p 阶相关）。为了与第 3 章中给出的分数低阶相关的概念相对应，称式（4.41）所示的时变分数低阶相关函数为第一类分数低阶相关函数。由于 $R_x^p(t, \tau)$ 具有周期性，故可以写为傅里叶级数的形式

$$R_x^p(t, \tau) = \sum_{m=-\infty}^{\infty} R_x^{\varepsilon, p}(\tau) \mathrm{e}^{\mathrm{j}2\pi mt/T_0}, \quad 1 < p < \alpha \tag{4.46}$$

式中，$\varepsilon = m/T_0$ 为循环频率。傅里叶级数的系数可表示为

$$R_x^{\varepsilon, p}(\tau) = \lim_{T \to \infty} \frac{1}{T} \int_{-T/2}^{T/2} R_x^p(t, \tau) \mathrm{e}^{-\mathrm{j}2\pi \varepsilon t} \mathrm{d}t, \quad 1 < p < \alpha \tag{4.47}$$

式中，称 $R_x^{\varepsilon, p}(\tau)$ 为第一类分数低阶循环自相关（fractional lower-order cyclic autocorrelation）函数，或称为 p 阶循环自相关函数。进一步地，用时间平均表示统计平均，有

$$R_x^{\varepsilon, p}(\tau) = \left\langle x(t + \tau)(x^*(t))^{\langle p-1 \rangle} \mathrm{e}^{-\mathrm{j}2\pi \varepsilon t} \right\rangle_t \tag{4.48}$$

上式也可以写为对称形式

$$R_x^{\varepsilon, p}(\tau) = \left\langle x(t + \tau/2)(x^*(t - \tau/2))^{\langle p-1 \rangle} \mathrm{e}^{-\mathrm{j}2\pi \varepsilon t} \right\rangle_t \tag{4.49}$$

（2）第一类分数低阶循环谱

对式（4.47）或式（4.48）或式（4.49）以 τ 为自变量求取傅里叶变换，得到对应的分数低阶循环谱（fractional lower-order cyclic spectrum）$S_x^{\varepsilon, p}(f)$ 为

$$S_x^{\varepsilon, p}(f) = \int_{-\infty}^{\infty} R_x^{\varepsilon, p}(\tau) \mathrm{e}^{-\mathrm{j}2\pi f\tau} \mathrm{d}\tau, \quad 1 < p < \alpha \tag{4.50}$$

式中，$S_x^{\varepsilon, p}(f)$ 又称为 p 阶循环谱，或第一类分数低阶循环谱。

（3）讨论

如前所述，循环相关函数和循环谱是典型的循环统计量，具有在复杂电磁环境下抑制同频带或邻近频带干扰的能力，因此得到普遍的重视和广泛的应用。但是，循环相关函数和循环谱是建立在二阶统计量基础上的，在 Alpha 稳定分布条件下，信号的二阶统计量（甚至一阶统计量）发散，导致循环相关函数和循环谱均出现显著的性能退化。

与循环相关函数和循环谱相比，分数低阶循环相关函数与分数低阶循环谱是建立在分数低阶统计量和循环统计量两种理论有机融合基础上的。受益于循环统计量特性，它们与循环相关和循环谱一样，可以有效抵抗同频/邻频干扰的影响。受益于分数低阶统计量，它们在脉冲性 Alpha 稳定分布噪声下具有良好的性能，可以抵御脉冲噪声的影响。这样，分数低阶循环相关和分数低阶循环谱在脉冲噪声和同频干扰并存的环境下具有良好的性能。

2．第二类分数低阶循环相关函数与分数低阶循环谱

（1）第二类分数低阶循环相关函数

前文介绍的第一类分数低阶循环相关函数，或 p 阶循环相关函数 $R_x^{\varepsilon,p}(\tau)$ 具有抑制脉冲噪声和同频干扰的能力。但是，这种分数低阶循环统计量只适用于 $\alpha > 1$ 的情况。为了进一步扩大分数低阶循环统计量的适用范围，可以采用第 3 章给出的第二类分数低阶相关来定义分数低阶循环统计量。给出第二类时变分数低阶相关的定义式如下：

$$R_x^{ab}(t,\tau) = E[(x(t+\tau))^{\langle a \rangle}(x^*(t))^{\langle b \rangle}], \quad 0 < a,\ b < \alpha/2 \tag{4.51}$$

基于与前文相同的分析，由于相位分数低阶矩算子 $z^{(p)}$ 不会对时变相关函数的周期性产生影响，故认为循环平稳信号 $x(t)$ 的第二类时变分数低阶相关 $R_x^{ab}(t,\tau)$ 也是周期性的，其周期亦为 T_0。这样，可以将周期性时变分数低阶相关 $R_x^{ab}(t,\tau)$ 写为傅里叶级数的形式，即

$$R_x^{ab}(t,\tau) = \sum_{m=-\infty}^{\infty} R_x^{\varepsilon,ab}(\tau)e^{j2\pi mt/T_0}, \quad 0 < a,\ b < \alpha/2 \tag{4.52}$$

式中，傅里叶级数的系数表示为

$$R_x^{\varepsilon,ab}(\tau) = \lim_{T \to \infty} \frac{1}{T} \int_{-T/2}^{T/2} R_x^{ab}(t,\tau)e^{-j2\pi\varepsilon t}dt, \quad 0 < a,\ b < \alpha/2 \tag{4.53}$$

式中，$R_x^{\varepsilon,ab}(\tau)$ 称为第二类分数低阶循环相关函数。上式也可以写为时间平均的对称形式，即

$$R_x^{\varepsilon,ab}(\tau) = \left\langle (x(t+\tau/2))^{\langle a \rangle}(x^*(t-\tau/2))^{\langle b \rangle} e^{-j2\pi\varepsilon t} \right\rangle_t, \quad 0 < a,\quad b < \alpha/2 \tag{4.54}$$

（2）第二类分数低阶循环谱

对第二类分数低阶循环相关函数 $R_x^{\varepsilon,ab}(\tau)$ 求取傅里叶变换，可得第二类分数低阶循环谱（fractional lower-order cyclic spectrum）为

$$S_x^{\varepsilon,ab}(f) = \int_{-\infty}^{\infty} R_x^{\varepsilon,ab}(\tau)e^{-j2\pi f\tau}d\tau, \quad 0 < a,\quad b < \alpha/2 \tag{4.55}$$

（3）分析讨论

对比分析式（4.41）和式（4.54）可知，这两种分数低阶循环相关函数的核心思路有两个要点：一是采用 PFLOM 算子对被 Alpha 稳定分布噪声污染的循环平稳信号进行幅度压缩，使之能够抑制脉冲噪声的影响，从而使分数低阶循环统计量有界；二是依据循环平稳信号时变分数低阶统计量的周期性（或准周期性，almost periodicity），构建分数低阶循环统计量，从而能够有效排除复杂电磁环境中同频带干扰的影响。这样，这两种分数低阶循环相关函数及其对应的分数低阶循环谱，均具有同时抑制脉冲噪声和同频干扰的能力。

进一步分析对比这两种分数低阶循环相关的特点，可见 $R_x^{\varepsilon,p}(\tau)$ 所表示的 p 阶（或第一类分数低阶）循环相关函数，实质上是采用 PFLOM 算子对参与分数低阶相关运算中的一个 $x(t)$ 进行处理和变换，而第二类分数低阶循环相关函数 $R_x^{\varepsilon,ab}(\tau)$ 则是对分数低阶相关运算中的 $x(t)$ 及其时移 $x(t+\tau)$ 均进行 PFLOM 算子的处理。根据实验和仿真结果，一般认为后者对于脉冲噪声的抑制能力更强一些。

上述两种分数低阶循环相关函数 $R_x^{\varepsilon,p}(\tau)$ 和 $R_x^{\varepsilon,ab}(\tau)$ 的参数选择也是十分重要的。一般来说，$R_x^{\varepsilon,p}(\tau)$ 的 p 参数需满足 $1<p<\alpha$，而 $R_x^{\varepsilon,ab}(\tau)$ 的 a 和 b 参数需满足 $0<a,b<\alpha/2$，这样才能保证分数低阶循环统计量的有界性或收敛性。特别地，对于 $R_x^{\varepsilon,p}(\tau)$，若选取 $p=2$，则第一类分数低阶循环相关退化为二阶循环相关；而对于 $R_x^{\varepsilon,ab}(\tau)$，若选取 $a=b=1$，则第二类分数低阶循环相关也退化为二阶循环相关。由此可知，这两种分数低阶循环相关函数均为二阶循环相关函数的广义化，或者反过来，二阶循环相关函数是上述两种分数低阶循环相关函数的特例。再考虑 $R_x^{\varepsilon,ab}(\tau)$ 的参数选择，若 $a=1$，$b=p-1$，则 $R_x^{\varepsilon,ab}(\tau)$ 变为 $R_x^{\varepsilon,p}(\tau)$。这表明，这两种分数低阶循环相关函数是密切联系的，且 $R_x^{\varepsilon,ab}(\tau)$ 的参数选择范围更为宽泛，这也在一定程度上说明了在实验仿真中 $R_x^{\varepsilon,ab}(\tau)$ 的效果优于 $R_x^{\varepsilon,p}(\tau)$ 的原因。

考虑循环平稳信号的循环频率问题，若循环频率 $\varepsilon=0$，则广义循环平稳信号退化为一般的广义平稳信号，这两种分数低阶循环统计量则都退化为分数低阶统计量。这表明，分数低阶循环统计量是分数低阶统计量的广义化，而后者是前者的特例。

3．仿真实验

例 4.3　试利用 MATLAB 编程，分别求取 QPSK 调制信号的第一类和第二类分数低阶循环谱。

解　设 $x(t)$ 表示分别混有高斯噪声和 Alpha 稳定分布噪声的 QPSK 信号。设置 $x(t)$ 的载波频率为 $f_c=0.1f_s$，信号传输的码元速率为 $R_B=0.005f_s$，其中，f_s 表示信号的采样频率。Alpha 稳定分布噪声的特征指数为 $\alpha=1.5$，广义信噪比和信噪比均设置为 $-3\,\text{dB}$，第一类分数低阶循环相关函数的 p 参数设置为 $p=1.2$，第二类分数低阶循环相关函数的参数则设置为 $a=b=0.5$。

MATLAB 程序代码略。图 4.6 和图 4.7 分别给出了两种分数低阶循环谱的三维曲面。

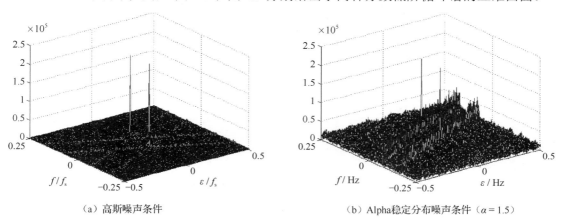

(a) 高斯噪声条件　　　　　　　　　　(b) Alpha稳定分布噪声条件（$\alpha=1.5$）

图 4.6　第一类分数低阶循环谱的三维曲面

由图 4.6 和图 4.7 可见，在高斯噪声下，两种分数低阶循环统计量均可以有效地抑制噪声，取得较为准确的循环平稳信号循环谱特征信息。在 Alpha 稳定分布噪声下，第二类分数低阶循环谱对噪声的抑制效果更好，这应该归功于在第二类分数低阶相关函数中，PFLOM 算子对 $x(t)$ 及其时移 $x(t+\tau)$ 均进行噪声抑制的结果。

分析这两种算法抑制噪声的能力，主要有两个方面的原因：一是两种算法均采用循环统计量构建循环谱，由于噪声是没有循环特性的，故在分数低阶循环谱中，噪声的能量被抑制了，或被分散了，而循环平稳信号的能量则集中突出在其特征频率处，由此造成循环谱很高的信噪比；二是两种算法均采用分数低阶统计量对带噪信号进行处理，可以有效抑制高斯噪声和脉冲性 Alpha 稳定分布噪声的影响，特别是有效压缩了 Alpha 稳定分布下噪声的脉冲效应，使其转变为二阶统计量有限的噪声，因而有效削弱了循环谱中的噪声效应。

分数低阶循环统计量和分数低阶循环谱可用于通信、无线电监测、机械振动故障检测及雷达、声呐等多个应用领域，也可用于进行无线电信号的调制方式识别、噪声抑制、干扰抑制、信号滤波与提取、参数估计及机械设备故障诊断等诸多方面。因而，分数低阶循环统计量和分数低阶循环谱是循环平稳信号分析和处理的有效工具。

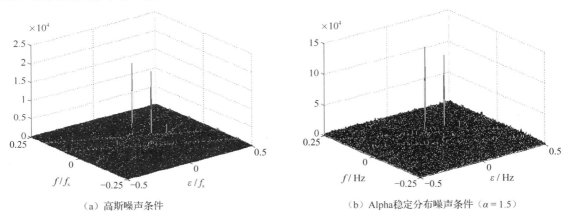

（a）高斯噪声条件　　　　　　　　　　（b）Alpha 稳定分布噪声条件（$\alpha=1.5$）

图 4.7　第二类分数低阶循环谱的三维曲面

4.4　分数低阶循环相关匹配滤波器

4.4.1　匹配滤波器与循环相关匹配滤波器

1．匹配滤波器的概念

匹配滤波器（matched filter）是输出端信号瞬时功率与噪声平均功率比值最大的线性滤波器，是通信系统中常用的重要部件。

设接收滤波器的传递函数为 $H(f)$，接收信号中输入纯净信号为 $s(t)$，加性零均值平稳随机噪声为 $v(t)$，接收信号 $x(t)$ 表示为纯净信号与噪声的线性组合，即

$$x(t) = s(t) + v(t), \quad -T/2 \le t \le T/2 \tag{4.56}$$

式中，T 表示观测时间。可以证明，当滤波器传递函数满足

$$H(f) = kS^*(f)\mathrm{e}^{-\mathrm{j}2\pi f t_0} \tag{4.57}$$

时，系统输出达到最大信噪比，$H(f)$ 即为所求匹配滤波器的传递函数。由式（4.57）可见，匹配滤波器的幅频特性与输入纯净信号的幅度谱一致，且其相频特性与输入纯净信号的相频特性正好反相。这表明，对于信号越强的频点，匹配滤波器的增益越大，反之其增益越小。由于匹配滤波器假定了噪声的平坦谱特性，因此，让信号尽可能通过，实际上隐含着尽量减少噪声的通过，从而达到最大信噪比输出的目标。另一方面，考虑匹配滤波器的相位特性，由于正好与输入纯净信号的相位反相，因此，输出信号的相位为零，正好能实现信号时域相干叠加。由于噪声相位是随机的，其叠加只能是非相干的，进一步保证了输出信噪比最大。

2. 循环相关匹配滤波器

为了拓展循环统计量在线性滤波领域的应用，黄知涛等人提出了一种循环平稳信号线性时不变滤波模型，即循环相关匹配滤波器（cyclic correlation matched filter）的概念与方法。

设接收信号模型仍为式（4.56）所示。式中，纯净信号 $s(t)$ 满足循环平稳性，且循环频率为 ε。分别求取式（4.56）中各项与 $s(t)$ 在循环频率 ε 处的互循环相关函数，有

$$R_x^\varepsilon(\tau) = R_s^\varepsilon(\tau) + R_{vs}^\varepsilon(\tau) \tag{4.58}$$

经进一步推导，可以求得循环相关匹配滤波器的传递函数为

$$H(f) = k[S_s^\varepsilon(f)]^* e^{-j2\pi f \tau_0} \tag{4.59}$$

式中，k 表示系数，$S_s^\varepsilon(f)$ 表示 $s(t)$ 的循环谱，$e^{-j2\pi f \tau_0}$ 为时移 τ_0 的相移因子。显然，传递函数 $H(f)$ 与纯净输入信号的循环谱 $S_s^\varepsilon(f)$ 成共轭关系。所对应的输出最大信噪比写为

$$d_{mT} = \int \frac{T \left| S_s^\varepsilon(f) \right|^2}{S_s^0(f + \varepsilon/2) G_v(f - \varepsilon/2)} df \tag{4.60}$$

式中，$S_s^0(f)$ 表示信号 $s(t)$ 在零循环频率处的循环谱，即为信号的功率谱，$G_v(f)$ 表示噪声的功率谱。

与传统匹配滤波器相比，循环相关匹配滤波器具有匹配滤波和循环相关的双重噪声抑制作用，且其输出最大信噪比与信号循环谱特性有关。这些特点使得循环相关匹配滤波器在噪声和干扰并存情况下，具有比传统匹配滤波器更好的性能。

4.4.2 分数低阶循环相关匹配滤波器

1. 分数低阶循环相关匹配滤波器的原理

在 Alpha 稳定分布条件下，式（4.56）所示接收信号模型中的加性噪声 $v(t)$ 为 Alpha 稳定分布噪声，由于其功率谱 $G_v(f) \to \infty$，从而导致循环相关匹配滤波器输出功率或信噪比远低于式（4.60）给出的 d_{mT}，不能达到最大信噪比输出，因而无法实现循环相关匹配滤波器的最优线性滤波。针对这一问题，基于分数低阶统计量理论，刘洋提出了分数低阶循环相关匹配滤波器（fractional lower-order cyclic correlation matched filter）的概念和方法。

设接收信号模型仍为式（4.56）所示。式中，纯净信号 $s(t)$ 满足循环平稳性，且循环频率为 ε。加性噪声 $v(t)$ 为 Alpha 稳定分布噪声，设其位置参数为 0，且与信号 $s(t)$ 统计独立。求取式（4.56）中各项与 $s(t)$ 在循环频率 ε 处的第二类分数低阶循环相关函数，有

$$R_x^{\varepsilon,ab}(\tau) = R_s^{\varepsilon,ab}(\tau) + R_{vs}^{\varepsilon,ab}(\tau) \tag{4.61}$$

经进一步推导，并采用噪声白化技术，可以求得循环相关匹配滤波器的传递函数为

$$H(f) = k[S_s^{\varepsilon,ab}(f)]^* e^{-j2\pi f \tau_0} \tag{4.62}$$

式中，k 为系数，$S_s^{\varepsilon,ab}(f)$ 表示信号 $s(t)$ 的分数低阶循环谱，$\mathrm{e}^{-\mathrm{j}2\pi f\tau_0}$ 为时移 τ_0 的相移因子。显然，与匹配滤波器和循环相关匹配滤波器的传递函数的结构相似，分数低阶循环相关匹配滤波器的传递函数 $H(f)$ 与纯净输入信号的分数低阶循环谱 $S_s^{\varepsilon,ab}(f)$ 成共轭关系。分数低阶循环相关匹配滤波对于高斯噪声和 Alpha 稳定分布噪声均具有很好的鲁棒性，当滤波器传递函数如式（4.62）所示时，其输出信噪比可以达到最大值，从而实现对信号的最优线性循环匹配滤波。

进一步分析可见，分数低阶循环相关匹配滤波器实际上与 $R_{xs}^{\varepsilon,ab}(\tau)$ 和 $[R_s^{\varepsilon,ab}(\tau_0-\tau)]^*$ 的互相关等效。其中，$R_{xs}^{\varepsilon,ab}(\tau)$ 为接收信号 $x(t)$ 与纯净信号 $s(t)$ 的分数低阶循环互相关函数，而 $[R_s^{\varepsilon,ab}(\tau_0-\tau)]^*$ 则表示纯净信号 $s(t)$ 的分数低阶循环自相关函数。这一点与经典匹配滤波器互相关运算的等效性是一致的。此外，若接收信号中纯净信号 $s(t)$ 发生幅度衰减和时间延迟，则分数低阶相关匹配滤波器的单位冲激响应产生相应的幅度变化和时间延迟。可以表示为：若接收信号中纯净信号 $s(t)\rightarrow As(t-D)$，则分数低阶相关匹配滤波器的单位冲激响应变化为

$$h(\tau)=k[R_s^{\varepsilon,ab}(\tau_0-\tau)]^*\rightarrow(kA^{\langle a\rangle}/A)\mathrm{e}^{\mathrm{j}\pi\varepsilon D}h(\tau-D) \tag{4.63}$$

式中，"$\rightarrow$" 表示 "变化为"。由式（4.63）可见，分数低阶循环相关匹配滤波器对信号幅度衰减和时间延迟具有适应性。

2．计算机仿真

例 4.4　利用 MATLAB 编程，考察分数低阶循环相关匹配滤波器在高斯噪声和 Alpha 稳定分布噪声下的性能。

解　设 AM 信号为零均值循环平稳信号，$\mathrm{GSNR}=0\,\mathrm{dB}$，载波频率为 $f_c=0.25f_s$，带宽为 $B=0.1875f_s$，Alpha 稳定分布噪声的特征指数为 $\alpha=1.7$，PFLOM 指数因子设定为 $a=b=0.5$。

MATLAB 程序代码略。图 4.8 和图 4.9 分别给出了高斯噪声和 Alpha 稳定分布噪声下经典循环相关匹配滤波器与分数低阶循环相关匹配滤波器的输出结果。显然，在高斯噪声下，经典循环相关匹配滤波器和分数低阶循环相关匹配滤波器均能有效抑制噪声的影响，得到很好的输出结果。在 Alpha 稳定分布噪声下，经典循环相关匹配滤波器的性能退化，不能得到有效输出，而分数低阶循环相关匹配滤波器则抑制了脉冲噪声的影响，保持了很好的输出性能。

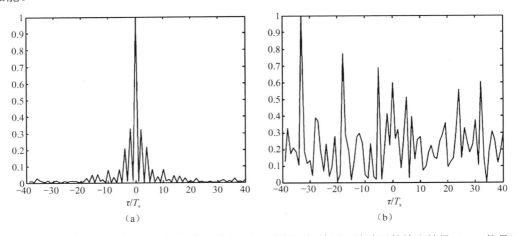

图 4.8　高斯噪声（a）和 Alpha 稳定分布噪声（b）下循环相关匹配滤波器的输出结果（AM 信号）

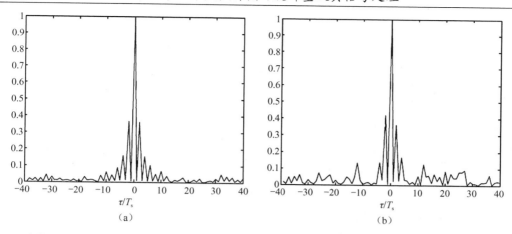

图 4.9　高斯噪声（a）和 Alpha 稳定分布噪声（b）下分数低阶循环相关匹配滤波器的输出结果（AM 信号）

例 4.5　利用 MATLAB 编程，考察脉冲噪声条件下分数低阶循环相关匹配滤波器的信号检测能力。

解　设接收信号中纯净信号 $s(t)$ 为 BPSK 信号，其载频为 $f_c = 0.25 f_s$，码率为 $R_B = 0.0625 f_s$，Alpha 稳定分布噪声的特征指数设定为 $\alpha \in [1.5, 2.0]$，广义信噪比在 –9dB ～ 9dB 范围变化，PFLOM 因子设定为 $a = b = 0.2$。定义信号检测正确率为 $P_r = N_r/N$，其中 N 和 N_r 分别表示蒙特卡罗实验次数和正确检测次数。

表 4.1 给出了 Alpha 稳定分布噪声下分数低阶循环相关匹配滤波进行信号检测的结果及其与循环相关匹配滤波的比较。表中数值为信号检测正确率 P_r。由表 4.1 可见，在高斯噪声（$\alpha = 2$）下，两种循环相关匹配滤波器均能得到很好的检测结果。但是在 Alpha 稳定分布噪声下，随着特征指数和 GSNR 的减小，两种滤波器的性能均有所降低。不过，对于分数低阶循环相关匹配滤波器来说，性能降低得较缓慢，在 $\alpha = 1.5$，且 GSNR = –3dB 时，其检测正确率仍超过 90%，表现出很好的鲁棒性。而对于循环相关匹配滤波器来说，在上述条件下的检测正确率为 0，体现了两种算法显著的性能差异。

表 4.1　Alpha 稳定分布噪声下信号检测的正确率比较

特征指数	广义信噪比 GSNR/dB													
	循环相关匹配滤波器（P_r）							分数低阶循环相关匹配滤波器（P_r）						
	–9	–6	–3	0	3	6	9	–9	–6	–3	0	3	6	9
2.0	0.84	0.99	1.0	1.0	1.0	1.0	1.0	0.82	0.99	1.0	1.0	1.0	1.0	1.0
1.9	0.32	0.57	0.75	0.91	0.95	0.99	1.0	0.67	0.96	1.0	1.0	1.0	1.0	1.0
1.8	0.07	0.19	0.37	0.55	0.82	0.91	0.97	0.61	0.94	1.0	1.0	1.0	1.0	1.0
1.7	0.02	0.06	0.15	0.34	0.56	0.78	0.89	0.60	0.93	0.97	1.0	1.0	1.0	1.0
1.6	0	0.01	0.02	0.07	0.21	0.49	0.74	0.57	0.88	0.96	1.0	1.0	1.0	1.0
1.5	0	0	0	0.03	0.06	0.22	0.44	0.51	0.83	0.93	0.99	1.0	1.0	1.0

4.5 分数低阶循环统计量在时间延迟估计中的应用

4.5.1 基于循环相关的时间延迟估计

关于时间延迟估计（TDE）的基本问题，第 3 章已做了较为详细的介绍，这里主要关注在噪声和同频带干扰条件下，基于信号循环平稳性的 TDE 理论与方法，这对于复杂电磁环境下目标信源的定位与其他应用，具有重要的意义。

1. 信号模型

设噪声与同频带干扰下 TDE 问题的双基站信号模型为

$$x(t) = s(t) + u(t) + v_1(t)$$
$$y(t) = s(t - D_1) + u(t - D_2) + v_2(t)$$

（4.64）

式中，$x(t)$ 和 $y(t)$ 分别表示双基站体系中两个基站各自接收到的目标信号；$s(t)$ 表示远场目标发出的感兴趣信号（SOI），属于循环平稳信号；而 $u(t)$ 为远场干扰源发出的循环平稳信号，与 $s(t)$ 具有不同的循环频率，是无用信号（unwanted signal，US）。D_1 和 D_2 分别表示两个基站接收到 SOI 信号和 US 信号，由于传播距离不同而引起的时间差，其中 D_1 是待估计的时间延迟。$v_1(t)$ 和 $v_2(t)$ 分别表示两个接收基站接收到的噪声。

针对噪声和同频干扰下的 TDE 问题，Gardner 提出了两种经典的基于信号循环平稳性的 TDE 估计方法，分别称为基于相关的循环互相关法（correlated cyclic cross-correlation method，简称为 CCCC 法）和谱相关比率法（spectral correlation ratio method，简称为 SPECCORR 法）。

CCCC 法是一种对循环相关函数再求取互相关函数的方法，而 SPECCORR 法是 CCCC 法的频域形式，其实质是对信号的循环谱进行傅里叶逆变换。两种算法分别简要表示为

$$C_{\mathrm{C}}^{\varepsilon}(\tau) \triangleq \left| R_{yx}^{\varepsilon}(\tau) \otimes R_x^{\varepsilon}(\tau) \right|$$

（4.65）

$$C_{\mathrm{S}}^{\varepsilon}(\tau) \triangleq \int_{-\infty}^{\infty} \frac{S_{yx}^{\varepsilon}(\tau)}{S_x^{\varepsilon}(\tau)} \mathrm{e}^{\mathrm{j}2\pi f \tau} \mathrm{d}f$$

（4.66）

式中，"$\otimes$" 表示相关运算。当 $\tau = D_1$ 时，式（4.65）和式（4.66）分别取得最大值。由此得到两种算法各自的时间延迟估计为

$$\hat{D}_1^{(\mathrm{C})} = \arg\max_{\tau} [C_{\mathrm{C}}^{\varepsilon}(\tau)]$$

（4.67）

$$\hat{D}_1^{(\mathrm{S})} = \arg\max_{\tau} [C_{\mathrm{S}}^{\varepsilon}(\tau)]$$

（4.68）

在这两种算法的基础上，文献中还报道了多种改进方法，进一步提高了 TDE 的性能。

4.5.2 基于分数低阶循环相关的时间延迟估计

由于 CCCC 法和 SPECCORR 法均为二阶循环统计量基础上的 TDE 估计算法，在 Alpha 稳定分布条件下性能退化。针对这个问题，郭莹和刘洋分别基于分数低阶循环统计量对这两个算法进行了改进和推广，得到了在脉冲噪声和同频干扰并存条件下具有较好鲁棒性的 TDE 估计方法。

1．算法介绍

（1）鲁棒性 CCCC 法

信号模型与式（4.64）相同。其中，加性噪声 $v_1(t)$ 和 $v_2(t)$ 均为 Alpha 稳定分布噪声。分别计算接收信号 $x(t)$ 的 p 阶循环自相关 $R_x^{\varepsilon,p}(\tau)$ 和 $x(t)$ 与 $y(t)$ 的 p 阶循环互相关 $R_{yx}^{\varepsilon,p}(\tau)$，并考虑 SOI 与干扰噪声的统计独立性，可得

$$R_x^{\varepsilon,p}(\tau) = R_s^{\varepsilon,p}(\tau) \tag{4.69}$$

$$R_{yx}^{\varepsilon,p}(\tau) = R_s^{\varepsilon,p}(\tau - D_1)\mathrm{e}^{-\mathrm{j}\pi\varepsilon D_1} \tag{4.70}$$

式中，$R_s^{\varepsilon,p}(\cdot)$ 为 SOI 信号 $s(t)$ 的 p 阶循环自相关函数。将式（4.65）所示 CCCC 法中的循环相关函数替换为式（4.69）和式（4.70）所示的 p 阶循环相关函数，有

$$C_{\mathrm{C}}^{\varepsilon,p}(\tau) \triangleq \left| R_{yx}^{\varepsilon,p}(\tau) \otimes R_x^{\varepsilon,p}(\tau) \right| \tag{4.71}$$

当 $\tau = D_1$ 时，式（4.71）取得最大值，由此得到时间延迟估计为

$$\hat{D}_1 = \arg\max_{\tau}[C_{\mathrm{C}}^{\varepsilon,p}(\tau)] \tag{4.72}$$

这种鲁棒性 CCCC 法称为 CPCC 法。

（2）鲁棒性 SPECCORR 法

对式（4.69）和式（4.70）所示的 p 阶循环相关函数求取傅里叶变换，得到对应的 p 阶循环谱

$$S_x^{\varepsilon,p}(f) = S_s^{\varepsilon,p}(f) \tag{4.73}$$

$$S_{yx}^{\varepsilon,p}(f) = S_s^{\varepsilon,p}(f)\mathrm{e}^{-\mathrm{j}2\pi(f+\varepsilon/2)D_1} \tag{4.74}$$

用式（4.73）和式（4.74）替换式（4.66）中的循环谱表达式，得到鲁棒性 SPECCORR 法（简称为 RSPECCORR 法）的循环谱运算为

$$C_{\mathrm{S}}^{\varepsilon,p}(\tau) \triangleq \int_{-\infty}^{\infty} \frac{S_{yx}^{\varepsilon,p}(f)}{S_x^{\varepsilon,p}(f)}\mathrm{e}^{\mathrm{j}2\pi f\tau}\mathrm{d}f = \int_{-\infty}^{\infty} \mathrm{e}^{\mathrm{j}2\pi f(\tau - D_1)}\mathrm{e}^{\mathrm{j}2\pi\varepsilon D_1}\mathrm{d}f \tag{4.75}$$

当 $\tau = D_1$ 时，式（4.75）取得最大值，由此得到时间延迟估计为

$$\hat{D}_1 = \arg\max_{\tau}[C_{\mathrm{S}}^{\varepsilon,p}(\tau)] \tag{4.76}$$

实际上，CPCC 法和 RSPECCORR 法中的 p 阶循环相关函数和 p 阶循环谱，均可以用第二类分数低阶循环相关函数和对应的第二类分数低阶循环谱替换，从而得到基于第二类分数低阶循环相关的鲁棒性 CCCC 法和鲁棒性 SPECCORR 法。

2．算法分析

CPCC 法和 RSPECCORR 法能够有效抑制 Alpha 稳定分布噪声影响的关键因素，是这两种方法采用 p 阶循环相关函数和 p 阶循环谱替代 CCCC 法和 SPECCORR 法中的循环相关函数与循环谱。其中最关键的环节，是采用 PFLOM 算子对被 Alpha 稳定分布噪声污染的接收信号进行变换处理，抑制了信号中的脉冲噪声，使得 p 阶循环相关函数和 p 阶循环谱及其进一步运算在 Alpha 稳定分布条件下有界收敛。

3．仿真实验

例 4.6　利用 MATLAB 编程，考察 RSPECCORR 法在 Alpha 稳定分布下 TDE 估计的性能。

解　设 SOI 信号 $s(t)$ 为 BPSK 信号，其载波频率为 $f_{c_1} = 0.25f_s$，码率为 $f_{d_1} = 0.0625f_s$，

归一化时延真值为 $50T_s$，其中 T_s 为信号的采样周期。设同频干扰 $u(t)$ 亦为 BPSK 信号，其载波频率为 $f_{c_2} = f_{c_1}$，码率为 $f_{d_2} = 0.025f_s$，干扰信号的归一化时延真值为 65。设定 Alpha 稳定分布噪声的特征指数为 $\alpha = 1.5$，广义信噪比为 GSNR = 5dB。分别采用 SPECCORR 法与 RSPECCORR 法对上述条件下 SOI 信号的时间延迟进行估计。

MATLAB 程序略。图 4.11 给出了两种算法在高斯噪声和 Alpha 稳定分布噪声条件下的 TDE 估计结果。显然，在高斯噪声下，尽管有噪声和同频带干扰的影响，但两种算法均能得到准确的 TDE 估计结果。在 Alpha 稳定分布条件下，经典的 SPECCORR 法性能退化，不能得到准确的 TDE 估计。而鲁棒性 RSPECCORR 法则能有效抑制 Alpha 稳定噪声的影响，并排除同频带干扰 $u(t)$ 的影响，得到准确的 TDE 估值。

（a）高斯噪声下的TDE估计结果，其中上图为SPECCORR法的结果，下图为RSPECCORR法的结果　　（b）Alpha稳定分布下的TDE估计结果，其中上图为SPECCORR法的结果，下图为RSPECCORR法的结果

图 4.11　RSPECCORR 法与 SPECCORR 法 TDE 估计结果比较

4.5.3　分数低阶循环模糊函数及其在时延与多普勒频移联合估计中的应用

1. 背景与信号模型

在雷达、声呐和无线电及声学定位跟踪问题中，经常会遇到目标信源与接收机相对运动的情况。例如，雷达对于空中运动目标的定位与跟踪，声呐对于水下运动目标的定位与跟踪，无线电监测中，监测站对于运动无线电目标的定位与跟踪，等等。

由前文可知，对于静态目标的定位问题，可以采用时间延迟估计（TDE 或 TDOA）或 DOA 等技术来完成。而对于运动目标的定位问题，则需要考虑目标与接收机相对运动而引起的多普勒频移问题，特别是在目标运动速度快或信号频率较低的场合。

多普勒频移（Doppler shift）是指移动台辐射信号由于波源与观测者的相对运动而产生的频率变化，它揭示了波的属性在运动中发生变化的规律。在波源接近观测者时，波被压缩，波长变短，频率变高，称为蓝移（blue shift）；在波源远离观测者时，会产生相反的效应，即波长变长，频率变低，称为红移（red shift）。根据多普勒频移的程度，可以计算出波源循着

观测方向运动的速度，因此，多普勒频移对于运动目标的跟踪和定位具有重要意义。

在目标跟踪定位问题中，常把多普勒频移等效为窄带信号在经历固定时间延迟时所有频率分量都进行了恒定数值的频移，用数学模型表示为

$$x(t) = s(t) + v_1(t)$$
$$y(t) = s(t - D)\mathrm{e}^{\mathrm{j}2\pi f_\mathrm{d} t} + v_2(t) \quad , \quad 0 \leqslant t < T \tag{4.77}$$

式中，$x(t)$ 和 $y(t)$ 分别表示两个接收机接收到的信号，$s(t)$ 表示运动目标辐射的窄带信号，D 表示两个接收机接收到信号间的时间延迟，f_d 表示目标相对运动导致的多普勒频移，$v_1(t)$ 和 $v_2(t)$ 表示相互独立且与信号 $s(t)$ 独立的加性噪声。

2. 模糊函数与循环模糊函数

（1）模糊函数

模糊函数（ambiguity function）是实现时延与多普勒频移联合估计的有效工具。两个接收信号 $x(t)$ 和 $y(t)$ 之间的模糊函数定义为二者瞬时相关函数 $x(t)y^*(t+\tau)$ 的傅里叶逆变换，即

$$A_{xy}(f, \tau) = \frac{1}{T} \int_0^T x(t) y^*(t+\tau) \mathrm{e}^{\mathrm{j}2\pi ft} \mathrm{d}t \tag{4.78}$$

若 $s(t)$、$v_1(t)$ 和 $v_2(t)$ 都是零均值的，且经历任意时移 τ 和频移 f 之后仍保持相互独立，则

$$A_{xy}(f, \tau) = \frac{1}{T} \mathrm{e}^{-\mathrm{j}2\pi f_\mathrm{d} t} \int_0^T s(t) s^*(t + \tau - D) \mathrm{e}^{\mathrm{j}2\pi(f - f_\mathrm{d})t} \mathrm{d}t$$
$$= \mathrm{e}^{-\mathrm{j}2\pi f_\mathrm{d} t} A_s(f - f_\mathrm{d}, \tau - D) \tag{4.79}$$

式中，$A_s(f, \tau) = \frac{1}{T} \int_0^T s(t) s^*(t + \tau) \mathrm{e}^{\mathrm{j}2\pi ft} \mathrm{d}t$ 为源信号 $s(t)$ 的自模糊函数。进一步推导，可得多普勒频移和时间延迟的联合估计为

$$[\hat{f}_\mathrm{d}, \hat{D}] = \arg\max_{f, \tau}[|A_{xy}(f, \tau)|] \tag{4.80}$$

上述模糊函数可以看作常规相关函数的推广。即当对 $x(t)$ 的频移 f 恰巧能够补偿信号间频差 f_d 时，两个无频差的相关输出在信号间相对时延为 D 处取得最大值。

（2）循环模糊函数

针对接收信号 $x(t)$ 和 $y(t)$ 为循环平稳信号的情况，Huang 等人提出了循环互模糊函数（cyclic cross-ambiguity function，CCAF）的概念，将其定义为循环自相关与循环互相关函数乘积的傅里叶逆变换，即

$$C_{yx}^{\varepsilon-f, \varepsilon}(u, f) = \int R_{yx}^{\varepsilon-f}(\tau) [R_x^{\varepsilon}(\tau - u)]^* \mathrm{e}^{\mathrm{j}\pi f\tau} \mathrm{d}\tau \tag{4.81}$$

式中，$R_x^{\varepsilon}(\cdot)$ 表示 $x(t)$ 在循环频率 ε 处的循环自相关函数，$R_{yx}^{\varepsilon-f}(\tau)$ 表示 $y(t)$ 与 $x(t)$ 在循环频率 $\varepsilon - f$ 处的循环互相关函数，记为

$$R_{yx}^{\varepsilon-f}(\tau) = \left\langle y(t + \tau/2) x^*(t - \tau/2) \mathrm{e}^{-\mathrm{j}2\pi(\varepsilon-f)t} \right\rangle_t \tag{4.82}$$

基于 CCAF 的时间延迟与多普勒频移的联合估计可以经由下式得到：

$$[\hat{D}, \hat{f}_d] = \arg\max_{u, f}[|C_{yx}^{\varepsilon-f, \varepsilon}(u, f)|] \tag{4.83}$$

循环模糊函数充分利用了循环相关函数对噪声和同频带干扰的抑制作用，相比于模糊函数，可以得到更好的时延与多普勒频移联合估计。

3. 基于分数低阶循环模糊函数的时延与多普勒频移联合估计

针对 Alpha 稳定分布噪声和同频带干扰条件下已有各类模糊函数和循环模糊函数的性能退化问题，郭莹和刘洋等提出了基于分数低阶循环模糊函数（fractional lower-order cyclic ambiguity function，简称为 PCCAF）的时延与多普勒频移联合估计方法，并提出了一些改进方法，可以有效抑制脉冲噪声和同频带干扰的影响。

PCCAF 定义为

$$_{ab}C_{yx}^{\varepsilon-f,\varepsilon}(u,f)=\int R_{yx}^{\varepsilon-f,ab}(\tau)[R_x^{\varepsilon,ab}(\tau-u)]^*\mathrm{e}^{\mathrm{j}\pi f\tau}\mathrm{d}\tau \tag{4.84}$$

式中，$R_x^{\varepsilon,ab}(\cdot)$ 表示 $x(t)$ 在循环频率 ε 处的第二类分数低阶循环自相关函数，$R_{yx}^{\varepsilon-f,ab}(\cdot)$ 为 $y(t)$ 与 $x(t)$ 在循环频率 $\varepsilon-f$ 处的第二类分数低阶循环互相关函数。同理，也可采用 p 阶循环相关函数 $R_x^{\varepsilon,p}(\cdot)$ 和 $R_{yx}^{\varepsilon-f,p}(\tau)$ 来替换 $R_x^{\varepsilon,ab}(\cdot)$ 和 $R_{yx}^{\varepsilon-f,ab}(\tau)$，形成 p 阶循环模糊函数为

$$_pC_{yx}^{\varepsilon-f,\varepsilon}(u,f)=\int R_{yx}^{\varepsilon-f,p}(\tau)[R_x^{\varepsilon,p}(\tau-u)]^*\mathrm{e}^{\mathrm{j}\pi f\tau}\mathrm{d}\tau \tag{4.85}$$

基于 PCCAF 的时间延迟与多普勒频移的联合估计可以经由下式得到：

$$[\hat{D},\hat{f}_d]=\arg\max_{u,f}[|_{ab}C_{yx}^{\varepsilon-f,\varepsilon}(u,f)|]$$
$$[\hat{D},\hat{f}_d]=\arg\max_{u,f}[|_pC_{yx}^{\varepsilon-f,\varepsilon}(u,f)|] \tag{4.86}$$

4. 仿真实验

例 4.7 利用 MATLAB 编程，考察 PCCAF 在 Alpha 稳定分布下的性能，并与 CCAF 算法进行比较。

解 设接收信号 $x(t)$ 和 $y(t)$ 满足循环平稳条件，SOI 信号 $s(t)$ 为 BPSK 信号，其载频为 $f_{c_1}=0.5f_s$，码率为 $R_{B_1}=0.2f_s$，信号的多普勒频移为 $f_{D_1}=0.3125f_s$，归一化时间延迟为 16。加性噪声服从 Alpha 稳定分布，设定特征指数 $\alpha=1.5$，广义信噪比为 GSNR = 5dB，$p=1.2$。

MATLAB 程序略。图 4.12 和图 4.13 分别给出了 CCAF 和 PCCAF 算法进行时延和多普勒频移联合估计的结果。显然，在 Alpha 稳定分布噪声下，CCAF 算法性能显著退化，不能有效估计时间延迟与多普勒频移，而 PCCAF 算法则能够有效抑制 Alpha 稳定分布噪声的影响，得到准确的时延和多普勒频移估计结果。

（a）CCAF三维曲面　　　　　　（b）TDE估计（上图）与多普勒频移估计（下图）结果

图 4.12　CCAF 算法进行时延和多普勒频移联合估计的结果

(a) PCCAF三维曲面

(b) TDE估计（上图）与多普勒频移估计（下图）结果

图 4.13　PCCAF 算法进行时延和多普勒频移联合估计的结果

例 4.8　考察 PCCAF 算法在脉冲噪声和同频带干扰并存条件下的时延与多普勒频移估计，并与分数低阶模糊函数（FLOAF）法进行比较。

解　设 SOI 信号 $s(t)$ 的条件与例 4.7 相同。干扰信号与 SOI 信号具有相同的调制方式，且具有相同的载频，即 $f_{c_2} = f_{c_1}$，波特率为 $R_{B_2} = 0.0625 f_s$。信干比设置为 5dB，干扰信号时延为10。其他条件与例 4.7 相同。

图 4.14 分别给出了 PCCAF 和 FLOAF 时延与多普勒频移联合估计的结果。由图 4.14（b）可以看出，由于 FLOAF 法是基于分数低阶模糊函数的，不具有循环特性，因此，尽管其能够有效抑制脉冲噪声，但是不能排除掉同频带干扰的影响，在三维曲面中得到两个显著的峰，其中一个对应于 SOI 信号的时延与多普勒频移，另一个对应于干扰信号的时延与多普勒频移，从而对正确估计造成干扰。由图 4.14（a）可见，PCCAF 算法的三维曲面只有一个显著的峰，对应于 SOI 信号的时延与多普勒频移，可见，其不仅能抑制脉冲噪声，而且有效排除了同频带干扰的影响，得到准确可靠的时延与多普勒频移联合估计。

(a) PCCAF的估计结果

(b) FLOAF估计的结果

图 4.14　Alpha 稳定分布噪声和同频带干扰下，PCCAF 和 FLOAF 时延与多普勒频移联合估计结果

4.6　基于分数低阶循环统计量的波达方向估计

4.6.1　背景与信号模型

第 3 章介绍了目标定位中的波达方向（direction of arrival，DOA）估计问题，特别着重介绍了其中经典的 MUSIC 算法和基于 MUSIC 的 DOA 估计方法。在理论和应用中，DOA 估计问题中也存在着脉冲噪声与同频带干扰并存的复杂电磁环境问题，本节专题讨论这种条件下基于分数低阶循环统计量的 DOA 估计方法。

参考图 3.9 所示的均匀线阵模型。考虑 $K < M$ 个远场窄带各向同性非相干信号入射到阵元数为 M 的均匀线阵，接收信号数学模型的矩阵形式为

$$x(t) = A(\theta)s(t) + v(t) \tag{4.87}$$

式中，$x(t) = [x_1(t), x_2(t), \cdots, x_M(t)]^{\mathrm{T}}$ 为观测信号矢量，$s(t) = [s_1(t), s_2(t), \cdots, s_{K_a}(t)]^{\mathrm{T}}$ 为入射信号矢量，$K_a < K$ 表示具有相同循环频率 ε 的入射信号（即 SOI 信号）数量，其余 $K - K_a$ 个入射信号具有不同的循环频率，或者为非循环平稳信号，记为 US 信号。方向矩阵 $A(\theta) = \{A_{km}\}_{M \times K_a} = [a(\theta_1), a(\theta_2), \cdots, a(\theta_{K_a})]$，其中，$a(\theta_k) = [1, \mathrm{e}^{-\mathrm{j}\omega_k}, \cdots, \mathrm{e}^{-\mathrm{j}(M-1)\omega_k}]^{\mathrm{T}}$ 为入射 SOI 信号方向矢量，且 $\omega_k = 2\pi \dfrac{d}{\lambda}\sin(\theta_k)$，$\theta_k$ 为第 k 个信号源的入射角，d 为均匀线阵阵元之间的间隔，λ 表示信号的波长。$v(t) = [v_1(t), v_2(t), \cdots, v_M(t)]^{\mathrm{T}}$ 为阵列噪声矢量，与信号矢量 $s(t)$ 统计独立。

4.6.2　循环 MUSIC 法及 DOA 估计

循环 MUSIC 法的基本思路是构造接收信号的循环自相关矩阵，对其进行奇异值分解，张成信号子空间和噪声子空间，并进一步得到循环 MUSIC 法的 DOA 估计。

对式（4.87）求取循环自相关，有

$$\begin{aligned} R_x^\varepsilon(\tau) &= \left\langle [x(t+\tau/2)][x^{\mathrm{H}}(t-\tau/2)]\mathrm{e}^{-\mathrm{j}2\pi\varepsilon t} \right\rangle_t \\ &= A(\theta)R_s^\varepsilon(\tau)A^{\mathrm{H}}(\theta) + \sigma^2 I \end{aligned} \tag{4.88}$$

式中，$R_s^\varepsilon(\tau) = \left\langle [s(t+\tau/2)][s^{\mathrm{H}}(t-\tau/2)]\mathrm{e}^{-\mathrm{j}2\pi\varepsilon t} \right\rangle_t$ 为入射 SOI 信号的循环自相关矩阵，σ^2 表示噪声功率，符号"H"表示共轭转置。由于入射信号与噪声统计独立，且噪声不具有循环平稳特性，故噪声对循环自相关矩阵的贡献为零，记为 $\sigma^2 I = 0$。对循环自相关矩阵 $R_x^\varepsilon(\tau)$ 进行奇异值分解，有 $R_x^\varepsilon(\tau) = U\Sigma V^{\mathrm{H}}$。其中，酉矩阵 U 和 V 分别表示对角阵 Σ 的左奇异阵和右奇异阵。

由于 SOI 信号与噪声和干扰互不相关，故循环自相关矩阵 $R_x^\varepsilon(\tau)$ 的秩为 K_a，即 $R_x^\varepsilon(\tau)$ 中只有 K_a 个非零奇异值，其余奇异值为 0。由 K_a 个非零奇异值对应的奇异矢量 U_s 和 V_s 构成信号子空间，其余奇异值对应的奇异矢量 U_v 和 V_v 构成噪声子空间，二者满足正交关系。进一步地，可以证明信号子空间的方向矢量与噪声子空间也是正交的。求解 DOA 估计的方法是以对式（4.89）的谱峰搜索实现的，即

$$P_{\mathrm{MUSIC}}(\theta) = \frac{1}{a^{\mathrm{H}}(\theta)U_v U_v^{\mathrm{H}} a(\theta)} \tag{4.89}$$

上式即为循环 MUSIC 法空间谱表达式，也是基于循环 MUSIC 法进行 DOA 估计的表达式。

4.6.3 分数低阶循环 MUSIC 法及 DOA 估计

1. 循环 MUSIC 法遇到的问题

由于充分利用了循环统计量的特点，且由于接收信号中的加性噪声与 SOI 信号不满足循环相关性，故循环 MUSIC 法对于噪声和同频干扰并存的复杂电磁环境具有很好的适应性，基于这种方法进行 DOA 估计，可以有效排除噪声和同频干扰的影响。

但是，由于循环 MUSIC 法是基于循环相关这种二阶统计量的，在 Alpha 稳定分布（$0<\alpha<2$）噪声下，循环相关在理论上是不收敛的，因此在实际应用中，循环 MUSIC 法的性能会出现退化。针对这个问题，吴华佳和尤国红等人提出了基于分数低阶循环统计量的分数低阶循环 MUSIC 法，可以有效抑制脉冲噪声和同频干扰的影响，在这种复杂电磁环境下得到更好的 DOA 估计结果。

2. 分数低阶循环 MUSIC 法

参考图 3.9 所示的均匀线阵模型。考虑 $L<M$ 个远场窄带各向同性非相干信号入射到阵元数为 M 的均匀线阵，接收信号数学模型的矩阵形式及参数与式（4.87）所示的相同。$\boldsymbol{v}(t)=[v_1(t),\ v_2(t),\ \cdots,\ v_M(t)]^{\mathrm{T}}$ 为阵列噪声矢量，是与信号统计独立的 Alpha 稳定分布噪声。

定义接收信号的分数低阶循环自相关矩阵为

$$\boldsymbol{R}_x^{\varepsilon,p}(\tau)=\left\langle \boldsymbol{x}(t+\tau/2)\left[\boldsymbol{x}^{\mathrm{H}}(t-\tau/2)\right]^{\langle p-1\rangle}\mathrm{e}^{-\mathrm{j}2\pi\varepsilon t}\right\rangle_t \tag{4.90}$$

其第 i 行、第 j 列的元素为 $[\boldsymbol{R}_x^{\varepsilon,p}(\tau)]_{ij}=R_{x_ix_j}^{\varepsilon,p}(\tau)=\left\langle x_i(t+\tau/2)[x_j^{\mathrm{H}}(t-\tau/2)]^{\langle p-1\rangle}\mathrm{e}^{-\mathrm{j}2\pi\varepsilon t}\right\rangle_t$，显然，$R_{x_ix_j}^{\varepsilon,p}(\tau)$ 是同信号矢量 $\boldsymbol{x}(t)$ 中第 i 个信号与第 j 个信号的分数低阶循环互相关相等的。将式（4.90）写为矩阵形式，有

$$\boldsymbol{R}_x^{\varepsilon,p}(\tau)=\boldsymbol{A}(\theta)\boldsymbol{\Lambda}(\tau)\boldsymbol{A}^{\mathrm{H}}(\theta)+\eta\boldsymbol{I} \tag{4.91}$$

式中，$\boldsymbol{\Lambda}(\tau)$ 中元素 $\Lambda_{km}(\tau)=\delta_{km}\left\langle s_k(t+\tau/2)\left[\left(\sum_{q=1}^{K_a}s_q(t-\tau/2)+v_m(t-\tau/2)\right)^*\right]^{\langle p-1\rangle}\mathrm{e}^{-\mathrm{j}2\pi\varepsilon t}\right\rangle_t$，$\delta_{km}$ 为克罗内克算子，$\eta=\left\langle v_m(t+\tau/2)\left[\left(\sum_{q=1}^{K_a}s_q(t-\tau/2)+v_m(t-\tau/2)\right)^*\right]^{\langle p-1\rangle}\mathrm{e}^{-\mathrm{j}2\pi\varepsilon t}\right\rangle_t$，其中 $k=1,2,\cdots,K$，$m=1,2,\cdots,M$。由于 Alpha 稳定分布噪声不存在非零循环频率，故 $\eta=0$。于是，式（4.91）简化为

$$\boldsymbol{R}_x^{\varepsilon,p}(\tau)=\boldsymbol{A}(\theta)\boldsymbol{\Lambda}(\tau)\boldsymbol{A}^{\mathrm{H}}(\theta) \tag{4.92}$$

利用 SOI 信号与 US 信号的循环不相关性和 SOI 信号与 Alpha 稳定分布噪声的独立性，并对分数低阶循环自相关矩阵 $\boldsymbol{R}_x^{\varepsilon,p}(\tau)$ 进行奇异值分解，可以得到与经典循环 MUSIC 法类似的信号子空间和噪声子空间。可以证明，信号子空间的方向矢量与噪声子空间是正交的，其中，用 $\boldsymbol{U}_v$ 表示循环频率为 ε 时张成的噪声子空间。这样，可以进一步得到基于分数低阶循环相关的分数低阶循环 MUSIC 法的空间谱表达式为

$$P_{\text{FLOCC-MUSIC}}(\theta)=\frac{1}{\boldsymbol{a}^{\mathrm{H}}(\theta)\boldsymbol{U}_v\boldsymbol{U}_v^{\mathrm{H}}\boldsymbol{a}(\theta)} \tag{4.93}$$

通过对式（4.93）进行谱峰搜索，可以得到基于分数低阶循环 MUSIC 法的 DOA 估计。

3. 仿真实验

例 4.9 考察分数低阶循环 MUSIC 法（记为 FLOCC-MUSIC）在 Alpha 稳定分布条件下的 DOA 估计性能，并与循环 MUSIC 法（记为 Cyclic-MUSIC）进行对比。

解 采用 $M=8$ 的均匀线阵，入射信号为 $K=3$ 个 AM 调制信号，入射角分别设定为 $\theta_1 = 10°$、$\theta_2 = 45°$ 和 $\theta_3 = 75°$，高斯噪声下的信噪比和 Alpha 稳定分布下的广义信噪比分别设定为 SNR=15dB 和 GSNR=15dB，Alpha 稳定分布噪声的特征指数为 $\alpha = 1.6$。

图 4.15 分别给出了 FLOCC-MUSIC 法和对比的 Cyclic-MUSIC 法在高斯噪声和 Alpha 稳定分布噪声下 DOA 估计的结果。

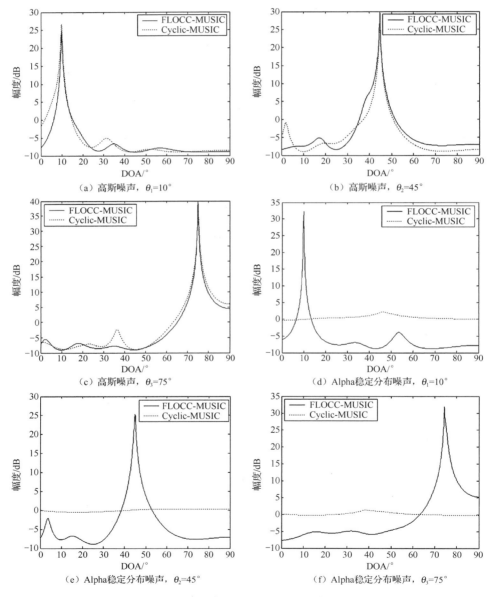

图 4.15 FLOCC-MUSIC 法和 Cyclic-MUSIC 法 DOA 估计的结果

由图 4.15 可见，在高斯噪声下，两种算法均能得到很好的 DOA 估计结果。在 Alpha 稳定分布噪声下，由于循环 MUSIC 法不具有抑制 Alpha 稳定分布噪声的机制，因而不能得到有效的 DOA 估计。而分数低阶循环 MUSIC 法，得益于其分数低阶统计量和循环统计量结合的优势，可有效抑制脉冲噪声的影响，并能排除不同循环频率信号的干扰，因此仍能得到较为准确的 DOA 估计结果。

4.7　本章小结

复杂电磁环境是目前通信技术与无线电监测技术所面临的一个重要问题。所谓复杂电磁环境，一般指存在诸多外界电磁因素对接收信号的检测、参数估计和分析处理造成显著的影响。在这些外界因素中，信道中的脉冲噪声和同频带干扰是必须受到重点关注并加以解决的两个重要问题。

本章在简要回顾循环统计量及其信号处理理论与方法的基础上，系统地介绍了分数低阶循环统计量及相应的信号处理理论与方法，旨在提供一种在复杂电磁环境下能有效抑制脉冲噪声和同频带干扰的技术方法，为后续章节进一步介绍相关熵与循环相关熵提供准备。

本章较为系统地介绍了随机信号的循环平稳性与循环统计量的概念，引入了循环平稳过程和准循环平稳过程的概念。在其基础上，系统地介绍了分数低阶循环统计量的概念及相关理论方法。此外，还通过专题讨论了分数低阶循环统计量在若干领域的应用问题，包括分数低阶相关匹配滤波技术，基于分数低阶循环相关的时间延迟估计和波达方向估计问题，基于分数低阶模糊函数的时延与多普勒频移联合估计问题等，分别介绍了相应的算法和仿真实验结果，表明了分数低阶循环统计量在复杂电磁环境下的有效性。

思考题与习题

1．什么是一阶、二阶循环平稳随机信号？

2．举例说明随机信号的循环平稳性是如何产生的。

3．说明严循环平稳与广义循环平稳的概念。

4．试解释循环均值与循环相关的概念。

5．试解释循环谱的概念。

6．什么是循环频率？

7．说明谱相关与谱冗余的概念。

8．说明高阶循环统计量与高阶循环谱的概念。

9．说明循环谱估计的各种方法。

10．试说明 PFLOM 算子对时变自相关函数周期性的影响。

11．根据图 4.5，说明分数低阶循环统计量与分数低阶循环谱的构成原理。

12．说明两类分数低阶循环相关的概念与原理。讨论分析二者的差别与联系。

13．什么是匹配滤波器？什么是循环相关匹配滤波器？

14．说明分数低阶循环相关匹配滤波器的概念与特点。

15．说明分数低阶循环统计量在时间延迟估计中的应用。

16．解释两种基于分数低阶循环相关的 TDE 方法的特点。

17．什么是模糊函数？什么是循环模糊函数？什么是分数低阶循环模糊函数？

18．分数低阶循环模糊函数有什么特点？如何对时延与多普勒频移进行联合估计？

19．什么是循环 MUSIC 法，什么是分数低阶循环 MUSIC 法？各有什么特点？

20．基于分数低阶循环 MUSIC 法的 DOA 估计有什么特点？

21．仿照例 4.1，把 $X(t)$ 改为 Alpha 稳定分布信号，其余条件不变，将得到什么结果？

22．仿照例 4.2，把 $x(t) = a(t)\cos(\omega_0 t - \theta)$ 中的 $a(t)$ 改为 Alpha 稳定分布噪声，结果如何？

23．试利用 MATLAB 编程，分别求取 BPSK 调制信号的第一类和第二类分数低阶循环谱。

24．试利用 MATLAB 编程，构建分数低阶循环相关匹配滤波器，并考察其抑制噪声的能力。

25．试利用 MATLAB 编程，构建基于 RSPECCORR 法的时间延迟估计算法，并考察其性能。

26．试利用 MATLAB 编程，考察 PCCAF 算法在 Alpha 稳定分布下对时延与多普勒频移联合估计的性能。

27．试利用 MATLAB 编程，考察分数低阶循环 MUSIC 法在 Alpha 稳定分布条件下的 DOA 估计性能。

第 5 章　相关熵基本理论

5.1　概述

从统计信号处理的角度来讲，脉冲噪声属于一类典型的非高斯随机过程。研究表明，自然界或是人工产生的许多信号和噪声都具有典型的脉冲性。这种脉冲性随机信号常用 Alpha 稳定分布来描述和建模，它可提供比高斯分布更有效的数学工具来对随机信号进行描述。

关于 Alpha 稳定分布下的信号处理问题，经过几十年的发展，形成了许多有效的研究方法。例如，基于分数低阶统计量理论的研究方法，包括分数低阶矩（fractional lower-order moment，FLOM）或相位分数低阶矩（phased fractional lower-order moment，PFLOM）；基于非参数统计量的估计方法，包括零记忆非线性（zero-memory nonlinear，ZMNL）或高斯拖尾零记忆非线性（Gaussian-tailed ZMNL，GZMNL）；基于最大似然估计和 M 估计理论的研究方法等。

尽管这些方法都具有一定的抑制脉冲噪声的能力，但是也存在某些不足之处，例如，分数低阶统计量虽然可以有效地抑制脉冲噪声，但依赖于信号的先验知识，以便适当选取分数低阶统计量的阶数，而 ZMNL 技术可能会在信噪比较低时引起信号子空间和噪声子空间的混叠，由 M 估计构成的波束形成方法不能形成超分辨率参数估计。特别是对于低信噪比、强脉冲噪声及较少快拍数情形下的信号处理与参数估计问题，现有算法的性能仍存在较大的提升空间。

相关熵（correntropy）是 2006 年由美国佛罗里达大学 Principe 教授团队提出并得到迅速发展的信号处理新理论与新方法。作为基于 Parzen 核方法定义的一种新的广义相似性度量，相关熵对于解决上述脉冲噪声环境下的信号处理问题具有重要的意义。所谓相关熵，实际上是一种在再生核希尔伯特空间定义的广义相关函数，它具有同时反映信号时间结构和统计特性的优点。依据其核函数的调整与控制，相关熵对信号中的脉冲噪声有很好的抑制作用，因此得到信号处理领域的高度重视和深入研究，并在信号检测、参数估计、目标定位、图像处理和自适应滤波等领域得到广泛的应用。在十几年的发展历程中，Principe 教授团队的研究具有开创性和引领性的作用，国内西安交通大学陈霸东教授及团队也做出了重要贡献。

本章从理论分析的角度详细介绍相关熵与相关熵谱的基本概念和基础理论，包括相关熵与相关熵谱的概念与特点、最大相关熵准则等。在此基础上，给出了相应的应用实例，验证了相关熵理论在脉冲噪声抑制等方面的有效性。进一步地，本章还深入研究并介绍了相关熵的主要性质，其中包括：相关熵的对称性、有界性与展开特性，相关熵核函数的核长选取问题，相关熵的无偏估计与渐近一致估计，相关熵的映射空间特性，以及相关熵的物理与几何解释等，在理论上进一步完善了相关熵的理论框架。

5.2　相关熵的基本概念与原理

5.2.1　相关熵的概念

在统计信号处理领域，通常使用统计分布和时间结构对随机过程进行描述和分析。长期以来，二阶统计量广泛应用于两个随机变量或随机过程相似性量化分析的问题中，但由于分数低阶 Alpha 稳定分布噪声不存在有限的二阶矩，因而受到一定的限制。近年来，人们将均方误差（mean square error，MSE）自适应的概念扩展到信息理论学习（information theoretic learning，ITL）领域，可以从数据中提取更多的信息，从而在非高斯和非线性信号处理中获得比基于 MSE 方法更精确的结果。进一步地，Principe 教授团队基于核方法和信息论学习技术，提出了相关熵的概念和方法，为信号处理领域提供了一种既能有效描述随机过程统计分布又能刻画其时间结构的单一测度。

1．信息理论学习与信息潜的概念

信息理论学习是一个基于熵和散度的非参数自适应系统框架。设 X 为一个随机变量，则关于 X 的概率密度函数 $f_X(x)$ 的二阶 Renyi 熵可以表示为

$$H_2(X) = -\lg \int f_X^2(x)\mathrm{d}x \qquad (5.1)$$

给定一组独立同分布数据采样 $\{x_i\}_{i=1}^N$，其中 N 为数据点数，则概率密度函数 $f_X(x)$ 的 Parzen 估计可以表示为

$$\hat{f}_{X;\,\sigma}(x) = \frac{1}{N}\sum_{i=1}^N \kappa_\sigma(x - x_i) \qquad (5.2)$$

式中，$\kappa_\sigma(x - x_i)$ 为高斯核函数

$$\kappa_\sigma(x - x_i) = \frac{1}{\sqrt{2\pi}\sigma}\exp\left[-\frac{(x - x_i)^2}{2\sigma^2}\right] \qquad (5.3)$$

式中，σ 称为核函数的核长。为了简单起见，当上下文中的含义清楚时，有时也省略 $\kappa_\sigma(\cdot)$ 的下标，将其表示为 $\kappa(\cdot)$。

核长 σ 是一个可变参数，实际应用中通常采用 Silverman 规则或最大似然方法等密度估计方法进行设定。从核方法的观点来看，式（5.3）中定义的核函数满足 Mercer 定理，因此可以建立一个非线性映射 φ，通过该映射，将数据从输入空间转换到无限维再生核希尔伯特空间 $\mathbb{H}$。式（5.3）的核函数满足以下性质：

$$\kappa_\sigma(x - x_i) = \langle \varphi(x),\ \varphi(x_i)\rangle_{\mathbb{H}} \qquad (5.4)$$

式中，$\langle\cdot\rangle_{\mathbb{H}}$ 表示 $\mathbb{H}$ 空间中的内积。

在信息理论学习中，经常采用最小误差熵（minimum error entropy，MEE）作为最优准则，即对于上文定义的有限长数据采样 $\{x_i\}_{i=1}^N$，通过

$$\min \hat{H}_2(X) = -\lg \mathrm{IP}(X) \qquad (5.5)$$

式中，

$$\mathrm{IP}(X) = \frac{1}{N^2}\sum_{j=1}^N\sum_{i=1}^N \kappa_{\sqrt{2}\sigma}(x_j - x_i) \qquad (5.6)$$

进行训练。常称式（5.6）中的 IP(X) 为信息潜（information potential，IP）。

2．相关熵的定义

理论研究发现，信息潜 IP(X) 代表再生核希尔伯特空间数据的第一统计矩，即预测数据的均方。为了在该空间中获得一个不受传统矩展开限制的相似性测度，提出了相关熵的概念。

定义 5.1　自相关熵　设 $\{X(t), t \in T\}$ 是一个连续时间随机过程，由高斯核诱导的非线性映射 $\boldsymbol{\varphi}$ 将数据 $X(t)$ 映射到特征空间 $\mathbb{H}$，则从 $T \times T$ 空间映射到 $\mathbb{R}^+$ 空间的自相关熵（autocorrentropy）函数定义为

$$V_X(t,s) = E[\langle \boldsymbol{\varphi}(X(t)), \boldsymbol{\varphi}(X(s)) \rangle_{\mathbb{H}}]$$
$$= E[\kappa_\sigma(X(t) - X(s))] \tag{5.7}$$

式（5.7）类似于随机过程的自相关函数。可以证明，自相关熵是一个对称正定函数，因此它也定义了一个新的再生核希尔伯特空间。这样，自相关熵可以将原象空间中的一个非线性问题，通过非线性映射转换为另一个空间中的线性问题，并在该空间对线性问题进行求解。

对于离散时间随机过程 $\{X(n), n \in N\}$，自相关熵定义为

$$V(m) = E[\kappa_\sigma(X(n) - X(n-m))] \tag{5.8}$$

式中，$V(m)$ 可以通过下式估计得到：

$$\hat{V}(m) = \frac{1}{N-m+1} \sum_{n=m}^{N} \kappa_\sigma[X(n) - X(n-m)] \tag{5.9}$$

若 X 为一随机变量，则随机变量的自相关熵定义为

$$V_\sigma(j) = E[\kappa_\sigma(X_j - X_{i+j})] \tag{5.10}$$

定义 5.2　互相关熵　设 $\{X(t), t \in T\}$ 和 $\{Y(t), t \in T\}$ 为两个连续时间随机过程，则 $X(t)$ 和 $Y(t)$ 的互相熵（cross-correntropy）定义为

$$V_\sigma(X(t), Y(t)) = E[\kappa_\sigma(X(t) - Y(t))] \tag{5.11}$$

考虑两个离散时间随机过程 $\{X(n), n \in N\}$ 和 $\{Y(n), n \in N\}$，则 $X(n)$ 和 $Y(n)$ 的互相关熵定义为

$$V_\sigma(X(n), Y(n)) = E[\kappa_\sigma(X(n) - Y(n))] \tag{5.12}$$

进一步，若 X 和 Y 为两个随机变量，则 X 和 Y 的互相关熵定义为

$$V_\sigma(X, Y) = E[\kappa_\sigma(X - Y)] \tag{5.13}$$

为了便于叙述，本书将自相关熵与互相关熵统称为相关熵。在下文中，除非特别需要，一般不做区别。在实际应用中，由于随机变量 X 和 Y 的联合概率密度函数通常是未知的，且仅能获得有限长度的数据采样 $\{(x_i, y_i)\}_{i=1}^N$，此时的相关熵可由下式估计：

$$\hat{V}_{N,\sigma}(X, Y) = \frac{1}{N} \sum_{i=1}^{N} \kappa_\sigma(x_i - y_i) \tag{5.14}$$

从式（5.13）来看，相关熵的实质是对两个随机变量之差进行高斯变换后求取数学期望。与相关函数相比，相关熵提供了一种非常相似但更加泛化的信号相似性测度，因而在一些文献中也把相关熵称为广义相关函数。与分数低阶统计量相比，相关熵的优势在于可以提取 $X - Y$ 模的高阶统计矩信息

$$V_\sigma(X, Y) = \frac{1}{\sqrt{2\pi}\sigma} \sum_{n=0}^{\infty} \frac{(-1)^n}{2^n n!} E\left[\frac{(X-Y)^{2n}}{\sigma^{2n}} \right] \tag{5.15}$$

由式（5.15）可知，相关熵 $V_\sigma(X,Y)$ 不但包含相关函数的信息，而且包含 $X-Y$ 所有偶阶统计矩的信息。

5.2.2 相关熵谱

1. 相关熵谱的定义

设连续时间随机过程 $\{X(t), t \in T\}$ 的自相关熵为 $V_X(t, t+\tau) = E[\kappa_\sigma(X(t) - X(t+\tau))]$，则其相关熵谱密度（correntropy spectral density，CSD）函数定义为

$$S_{V_X}(\omega) = \int_{-\infty}^{\infty} V_X(t, t+\tau) e^{-j\omega\tau} d\tau \qquad (5.16)$$

对于式（5.8）定义的离散时间随机过程的自相关熵 $V(m)$，其相关熵谱密度函数定义为

$$S_V(\omega) = \sum_{m=-\infty}^{\infty} V(m) e^{-j\omega m} \qquad (5.17)$$

通常，相关熵谱密度函数也简称为相关熵谱。可见，相关熵谱为分析和量化随机过程频域特征提供了一种新的表达方式。

2. 相关熵谱与功率谱的对比

设离散时间随机过程 $X(n)$ 的自相关函数为 $R_X(m)=E[X(n)X(n+m)]$，则 $X(n)$ 的功率谱密度函数（power spectral density，PSD）为

$$S_X(\omega) = \sum_{m=-\infty}^{\infty} R_X(m) e^{-j\omega m} \qquad (5.18)$$

由于功率谱是随机过程的二阶统计量，故不适合描述 Alpha 稳定分布信号与噪声。同时，由于功率谱是线性运算，因此输出信噪比随输入信噪比的降低而线性降低。由式（5.15）可知，相关熵包含二阶和所有偶数阶矩，与仅包含二阶矩的相关函数相比，能够获得信号更多的信息。进一步分析可以发现，相关熵谱对应的相关熵核函数中所包含的e的负指数的衰减作用，使得相关熵谱在脉冲噪声环境下比功率谱具有更好的性能。

例 5.1 以生命迹象监测为例，试对高斯和非高斯（Weibull）分布噪声背景下的心率参数进行检测提取。

解 设定信号的采样频率为 25Hz，观测时长 $T = 20\text{s}$，心率为 1.5Hz，心跳幅度为 2mm。取相关熵的核长参数 $\sigma = 0.2$，信号的信噪比分别设定为 -5dB 和 -12dB。

图 5.1 给出了对心率参数进行检测的计算机仿真结果。其中，图 5.1（a）和（b）给出了高斯噪声下 SNR $=-5\text{dB}$ 时功率谱和相关熵谱检测结果，图 5.1（c）和（d）给出了 Weibull 分布噪声下 SNR $=-12\text{dB}$ 时功率谱和相关熵谱检测结果。

显然，在高斯噪声下，功率谱和相关熵谱均能有效地检测出 1.5Hz 的心率信号的谱分量，且似乎功率谱的结果更显著。但是在 Weibull 分布噪声下，特别是在极低的 -12dB 信噪比条件下，相关熵谱的检测结果则更为显著。这表明相关熵谱比功率谱具有更强的对噪声分布类型和低信噪比的鲁棒性。

图 5.1　相关熵谱与功率谱进行信号心率检测的比较

5.2.3　相关熵诱导距离测度

相关熵可以诱导一个距离测度——相关熵诱导距离（correntropy induced metric，CIM）。设给定矢量 $\boldsymbol{a}=[a_1,a_2,\cdots,a_N]^{\mathrm{T}}$，$\boldsymbol{b}=[b_1,b_2,\cdots,b_N]^{\mathrm{T}}$ 和 $\boldsymbol{c}=[c_1,c_2,\cdots,c_N]^{\mathrm{T}}$，则矢量 $\boldsymbol{a}$ 和 $\boldsymbol{b}$ 之间的相关熵诱导距离定义为

$$\mathrm{CIM}=\sqrt{\kappa_\sigma(0)-V_\sigma(\boldsymbol{a},\boldsymbol{b})} \tag{5.19}$$

与欧氏距离等其他距离测度类似，相关熵诱导距离满足以下三个原则：

① 非负性：$\mathrm{CIM}(\boldsymbol{a},\boldsymbol{b})\geqslant 0$，当且仅当 $\boldsymbol{a}=\boldsymbol{b}$ 时，$\mathrm{CIM}(\boldsymbol{a},\boldsymbol{b})=0$；

② 对称性：$\mathrm{CIM}(\boldsymbol{a},\boldsymbol{b})=\mathrm{CIM}(\boldsymbol{b},\boldsymbol{a})$；

③ 三角不等式：$\mathrm{CIM}(\boldsymbol{a},\boldsymbol{b})\leqslant \mathrm{CIM}(\boldsymbol{a},\boldsymbol{c})+\mathrm{CIM}(\boldsymbol{b},\boldsymbol{c})$。

与常规距离测度的区别在于，相关熵诱导距离测度表现出"混合范数"的特征。换言之，随着两个矢量距离由近至远，相关熵诱导距离测度分别对应于近似 L_2 范数距离、L_1 范数距离、直至 L_0 范数距离。同时，相关熵诱导距离测度的"混合范数"特征完全由其核长 σ 控制。即核长 σ 越大，相关熵诱导距离测度的 L_2 范数距离区域也随之扩大；反之，核长 σ 越小，其 L_2 范数距离区域则越小，L_1 范数距离区域和 L_0 范数距离区域则越大。图 5.2 给出了核长 σ 分别取值为 $\sigma=1.0$、$\sigma=1.5$ 和 $\sigma=2.0$ 时二维平面上的随机向量 $\boldsymbol{a}=[a_1,a_2]^{\mathrm{T}}$ 与原点 $\boldsymbol{0}=[0,0]^{\mathrm{T}}$ 的相关熵诱导距离等高线图。从图 5.2 中可以看出，相关熵诱导距离在不同参数情况下表现出不同的性质，因此适合于信号与图像处理领域的脉冲噪声抑制。

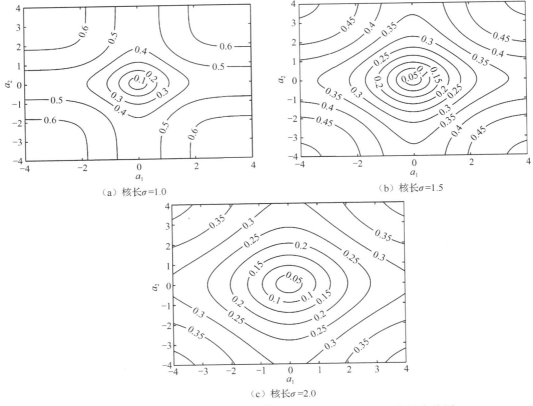

（a）核长σ=1.0　　　　　　　　（b）核长σ=1.5

（c）核长σ=2.0

图 5.2　二维随机向量 $\boldsymbol{a}=[a_1,a_2]^{\mathrm{T}}$ 与原点的相关熵诱导距离等高线图

5.2.4　相关熵的初步应用

1. 基于相关熵的波达方向估计

在波达方向（DOA）估计问题中，若传感器阵列的接收信号中包含脉冲噪声，则阵列输出信号的二阶统计量不满足有界性。针对这个问题，Zhang 提出了基于相关熵的相关（correntropy based correlation，CRCO）的概念，对传统的协方差进行改造，并结合 MUSIC 算法提出 CRCO-MUSIC 算法，实现了脉冲噪声环境下具有较好鲁棒性的波达方向估计。

（1）算法简介

均匀线性阵列的结构如图 3.9 所示。假设 K 个不相关的信号以 $\{\theta_1,\theta_2,\cdots,\theta_K\}$ 的角度入射到包含 M 个阵元的均匀线性阵列上，阵列接收数据包含对称 Alpha 稳定分布的加性脉冲噪声，CRCO-MUSIC 算法的具体实现步骤如下。

第 1 步：计算 $M\times M$ 维矩阵 $\hat{\boldsymbol{Q}}_x$，其中，矩阵 $\hat{\boldsymbol{Q}}_x$ 中的第 i 行、第 j 列元素为

$$\hat{Q}_x^{ij}=\frac{1}{N}\sum_{t=1}^{N}\left[\exp\left(\frac{|x_i(t)-\xi x_j^*(t)|^2}{2\sigma^2}\right)x_i(t)x_j^*(t)\right],\qquad \xi\neq1 \tag{5.20}$$

式中，N 为信号的快拍数，ξ 为抑制参数。

第 2 步：对矩阵 $\hat{\boldsymbol{Q}}_x$ 进行奇异值分解，得到矩阵 $\boldsymbol{U}_n=[\boldsymbol{u}_{K+1},\boldsymbol{u}_{K+2},\cdots,\boldsymbol{u}_M]$，其中，$\{\boldsymbol{u}_{K+1},\boldsymbol{u}_{K+2},\cdots,\boldsymbol{u}_M\}$ 为与 $M-K$ 个小奇异值对应的左奇异矢量。

第 3 步：构建空间谱函数

$$P_{\text{CRCO-MUSIC}}(\theta) = \frac{1}{\boldsymbol{a}^{\text{H}}(\theta)\boldsymbol{U}_n\boldsymbol{U}_n^{\text{H}}\boldsymbol{a}(\theta)} \tag{5.21}$$

式中，$\boldsymbol{a}(\theta) = [1,\ \mathrm{e}^{-\mathrm{j}\pi\sin(\theta)},\ \cdots,\ \mathrm{e}^{-\mathrm{j}\pi(M-1)\sin(\theta)}]^{\text{T}}$ 为 $M \times 1$ 维导向矢量。

第 4 步：通过搜索式（5.19）的 P 个谱峰，确定信源的波达方向估计 $\{\hat{\theta}_1, \hat{\theta}_2, \cdots, \hat{\theta}_K\}$。

（2）评价指标

为实现不同算法性能的量化对比，采用两个统计指标对算法性能进行评价：均方根误差（root mean square error，RMSE）和可分辨概率。其中，RMSE 定义为

$$\text{RMSE} = \frac{1}{K}\sum_{i=1}^{P}\sqrt{\frac{1}{L}\sum_{l=1}^{L}(\hat{\theta}_k(l) - \theta_k)^2} \tag{5.22}$$

式中，$\hat{\theta}_k$ 是第 k 个信源波达方向估计的估计值，K 为信源个数，L 为估计次数。

设 θ_1 和 θ_2 分别为两个入射信号的波达方向，不失一般性，若 θ_1 和 θ_2 满足以下条件：

$$\Lambda(\theta_1, \theta_2) = r(\theta_m) - \frac{[r(\theta_1) + r(\theta_2)]}{2} > 0 \tag{5.23}$$

则称两个入射信源是可分辨的。其中，$\theta_m = (\theta_1 + \theta_2)/2$ 是两个入射信号波达方向的均值，$r(\theta)$ 是噪声子空间空间谱的倒数。可分辨概率 P_{res} 定义为成功分辨两个入射信源的次数 N_{res} 与蒙特卡洛实验总次数 N_{MC} 的比值，即 $P_{\text{res}} = N_{\text{res}}/N_{\text{MC}}$。

2. 计算机仿真

实验 5.1 噪声特征指数 α 的影响。实验中，设定两个信源入射角度分别为 $\theta_1 = -5°$ 和 $\theta_2 = 5°$，广义信噪比 GSNR $= 8$dB，阵元快拍数 $N = 1000$。实验仿真了特征指数变化时几种算法的可分辨概率和估计均方根误差，结果如图 5.3 所示。可以看出，当特征指数越小，即加性噪声中的脉冲性特征越明显时，所有算法的估计性能均有所下降。然而对比其余算法，CRCO-MUSIC 算法则表现出最好的波达方向估计性能。

（a）可分辨概率　　　　　　　　　　（b）估计均方根误差

图 5.3　噪声特征指数 α 变化时算法的性能对比

实验 5.2 快拍数的影响。设定两个信源入射角度分别为 $\theta_1 = -5°$ 和 $\theta_2 = 5°$，加性噪声为满足 $\alpha = 1.6$ 的 $S\alpha S$ 分布脉冲噪声，GSNR $= 10$dB。图 5.4 给出了几种算法随阵列输出数据快拍数变化时的可分辨概率和估计均方根误差。从图中可以看出，随着阵列快拍数的减小，

ROC-MUSIC 算法、FLOM-MUSIC 算法、PFLOM-MUSIC 算法、GZMNL-MUSIC 算法及 CRCO-MUSIC 算法均出现不同程度的估计性能退化。然而，对比其他算法，CRCO-MUSIC 算法总能表现出较高的可分辨概率和较低的估计均方根误差。

图 5.4　快拍次数变化时算法的性能对比

实验 5.3　信源分离角度的影响。设定加性噪声为 $\alpha = 1.6$ 的 $S\alpha S$ 噪声，$\mathrm{GSNR} = 10\mathrm{dB}$，快拍数 $N = 1000$。信源分离角度 $\Delta\theta = |\theta_2 - \theta_1| \in [4°, 12°]$。仿真实验结果如图 5.5 所示。从图中可以看出，当信源分离角度 $\Delta\theta \leq 5°$ 时，ROC-MUSIC 算法、FLOM-MUSIC 算法及 PFLOM-MUSIC 算法均很难从 500 次蒙特卡洛实验中分辨出两个入射信源，而 CRCO-MUSIC 算法可达到接近 70% 的可分辨概率。同时，随着 $\Delta\theta$ 的增大，CRCO-MUSIC 算法总能获得更好的估计性能。

图 5.5　信源分离角度变化时算法的性能对比

5.3　最大相关熵准则

5.3.1　最大相关熵准则与估计

1. 最大相关熵准则

设 X 是一个随机变量，且满足 $X \in \mathbb{R}$，Y 是一个在 $\mathbb{R}^m$ 中取值的随机矢量。基于 Y 实现

的 X 的最大相关熵估计，就是要求解一个函数 $g(\cdot): \mathbb{R}^m \to \mathbb{R}$，从而使 X 和 $g(Y)$ 之间的相关熵最大。

定义 5.3　设随机变量 $X \in \mathbb{R}$，随机矢量 $Y \in \mathbb{R}^m$，则最大相关熵准则（maximum correntropy criterion，MCC）定义为

$$g_{\mathrm{MC}} = \arg \max_{g \in \mathcal{G}} V(X, g(Y)) = \arg \max_{g \in \mathcal{G}} E[\kappa_\sigma(X, g(Y))] \tag{5.24}$$

式中，$\mathcal{G}$ 表示由 Y 产生的 σ 域中所有波莱尔可测函数（Borel measurable function）的集合。高斯核 $\kappa_\sigma(x, y)$ 是旋转不变核函数，亦可写作 $\kappa_\sigma(x - y)$。

最大相关熵准则的物理意义是保证 X 与 $g(Y)$ 的相似性最大，常用作信号处理中滤波器设计的代价函数。设 $\{(x_i, y_i)\}_{i=1}^N$ 为一组观测数据，则最大相关熵准可表示为

$$\mathrm{MCC}(e_i) \overset{\Delta}{=} \max \left[\frac{1}{N} \sum_{i=1}^N \kappa_\sigma(x_i - y_i) \right] = \max \left[\frac{1}{N} \sum_{i=1}^N \kappa_\sigma(e_i) \right] \tag{5.25}$$

式中，$e_i = x_i - y_i$ 表示误差信号。

可以证明，MCC 与信号处理和参数估计中广泛使用的 M 估计密切相关。二者可以由

$$\max_\theta \sum_{i=1}^N \kappa_\sigma(e_i) \Leftrightarrow \min_\theta \sum_{i=1}^N \rho(e_i) \tag{5.26}$$

相关联。上式左边表示最大相关熵，右边表示 M 估计，其中的 $\rho(z) = \dfrac{1 - \exp(-e^2 / 2\sigma^2)}{\sqrt{2\pi} \sigma}$。

此外，MCC 与信号处理中最广泛使用的最小均方（MSE）准则既有相似之处，又有显著区别。一方面，二者均可以用作某种优化准则，都可以作为随机变量 X 和 Y 的相似性测度。但是另一方面，MSE 是一种全局性二阶统计量函数，更适用于高斯分布的情况。对于远离分布中心的误差样本，MSE 具有显著的放大作用，从而在误差分布非对称、非零中心及有异常值等情况不能实现最优。相比而言，MCC 是一种局部性相似性测度，对于测量噪声为非零均值、非高斯、离群值较大等情况（这些情况恰为 Alpha 稳定分布噪声的特点），均具有很好的应用价值。此外，最大相关熵具有很好的抑制脉冲噪声的作用。在 Alpha 稳定分布条件下，相关熵诱导的相关函数具有正定对称性，可以与普通相关一样定义功率谱，这也是相关熵比共变和分数低阶相关具有显著优势的主要原因。因此，利用相关熵和 MCC 准则研究 Alpha 稳定分布信号处理具有非常诱人的广阔前景，也因此得到非高斯信号处理领域的广泛重视。

2. 最大相关熵的估计

如果定义估计误差为 $S = X - g(Y)$，则式（5.24）可表示为

$$g_{\mathrm{MC}} = \arg \max_{g \in \mathcal{G}} V(S) = \arg \max_{g \in \mathcal{G}} E[\kappa_\sigma(S)] \tag{5.27}$$

如果 $\forall y \in \mathbb{R}^m$，且 X 具有条件概率密度函数 $f_{X|Y}(x \mid y)$，则估计误差的概率密度函数为

$$f_S(s) = \int_{\mathbb{R}^m} f_{X|Y}(s, g(y) \mid y) \mathrm{d}F_Y(y) \tag{5.28}$$

式中，$F_Y(y)$ 表示 Y 的分布函数。这种情况下，式（5.27）可以表示为

$$g_{\mathrm{MC}} = \arg \max_{g \in \mathcal{G}} E[\kappa_\sigma(S)] = \arg \max_{g \in \mathcal{G}} \int_{-\infty}^{+\infty} \kappa_\sigma(s) \int_{\mathbb{R}^m} f_{X|Y}(s + g(y) \mid y) \mathrm{d}F_Y(y) \mathrm{d}s \tag{5.29}$$

最大相关熵估计还可以表示成以下形式：

$$g_{\mathrm{MC}} = \arg \max_{x \in \mathbb{R}} \rho(x \mid y, \sigma), \quad \forall y \in \mathbb{R}^m \tag{5.30}$$

式中， $\rho(x\,|\,y,\sigma)=\kappa_\sigma(x)*f_{X|Y}(x,y)$ ，"$*$"表示卷积运算。

条件概率密度函数实际上是给定观测值的后验概率密度函数，该函数可视为后验概率密度函数卷积后的平滑版本。根据式（5.30）可知，最大相关熵估计本质上是一个平滑最大后验概率估计。核函数的核长通过控制平滑度在平滑过程中起着至关重要的作用。当 $\sigma \to 0+$ 时，高斯核函数将逼近 Dirac-delta 函数，此时函数 $\rho(x\,|\,y,\sigma)$ 退化为条件概率密度函数 $f_{X|Y}(x,y)$ 。这种情况下，最大相关熵估计与平滑最大后验概率估计是相同的。当 $\sigma \to \infty$ 时，相关熵中的二阶矩将占主导作用，此时的最大相关熵估计将等价于最小均方误差估计。

在全局优化问题中，卷积平滑法在搜索全局最小值（或最大值）时是非常有效的。一般来说，可以利用一个非凸代价函数与一个适当的平滑函数的卷积来消除局部最优解，并逐步降低平滑度来实现全局优化。因此，采用适当的模拟退火算法对核长进行优化求解，最大相关熵估计也可以用来获得最大后验估计的全局极大值。

5.3.2 较大核长的最大相关熵估计

由于最大相关熵估计的最优解具有平滑后验分布的模式，因此，最大相关熵估计的最优解显然不一定是唯一的。但是，当核长大于一定值时，最大相关熵估计将存在唯一的最优解，该最优解位于平滑后的概率密度函数的严格凹区域（strictly concave region）内。

首先定义一个函数序列 $\{p_n(y)\}_{n\in\mathbb{N}}$

$$p_n(\boldsymbol{y}) = \int_{-n}^{n} f_{X|Y}(x\,|\,\boldsymbol{y})\mathrm{d}x \tag{5.31}$$

显然，对于任意 y ，有 $\lim_{n\to\infty} p_n(y)=1$ 。

定理 5.1 平滑后验概率密度的收敛性 假设当 $n\to\infty$ 时，函数 $p_n(y)$ 一致收敛于 1。此时存在一个区间 $[-M,M]$ ， $M>0$ ，使得当核长 σ 大于某个值时，对于任意 $y\in\mathbb{R}^m$ ，平滑后的概率密度函数 $f(x\,|\,y,\sigma)$ 的最大值都将位于此区间内。

证明 由于函数序列 $\{p_n(y)\}_{n\in\mathbb{N}}$ 一致收敛于 1，因此对于每个（任意小）正数 $\varepsilon>0$ ，存在一个自然数 N ，对于所有的 y 和 $n\geq N$ ，有 $1-p_n(y)<\varepsilon$ 。假设 $1<\varepsilon<1/2$ ， M 为

$$M = N + \sigma\sqrt{\lg\left[\exp\left(-\frac{2}{\gamma^2}\right)-\frac{\varepsilon}{1-\varepsilon}\right]^{-2}} \tag{5.32}$$

式中， $\gamma=\sigma/N$ 。由式（5.28）可得 $0<\exp\left(-\dfrac{2}{\gamma^2}\right)-\dfrac{\varepsilon}{1-\varepsilon}<1$ 。由于 $1<\varepsilon<(1/2)$ ，因此

$0<\varepsilon/(1-\varepsilon)<1$ ，有 $\gamma>\sqrt{\dfrac{2}{\lg(1-\varepsilon)-\lg\varepsilon}}$ 。进一步可以推导出

$$\begin{aligned}
\max_{|x|\geq M} f(x\,|\,\boldsymbol{y},\sigma) &= \max_{|x|\geq M}\int_{-\infty}^{\infty}\kappa_\sigma(x-\tau)f_{X|Y}(\tau\,|\,\boldsymbol{y})\mathrm{d}\tau\\
&= \max_{|x|\geq M}\frac{1}{\sqrt{2\pi}\sigma}\left[\int_{|\tau|\leq M}\exp\left(-\frac{(x-\tau)^2}{2\sigma^2}\right)f_{X|Y}(\tau\,|\,\boldsymbol{y})\mathrm{d}\tau + \int_{|\tau|>M}\exp\left(-\frac{(x-\tau)^2}{2\sigma^2}\right)f_{X|Y}(\tau\,|\,\boldsymbol{y})\mathrm{d}\tau\right]\\
&< \frac{1}{\sqrt{2\pi}\sigma}\exp\left(-\frac{2}{\gamma^2}\right)\int_{|\tau|\leq M}f_{X|Y}(\tau\,|\,\boldsymbol{y})\mathrm{d}\tau
\end{aligned} \tag{5.33}$$

另一方面，还可以推导出以下结论：

$$\max_{x \in [-N,N]} \int_{-\infty}^{\infty} \kappa_\sigma(x-\tau) f_{X|Y}(\tau \mid \boldsymbol{y}) \mathrm{d}\tau = \max_{x \in [-N,N]} \frac{1}{\sqrt{2\pi}\sigma} \int_{-\infty}^{\infty} \exp\left(-\frac{(x-\tau)^2}{2\sigma^2}\right) f_{X|Y}(\tau \mid \boldsymbol{y}) \mathrm{d}\tau$$

$$\geqslant \frac{1}{\sqrt{2\pi}\sigma} \exp\left(-\frac{2}{\gamma^2}\right) \int_{|\tau| \leqslant M} f_{X|Y}(\tau \mid \boldsymbol{y}) \mathrm{d}\tau \tag{5.34}$$

结合式（5.33）和式（5.34）可得

$$\max_{|x| \geqslant M} \int_{-\infty}^{\infty} \kappa_\sigma(x-\tau) f_{X|Y}(\tau \mid \boldsymbol{y}) \mathrm{d}\tau < \max_{x \in [-N,N]} \int_{-\infty}^{\infty} \kappa_\sigma(x-\tau) f_{X|Y}(\tau \mid \boldsymbol{y}) \mathrm{d}\tau$$

$$\leqslant \max_{x \in [-M,M]} \int_{-\infty}^{\infty} \kappa_\sigma(x-\tau) f_{X|Y}(\tau \mid \boldsymbol{y}) \mathrm{d}\tau \tag{5.35}$$

因此，对于任意 $\boldsymbol{y}$，平滑概率密度函数的最大值将位于 $\sigma > \sqrt{2/[\lg(1-\varepsilon) - \lg\varepsilon]}N$ 所确定的区间 $[-M,M]$ 内。

由以上定理和分析可知，在一定条件下，当核长 σ 足够大时，最大相关熵估计总是在一个封闭的有限区间 $[-M,M]$ 内。值得注意的是，由于平滑概率密度函数 $f(x \mid \boldsymbol{y},\sigma)$ 是一个连续函数，它必定在区间 $[-M,M]$ 内存在一个最大值。此外，如果能证明平滑概率密度函数 $f(x \mid \boldsymbol{y},\sigma)$ 在这个区间内也是严格凹函数，那么最大相关熵估计将存在唯一最优解。

由式（5.31）可知，当 $n \to \infty$ 时，函数 $p_n(\boldsymbol{y})$ 一致收敛于 1。那么对于任意区间 $[-D,D]$，$D > 0$，如果核长 σ 大于某个值，则对于任意 $\boldsymbol{y} \in \mathbb{R}^m$，平滑概率密度函数 $f(x \mid \boldsymbol{y},\sigma)$ 在该区间内是严格凹函数。

5.3.3　最大相关熵准则的应用

最大相关熵准则可用作测量噪声的一种局部相似性测度，对于测量噪声为非零均值、非高斯、异常值较大等情况（这些情况恰为 Alpha 稳定分布噪声的特点），均具有很好的应用价值。因此，利用最大相关熵准则研究 Alpha 稳定分布下的信号处理问题具有重要意义。

1. 基于最大相关熵准则的波达方向估计

（1）信号模型与基本算法

假设存在 K 个已知频率的远场窄带信源，入射到包含 M 个阵元的均匀线性阵列中，入射角度分别为 $\theta_1, \theta_2, \cdots, \theta_K$，接收信号可表示为

$$\boldsymbol{X} = \boldsymbol{AS} + \boldsymbol{V} \tag{5.36}$$

式中，$\boldsymbol{X} = [\boldsymbol{x}(t_1),\ \boldsymbol{x}(t_2),\ \cdots,\ \boldsymbol{x}(t_N)]$ 为接收数据矩阵，$\boldsymbol{S} = [\boldsymbol{s}(t_1),\ \boldsymbol{s}(t_2),\ \cdots,\ \boldsymbol{s}(t_N)]$ 为信号复包络矩阵，$\boldsymbol{V} = [\boldsymbol{v}(t_1),\ \boldsymbol{v}(t_2),\ \cdots,\ \boldsymbol{v}(t_N)]$ 为噪声矩阵。不失一般性，设信源之间、信源与噪声之间均相互独立，阵元间噪声为独立同分布随机过程。在高斯噪声下，根据低秩近似理论，$\boldsymbol{X}$ 可利用低秩矩阵 $\hat{\boldsymbol{X}}$ 进行近似

$$\min_{X} \left\| \boldsymbol{X} - \hat{\boldsymbol{X}} \right\|_F^2 \quad \text{s.t.} \quad \text{rank}(\hat{\boldsymbol{X}}) \leqslant K \tag{5.37}$$

式中，$\|\cdot\|_F$ 为矩阵的 Frobenius 范数，$\text{rank}(\cdot)$ 表示矩阵的秩。式（5.33）的全局最优解为

$$\hat{\boldsymbol{X}} = \boldsymbol{U}_s \boldsymbol{D}_s \boldsymbol{W}_s^{\mathrm{H}} \tag{5.38}$$

$$\text{SVD}(\boldsymbol{X}) = \boldsymbol{U}_s \boldsymbol{D}_s \boldsymbol{W}_s^{\mathrm{H}} + \boldsymbol{U}_v \boldsymbol{D}_v \boldsymbol{W}_v^{\mathrm{H}} \tag{5.39}$$

式中，$\text{SVD}(\cdot)$ 为奇异值分解，$\boldsymbol{D}_s$ 是对角矩阵，其对角元素为 $\boldsymbol{X}$ 奇异值分解得到的 K 个最大奇异值，$\boldsymbol{U}_s$ 和 $\boldsymbol{W}_s$ 分别对应 K 个最大奇异值的左特征向量和右特征向量，$\boldsymbol{D}_v$ 则是由其余

$M - K$ 个小奇异值构成的对角矩阵，U_v 和 W_v 分别为对应的左、右特征向量。

由矩阵的相关理论可知，矩阵 U_s 张成的线性空间即为信号子空间，因此，空间谱函数可以表示为

$$P(\theta) = \frac{1}{\boldsymbol{a}^{\mathrm{H}}(\theta)(\boldsymbol{I} - \boldsymbol{U}_s \langle \boldsymbol{U}_s, \boldsymbol{U}_s \rangle^{-1} \boldsymbol{U}_s^{\mathrm{H}}) \boldsymbol{a}(\theta)} \tag{5.40}$$

通过对式（5.40）空间谱函数进行谱峰搜索，可实现 P 个信源波达方向的估计。

将式（5.37）中的代价函数重写为

$$J_{\mathrm{F}}(\boldsymbol{Y}, \boldsymbol{Z}) = \|\boldsymbol{X} - \boldsymbol{Y}\boldsymbol{Z}\|_F^2 = \sum_{m=1}^{M} \sum_{n=1}^{N} |x_{mn} - (\boldsymbol{Y}\boldsymbol{Z})_{mn}|^2 \tag{5.41}$$

式中，$\boldsymbol{Y} \in \mathbb{C}^{M \times K}$ 和 $\boldsymbol{Z} \in \mathbb{C}^{K \times N}$ 分别为列满秩和行满秩矩阵，M 和 N 分别为阵元数和快拍数，x_{mn} 和 $(\boldsymbol{Y}\boldsymbol{Z})_{mn}$ 分别表示矩阵 $\boldsymbol{X}$ 和 $\boldsymbol{Y}\boldsymbol{Z}$ 的第 m 行、第 n 列元素。对比式（5.41）和式（5.38）容易发现，最小化式（5.41）的最优解为 $\boldsymbol{Y} = \boldsymbol{U}_s$ 和 $\boldsymbol{Z} = \boldsymbol{D}_s \boldsymbol{W}_s^{\mathrm{H}}$。

（2）基于最大相关熵准则的 MCC-MUSIC 算法

在高斯噪声环境下，上述算法可以实现有效的信号子空间估计，进而实现波达方向估计。但是，当噪声呈现脉冲性时，上述算法性能严重退化，甚至失效。为解决上述问题，引入基于高斯核函数的相关熵并得到新的代价函数

$$J_{\mathrm{C}}(\boldsymbol{Y}, \boldsymbol{Z}) = \frac{1}{MN} \sum_{m=1}^{M} \sum_{n=1}^{N} \kappa_\sigma (x_{mn} - (\boldsymbol{Y}\boldsymbol{Z})_{mn}) \tag{5.42}$$

根据最大相关熵准则，通过最大化式（5.42）可以实现对 $\boldsymbol{Y}$ 和 $\boldsymbol{Z}$ 的估计。采用交替优化算法实现上述问题的求解，假设第 k 次迭代结果为 $\boldsymbol{Y}^{(k)}$ 和 $\boldsymbol{Z}^{(k)}$，则第 $k+1$ 次迭代结果通过求解以下优化问题实现：

$$\boldsymbol{Z}^{(k+1)} = \arg \max_{\boldsymbol{Z}} J_{\mathrm{C}}(\boldsymbol{Y}^{(k)}, \boldsymbol{Z}) \tag{5.43}$$

$$\boldsymbol{Y}^{(k+1)} = \arg \max_{\boldsymbol{Y}} J_{\mathrm{C}}(\boldsymbol{Y}, \boldsymbol{Z}^{(k+1)}) \tag{5.44}$$

利用下式，通过搜索空间谱函数的峰值实现 P 个信源波达方向的估计：

$$P_{\text{MCC-MUSIC}}(\theta) = \frac{1}{\boldsymbol{a}^{\mathrm{H}}(\theta)(\boldsymbol{I} - \boldsymbol{Y} \langle \boldsymbol{Y}, \boldsymbol{Y} \rangle^{-1} \boldsymbol{Y}^{\mathrm{H}}) \boldsymbol{a}(\theta)} \tag{5.45}$$

算法的具体实现步骤如下。

第 1 步：初始化 $\boldsymbol{Y}^{(0)}$ 为随机列满秩矩阵，$\boldsymbol{Z}^{(0)}$ 为随机行满秩矩阵，设置初始迭代次数 $l = 0$，初始迭代相对误差 $e^{(0)} = 1$，最大迭代次数 L。

第 2 步：按照式（5.43）求解优化问题，子问题则通过基于最优步长的随机梯度法求解。

第 3 步：按照式（5.44），采用与第 2 步相同的方法求解优化问题。

第 4 步：令迭代次数 $l = l + 1$，计算相邻两次迭代的相对误差。

第 5 步：重复第 2 步～第 4 步直至满足 $e^{(l)} < e_s$ 或 $l > L$，其中 e_s 为迭代停止误差。

第 6 步：计算式（5.45），搜索空间谱函数的峰值实现波达方向估计。

2．计算机仿真

考虑两个独立窄带单位功率信源入射均匀线阵，波达方向分别为 $\theta_1 = -10°$ 和 $\theta_2 = 20°$，阵元个数 $M = 8$，阵元间距 $d = \lambda/2$，信号调制方式为 QPSK。阵元噪声为位置参数 $\mu = 0$ 的各向同性对称 Alpha 稳定分布随机过程。

实验 5.4　MCC-MUSIC 算法的收敛性。采用归一化子空间距离对信号子空间的估计性能进行评价

$$d(\hat{Y}, A) = \frac{\left\| P_{\hat{Y}} - P_A \right\|_2}{\left\| P_A \right\|_2} \tag{5.46}$$

式中，P_A 和 $P_{\hat{Y}}$ 分别是 A 和 $\hat{Y}$ 的投影矩阵。图 5.6 给出了不同噪声环境下的迭代相对误差 ε、归一化子空间距离及代价函数 $J_C(Y, Z)$ 随迭代次数的变化曲线。其中，相关熵核长取 $\sigma = 1.5$。可以看出，在不同的噪声环境下，MCC-MUSIC 算法经过十几次迭代均能达到收敛。因此，在后续仿真实验中，设定算法步骤第 5 步中的迭代停止误差为 $\varepsilon_s = 10^{-5}$，$K = 100$。此外，从图 5.6（b）中可以看出，随着迭代次数的增加，归一化子空间距离逐渐减小，且在当前核长下，归一化子空间距离对噪声特征指数不敏感。

（a）迭代相对误差　　　　　　　　　（b）归一化子空间距离

图 5.6　不同噪声环境下算法的收敛曲线

实验 5.5　MCC-MUSIC 算法核长的选择。图 5.7 给出了不同噪声环境下算法性能随相关熵核长的变化曲线，其中核长设置在 $\sigma \in [0.1,\ 5.0]$ 范围。可以看出，当核长满足 $\sigma \in [1.3,\ 2.5]$ 时，算法的性能较好。因此，在后续仿真实验中，设定核长为 $\sigma = 1.5$。

（a）可分辨概率　　　　　　　　　　（b）均方根误差

图 5.7　核长对算法性能的影响

由图 5.7 还可以看出，参数估计误差随核长的增大呈现先减小后增大的趋势，而当核长在合适的范围内 $\sigma \in [1.3,\ 2.5]$ 时，MCC-MUSIC 算法对噪声特征指数不敏感，这是由相关熵的特性所决定的。理论分析可知，核长 σ 越小，相关熵抑制脉冲噪声的能力越强，但其对信号的影响也

越大。因此需要在抑制噪声和保留信号之间进行平衡。当核长 σ 选取得合适时，相关熵在抑制噪声和保留信号之间达到相对平衡的状态，对脉冲噪声的特征指数变化有较好的鲁棒性。

实验 5.6 广义信噪比的影响。本实验对传统 MUSIC 算法、FLOM-MUSIC 算法、IN-MUSIC 算法、ACO-MUSIC 算法、CRCO-MUSIC 算法及本节介绍的 MCC-MUSIC 算法进行了仿真。图 5.8 给出了算法性能随广义信噪比 GSNR 的变化曲线，其中噪声特征指数 $\alpha = 1.0$，对应于柯西噪声情况，快拍数 $N = 100$。从图中可以看出，随着 GSNR 的增加，所有算法的性能均有所改善。但在低广义信噪比条件下，MCC-MUSIC 算法具有更加优异的性能。

（a）可分辨概率　　　　　　　　　（b）均方根误差

图 5.8　广义信噪比对算法性能的影响（$\alpha = 1.0$）

实验 5.7 噪声特征指数的影响。本实验对传统 MUSIC 算法、FLOM-MUSIC 算法、IN-MUSIC 算法、ACO-MUSIC 算法、CRCO-MUSIC 算法及本节介绍的 MCC-MUSIC 算法进行了仿真。图 5.9 给出了算法性能随噪声特征指数的变化曲线，其中广义信噪比 GSNR=4dB，快拍数 $N = 100$。从图中可以看出，MCC-MUSIC 算法在高斯噪声（$\alpha = 2.0$）与脉冲噪声（$\alpha < 2.0$）环境下均能取得较好的估计结果。此外，还可以发现，其他算法在强脉冲噪声下，即噪声特征指数较小时，其性能均出现不同程度的退化，而 MCC-MUSIC 算法在确定核长参数下，对噪声特征指数并不敏感，表明 MCC-MUSIC 算法对噪声的适用范围更广，鲁棒性更好。

（a）可分辨概率　　　　　　　　　（b）均方根误差

图 5.9　噪声特征指数对算法性能的影响

5.4　相关熵的核函数

5.4.1　核函数的概念

1. 核函数方法的原理

核函数的核长问题是相关熵理论研究和应用中一个非常重要的问题，是相关熵算法能够正常使用的一个关键环节。

在机器学习等分类问题的求解过程中常需要进行内积计算，而变换后在高维空间进行内积运算通常是很困难的。为此，发展了核函数的概念与方法，这种方法可以把高维空间的内积运算转化为低维空间的运算，从而简化问题的求解过程。实际上，核函数的作用是把原数据空间中线性不可分的输入数据用"核"映射投影到输出空间（即特征空间），使输入数据在特征空间中线性可分。可以说，采用核函数技术，可以不再需要知道具体的映射是什么，而直接通过核函数求得高维空间的内积。在运用机器学习算法解决非线性问题时，无论是支持向量机还是感知机（perceptron），通常会用到这种基于核函数的方法，并称其为核函数的技巧（或核技巧）。

核函数是映射关系 $\varphi(\cdot)$ 的内积。如图 5.10 所示，虽然映射函数本身仅仅是一种映射关系，并没有增加维度的特性，但能够利用核函数的特性，构造可以增加维度的核函数，这通常是算法中所希望的。

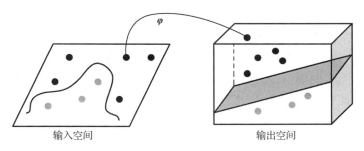

输入空间　　　　　　　　　　　　输出空间

图 5.10　数据空间的映射关系

核函数方法的广泛应用，与其特点是分不开的。核函数具有以下特点：

① 核函数的引入避免了"维度灾难"，大幅度降低了算法的计算量。此外，输入空间的维度对核函数没有影响，因此，核函数方法可以有效地解决高维输入问题。

② 核函数无须已知非线性变换函数 φ 的形式和参数。

③ 核函数形式和参数的变化会隐式地改变从输入空间到特征空间的映射，进而对特征空间的性质产生影响，最终导致各种核函数方法性能的差异。

④ 核函数方法可以与不同算法相结合，从而形成不同的基于核函数技术的信号处理方法，且核函数和与其结合算法的设计过程可以独立进行，同样也可为不同的应用问题和应用场景选择不同的核函数与算法。

2. 核函数的核长对相关熵的影响

相关熵作为两个随机变量局部相似性度量的统计量，同样需要用到核函数来实现观测数据在不同空间之间的映射。通常情况下，在相关熵方法中常选取高斯函数作为核函数来构建相关熵，称这种核函数为高斯核函数。为讨论问题方便起见，重写高斯核函数如下：

$$\kappa_\sigma(X,Y) = \frac{1}{\sqrt{2\pi}\sigma} \exp\left[\frac{(X-Y)^2}{\sigma^2}\right] \tag{5.47}$$

式中，σ 为高斯核函数的核长。

由相关熵诱导距离的性质可知，相关熵表征的是两个随机变量在由核函数的核长 σ 控制的联合空间的邻域中相似程度的概率，也就是说，核长 σ 作为一个缩放因子，控制着评估两个随机变量相似性的观察"窗口"。这个可调整的窗口提供了一种有效的机制来消除信号中异常值的有害影响。这是仅能度量信号时间结构的常规二阶相关统计量所无法比拟的。因此，核函数核长 σ 的选取直接影响到相关熵的性能。

进一步分析可知，设 $\{(x_i, y_i)\}_{i=1}^N$ 是由联合概率密度函数 $f_{XY}(x,y)$ 抽取的独立同分布数据，如果核长 $\sigma \to 0$，$N \to \infty$，且 $N\sigma \to \infty$，则由 Parzen 方法估计得到的 $\hat{f}_{XY;\sigma}(x,y)$ 逼近其真值 $f_{XY}(x,y)$，且有

$$\lim_{\sigma \to \infty} V(X,Y) = \int_{-\infty}^{+\infty} f_{XY}(x,x)\mathrm{d}x \tag{5.48}$$

但是，在实际应用中，由于 N 不可能趋于无穷，且 $\sigma \to 0$ 会导致无意义的估计结果，故也需要为核长 σ 设定一个下限。

5.4.2 核函数核长的选取原则

实际应用中，对于相关熵核长 σ 的选取问题，尽管已有不少研究，但至今仍主要停留在经验选取的阶段，未能从理论上给出最优的选取方法。本节主要介绍三种核函数核长选取原则。

考虑图 3.9 所示的均匀线性阵列模型。设已知中心频率为 ω、入射角度为 $\theta_1, \theta_2, \cdots, \theta_K$ 的 K 个各向同性非相干窄带信号源入射到包含 M 个传感器的均匀线性阵列。阵列输出信号包含独立同分布的加性高斯白噪声，且与有用信号统计独立。在基于均匀线性阵列的子空间类超分辨率波达方向估计问题中，要求待估计的信源数小于阵列中传感器的数量，即 $K < M$。

由于跨传感器的传播延迟远小于信号带宽的倒数，故第 i 个传感器接收到的信号可以使用阵列输出的复包络表示

$$x_m(t) = \sum_{k=1}^K a_m(\theta_k)s_k(t) + v_m(t), \quad m = 1, 2, \cdots, M \tag{5.49}$$

式中，$a_m(\theta_k)$ 是第 m 个传感器沿 θ_k 方向的导向矢量，d 是均匀线性阵列中两个相邻传感器之间的距离，$s_k(t)$ 是第 m 个传感器接收到的第 k 个信号，$v_m(t)$ 是第 m 个传感器接收到的加性噪声。换言之，上述信号模型将传感器阵列输出的信号 $x_m(t)$ 解释为纯净信号 $s_k(t)$ 与噪声信号 $v_m(t)$ 的线性叠加。

1. 基于相关熵诱导距离的核长选取原则

在相关熵算法中，核长 σ 的选取原则可以描述为：应当选取核长 σ 使纯净信号 $s_k(t)$ 与 $[0,0]^\mathrm{T}$ 的相关熵诱导距离（CIM）落入 L_2 范数距离区域，而使噪声与零点的 CIM 尽量落入 L_1 范数距离区域或 L_0 范数距离区域，即可以通过下式选取核函数的核长 σ：

$$\sigma = l \cdot \sqrt{\hat{\sigma}_s^2} \tag{5.50}$$

式中，l 为尺度因子，$\hat{\sigma}_s^2$ 为纯净信号 $s_k(t)$ 的方差估计值，通常选取在区间 $(0,5]$ 内，$\hat{\sigma}_s^2$ 可以

通过下式采用递推的方式估计得到:

$$\hat{\sigma}_s^2(t) = \lambda_s \hat{\sigma}_s^2(t-1) + C_1(1-\lambda_s) \cdot \text{med}\{A_x(t)\} \tag{5.51}$$

式中，$A_x(t) = \{x^2(t), x^2(t-1), \cdots, x^2(t-N_w+1)\}$，$\text{med}\{\cdot\}$ 表示样本中值函数，N_w 表示估计窗口的长度，$0 \leqslant \lambda_s \leqslant 1$ 表示遗忘因子，$C_1 = 1.483[1+5/(N_w-1)]$ 表示有限数据采样的修正因子。

2. 基于局部熵的自适应核长函数

由于相关熵可以有效地测量两个随机变量的局部相似性，因此常用来抑制传感器阵列输出信号中包含的脉冲噪声。

在子空间类信号参数估计方法中，如果将广义自相关熵用于抑制输入数据中包含的脉冲噪声，则算法的性能也受到核函数核长 σ 的影响。若核长 σ 较小，则会过多地抑制数据中的噪声成分，从而使信号子空间扩展到噪声子空间中，破坏噪声子空间和信号子空间的正交性。反之，若核长 σ 较大，则经过广义自相关熵处理后的数据中仍会残留部分脉冲噪声成分，从而破坏协方差矩阵的半正定性。

为了减少算法对阵列与信号先验知识的依赖，提高算法在实际应用中的鲁棒性，Tian 等人推导了一个自适应核长函数。设包含脉冲噪声的阵列输出数据为

$$\boldsymbol{x}(t) = [x_1(t),\ x_2(t),\ \cdots,\ x_M(t)]^{\text{T}} \tag{5.52}$$

自适应核长函数定义为

$$\sigma = \frac{\pi}{1 + \text{e}^{-H}} \tag{5.53}$$

基于信息论中局部熵理论，上式中的 H 定义为

$$H = -\sum_{i=1}^{M} \sum_{t=1}^{N} p_{it}\, \lg(p_{it}) \tag{5.54}$$

式中，N 为快拍数，且有

$$p_{it} = \frac{|x_i(t)|}{\sum_{i=1}^{M} \sum_{t=1}^{N} |x_i(t)|} = \frac{|x_i(t)|}{L_1[\boldsymbol{x}(t)]} \tag{5.55}$$

式中，$L_1[\cdot]$ 表示 L_1 范数。

可以看出，式（5.55）只依赖于阵列输出数据 $\boldsymbol{x}(t)$，不需要任何信号和阵列的先验知识，因此，该自适应核长函数特别适应于实际应用的场景。

自适应核长函数具有以下重要性质。

① 自适应核长函数的导数可以表示为

$$\frac{\text{d}(\sigma)}{\text{d}(H)} = \frac{\pi \text{e}^{-H}}{(1 + \text{e}^{-H})^2} \tag{5.56}$$

因此，当 $H > 0$ 时，自适应核长函数是单调的。

② 由于自适应核长函数满足

$$\frac{\pi}{2} \leqslant \frac{\pi}{1 + \text{e}^{-H}} < \pi \tag{5.57}$$

因此，自适应核长函数是正的且是有界的，当且仅当 $H = 0$ 时，自适应核长函数获得最小值。

③ 由式（5.55）和式（5.56）可知，自适应核长函数是可微分的实值函数，且在每个点上都具有非负导数。

例 5.2　试通过 DOA 估计的计算机仿真实验来验证自适应核长函数的有效性。设选取固

定核长为 {0.5, 1.0, 1.5, 2.0, 2.5, 3.0, 3.5, 4.0, 4.5, 5.0}，与自适应核长进行比较。

解　设两个独立 QPSK 相干分布源信号入射到具有 $M=8$ 个传感器的均匀线性阵列。阵列输出信号中包含的噪声为加性各向同性复对称 Alpha 稳定分布脉冲噪声，满足 $1 \leqslant \alpha \leqslant 2$。对每组实验执行 300 次蒙特卡洛仿真，并评估 DOA 估计的可分辨率和均方根误差。假设两个 QPSK 信号的入射方向角为 $\theta_1 = 5°$ 和 $\theta_2 = 15°$，扩散角均为 $2°$。图 5.11 给出了仿真实验结果，表明了不同核长对 DOA 估计精度的影响。

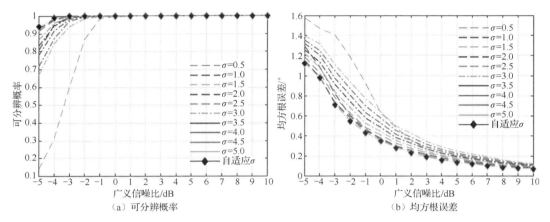

图 5.11　自适应核长函数对算法性能的影响

可以看出，无论是从可分辨概率还是从均方根误差的角度来进行评价，自适应核长的效果都与固定核长选择中最好的结果一致。并且，无论 GSNR 如何变化，基于自适应核长的 DOA 估计都保持最好的结果。进一步分析可知，随着阵列输出信号特征与参数的变化，相关熵需要不同的核长来达到最佳的脉冲噪声抑制性能。显然，将核长固定到某个值是不合理的。自适应核长是从阵列输出信号的局部熵得到的，能够反映信号的时变特性，因此可以随着信号的变化动态调整，使相关熵抑制脉冲噪声的性能始终保持最佳。

3．基于最大相关熵的核长选取原则

对于相关熵诱导距离 CIM，如果给定核长为 σ，由于 $\kappa_\sigma(0)$ 为常数，因此可以将其写成如下等价的形式：

$$D_{\text{dim}}(\boldsymbol{c}, \boldsymbol{s}) = \frac{1}{N} \sum_{i=1}^{N} \kappa_\sigma(c_i - s_i) \tag{5.58}$$

称式（5.58）为维度相关熵（correntropy for dimension，CD）。其中，$\boldsymbol{c}$ 和 $\boldsymbol{s}$ 为离散矢量，分别表示为 $\boldsymbol{c} = [c_1, c_2, \cdots, c_N]$ 和 $\boldsymbol{s} = [s_1, s_2, \cdots, s_N]$。

对于维度相关熵来说，核长 σ 是一个重要的可变参数。因此，为了解决核长 σ 选择的问题，Tan 等人采用最大相关熵准则进行处理。

设 $\boldsymbol{x}_f = [x_1, x_2, \cdots, x_N]$ 和 $\boldsymbol{y}_f = [y_1, y_2, \cdots, y_N]$ 是两个样本数据的特征矢量，对于 $\boldsymbol{x}_f$ 和 $\boldsymbol{y}_f$ 的每个维度，定义以下表达式：

$$D_i = |x_i - y_i|, \quad i = 1, 2, \cdots, N \tag{5.59}$$

以人脸识别为例，如图 5.12（a）所示，构建 D_i，$i = 1, 2, \cdots, N$ 的直方图，设加权后的 D_i 用 D_{B_j} 表示，并采用经典的 ULBP（uniform local binary pattern）方法估计受试者本人（genuine）和顶替者（imposter）的分布。

（a）从受试者本人和顶替者获得的 D_i 的分布　　（b）从受试者本人和顶替者获得的 D_{B_j} 的分布

图 5.12　两个子图的水平轴分别表示 D_i 和 D_{B_j} 的变化。纵轴表示实验的比率（percentage of examples）

可以看出，在区间 [0,3] 内，实验样本被成功判定为受试者本人的比例高于判定为顶替者的比例。基于本实验结果可知，可以采用较小的维度相关熵来增加受试者本人和顶替者特征的权重，从而增强了受试者本人和顶替者的可分离性。如式（5.58）所示，使用带有适当核长 σ 的维度相关熵可以实现这种想法。

需要注意的是，在理想情况下，直方图之间只有一个交点。但在实际应用中会出现多点问题。

理论研究表明，最大相关熵准则可以作为参数估计算法的代价函数，对于不同问题，其参数的物理含义和数量有所不同。因此对于上述问题，可以根据式（5.60）选取核长 σ

$$\hat{\sigma} = \max_{\sigma} \frac{1}{N} \sum_{i=1}^{N} \kappa_{\sigma}(e_i) \tag{5.60}$$

式中，e_i 表示特征矢量的第 i 个分量的误差。

可见，最大相关熵准则使较小误差分量的加权因子最大化，而减弱较大误差分量的加权因子。在式（5.54）中，核长 σ 实际上决定了每个维度的权重。因此，可以基于最大相关熵准则建立核长 σ 的学习方法。图 5.12（a）中的受试者本人和顶替者的两个直方图分别表示为 h_s 和 h_d，$h(i)$ 表示直方图 h 中第 i 个 bin 的值，B 表示直方图的 bin 数，并满足如下关系：

$$\sum_{i=1}^{B} h_s(i) = 1, \quad \sum_{i=1}^{B} h_d(i) = 1, \quad \exists 0 < t < B \quad \text{s.t.} \quad \begin{cases} h_s(x) > h_d(x), & x \leqslant t \\ h_s(x) < h_d(x), & x > t \end{cases} \tag{5.61}$$

如图 5.12（a）所示，当直方图之间存在一个交点时，学习 t 很简单。但是，直方图实际上存在两个或更多的交点，在这种情况下，可以通过式（5.62）获得 t 的估计

$$t = \arg \max_{m} \left[\sum_{i=0}^{B} (h_s(i) - h_d(i)) \right], \qquad 0 < m < B \tag{5.62}$$

将最大相关熵准则的思想用于上述问题，可以获得以下目标函数：

$$D = \max_{\sigma} \sum_{i=0}^{B} (h_s(i) - h_d(i)) \kappa_{\sigma}(i) \tag{5.63}$$

在式（5.63）中，选取高斯函数作为核函数。

核长 σ 的选择等同于带宽的选择，在这种情况下，核长 σ 起到低通滤波器的作用，以保

留主要的能量。此外，随着 i 的增加， $\kappa_\sigma(i)$ 的值减小得更快。

因此，目标函数可重新构造为

$$\widetilde{D} = \max_\sigma \sum_{i=0}^{t} (h_s(i) - h_d(i))\kappa_\sigma(i) \tag{5.64}$$

可见，式（5.64）并不是目标函数的解析解，并且由于枚举方法耗时较长不适合用来求解式（5.64）。因此，可以通过以下近似目标函数来获得可接受的解：

$$\widetilde{D} = \max_\sigma \sum_{i=0}^{t} \ln[(h_s(i) - h_d(i))\kappa_\sigma(i)] \tag{5.65}$$

这种次优解决方案可以简化求解过程并防止过拟合。该解决方案的另一个优点是还可以应用于增量学习和实时识别中。

具体求解过程如下：

$$\sum_{i=0}^{t} \ln[(h_s(i) - h_d(i))\kappa_\sigma(i)] = \sum_{i=0}^{t} \ln\left[(h_s(i) - h_d(i))\frac{1}{\sqrt{2\pi}}\right] + \sum_{i=0}^{t} \ln\frac{1}{\sigma} + \sum_{i=0}^{t} -\frac{i^2}{2\sigma^2} \tag{5.66}$$

由于 $\sum_{i=0}^{t} \ln\left[(h_s(i) - h_d(i))\frac{1}{\sqrt{2\pi}}\right]$ 是常数，因此，式（5.66）关于 σ 的导数为

$$\frac{\partial}{\partial\sigma}\left\{\sum_{i=0}^{t} \ln[(h_s(i) - h_d(i))\kappa_\sigma(i)]\right\} = \sum_{i=0}^{t} -\frac{1}{\sigma} + \sum_{i=0}^{t} \frac{i^2}{\sigma^3}$$

$$= -\frac{t+1}{\sigma} + \frac{t(t+1)(2t+1)}{6\sigma^3} \tag{5.67}$$

所以，选取核长

$$\sigma = \sqrt{\frac{t(2t+1)}{6}} \tag{5.68}$$

来使式（5.67）大化。

5.4.3 核长对相关熵影响的数学解释

设误差 $Z = X - Y$ 的概率密度函数服从零均值高斯分布，标准差为 σ_Z，

$$f_Z(z) = \frac{1}{\sqrt{2\pi}\sigma_Z}\exp\left(-\frac{z^2}{2\sigma_Z^2}\right) \tag{5.69}$$

则有

$$V_\sigma = \frac{1}{\sqrt{2\pi(\sigma^2 + \sigma_Z^2)}} \tag{5.70}$$

式中， σ 为核函数的核长

$$V_0 = \lim_{\sigma \to 0} V_\sigma = \frac{1}{\sqrt{2\pi}\sigma_Z} \tag{5.71}$$

若满足 $\sigma < 0.32\sigma_Z$ ，则可得以下不等式：

$$\left|\frac{(V_\sigma - V_0)}{V_0}\right| < 0.05 \tag{5.72}$$

进一步，若 $\sigma^2 \ll \sigma_Z^2$ ，则有

$$\frac{(V_0 - V_\sigma)}{V_0} \approx \frac{\sigma^2}{2\sigma_z^2} \tag{5.73}$$

与概率密度函数估计对核长 σ 具有较大的依赖性相比，相关熵估计对核长 σ 的弱敏感性可以通过相关熵是联合空间中的"中心矩"这一事实来解释。

此外，若假设式（5.69）在回归问题中成立，则式（5.70）中 V_σ 最大化在本质上就是最小化误差的方差 σ_z^2。如果相关熵估计量的方差存在合理的上界，那么 σ 就变得无关紧要了。例如，给定 N，可以选择适当的 σ 使下式成立：

$$\left| \frac{\sqrt{\mathrm{Var}(\hat{V}_{N;\sigma})}}{E(\hat{V}_{N;\sigma})} \right| < 0.05 \tag{5.74}$$

如果 N 足够大，且 σ 足够小，则可得到以下近似关系：

$$\left| \frac{\sqrt{\mathrm{Var}(\hat{V}_{N;\sigma})}}{E(\hat{V}_{N;\sigma})} \right| \approx \sqrt{(N\sigma f_\varepsilon(0))^{-1} \int_{-\infty}^{+\infty} (\kappa_1(z))^2 \,\mathrm{d}z} \tag{5.75}$$

5.5　相关熵的性质

实际信号处理过程中，随机变量的联合概率密度函数通常是未知的，因此，对于针对两个随机变量 X 和 Y 的有限长观测样本 $\{(x_i, y_i)\}_{i=1}^N$，通常采用式（5.76）来估计相关熵

$$\hat{V}_\sigma(X, Y) = \frac{1}{N} \sum_{i=1}^N \kappa_\sigma(x_i - y_i) \tag{5.76}$$

式中，$\kappa_\sigma(\cdot)$ 为相关熵的核函数，σ 为核长，N 为观测样本的数量。

5.5.1　相关熵的对称性、有界性与展开特性

1．相关熵的对称性

性质 5.1　相关熵的对称性　对于两个随机变量 X 和 Y，相关熵 $V_\sigma(X, Y)$ 满足以下对称关系：

$$V_\sigma(X, Y) = V_\sigma(Y, X) \tag{5.77}$$

证明　对于随机变量 X 和 Y，不失一般性，通常采用高斯核函数 $\kappa_\sigma(\cdot) = 1/(\sqrt{2\pi}\sigma)$ $\exp[-(\cdot)^2/(2\sigma^2)]$，则相关熵 $V_\sigma(X, Y)$ 可以表示为

$$V_\sigma(X, Y) = \frac{1}{\sqrt{2\pi}\sigma} E\left\{ \exp\left(-\frac{|X - Y|^2}{2\sigma^2} \right) \right\} = \frac{1}{\sqrt{2\pi}\sigma} E\left\{ \exp\left(-\frac{|Y - X|^2}{2\sigma^2} \right) \right\}$$
$$= V_\sigma(Y, X)$$

因此，式（5.77）所描述的对称性成立。

也就是说，无论两个随机变量 X 和 Y 在相关熵 $V_\sigma(\cdot, \cdot)$ 中的先后顺序或位置如何，在选取相同核函数的条件下，相关熵 $V_\sigma(\cdot, \cdot)$ 度量的两个随机变量局部相似性的结果是不变的。

2．相关熵的有界性

性质 5.2　相关熵的有界性　对于两个随机变量 X 和 Y，选取高斯函数作为核函数，则

相关熵 $V_\sigma(X,Y)$ 有界性的数学描述如下：

$$0 < V_\sigma(X,Y) \leqslant \frac{1}{\sqrt{2\pi}\sigma} \tag{5.78}$$

考虑到高斯核函数中 e 的负实指数的单调衰减特性，可知相关熵 $V_\sigma(X,Y)$ 的值是大于零的，即 $V_\sigma(X,Y) > 0$。不失一般性，定义新的变量 $Z=|X-Y|$，则随着随机变量 X 与 Y 之差模值的减小，Z 值也相应减小，此时相关熵 $V_\sigma(X,Y)$ 的值是单调递增的。当且仅当 $X=Y$ 时，相关熵取得最大值 $1/(\sqrt{2\pi}\sigma)$。

进一步分析可知，若令 $\Lambda=1/(\sqrt{2\pi}\sigma)$，当随机变量 X 和 Y 中存在异常值（脉冲噪声），即 $Z=|X-Y| \to \infty$ 时，相关熵能够将趋于无穷的变量 Z 映射到有界的区间 $(0,\Lambda]$ 内，因此相关熵可以用来抑制信号中的脉冲噪声。

3．相关熵的展开特性

性质 5.3　相关熵的展开特性　对于两个随机变量 X 和 Y，设 X 与 Y 的差为一个新的随机变量 $W=X-Y$。采用高斯核函数，则相关熵 $V_\sigma(X,Y)$ 可以展开成以下泰勒级数的形式：

$$
\begin{aligned}
V_\sigma(X,Y) &= \frac{1}{\sqrt{2\pi}\sigma} \sum_{n=0}^{\infty} \frac{(-1)^n}{2^n n! \sigma^{2n}} E[(X-Y)^{2n}] \\
&= \frac{1}{\sqrt{2\pi}\sigma} \sum_{n=0}^{\infty} \frac{(-1)^n}{2^n n! \sigma^{2n}} E[W^{2n}]
\end{aligned}
\tag{5.79}
$$

可以看出，式（5.79）展开的相关熵 $V_\sigma(X,Y)$ 是由随机变量 W 的所有偶阶矩的加权和组成的，对比仅包含二阶矩的随机变量的相关函数而言，相关熵蕴涵着更丰富的统计信息。

4．相关熵与概率密度函数的关系

性质 5.4　相关熵与概率密度函数的关系　设服从联合概率密度函数 $f_{XY}(x,y)$ 的独立同分布观测数据为 $\{(x_i,y_i)\}_{i=1}^{N}$，且 $\hat{f}_{XY;\sigma}(x,y)$ 为以 σ 为核长的概率密度函数 $f_{XY}(x,y)$ 的 Parzen 估计，则以 $\sigma'=\sqrt{2}\sigma$ 为核长的相关熵的估计是 $\hat{f}_{XY;\sigma}(x,y)$ 沿着 $x=y$ 的积分运算，即

$$\hat{V}_{\sqrt{2}\sigma}(X,Y) = \int_{-\infty}^{+\infty} \hat{f}_{XY;\sigma}(x,y) \Big|_{x=y=u} du \tag{5.80}$$

证明　利用二维径向对称高斯核估计联合概率密度函数 $f_{XY}(x,y)$ 可得

$$\hat{f}_{XY;\sigma}(x,y) = \frac{1}{N} \sum_{i=1}^{N} K_\sigma \left(\begin{bmatrix} x \\ y \end{bmatrix} - \begin{bmatrix} x_i \\ y_i \end{bmatrix} \right) \tag{5.81}$$

式中，

$$K_\sigma \left(\begin{bmatrix} x \\ y \end{bmatrix} \right) = \frac{1}{2\pi |\boldsymbol{\Sigma}|^{1/2}} \exp \left(-\frac{1}{2} \begin{bmatrix} x \\ y \end{bmatrix}^{\mathrm{T}} \boldsymbol{\Sigma}^{-1} \begin{bmatrix} x \\ y \end{bmatrix} \right) \tag{5.82}$$

式中，

$$\boldsymbol{\Sigma} = \begin{bmatrix} \sigma^2 & 0 \\ 0 & \sigma^2 \end{bmatrix} \tag{5.83}$$

根据式（5.81）～式（5.83）可以推导出

$$K_\sigma \left(\begin{bmatrix} x \\ y \end{bmatrix} \right) = \kappa_\sigma(x) \kappa_\sigma(y) \tag{5.84}$$

因此

$$\hat{f}_{XY;\sigma}(x,y) = \frac{1}{N}\sum_{i=1}^{N}\kappa_\sigma(x-x_i)\kappa_\sigma(y-y_i) \tag{5.85}$$

对式（5.85）沿着 $x=y$ 进行积分可得

$$\int_{-\infty}^{+\infty}\hat{f}_{XY;\sigma}(x,y)\Big|_{x=y=u}\mathrm{d}u = \int_{-\infty}^{+\infty}\frac{1}{N}\sum_{i=1}^{N}\kappa_\sigma(x-x_i)\kappa_\sigma(y-y_i)\Big|_{x=y=u}\mathrm{d}u$$

$$= \frac{1}{N}\sum_{i=1}^{N}\int_{-\infty}^{+\infty}\kappa_\sigma(x-x_i)\kappa_\sigma(y-y_i)\mathrm{d}u = \frac{1}{N}\sum_{i=1}^{N}\kappa_{\sqrt{2}\sigma}(x_i-y_i) \tag{5.86}$$

$$= \hat{V}_{\sqrt{2}\sigma}(X,Y)$$

根据 Parzen 方法的条件，当满足 $\sigma \to 0$ 且 $N\sigma \to +\infty$ 时，$\hat{f}_{XY;\sigma}(x,y)$ 接近真实的概率密度函数 $f_{XY}(x,y)$，因此可得

$$\lim_{\sigma\to0}V(X,Y) = \lim_{\sigma\to0}\iint_{x,y}\kappa_\sigma(x-y)f_{XY}(x,y)\mathrm{d}x\mathrm{d}y = \iint_{x,y}\delta(x-y)f_{XY}(x,y)\mathrm{d}x\mathrm{d}y$$

$$= \int_{x=-\infty}^{+\infty}f_{XY}(x,x)\,\mathrm{d}x \tag{5.87}$$

在实际应用中，相关熵的估计只对有限数量样本进行，这对核长的设定将存在一个下界，因为太小的核长会导致估计没有意义。当用于计算相关熵的核长为 σ 时，相关熵可以用随机变量 X 和 Y 之差的模在边长为 $\sqrt{\pi/2}\sigma$ 的矩形（假设联合概率密度函数在此核长 σ 内是平滑的）内的概率来近似计算

$$V_\sigma(X,Y) \approx \frac{1}{\sqrt{2\pi}\sigma}P(|Y-X|<\sqrt{\pi/2}\sigma) \tag{5.88}$$

5.5.2　相关熵的无偏估计与渐进一致估计

对于离散时间严平稳随机过程，设 $\{X(n),\ n=0,1,\cdots,N-1\}$ 为满足概率密度函数为 $f(X)$ 的独立同分布采样数组，则相关熵可以采用以下形式表示：

$$V[m] = E[\kappa_\sigma(X(n)-X(n-m))] \tag{5.89}$$

通常情况下，随机过程的联合概率密度函数是未知的，且很难通过接收到的信号进行估计。因此，式（5.89）一般通过有限数据采样的时间平均进行估计

$$\hat{V}[m] = \frac{1}{N-m+1}\sum_{n=m}^{N}\kappa_\sigma(X(n)-X(n-m)) \tag{5.90}$$

定理 5.2　相关熵估计的渐进收敛性　设 $\{X(n),\ n=0,1,\cdots,N-1\}$ 为满足概率密度函数为 $f_X(x)$ 的独立同分布采样数组，且采用高斯函数作为核函数，则式（5.90）的均值渐近收敛于采用高斯核并通过 Parzen 窗获得的信息潜的估计。

证明　设 Parzen 概率密度函数的估计为

$$\hat{f}_X(x) = \frac{1}{N}\sum_{n=0}^{N-1}\kappa_\sigma(X-X(n)) \tag{5.91}$$

则信息潜的估计为

$$V = \int_{-\infty}^{+\infty}\left(\frac{1}{N}\sum_{n=0}^{N-1}\kappa_\sigma(X-X(n))\right)^2\mathrm{d}x = \frac{1}{N^2}\sum_{n'=0}^{N-1}\sum_{n=0}^{N-1}\kappa_\sigma'(X-X(n')) \tag{5.92}$$

式中，核函数 κ'_σ 表示为

$$\kappa'_\sigma(\cdot) = \frac{1}{\sqrt{2\pi}2\sigma} e^{-\frac{(\cdot)^2}{2(2\sigma)^2}} \tag{5.93}$$

另一方面，由于 m 满足条件 $-(N-1) \le m \le N-1$，则式（5.90）可以重新表示为

$$\hat{V}[m] = \left(\frac{1}{N} - |m|\right) \sum_{n=m}^{N} \kappa_\sigma(X(n) - X(n-m)) \tag{5.94}$$

因此，$\hat{V}[m]$ 的均值可以表示为

$$\langle \hat{V}[m] \rangle = \frac{1}{2N-1} \sum_{m=-N+1}^{N-1} \frac{1}{N-|m|} \sum_{n=m}^{N-1} \kappa_\sigma(X(n) - X(n-m)) \tag{5.95}$$

式中，$\langle \cdot \rangle$ 表示求时间平均运算符。

检查式（5.94）中的各项是否在式（5.95）中是很简单的，然而，在这两个表达式中，对应项的权重是不同的。因此，式（5.90）的均值是信息潜的有偏估计。

定理 5.3 相关熵估计的无偏性与渐近一致性 相关熵 $V_\sigma(X,Y) = E[\kappa_\sigma(X,Y)]$ 的估计

$$\hat{V}_\sigma(X,Y) = \frac{1}{N} \sum_{i=1}^{N} \kappa_\sigma(x_i - y_i) \tag{5.96}$$

是无偏且渐近一致的。

证明 设 $\{(x_i, y_i)\}_{i=1}^{N}$ 是由 $f_{XY}(x,y)$ 抽取的有限采样数据，定义误差随机变量为 $Z = Y - X$，且数据 $\{z_i = x_i - y_i\}_{i=1}^{N}$ 的误差概率密度函数的 Parzen 估计为 $\hat{f}_{Z;\sigma}(z)$。此时，$\hat{V}_\sigma(X,Y)$ 是 $\hat{f}_{Z;\sigma}(z)$ 在 $z=0$ 点的估计值，即

$$\hat{V}_\sigma(X,Y) = \frac{1}{N} \sum_{i=1}^{N} \kappa_\sigma(x_i - y_i) = \frac{1}{N} \sum_{i=1}^{N} \kappa_\sigma(z_i) = \hat{f}_{Z;\sigma}(0)$$

相关熵还可以写成以下积分的形式：

$$V_\sigma(X,Y) = E[\kappa_\sigma(X-Y)] = E[\kappa_\sigma(Z)] = \int_z \kappa_\sigma(z) f_Z(z) \mathrm{d}z$$

此外，还可以观察到

$$f_Z(0) = P(X=Y) = \int_{-\infty}^{+\infty} f_{XY}(x,x) \mathrm{d}x$$

将 Parzen 估计作为理论工具，可以直接获得 $\hat{V}_{N;\sigma}(X,Y)$ 的均值和方差

$$E[\hat{V}_{N;\sigma}(X,Y)] = V_\sigma(X,Y)$$

$$\lim_{N\to\infty,\sigma\to 0} E[\hat{V}_{N;\sigma}(X,Y)] = f_Z(0)$$

$$\mathrm{Var}[\hat{V}_{N;\sigma}(X,Y)] = \frac{\mathrm{Var}[\kappa_\sigma(z)]}{N}$$

$$\lim_{N\to\infty,\sigma\to 0} N\sigma \mathrm{Var}[\hat{V}_{N;\sigma}(X,Y)] = f_Z(0) \int_{-\infty}^{\infty} (\kappa_1(u))^2 \mathrm{d}u$$

式中，$\kappa_1(u)$ 为核长为 1 的高斯核函数。

因此，当 $N \to \infty$ 时，$\hat{V}_{N;\sigma}(X,Y)$ 是 $V(X,Y)$ 的无偏估计，且在均方意义上是一致的。进一步，当满足条件 $N\sigma \to \infty$ 且 $\sigma \to 0$ 时，$\hat{V}_{N;\sigma}(X,Y)$ 是 $f_Z(0)$ 的一个渐近无偏估计，且满足均方一致性。

5.5.3 相关熵与均方误差的对比

假设 X 和 Y 为两个服从联合分布随机变量，则均方误差表示为

$$\text{MSE}(X,Y) = E[(X-Y)^2] = \iint (x-y)^2 f_{XY}(x-y)\text{d}x\text{d}y \tag{5.97}$$

相关熵可重写为

$$V(X,Y) = E[\kappa_\sigma(X-Y)] = \iint \kappa_\sigma(x-y) f_{XY}(x-y)\text{d}x\text{d}y \tag{5.98}$$

式中，$f_{XY}(x-y)$ 为 X 和 Y 的联合概率密度函数。

由式（5.97）可以看出，均方误差是沿着 $y=x$ 线有"谷"的联合空间中的二阶统计量。由于均方误差量化了 x 和 y 之间的差异，并且对于远离 $y=x$ 的值是二次增加的，因此它可以用作联合空间中的相似性度量。

然而，虽然均方误差可以在高斯噪声环境下为随机变量相似性提供最优的度量，但如果噪声是服从 Alpha 稳定分布的脉冲噪声，则脉冲残差将累积在均方误差中。这就是当测量噪声包含脉冲分量时，高斯分布的假定无法使均方误差达到最优的原因。如果应用高斯函数作为核函数，且假设 $z=x-y$，则式（5.98）中的核函数 $\kappa_\sigma(z)$ 可以更直观地表示为

$$\kappa_\sigma(z) = \frac{1}{\sqrt{2\pi}\sigma} \exp\left(-\frac{|z|^2}{2\sigma^2}\right) \tag{5.99}$$

不难看出，如果 z 中包含脉冲噪声，随着 z 的增长，$\kappa_\sigma(z)$ 快速减小。如果 $z \to \infty$，则 $\kappa_\sigma(z)$ 趋近于零。因此，噪声中包含的脉冲成分不会占主导地位，所以相对于均方误差，相关熵具有更好的抑制脉冲噪声的作用。

基于上述分析，相关熵利用核函数的核长作为数据样本的调节器，在保证二阶统计量有界的基础上，有效降低了脉冲噪声的影响。

5.5.4 相关熵函数的几个性质

设离散时间随机过程 $\{X(n), n \in N\}$，其自相关熵函数 $V(m) = E[\kappa_\sigma(X(n)-X(n-m))]$ 有以下性质。

性质 5.5 相关熵函数的对称性 离散时间随机过程的自相关熵函数 $V(m) = E[\kappa_\sigma(X(n)-X(n-m))]$ 是关于原点对称的偶函数，即

$$V(m) = V(-m) \tag{5.100}$$

性质 5.6 相关熵函数的有界性 自相关熵函数 $V[m]$ 在原点取得最大值，即

$$V(m) \leqslant V(0), \quad \forall m \tag{5.101}$$

性质 5.7 相关熵矩阵的正定性 对于满足 $m = 0, 1, \cdots, P-1$ 的自相关熵函数 $V(m)$，式（5.102）定义的 $P \times P$ 维托普利兹（Toeplitz）相关熵矩阵是正定的。

$$V = \begin{bmatrix} V(0) & V(1) & \cdots & V(P-1) \\ V(1) & V(0) & \cdots & V(P-2) \\ \vdots & \ddots & \ddots & \vdots \\ V(P-1) & V(P-2) & \cdots & V(0) \end{bmatrix} \tag{5.102}$$

证明 矩阵 V 可以展开为以下形式：

$$V = \sum_{n=m}^{N} A_n \qquad (5.103)$$

式中，A_n 可以表示为

$$A_n = \begin{bmatrix} \kappa_\sigma(x_n - x_n) & \kappa_\sigma(x_n - x_{n-1}) & \cdots & \kappa_\sigma(x_n - x_{n-P-1}) \\ \kappa_\sigma(x_n - x_{n-1}) & \kappa_\sigma(x_n - x_n) & \cdots & \kappa_\sigma(x_n - x_{n-P-2}) \\ \vdots & \vdots & \ddots & \vdots \\ \kappa_\sigma(x_n - x_{n-P-1}) & \kappa_\sigma(x_n - x_{n-P-2}) & \cdots & \kappa_\sigma(x_n - x_n) \end{bmatrix} \qquad (5.104)$$

如果 $\kappa_\sigma(x_i - x_j)$ 为满足 Mercer 条件的核函数，则对于任意 n，A_n 是一个正定矩阵。此外，由于多个正定矩阵的和同样满足正定性，因此，矩阵 V 也是正定矩阵。

上述性质为把自相关熵应用到采用常规相关矩阵的各种信号处理方法提供了可能性，如信号和噪声子空间分解、投影等。

性质 5.8 设 $\{X(n) \in \mathbb{R}, n \in T\}$ 是一个零均值离散时间广义平稳高斯过程，其自相关函数为 $r(m) = E[X(n)X(n-m)]$，则该随机过程的自相关熵可以表示为

$$V(m) = \begin{cases} \dfrac{1}{\sqrt{2\pi}\sigma}, & m = 0 \\ \dfrac{1}{\sqrt{2\pi(\sigma^2 + \sigma^2(m))}}, & m \neq 0 \end{cases} \qquad (5.105)$$

式中，σ 为核长，$\sigma^2(m) = 2(r(0) - r(m))$。

证明 由于相关熵函数定义为 $V(m) = E[\kappa_\sigma(X(n) - X(n-m))]$，因此，对于 $m \neq 0$，设 $Z(m) = X(n) - X(n-m)$，则

$$V(m) = \int_{-\infty}^{+\infty} \kappa_\sigma(Z(m)) \frac{1}{\sqrt{2\pi}\sigma(m)} \exp\left(-\frac{Z^2(m)}{2\sigma^2(m)}\right) dZ(m) \qquad (5.106)$$

由于上述考虑的是高斯核函数，因此，核长的平方 σ^2 即为高斯核函数的方差。此时，式（5.105）可以看作两个方差分别为 σ^2 和 $\sigma^2(m)$ 的零均值高斯过程的卷积。

通过理论分析可以发现，相关熵通过二次 Renyi 熵传递了随机过程时间结构及其概率密度函数的信息。由性质 5.7 可知，如果 $\{X(n) \in \mathbb{R}, n \in T\}$ 是方差为 σ_X^2 的零均值白高斯过程，对于 $\forall m \neq 0$，可得

$$V(m) = \frac{1}{\sqrt{2\pi(\sigma^2 + \sigma_X^2)}} \qquad (5.107)$$

如果设定 Parzen 窗的方差为核长的平方 σ^2，则当 $V(m)$ 的概率密度函数是由该 Parzen 窗估计获得时，$V(m)$ 是一个方差为 σ_X^2 的高斯随机变量的信息潜。

性质 5.9 设 $\{x_i\}_{i=1}^N$ 是一个观测数据集，则相关熵核诱导一个尺度非线性映射 η，η 将信号映射为 $\{\eta_x(i)\}_{i=1}^N$，同时在某种意义上保留相似性度量

$$E[\eta_x(i)\eta_x(i+t)] = V(i, i+t) = E[\kappa(x(i) - x(i+t))] \qquad (5.108)$$

式中，$0 \leq t \leq N-1$。

转换后数据的均方是 $N \to \infty$ 时原始数据信息潜的渐近估计。

证明 设 m_η 为转换数据的平均值

$$m_\eta = \frac{1}{N} \sum_{i=1}^{N} \eta_x(i) \tag{5.109}$$

则有

$$m_\eta^2 = \frac{1}{N^2} \sum_{i=1}^{N} \sum_{j=1}^{N} \eta_x(i)\eta_y(j) \tag{5.110}$$

以样本估计形式重写式（5.108），有

$$\sum_{i=1}^{N-t} \eta_x(i)\,\eta_x(i+t) = \sum_{i=1}^{N-t} \kappa(x(i) - x(i+t)) \tag{5.111}$$

式中，固定参数 t，并且取 $N \to \infty$。

如果将双重求和式（5.110）展开成一个数组，并沿对角线方向求和，这恰好在不同的时延因子上获得了转换数据的自相关函数，因此在不同的时延因子上获得的输入数据的相关熵函数可以表示为

$$\begin{aligned}
\frac{1}{N^2} \sum_{i=1}^{N} \sum_{j=1}^{N} \eta_x(i)\eta_y(j) &= \frac{1}{N^2} \left(\sum_{t=0}^{N-1} \sum_{i=1}^{N-t} \eta_x(i)\eta_y(i+t) + \sum_{t=1}^{N-1} \sum_{i=1+t}^{N} \eta_x(i)\eta_y(i-t) \right) \\
&\approx \frac{1}{N^2} \left(\sum_{t=0}^{N-1} \sum_{i=1}^{N-t} \kappa(x(i)-x(i+t)) + \sum_{t=1}^{N-1} \sum_{i=1+t}^{N} \kappa(x(i)-x(i-t)) \right) \\
&= \frac{1}{N^2} \sum_{i=1}^{N} \sum_{j=1}^{N} \kappa(x(i)-x(j))
\end{aligned} \tag{5.112}$$

由式（5.112）可知，当 N 趋近于无穷时，估计误差趋近于零。换言之，通过相关熵核诱导的转换后数据的均值能够渐近估计信息潜的均方根，从而估计原始数据的熵。这个性质进一步证实相关熵具有随机变量相似性度量的性质。

5.5.5　相关熵的映射空间特性

设 X 和 Y 为两个随机变量，则 X 和 Y 的相关熵 $V_\sigma(X,Y) = E[\kappa_\sigma(X-Y)]$ 具有以下性质。

性质 5.10　相关熵是映射特征空间数据的二阶统计量。

证明　假设特征空间的维数为 M，核映射为 $\boldsymbol{\varphi}(X) = [\varphi_1(X), \varphi_2(X), \cdots, \varphi_M(X)]^{\mathrm{T}}$，则 $\boldsymbol{\varphi}(X)$ 和 $\boldsymbol{\varphi}(Y)$ 的二阶统计量可以通过以下的相关矩阵表示：

$$\boldsymbol{R}_{XY} = E[\boldsymbol{\varphi}(X)\boldsymbol{\varphi}(Y)^{\mathrm{T}}] = \begin{bmatrix} E[\varphi_1(X)\varphi_1(Y)] & \cdots & E[\varphi_1(X)\varphi_M(Y)] \\ \vdots & \ddots & \vdots \\ E[\varphi_M(X)\varphi_1(Y)] & \cdots & E[\varphi_M(X)\varphi_M(Y)] \end{bmatrix} \tag{5.113}$$

同时，有

$$V_\sigma(X,Y) = E[\boldsymbol{\varphi}^{\mathrm{T}}(X)\boldsymbol{\varphi}(Y)] = \mathrm{tr}(\boldsymbol{R}_{XY}) \tag{5.114}$$

式中，$\mathrm{tr}(\cdot)$ 表示矩阵的迹。

$\boldsymbol{R}_{XY}$ 的迹等于特征值之和，这说明相关熵是由高斯核诱导的特征空间中的二阶统计量。该性质通常与核方法中定义的互协方差运算进行对比，即再生核希尔伯特空间中数据中心化后的相关熵是互协方差的迹。

性质 5.11　设随机变量 X 和 Y 是统计独立的，则有

$$V(X,Y) = \langle E[\boldsymbol{\varphi}(X)], E[\boldsymbol{\varphi}(Y)] \rangle_{\mathbb{H}} \tag{5.115}$$

证明　结合性质 5.10 的结论可得

$$V(X,Y) = E\left[\sum_{i=1}^{M}\varphi_i(X)\varphi_i(Y)\right] = \sum_{i=1}^{M}E[\varphi_i(X)]E[\varphi_i(Y)] = \langle E[\boldsymbol{\varphi}(X)], E[\boldsymbol{\varphi}(Y)]\rangle_{\mathbb{H}} \quad (5.116)$$

性质 5.11 可称为特征空间中的不相关性，是一种新的、易于计算的 X 和 Y 之间独立性的度量。此外，该性质还可以用概率密度函数来解释。

若 X 和 Y 是独立的，有

$$f_{XY}(x,y) = f_X(x)f_Y(y) \quad (5.117)$$

利用 Parzen 窗估计这些概率密度函数，则

$$\hat{f}_{XY;\sigma}(x,y) = \frac{1}{N}\sum_{i=1}^{N}\kappa_\sigma(x-x_i)\kappa_\sigma(y-y_i) \quad (5.118)$$

$$\hat{f}_{X;\sigma}(x) = \frac{1}{N}\sum_{i=1}^{N}\kappa_\sigma(x-x_i) \quad (5.119)$$

$$\hat{f}_{Y;\sigma}(y) = \frac{1}{N}\sum_{i=1}^{N}\kappa_\sigma(y-y_i) \quad (5.120)$$

结合式（5.118）～式（5.120），将式（5.117）沿着 $y=x$ 积分可得

$$\frac{1}{N}\sum_{i=1}^{N}\kappa_{\sqrt{2}\sigma}(x_i-y_i) \approx \frac{1}{N^2}\sum_{j}^{N}\sum_{i}^{N}\kappa_{\sqrt{2}\sigma}(x_j-y_i) \quad (5.121)$$

这是式（5.115）样本估计的近似值。式（5.121）中的近似值是由 Parzen 估计获得的。当 σ 趋近于零且 $N\sigma$ 趋近于无穷时，式（5.121）可以写为

$$\frac{1}{N}\sum_{i=1}^{N}\kappa_{\sqrt{2}\sigma}(x_i-y_i) = \frac{1}{N^2}\sum_{j}^{N}\sum_{i}^{N}\kappa_{\sqrt{2}\sigma}(x_j-y_i) \quad (5.122)$$

与位势场（potential fields）进行类比，式（5.121）右边的项称为互信息潜，且当 $X=Y$ 时，式（5.122）右边的项退化为信息潜。从核方法的角度来看，$f_X(\cdot) = E[\boldsymbol{\varphi}(X)]$ 和 $f_Y(\cdot) = E[\boldsymbol{\varphi}(Y)]$ 是再生核希尔伯特空间的两个点，并且互信息潜恰为这两个概率密度函数创建的矢量之间的内积。

设 $\{X(t), t\in T\}$ 是一个以 T 为索引集的随机过程，通过高斯核诱导的非线性映射 $\boldsymbol{\varphi}$ 将数据映射到有限维再生核希尔伯特空间 $\mathbb{H}$，在该空间中，自相关熵函数 $V_X(t,s)$ 从 $T\times T$ 维空间映射到 $\mathbb{R}^+$ 空间

$$V_X(t,s) = E\left[\langle\boldsymbol{\varphi}(X(t)), \boldsymbol{\varphi}(X(s))\rangle_{\mathbb{H}}\right] = E[\kappa_\sigma(X(t)-X(s))] \quad (5.123)$$

式中，$\langle\cdot,\cdot\rangle_{\mathbb{H}}$ 表示 $\mathbb{H}$ 空间的内积。

式（5.123）类似于随机过程的自相关。可以证明，式（5.123）中的自相关熵是一个对称正定函数，因此其定义了一个新的再生核希尔伯特空间。现已证明，基于自相关熵理论，可以在该再生核希尔伯特空间中导出最优线性组合器的解析解。

性质 5.12 设 $\{X(t), t\in T\}$ 是以 T 为索引集的随机过程，且 $X(t)\in\mathbb{R}^d$，对于定义在 $R\times R$ 上的任意对称正定核 $\kappa(X(t_1), X(t_2))$，相关熵 $V(t_1, t_2) = E[\kappa(X(t_1), X(t_2))]$ 是一个再生核。

证明 由于 $\kappa(X(t_1), X(t_2))$ 是对称的，可知相关熵 $V(t_1, t_2)$ 也是对称的。进一步，由于 $\kappa(X(t_1), X(t_2))$ 满足正定性，对于任意不全为零的集合 $\{X_1, X_2, \cdots, X_n\}$ 和任意实数集合 $\{a_1, a_2, \cdots, a_n\}$，可得

$$\sum_{i=1}^{n}\sum_{j=1}^{n}a_i a_j\kappa(X_i, X_j) > 0 \quad (5.124)$$

并且，如果关于两个随机变量 X 和 Y 的严格正定函数 $g(\cdot,\cdot)$ 满足 $E[g(X,Y)] > 0$，则有

$$E\left\{\sum_{i=1}^{n}\sum_{j=1}^{n}a_i a_j \kappa(X_i,Y_j)\right\} > 0 \Rightarrow \sum_{i=1}^{n}\sum_{j=1}^{n}a_i a_j E[\kappa(X_i,Y_j)] = \sum_{i=1}^{n}\sum_{j=1}^{n}a_i a_j V(i,j) > 0 \quad (5.125)$$

因此，$V(t_1,t_2)$ 同时满足对称性和正定性。

根据 Moore-Aronszajn 定理可知，对于两个实值随机变量的每一个实对称正定函数 κ，都唯一存在一个以 κ 为再生核的再生核希尔伯特空间。表明了核函数与再生希尔伯特空间的一一对应关系，这也为映射变换的唯一性提供了理论的保证。

此外，相关熵还可以用两种映射空间来解释。

第一种映射空间是高斯核诱导的再生核希尔伯特空间，在核机器学习中得到广泛应用。再生核希尔伯特空间上的元素是由高斯核的特征函数表示的无限维矢量，由于 $\|\varphi(x)\|^2 = \kappa(0) = 1/(\sqrt{2\pi}\sigma)$，因此在三维空间中，这些元素位于以原点为圆心，以 $1/(\sqrt{2\pi}\sigma)$ 为半径的球体的第一卦限。相关熵可以对采样数据在该球体的投影进行计算。

第二种映射空间是由相关熵核函数本身诱导的再生核希尔伯特空间，其中元素是随机变量，而内积由相关熵来定义。采用这种解释，相关熵可以很容易地用于统计推断，并且为与输入空间非线性相关的再生核希尔伯特空间提供了一种基于内积的优化算法。

5.6　相关熵的物理与几何解释

5.6.1　相关熵的物理解释

相关熵通过把线性空间的自相关函数推广到非线性空间，是一种可用于度量映射到特征空间信号相似性的非线性测度。设 $\{X(t), t \in T\}$ 是关于 T 的严平稳过程，则相关熵函数可写成以下形式：

$$V_X(s,t) = E\{\langle \varphi(X(s)),\ \varphi(X(t))\rangle_{\mathbb{H}}\} = E\{\kappa(X(s),X(t))\} \quad (5.126)$$

式中，φ 表示高斯核诱导的从输入空间到特征空间 $\mathbb{H}$ 的非线性映射，$\langle\cdot,\cdot\rangle_{\mathbb{H}}$ 表示特征空间 $\mathbb{H}$ 上的内积。

相关熵的这种映射与常用的映射不同，它不是采用显式的方式定义映射、计算映射进而获取映射的内积运算结果，而是利用"核技巧"，将非线性映射的内积定义为正定的 Mercer 核，即

$$\kappa(X(s),X(t)) = \langle \varphi(X(s)),\ \varphi(X(t))\rangle_{\mathbb{H}} \quad (5.127)$$

相关熵的映射，不需要明确关于映射函数的知识，"核技巧"即可提供有效的计算。近年来，核方法在预测、分类、分解等领域得到了广泛的应用。

从物理含义角度来讲，相关熵是将信号时间结构和信号幅度的统计分布结合在一个函数中的相似性度量。虽然相关熵与传统的自相关函数有共同之处，但与自相关不同的是，相关熵对振幅分布的高阶矩更为敏感，可以更好地识别信号产生的非线性特征。此外，相关熵还能够利用核方法有效地计算内积。

由于相关熵计算简单且能反映非线性特性，因此可用作非线性测试的判别度量。对于不同数据长度、不同信噪比，以及不同静态非线性失真条件下的合成线性高斯、线性非高斯和非线性时间序列，相关熵作为非线性测度的分辨能力所提升。

5.6.2 相关熵的几何解释

1. 希尔伯特空间的核关联

近年来，随着研究的不断深入，提出了包括支持向量机、核主成分分析、Fisher 判别分析及核规范相关分析等核方法，并成功地解决了多种统计信号参数估计问题。核方法的基本思想是将数据 $x_i(t)$ 从输入空间转换为矢量 $\boldsymbol{\varphi}(x_i)$ 的高维特征空间，其中的内积可以使用满足 Mercer 条件的正定核函数来计算

$$\kappa(x_i, x_j) = \left\langle \boldsymbol{\varphi}(x_i), \ \boldsymbol{\varphi}(x_j) \right\rangle_{\mathbb{H}} \tag{5.128}$$

该思路能够用内积表示的线性算法解决非线性问题，甚至无须知道确切的映射 $\boldsymbol{\varphi}$。

特征空间 $\mathbb{H}$ 的一个重要特征是：它是一个再生核希尔伯特空间，即函数 $\{\kappa(\cdot, x) : x \in \chi\}$ 张成的空间定义了唯一的泛函希尔伯特空间。这些空间的关键属性是核的可再生性，即

$$f(x) = \left\langle \kappa(\cdot, x), f \right\rangle_{\mathbb{H}}, \quad \forall f \in \mathbb{H} \tag{5.129}$$

特别地，如果定义从输入空间到再生核希尔伯特空间的非线性映射为 $\boldsymbol{\varphi}(x) = \kappa(\cdot, x)$，则有

$$\left\langle \boldsymbol{\varphi}(x), \ \boldsymbol{\varphi}(y) \right\rangle_{\mathbb{H}} = \left\langle \kappa(\cdot, x), \ \kappa(\cdot, y) \right\rangle_{\mathbb{H}} = \kappa(x, y) \tag{5.130}$$

由此，$\boldsymbol{\varphi}(x) = \kappa(\cdot, x)$ 定义了与核关联的希尔伯特空间。

2. 再生高斯核的几何意义

高斯函数因具有平移不变性（translation-invariant），而成为使用最广泛的 Mercer 核函数。另一方面，信息理论学习解决了以非参数方式直接从数据中提取信息的问题。通常情况下，Renyi 熵或 Kullback-Leibler 距离的近似值可用作信息理论学习的代价函数，并且它们在诸如时间序列预测、盲源分离及均衡问题上均取得了理想的结果。

最近的研究成果显示，当使用 Parzen 方法估计信息理论学习的代价函数时，还可以用由 Parzen 核定义的核特征空间中的内积表示，从而表明信息理论学习与核方法之间的密切关系。例如，设一个数据集为 $x_1, x_2, \cdots, x_N \in \mathbb{R}^d$，与其对应的一组转换数据为 $\boldsymbol{\varphi}(x_1), \boldsymbol{\varphi}(x_2), \cdots, \boldsymbol{\varphi}(x_N)$，则有

$$\left\| m_\Phi \right\|^2 = \left\langle \frac{1}{N} \sum_{i=1}^{N} \boldsymbol{\varphi}(x_i), \ \frac{1}{N} \sum_{j=1}^{N} \boldsymbol{\varphi}(x_j) \right\rangle = \frac{1}{N} \sum_{i=1}^{N} \sum_{j=1}^{N} \kappa(x_i - x_j) \tag{5.131}$$

类似地，理论研究表明，核独立成分分析与柯西-施瓦兹（Cauchy-Schwartz）独立度量之间存在等价性。实际上，所有在输入空间中使用非参数概率密度函数估计的学习算法都可以用以点积表示的核方法作为替代公式，这种联系给出了核方法与相关熵的几何关系，并通过输入空间中概率密度函数的估计值来确定最佳核参数。

设 $\{X(t), t \in T\}$ 是以 T 为索引集的随机过程，且 $X(t) \in \mathbb{R}^d$，由于 $\left\| \boldsymbol{\varphi}(X(t)) \right\|^2 = \kappa(0) = 1/(\sqrt{2\pi}\sigma)$，因此由再生高斯核诱导的非线性变换将输出采样映射到特征空间的一个球上。如图 5.13 所示，$\boldsymbol{\varphi}(X(t_1))$ 和 $\boldsymbol{\varphi}(X(t_2))$ 两点之间的距离与从原点到这些点的矢量之间的角度成正比

$$d(\boldsymbol{\varphi}(X(t_1)), \boldsymbol{\varphi}(X(t_2))) \propto \cos^{-1} \left(\frac{\left\langle \boldsymbol{\varphi}(X(t_1)), \boldsymbol{\varphi}(X(t_2)) \right\rangle}{\left\| \boldsymbol{\varphi}(X(t_1)) \right\| \left\| \boldsymbol{\varphi}(X(t_2)) \right\|} \right) = \cos^{-1}(\sqrt{2\pi}\sigma_\kappa(X(t_1) - X(t_2))) \tag{5.132}$$

换言之，核函数实际上是计算球面上两点之间夹角的余弦（即距离）。此外，从前面的

讨论和图 5.13 中还可以看到，转换后的数据 $\boldsymbol{\varphi}(X(t))$ 必须位于球体上第一卦限的某个嵌入流形上。并且从信息理论学习和核方法之间的联系可知，特征向量也传递了输入数据集二次 Renyi 熵的信息。

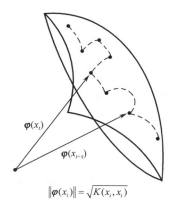

图 5.13　具有再生高斯核的时间序列的映射

5.7　本章小结

针对脉冲噪声对经典信号分析处理算法的影响，本章系统地介绍了相关熵的基本概念和基本原理，主要包括：相关熵与相关熵谱的概念、定义与特点，相关熵诱导距离测度、最大相关熵准则、相关熵的核函数及其核函数中核长参数对相关熵的影响等问题。本章还系统地介绍了相关熵的主要性质，并对一些定理和性质给出了证明。最后，给出了相关熵的映射空间特性与相关熵的物理几何解释。本章还给出了关于相关熵和最大相关熵准则的初步应用。理论和实践表明，由于相关熵包含了随机变量或随机过程更为丰富的统计特征，因而在信号相似性评价和脉冲噪声抑制方面具有优越的性能。

思考题与习题

1. 试分析分数低阶统计量的优点和不足之处。
2. 相关熵的基本概念和抑制脉冲噪声的原理。
3. 相关熵诱导距离是如何表现出"混合范数"的特性的？
4. 对比 MSE 准则，相关熵有哪些优点？
5. 叙述相关熵的性质，并证明其渐进一致性。
6. 构造相关熵函数过程中，常用的核函数有哪几种？
7. 确定相关熵核函数核长的方法有几种，各种方法的优点是什么？
8. 试分析高斯核函数的核长对相关熵的影响，并举例说明。

假设从均匀线性阵列获得的观测数据为 $x(n) = \sqrt{30}\sin(2\pi 0.3n) + \sqrt{3}\sin(2\pi 0.314n) + w(n)$。其中，$w(n)$ 为服从 Alpha 稳定分布的加性脉冲噪声，特征指数为 $\alpha = 1.5$，对称参数为 $\beta = 0$，广义信噪比从 GSNR = 0dB 增加到 GSNR = 10dB，并取 $n = 1, 2, \cdots, 512$。

（1）编写 MUSIC 算法的计算机仿真程序，统计 200 次独立实验并绘制均方根误差和可分辨概率随广义信噪比变化的图形。

（2）编写 CRCO-MUSIC 算法的计算机仿真程序，统计 200 次独立实验并绘制均方根误差和可分辨概率随广义信噪比变化的图形。

（3）对比 MUSIC 算法和 CRCO-MUSIC 算法的均方根误差和可分辨概率的曲线，并分析产生这种结果的原因。

9．试证明高斯函数 $\frac{1}{\sqrt{2\pi}\sigma}e^{-\frac{(x-x_0)^2}{2\sigma^2}}$ 满足核函数的条件，可以作为核函数构造相关熵。

10．实际参数估计中，由于随机变量 X 和 Y 的联合概率密度函数通常是未知的，且仅能获得有限长度的数据采样 $\{(x_i, y_i)\}_{i=1}^{N}$，此时的相关熵可用 $\hat{V}(X,Y) = \frac{1}{N}\sum_{i=1}^{N}\kappa_\sigma(x_i - y_i)$ 进行估计。证明 $\hat{V}(X,Y)$ 的无偏性和渐近一致估计性。

11．什么是 Mercer 条件？试证明高斯核函数、广义高斯核函数和拉普拉斯函数是否满足 Mercer 条件，举几个同样满足 Mercer 条件的核函数的例子。

12．试证明相关熵的对称性和有界性。

13．假设随机变量 X 和 Y 服从联合 Alpha 稳定分布，试证明下式的相关熵展开式是有界的：

$$V_\sigma(X,Y) = \frac{1}{\sqrt{2\pi}\sigma}\sum_{n=0}^{\infty}\frac{(-1)^n}{2^n n!}E\left[\frac{(X-Y)^{2n}}{\sigma^{2n}}\right]$$

14．相关熵也被称为广义相关函数，分析并说明相关熵和相关函数性质上的相同与不同之处。

15．什么是最大相关熵准则？最大相关熵估计的最优解是否是唯一的？

16．分析并说明相关熵谱和功率谱的相同点和不同点，并说明脉冲噪声环境下哪个性能更好。

17．什么是信息潜？分析并说明信息潜与相关熵的关系。

18．假设二维平面上的随机变量 $\boldsymbol{a} = [a_1, a_2]^{\mathrm{T}}$，其中高斯核函数的核长分别为 $\sigma = 0.5$、1.5 和 2.5。试编写 CIM 计算机仿真程序，并比较核长对 CIM 的影响，试从 CIM 的角度分析核函数核长对相关熵抑制脉冲噪声性能的影响。

19．设 X、Y、Z 为三个随机变量，试证明相关熵诱导距离 CIM 满足三角不等式：

$$\mathrm{CIM}(X,Z) \leqslant \mathrm{CIM}(X,Y) + \mathrm{CIM}(Y,Z)$$

20．编写基于 CIM 选取准则的核长选取方法的计算机仿真程序，并对比其与固定核长下相关熵的性能。

21．编写程序实现广义相关熵诱导距离，比较相关熵诱导距离和广义相关熵诱导距离性质上的相同点和不同点。

22．假设 $V[m]$ 为满足 $m = 0,1,\cdots,P-1$ 的自相关熵，证明以下 $P \times P$ 维托普利兹矩阵是正定的：

$$\boldsymbol{V} = \begin{bmatrix} V[0] & V[1] & \cdots & V[P-1] \\ V[1] & V[0] & \cdots & V[P-2] \\ \vdots & \ddots & \ddots & \vdots \\ V[P-1] & V[P-2] & \cdots & V[0] \end{bmatrix}$$

23．证明高斯核函数的平移不变性（translation-invariant）。

24．假设特征空间的维数为 M，核映射为 $\boldsymbol{\varphi}(X) = [\varphi_1(X), \varphi_2(X), \cdots, \varphi_M(X)]^{\mathrm{T}}$，试证明：

再生核希尔伯特空间中数据中心化后的相关熵是互协方差的迹。

25．假设 $\{X(n)\in\mathbb{R},n\in T\}$ 是方差为 σ_X^2 的零均值白高斯过程，对于 $\forall m\neq 0$，有 $V[m]=\dfrac{1}{\sqrt{2\pi(\sigma^2+\sigma_X^2)}}$。

26．试证明：当 $V[m]$ 的概率密度函数是通过核长为 σ 的 Parzen 窗估计获得时，$V[m]$ 是一个方差为 σ_X^2 的高斯随机变量的信息潜。

27．为什么说相关熵可以度量映射到特征空间信号的相似性？为什么相关熵可以更好地识别信号产生的非线性特征？

28．为什么相关熵可以利用核方法有效地计算内积？

29．相关熵的几何和物理意义分别指什么？在参数估计方法中有什么作用？

30．分析并证明相关熵是联合空间中的"中心距"。

31．假设 $\{X(t),\ t\in T\}$ 是一个以 T 为索引集的随机过程。通过高斯核诱导的非线性映射 $\boldsymbol{\varphi}$ 将数据映射到有限维再生核希尔伯特空间 $\mathbb{H}$，在该空间中，自相关熵函数 $V_X(t,s)$ 从 $T\times T$ 维空间映射到 $\mathbb{R}^+$ 空间

$$V_X(t,s)=E\left[\left\langle\boldsymbol{\varphi}(X(t)),\ \boldsymbol{\varphi}(X(s))\right\rangle_{\mathbb{H}}\right]=E[\kappa_\sigma(X(t)-X(s))]$$

式中，$\langle\cdot,\cdot\rangle_{\mathbb{H}}$ 表示 $\mathbb{H}$ 空间的内积。证明：$V_X(t,s)$ 是对称正定函数，并且定义了一个新的再生核希尔伯特空间。

第 6 章　基于相关熵的信号滤波技术

6.1　概述

　　信号滤波是信号处理中最重要的基本概念与技术之一。可以说，有信号处理的地方，几乎就会有信号滤波的存在。信号滤波的目的是去除信号中的无用成分，保留信号中的有用成分。经典的信号滤波技术通常在频域上对信号的不同频率成分进行区分，而现代的统计最优滤波技术则往往依据某种统计最优准则对信号的成分、参数或信号的整体进行估计或提取。

　　维纳滤波器、卡尔曼滤波器和基于最小均方（LMS）准则的自适应滤波器是典型的统计最优滤波器。这些滤波器的共同特点是基于某个二阶统计量构造代价函数或递推估计量，并进一步通过对代价函数的优化求解，得到对信号有用成分或相关参数的估计。由于采用了二阶统计量，故这类统计最优滤波器在脉冲噪声条件下发生性能退化，不能实现最优滤波。

　　为了改善脉冲噪声条件下统计最优滤波器的性能，自 2006 年相关熵的概念和理论提出以来，人们进行了广泛的探索和研究。鉴于相关熵具有优良的抑制脉冲噪声的特点，文献中报道了许多基于相关熵的统计最优滤波器的改进方法，并取得了很好的应用效果。这种基于相关熵理论的统计滤波器的一般方法可概括为：利用相关熵构造代价函数，替代均方误差等二阶统计量在统计滤波器中的作用，从而解决传统滤波器在脉冲噪声条件下性能退化的问题。其中，作为相关熵理论的主要建立与开拓者，Principe 教授团队提出了利用最大相关熵准则（MCC）替代 LMS 准则作为自适应滤波器的代价函数，提出并实现了脉冲噪声条件下的线性和递归线性滤波器。随后，西安交通大学陈霸东教授团队在基于相关熵的统计最优滤波器研究与设计中取得了显著成果，包括研究 MCC 下的贝叶斯估计问题，进而得出 MCC 本质上是一个平滑最大后验概率（MAP）估计的结论。在此基础上，将相关熵运用到一系列的滤波器设计中，如核自适应滤波器、约束型滤波器、卡尔曼滤波器等，并在脉冲噪声下取得了很好的性能。

　　为了使读者能够深入理解相关熵在滤波技术中的应用，在前面章节系统地介绍相关熵基本理论的基础上，本章将详细介绍基于相关熵的滤波技术。特别是着重介绍基于相关熵的自适应滤波、核自适应滤波和卡尔曼滤波的方法与应用，通过对各种滤波技术的原理和使用结果的说明，帮助读者了解相关熵抑制脉冲噪声的优势，并掌握利用相关熵实现信号滤波的方法。

6.2　最大相关熵估计与贝叶斯估计

6.2.1　贝叶斯估计的基本原理

1. 贝叶斯估计的代价函数与条件风险

贝叶斯估计的核心思路是对不同的估计结果赋予不同的代价，并使平均代价或条件风险达到最小，从而实现最优估计。

在贝叶斯估计问题中，定义三种基本的代价函数，分别称为误差平方函数、误差绝对值函数和二次权重函数。这三个代价函数分别如式（6.1）、式（6.2）和式（6.3）所示。

$$c(e) = c(s - \hat{s}) = (s - \hat{s})^2 \tag{6.1}$$

$$c(e) = c(s - \hat{s}) = |s - \hat{s}| \tag{6.2}$$

$$c(e) = c(s - \hat{s}) = \begin{cases} 0, & \text{若 } |s - \hat{s}| < \Delta/2 \\ 1, & \text{若 } |s - \hat{s}| > \Delta/2 \end{cases} \tag{6.3}$$

式中，s 和 $\hat{s}$ 分别表示待估计参数和估计值，Δ 表示一个小区间，$c(\cdot)$ 表示代价函数，e 表示估计误差。

定义条件风险 R 为代价函数 $c(\cdot)$ 与后验概率密度函数 $p(s|x)$ 乘积的积分，即

$$R = \int_{-\infty}^{\infty} c p(s|x) \mathrm{d}s \tag{6.4}$$

只要使式（6.4）达到最小，就可以实现该种代价函数条件下的最优估计。

2．三种贝叶斯估计方法

（1）均方误差估计

均方误差（mean square error）估计，简称为 MS 估计，记为 $\hat{s}_{\mathrm{MS}}$。代价函数取式（6.1），代入条件风险式（6.4）。对条件风险 R 相对于 $\hat{s}$ 求取一阶导数，并令导数为零，可以得到

$$\hat{s}_{\mathrm{MS}} = \int_{-\infty}^{\infty} s p(s|x) \mathrm{d}s \tag{6.5}$$

可见，最小均方误差估计是 s 在后验概率密度函数意义下的均值，常记为 $\hat{s}_{\mathrm{MS}} = E[s|x]$。

（2）绝对值估计

绝对值（absolute）估计，简称为 ABS 估计，记为 $\hat{s}_{\mathrm{ABS}}$。代价函数取式（6.2），代入式（6.4），并求导数再令导数为零，可得

$$\int_{-\infty}^{\hat{s}_{\mathrm{ABS}}} p(s|x) \mathrm{d}s = \int_{\hat{s}_{\mathrm{ABS}}}^{\infty} p(s|x) \mathrm{d}s \tag{6.6}$$

由此可见，ABS 估计应该恰好取在后验概率密度函数曲线下面积的平分线上，$\hat{s}_{\mathrm{ABS}}$ 等于后验概率密度函数的中值，故又称为中值估计。

（3）均匀估计

均匀估计实质上是最大后验（maximum a posteriori）概率估计，简称为 MAP 估计，记为 $\hat{s}_{\mathrm{MAP}}$。代价函数取式（6.3），代入式（6.4），有

$$R = \int_{-\infty}^{\hat{s}-\Delta/2} p(s|x)\mathrm{d}s + \int_{\hat{s}+\Delta/2}^{\infty} p(s|x)\mathrm{d}s = 1 - \int_{\hat{s}-\Delta/2}^{\hat{s}+\Delta/2} p(s|x)\mathrm{d}s \tag{6.7}$$

当 Δ 很小时，在积分区间 $(\hat{s} - \Delta/2, \hat{s} + \Delta/2)$ 内，$p(s|x)$ 可看作常数。当后验概率 $p(s|x)$ 最大时条件风险最小，此时的估计值即为均匀估计，又称为最大后验概率估计，表示为

$$\left. \frac{\partial \ln p(s|x)}{\partial s} \right|_{s = \hat{s}_{\mathrm{MAP}}} = 0 \tag{6.8}$$

3．贝叶斯估计的实用形式

上面给出的三种贝叶斯估计形式并不方便进行实际应用，还需要根据贝叶斯公式将上述形式转换为先验概率的形式。贝叶斯公式为

$$p(s|x) = \frac{p(s)p(x|s)}{p(x)} \qquad (6.9)$$

式中，$p(s)$ 表示待估计参数的先验概率密度，$p(x|s)$ 为条件概率密度。这样，最小均方误差估计、绝对值估计和最大后验概率估计可以分别表示为

$$\hat{s}_{\mathrm{MS}} = \frac{\int_{-\infty}^{\infty} s p(s) p(x|s)\mathrm{d}s}{\int_{-\infty}^{\infty} p(s) p(x|s)\mathrm{d}s} \qquad (6.10)$$

$$\int_{-\infty}^{\hat{s}_{\mathrm{ABS}}} p(s) p(x|s)\,\mathrm{d}s = \int_{\hat{s}_{\mathrm{ABS}}}^{\infty} p(s) p(x|s)\mathrm{d}s \qquad (6.11)$$

$$\left[\frac{\partial \ln p(s)}{\partial s} + \frac{\partial \ln p(x|s)}{\partial s}\right]_{s=\hat{s}_{\mathrm{MAP}}} = 0 \qquad (6.12)$$

例 6.1 已知观测数据 $x = s + v$，信号 s 服从 $p(s) = \begin{cases} \dfrac{s}{\sigma_s^2} \mathrm{e}^{-\frac{s^2}{2\sigma_s^2}}, & s \geqslant 0 \\ 0, & s < 0 \end{cases}$ 分布的瑞利随机变量，

v 为服从 $N(0, \sigma_v^2)$ 的高斯噪声，试分别采用 MAP 估计和 MS 估计来估计信号 s。

解 ① 采用 MAP 估计：

将 $p(s)$ 和 $p(x|s) = \dfrac{1}{\sqrt{2\pi}\sigma_v} \mathrm{e}^{-\frac{(x-s)^2}{2\sigma_v^2}}$ 代入 MAP 估计式（6.11），有

$$\frac{\partial \ln p(s)}{\partial s} + \frac{\partial \ln p(x|s)}{\partial s} = \frac{1}{s} - \frac{s}{\sigma_s^2} + \frac{x-s}{\sigma_v^2} = 0$$

化简后，有 $s^2 - \dfrac{x}{a}s - \dfrac{\sigma_v^2}{a} = 0$。其中，$a = 1 + \dfrac{\sigma_v^2}{\sigma_s^2}$。由此得到信号 s 的最大后验估计为

$$\hat{s}_{\mathrm{MAP}} = \frac{x}{2a}\left[1 + \sqrt{1 + \frac{4a\sigma_v^2}{x^2}}\right]$$

② 采用 MS 估计：将各已知条件代入式（6.10），可以得到信号的 MS 估计。由于计算较为复杂，从略。

6.2.2 最大相关熵准则与贝叶斯估计的关联

1. 与贝叶斯估计的关联

第 5 章介绍了相关熵的基本理论，并系统地介绍了最大相关熵准则（MCC）。作为一种有效的随机变量或随机过程相似性的度量，MCC 广泛应用于信号滤波、参数估计等诸多信号处理任务中。

与相关函数等其他相似性测度相比，相关熵有以下优势：①对于满足任意概率密度分布的随机变量或随机过程，其相关熵都是有界的；②相关熵包含所有的偶数阶矩，这些矩对于非线性和非高斯信号处理十分有效；③相关熵中所包含的高阶矩可以通过控制核长来调整权重，具有灵活性；④相关熵是一个局部的相似测度，并且它对于信号数据中的野点具有很好的鲁棒性。正是由于相关熵的上述基本特点和优势，使得相关熵广泛应用于信号处理的诸多领域。例如，在自适应滤波技术中，可使用 MCC 作为代价函数来实现自适应滤波的设计与优化。

关于相关熵，特别是 MCC 与贝叶斯估计的关联，大体上可以考虑以下两个方面的问题。

一方面，在贝叶斯估计中，MS 估计是均方误差最小意义上的最优估计方法。但是在 Alpha 稳定分布条件下，由式（6.4）表示的平均风险会由于代价函数的发散而变得无界，因此不能得到有效的 MS 估计。初步考虑可以采用相关熵函数对代价函数 $c(e) = (s - \hat{s})^2$ 进行幅度抑制，再计算条件风险 R。在保证 R 有界的前提下，再进行求导数并令其为零，最终可得到相关熵介入条件下的 MS 估计，可命名为 CMS 估计。

另一方面，贝叶斯估计有助于分析理解 MCC（特别是基于 MCC 的参数估计）的本质特点。已经证明，MCC 估计本质上为一种平滑最大后验概率估计（MAP），与贝叶斯估计中最大后验概率估计相似。

2．MCC 的本质分析

第 5 章给出了 MCC 的定义。为了分析方便，这里再次给出 MCC 的定义式：

$$g_{MC} = \arg\max_{g \in \mathcal{G}} V_\sigma(X, g(\boldsymbol{Y})) = \arg\max_{g \in \mathcal{G}} E[\kappa_\sigma(X, g(\boldsymbol{Y}))] \tag{6.13}$$

式中，X 是一个待测随机变量，满足 $X \in \mathbb{R}$，$\boldsymbol{Y}$ 是一个在 $\mathbb{R}^m$ 中取值的随机矢量，表示对 X 的观测值。基于 $\boldsymbol{Y}$ 实现的 X 的最大相关熵估计就是要求解一个函数 $g(\cdot): \mathbb{R}^m \to \mathbb{R}$，从而使 X 和 $g(\boldsymbol{Y})$ 之间的相关熵最大。$\mathcal{G}$ 代表对于 $\boldsymbol{Y}$ 所有 Borel 可测函数的集合。

高斯核 $\kappa_\sigma(x, y)$ 是平移不变核函数，亦可写作 $\kappa_\sigma(x - y)$。若令 $E_r = X - g(\boldsymbol{Y})$ 代表估计误差，则式（6.13）可重新表示为

$$g_{MC} = \arg\max_{g \in \mathcal{G}} V_\sigma(E_r) = \arg\max_{g \in \mathcal{G}} E[\kappa_\sigma(E_r)] \tag{6.14}$$

对于任意实数矢量 $\boldsymbol{y} \in \mathbb{R}^m$，$X$ 的条件概率密度函数可以表示为 $f_{X|Y}(x \mid \boldsymbol{y})$。根据第 5 章关于 MCC 的分析，由式（5.29）和式（5.30）可知，g_{MC} 可以进一步写为

$$g_{MC}(\boldsymbol{y}) = \arg\max_{x \in \mathbb{R}} \rho(x \mid \boldsymbol{y}, \sigma), \quad \forall \boldsymbol{y} \in \mathbb{R}^m \tag{6.15}$$

式中，$\rho(x \mid \boldsymbol{y}, \sigma) = \kappa_\sigma(x) * f_{X|Y}(x \mid \boldsymbol{y})$，符号“$*$”代表卷积算子，表明 $\rho(x \mid \boldsymbol{y}, \sigma)$ 为观测值 $\boldsymbol{y}$ 的后验概率密度函数 $f_{X|Y}(x \mid \boldsymbol{y})$ 的平滑形式，称为平滑后验概率密度。估计误差的相关熵 $V_\sigma(E_r)$ 可以进一步表示为

$$
\begin{aligned}
V_\sigma(E_r) &= \int_{-\infty}^{\infty} \kappa_\sigma(e) \int_{\mathbb{R}^m} f_{X|Y}(e + g(\boldsymbol{y}) \mid \boldsymbol{y}) \mathrm{d}F_Y(\boldsymbol{y}) \mathrm{d}e \\
&= \int_{\mathbb{R}^m} \left\{ \int_{-\infty}^{\infty} \kappa_\sigma(e) f_{X|Y}(e + g(\boldsymbol{y}) \mid \boldsymbol{y}) \mathrm{d}e \right\} \mathrm{d}F_Y(\boldsymbol{y}) \\
&= \int_{\mathbb{R}^m} \left\{ \int_{-\infty}^{\infty} \kappa_\sigma(e' - g(\boldsymbol{y})) f_{X|Y}(e' \mid \boldsymbol{y}) \mathrm{d}e' \right\} \mathrm{d}F_Y(\boldsymbol{y}) \\
&= \int_{\mathbb{R}^m} \left\{ \int_{-\infty}^{\infty} \kappa_\sigma(g(\boldsymbol{y}) - e') f_{X|Y}(e' \mid \boldsymbol{y}) \mathrm{d}e' \right\} \mathrm{d}F_Y(\boldsymbol{y}) \\
&= \int_{\mathbb{R}^m} \left\{ \int_{-\infty}^{\infty} \kappa_\sigma(\cdot) * f_{X|Y}(\cdot \mid \boldsymbol{y}) g(\boldsymbol{y}) \right\} \mathrm{d}F_Y(\boldsymbol{y}) \\
&= \int_{\mathbb{R}^m} \rho(g(\boldsymbol{y}) \mid \boldsymbol{y}, \sigma) \mathrm{d}F_Y(\boldsymbol{y})
\end{aligned} \tag{6.16}
$$

式中，$e' = e + g(\boldsymbol{y})$。由该式即可容易地推导出式（6.15）。

由于 $\rho(x \mid \boldsymbol{y}, \sigma)$ 为观测值 $\boldsymbol{y}$ 的后验概率密度函数的平滑形式，因此由式（6.16）可以看出，

基于 MCC 的估计问题实质上是平滑最大后验概率的估计问题。在这个问题中，由于核函数的核长 σ 能够控制平滑程度，因而起到十分重要的作用。当 σ 趋近于 0 时，高斯核函数退化为狄拉克 δ 函数，且 $\rho(x\,|\,y,\sigma)$ 趋向于条件概率密度函数 $f_{X|Y}(x|y)$。此时，基于 MCC 的估计问题完全等同于最大后验概率估计问题。而当 σ 趋近于无穷时，二阶矩在相关熵中占主导地位，MCC 准则的估计问题则等同于最小均方准则。

由以上分析可见，最大相关熵估计与经典的贝叶斯估计的关系非常密切。基于 MCC 的估计问题本质上是平滑最大后验概率的估计问题，且随着相关熵核长的选取 $\sigma \to 0$ 或 $\sigma \to \infty$，基于 MCC 的估计与贝叶斯估计中的 MAP 估计相同，或者与 MS 估计相同。显然，基于 MCC 的估计具有非常丰富的内涵。

另一方面，MCC 是一种局部性相似性测度，对于测量噪声为非零均值、非高斯、离群值较大等情况（这些情况恰为 Alpha 稳定分布噪声的特点），均具有很好的抑制作用，故 MCC 具有很好的抑制脉冲噪声的能力。在 Alpha 稳定分布条件下，相关熵诱导的相关函数具有正定对称性，可以和普通相关一样定义功率谱，这也是相关熵比分数低阶统计量具有显著优势的主要特点。

此外，由全局优化理论可知，卷积平滑算法在寻找全局最大或最小值时是非常有效的。通常来说，可以通过对非凸函数卷积一个合适的平滑函数来避免局部最优值所造成的干扰，并且实现全局最优的结果。因此，通过合理地调整相关熵的核长，基于 MCC 的估计算法还可以解决利用最大后验概率寻找全局最优值的问题。综合上述两点，MCC 可以有效地替代二阶统计量作为参数估计和滤波器设计中的代价函数。

6.3　基于最大相关熵准则的信号滤波技术

第 2 章简要介绍了经典的统计最优滤波器，包括维纳滤波、卡尔曼滤波和自适应滤波的基本原理。可以发现，在统计最优滤波器的设计过程中，二阶统计量是一个关键的环节，通常作为代价函数用于滤波器系数的计算。然而，由本书前面章节可知，二阶统计量在脉冲噪声条件下会出现显著的性能退化问题。基于分数低阶统计量的信号滤波技术能够有效抑制脉冲噪声的影响，但其分数低阶统计量阶数的选择依赖于对信号噪声先验知识的了解。若缺乏这种先验知识，则所得到的滤波器性能也可能会不尽人意。针对这些问题，如何设计能够在脉冲噪声下依然有效且不依赖于先验知识的统计滤波器就显得尤为重要。基于相关熵的统计滤波器正是这样的滤波器。为此，本节将详细介绍基于最大相关熵准则的自适应滤波技术。

6.3.1　基于最大相关熵准则的自适应滤波器

由于 MCC 具有很多优良的性质，特别是具有抑制脉冲噪声的能力，故可将其应用到各种类型的自适应滤波器中，从而解决脉冲噪声下的自适应滤波问题。为了进一步明确相关熵在滤波技术中的应用，Abhishek 等人将 MCC 运用到线性自适应系统中，通过 MCC 设计滤波器的代价函数，从而实现鲁棒性的线性滤波系统。

1. 基本原理

图 6.1 所示为一个典型的线性自适应系统。针对该系统，将期望输出信号 d_i 和滤波器实际输出 y_i 之差的相关熵作为代价函数进行滤波器设计。在第 n 次迭代中，代价函数为

$$J_n = \frac{1}{\sqrt{2\pi}\sigma N} \sum_{i=N-n+1}^{n} \exp\left(\frac{-(d_i - y_i)^2}{2\sigma^2}\right) \tag{6.17}$$

式中，N 为信号长度，σ 为相关熵采用的高斯核函数的核长，假设滤波器系数在第 n 次迭代中为 $\boldsymbol{w}_n$，则基于相关熵的代价函数表示为

$$J_n = \frac{1}{\sqrt{2\pi}\sigma N} \sum_{i=N-n+1}^{n} \exp\left(\frac{-(d_i - \boldsymbol{w}_n^{\mathrm{T}} \boldsymbol{x}_i)^2}{2\sigma^2}\right) \tag{6.18}$$

图 6.1　线性自适应系统

下面以例题的方式说明上述自适应滤波器的迭代更新过程。

例 6.2　试根据式（6.18）所示的代价函数，推导出自适应滤波器权系数的迭代公式。

解　采用梯度下降法进行滤波器系数的计算，即 J_n 对 $\boldsymbol{w}_n$ 求梯度，可以得到

$$\boldsymbol{w}_{n+1} = \boldsymbol{w}_n + \frac{\mu}{\sqrt{2\pi}\sigma^3 N} \sum_{i=N-n+1}^{n} \exp\left(\frac{-e_i^2}{2\sigma^2} e_i \boldsymbol{x}_i\right) \tag{6.19}$$

式中，$e_i = d_i - \boldsymbol{w}_n^{\mathrm{T}} \boldsymbol{x}_i$ 表示误差，μ 为迭代步长。当 $N=1$ 时，根据随机梯度法，上式可表示为

$$\boldsymbol{w}_{n+1} = \boldsymbol{w}_n + \frac{\mu}{\sqrt{2\pi}\sigma^3} \exp\left(\frac{-e_n^2}{2\sigma^2} e_n \boldsymbol{x}_n\right) \tag{6.20}$$

由式（6.20）可知，与常规的 LMS 自适应滤波器权系数矢量的迭代式 $\boldsymbol{w}_{n+1} = \boldsymbol{w}_n + \mu e_n \boldsymbol{x}_n$ 相比，该式在每次迭代中，都将误差变量 e_n 与一个带有指数函数的尺度因子相乘。而正是这个尺度因子，保证了在迭代过程中，脉冲噪声所引起的误差发散现象被抑制。因此，基于 MCC 的自适应滤波器能够有效地解决脉冲噪声条件下的信号滤波问题。

2．仿真实验

为了验证基于 MCC 的自适应滤波器的性能，通过一个系统辨识问题的滤波器设计进行仿真实验。所谓系统辨识，是指利用系统的输入/输出特性来描述系统行为的方法。在系统辨识中，待辨识的未知系统部分的系统函数可以用自适应滤波器达到稳态后的系统函数近似。通过自适应滤波器系数计算滤波器的系统函数，从而进行未知系统传递函数变化的跟踪，就可以实现动态系统辨识的过程。

实验结果如图 6.2 所示，其中权信噪比（weight SNR）用于衡量估计得到的系统函数与真实系统函数的相似性，该值越大，代表系统辨识效果越好。从图 6.2 可以看出，脉冲噪声环境下，相较于传统的基于 MSE 准则的自适应滤波器，基于 MCC 的滤波器具有明显的优势，可以获得更高的权信噪比。对比同样基于核函数的最小误差熵（minimum error entropy，MEE）算法，MCC 也具有更高的权信噪比。

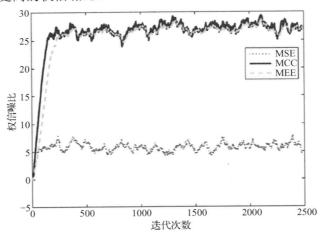

图 6.2　脉冲噪声下不同滤波器的系统辨识效果

例 6.3　利用 MATLAB 编程，实现最大相关熵自适应滤波器算法。

解　以函数形式编写的 MATLAB 程序代码如下所示：

```
function w = MCC(u,d,miu,sigma) % u 为输入信号，d 为理想信号，sigma 表示核长
    num_loop = length(d); %计算信号长度
    w = zeros(size(u)); %初始化滤波器系数
    w_temp = zeros(size(u,1),1);
    for count_loop = 1:num_loop %迭代次数
        d_temp = d(count_loop); u_temp = u(:,count_loop);
        e_temp = d_temp-u_temp'*w_temp; %残差项计算
        t_temp   =   miu*e_temp*u_temp/sqrt(2*pi)/sigma^3*exp(-e_temp^2/2/
sigma^2); %
        w_temp = w_temp+t_temp; %梯度迭代
        w(:,count_loop) = w_temp;
    end
end
```

在 MATLAB 环境下运行以上程序，由变量 w_temp 可以得到自适应滤波器权系数矢量的收敛曲线。

6.3.2　约束最大相关熵自适应滤波器

1. CMCC 的概念

6.3.1 节介绍的基于最大相关熵准则的自适应滤波器具有较好的自学习、自调整和抑制脉冲噪声的能力，但是，这种滤波器没有考虑误差累积对滤波器系数估计所造成的影响，因而在迭代过程中可能会出现较大的误差。为了减小这种影响，很多研究将线性约束引入滤波器

的设计中，称这种滤波器为约束型自适应滤波器（constrained adaptive filter）。

由于具有误差校正功能，约束型自适应滤波器被广泛应用于信号处理与数字通信等领域中，如系统辨识、盲干扰抑制、阵列信号处理等。约束型自适应滤波器的大多数算法均建立在高斯噪声的背景下，其中最著名的是约束最小均方（constrained least mean squares，CLMS）算法，通过简单的梯度算法就可以解决线性约束最小均方问题。尽管 CLMS 算法具有很好的性能，但其收敛速度缓慢，因此有研究将递归机制引入其中，设计出一种基于递归最小二乘的约束型自适应滤波器，称为约束递归最小二乘（constrained recursive least squares，CRLS）自适应滤波器。

由于采用了基于二阶统计量的准则，上述算法在脉冲噪声条件下均会发生性能退化。考虑到这一问题，Peng 等人实现了一种基于约束最大相关熵（constrained maximum correntropy，CMCC）的自适应滤波器，将线性约束引入 MCC 准则。这种滤波器既能像本章前面介绍的基于最大相关熵的自适应滤波器一样对脉冲噪声具有鲁棒性，又能通过线性约束条件减小累积误差的影响，从而有效提高自适应滤波器的性能。

2. 基本原理

（1）信号模型

假设一个未知的线性系统存在一个 M 维的待估计权矢量 $\tilde{\boldsymbol{w}} = [w_1, w_2, \cdots, w_M]^{\mathrm{T}}$。观测输出在 n 时刻的值 d_n 可表示为

$$d_n = y_n + v_n = \tilde{\boldsymbol{w}}^{\mathrm{T}} \boldsymbol{x}_n + v_n \tag{6.21}$$

式中，$y_n = \tilde{\boldsymbol{w}}^{\mathrm{T}} \boldsymbol{x}_n$ 表示该未知系统的真实输出，$\boldsymbol{x}_n = [x_{1,n}, x_{2,n}, \cdots, x_{M,n}]^{\mathrm{T}}$ 为输入矢量，v_n 表示噪声或干扰所产生的影响。假设待估计加权矢量为另一个 M 维线性滤波器的滤波器系数矢量，该滤波器的自适应加权矢量为 $\boldsymbol{w}_n$。此时，在时刻 n 的瞬时预测误差可以写成

$$e_n = d_n - y_n = d_n - \boldsymbol{w}_{n-1}^{\mathrm{T}} \boldsymbol{x}_n \tag{6.22}$$

式中，$y_n = \boldsymbol{w}_{n-1}^{\mathrm{T}} \boldsymbol{x}_n$ 表示自适应滤波器的输出。对于一个约束型自适应滤波器，需要在代价函数中添加相应的线性约束条件，如

$$\boldsymbol{C}^{\mathrm{T}} \boldsymbol{w} = \boldsymbol{f} \tag{6.23}$$

式中，$\boldsymbol{C}$ 是一个 $M \times K$ 维的约束矩阵，$\boldsymbol{f}$ 为一个包含 K 个约束值的矢量。

（2）CLMS 算法

对于 CLMS 滤波器，通过解决下述优化问题可计算滤波器的系数矢量：

$$\min_{\boldsymbol{w}} E[(d_n - \boldsymbol{w}_{n-1}^{\mathrm{T}} \boldsymbol{x}_n)^2] \quad \text{s.t. } \boldsymbol{C}^{\mathrm{T}} \boldsymbol{w} = \boldsymbol{f} \tag{6.24}$$

利用梯度法即可得到滤波器系数矢量的迭代公式

$$\boldsymbol{w}_n = \boldsymbol{P}[\boldsymbol{w}_{n-1} + \eta(d_n - \boldsymbol{w}_{n-1}^{\mathrm{T}} \boldsymbol{x}_n) \boldsymbol{x}_n] + \boldsymbol{q} \tag{6.25}$$

式中，η 为迭代步长，$\boldsymbol{P}$ 和 $\boldsymbol{q}$ 分别表示为

$$\boldsymbol{P} = \boldsymbol{I}_M - \boldsymbol{C}(\boldsymbol{C}^{\mathrm{T}} \boldsymbol{C})^{-1} \boldsymbol{C}^{\mathrm{T}} \tag{6.26}$$

$$\boldsymbol{q} = \boldsymbol{C}(\boldsymbol{C}^{\mathrm{T}} \boldsymbol{C})^{-1} \boldsymbol{f} \tag{6.27}$$

（3）CMCC 算法

为解决式（6.24）在脉冲噪声下失效的问题，将上述线性约束引入最大相关熵准则中，新的代价函数可以表示为

$$\max_{\boldsymbol{w}} E[\kappa_\sigma(d_n - \boldsymbol{w}_{n-1}^{\mathrm{T}} \boldsymbol{x}_n)] \quad \text{s.t. } \boldsymbol{C}^{\mathrm{T}} \boldsymbol{w} = \boldsymbol{f} \tag{6.28}$$

利用拉格朗日方程，将上述函数改写为

$$J_{\mathrm{CMCC}} = E[\kappa_\sigma(d_n - \boldsymbol{w}_{n-1}^{\mathrm{T}}\boldsymbol{x}_n)] + \boldsymbol{\xi}_n^{\mathrm{T}}(\boldsymbol{C}^{\mathrm{T}}\boldsymbol{w}_{n-1} - \boldsymbol{f}) \qquad (6.29)$$

式中，$\boldsymbol{\xi}_n$ 是一个 $K \times 1$ 维的拉格朗日乘子矢量。利用随机梯度法对上式求解，即可得到加权系数即滤波器系数矢量为

$$\boldsymbol{w}_n = \boldsymbol{P}[\boldsymbol{w}_{n-1} + \eta g(e_n)(d_n - \boldsymbol{w}_{n-1}^{\mathrm{T}}\boldsymbol{x}_n)\boldsymbol{x}_n] + \boldsymbol{q} \qquad (6.30)$$

式中，$g(e_n)$ 表示一个非线性高斯核函数，其表达式为

$$g(e_n) = \exp\left(-\frac{e_n^2}{2\sigma^2}\right) \qquad (6.31)$$

对比式（6.30）和式（6.25）发现，相较于约束最小均方（CLMS）滤波器，CMCC 滤波器在迭代过程中，误差变量多了一个加权尺度因子 $g(e_n)$，正是由于该尺度因子，在脉冲噪声引起误差发散时，仍然能够通过一个很小的 $g(e_n)$ 进行误差压制，从而保证算法在脉冲噪声下仍然具有很好的性能。此外，CMCC 与 CLMS 几乎具有相同的计算复杂度，不会造成计算负担。

3．仿真实验

为验证 CMCC 的性能，对比约束最小均方（CLMS）、约束仿射投影算法（CAP）和约束递归最小二乘法（CRLS）进行了仿真实验。实验中，考虑一个线性系统辨识的问题，其中自适应滤波器的长度等于系统的脉冲响应长度，约束值的个数为 3，$\boldsymbol{C}$ 是一个任意的满秩矩阵。通过 Alpha 稳定分布产生脉冲噪声，CAP 算法中的滑动窗长度设置为 4，CMCC 中相关熵的核长设置为 2。由图 6.3 可以看出，CMCC 相较其他算法具有显著的优势，MSD 代表稳态均方差，其值越小，表示滤波器性能越好。

图 6.3　脉冲噪声下不同滤波器的收敛曲线

6.4　基于相关熵的核自适应滤波器

6.4.1　基于核最大相关熵的自适应滤波器

1．核自适应滤波器的基本概念

6.3.1 节介绍了如何依据 MCC 实现基本的最大相关熵自适应滤波器。随着信号处理理论

和方法的不断发展，各种新型滤波器不断出现，特别是近年来出现了核自适应滤波的概念和方法，相关熵也相应地渗透到核自适应滤波中。

核自适应滤波器（kernel adaptive filter，KAF）的主要思想是：用一个线性的自适应滤波算法来实现非线性信号处理。即通过选择一个固定的映射，将输入数据映射到高维特征空间中，在高维的特征空间中使用线性滤波器算法。此时，就可以不需要计算权矢量的更新（在高维空间中，这也是无法计算的），而是通过 Mercer 核将映射至高维空间的核函数展开成特征值和特征矢量的形式，直接得到滤波器映射至核希尔伯特空间后的输出，从而实现核方法与自适应滤波器的结合。

为解决核最小均方（kernel least mean square，KLMS）滤波在脉冲噪声条件下失效的问题，Zhao 等人实现了一种基于 MCC 准则的核自适应滤波器，即核最大相关熵（kernel maximum correntropy，KMC）自适应滤波器，下面就如何将相关熵应用到核自适应滤波器中进行介绍。

2. 基本原理

针对两个变量 d 和 μ，若两者之间的映射为非线性的，则线性滤波器会出现性能退化。由于核函数具有很好的广义逼近和凸优化能力，基于核函数的方法能有效地解决这一问题。在 KMC 滤波器中，输入信号 μ_i 首先通过核函数被映射到一个更高维的特征空间 $\mathbb{F}$ 中，记为 $\varphi(\mu_i)$。随后，把线性自适应滤波器应用到这一特征空间，则该自适应滤波器的权矢量可表示为

$$f = \sum_{i \in N} c_i \langle \varphi(\mu_i), \cdot \rangle = \sum_{i \in N} c_i \kappa(\mu_i, \cdot) \tag{6.32}$$

式中，c_i 表示通过训练数据获得的加权系数，κ 表示一个正定的核函数。f 在自适应滤波器中通常用 Ω 表示。因此，对每组匹配的样本 $\{\varphi(\mu_n), d_n\}$，利用 MCC 准则及随机梯度法，可得到滤波器系数的迭代公式

$$\Omega_0 = 0$$

$$
\begin{aligned}
\Omega_{n+1} &= \Omega_n + \eta \frac{\partial \kappa_\sigma(d_n, \Omega_n^{\mathrm{T}} \varphi(\mu_n))}{\partial \Omega_n} \\
&= \Omega_n + \eta \left[\exp\left(\frac{-e_n^2}{2\delta^2} \right) e_n \varphi_n \right] \\
&= \Omega_{n-1} + \eta \sum_{i=n-1}^{n} \left[\exp\left(\frac{-e_i^2}{2\delta^2} \right) e_i \varphi_i \right] \\
&= \eta \sum_{i=1}^{n} \left[\exp\left(\frac{-e_i^2}{2\delta^2} \right) e_i \varphi_i \right]
\end{aligned}
\tag{6.33}
$$

式中，φ_n 为 $\varphi(\mu_n)$ 的简写，$e_n = d_n - \Omega_n^{\mathrm{T}} \varphi_n$，$\eta$ 为迭代步长。此时，利用上式即可通过核函数得到系统的输出，该输出为新输出与之前一系列输出在预测误差加权下的内积，即

$$
\begin{aligned}
y_{n+1} &= \Omega_{n+1}^{\mathrm{T}} \varphi_{n+1} \\
&= \eta \sum_{i=1}^{n} \left[\exp\left(\frac{-e_i^2}{2\delta^2} \right) e_i \varphi_i^{\mathrm{T}} \varphi_{n+1} \right] \\
&= \eta \sum_{i=1}^{n} \left[\exp\left(\frac{-e_i^2}{2\delta^2} \right) e_i \kappa(\mu_i, \mu_{n+1}) \right]
\end{aligned}
\tag{6.34}
$$

通过不断迭代式（6.33）和式（6.34）直到满足迭代终止条件，可以计算得到最终的滤波器系数 $\boldsymbol{\Omega}$，从而实现核最大相关熵滤波器的设计，并完成信号的滤波处理。可以看出，该滤波器既能像常规核自适应滤波器一样，具有很好的广义逼近和凸优化能力，又能够避免传统滤波器在脉冲噪声下失效的问题。

通过式（6.33）可以计算出 KMC 自适应滤波器的滤波器系数，但该滤波器是否会像传统的 LMS 自适应滤波器在短数据或强噪声条件下出现不适定问题呢？下面通过一个例题说明这个问题。

例 6.4 试说明 KMC 自适应滤波器不会在强噪声条件下出现不适定问题。

解 在 LMS 自适应滤波器中，常运用 Tikhonov 正则化来解决强噪声下可能出现的病态问题。将这一正则化项同样引入 KMC 的代价函数中，有

$$\max_{\boldsymbol{\Omega}} \sum_{i=1}^{N} \kappa_\sigma(d_i, \boldsymbol{\Omega}(\boldsymbol{\varphi}_i)) + \lambda \|\boldsymbol{\Omega}\|_{\mathrm{F}}^2 \tag{6.35}$$

上式所表述的优化问题与下式等价，即

$$\max_{\boldsymbol{\Omega}} \sum_{i=1}^{N} \kappa_\sigma(d_i, \boldsymbol{\Omega}(\boldsymbol{\varphi}_i)), \quad \text{s.t. } \|\boldsymbol{\Omega}\|_{\mathrm{F}}^2 \leq C \tag{6.36}$$

可以看出，当式（6.33）中的步长 η 满足一定条件时，$\|\boldsymbol{\Omega}\|_{\mathrm{F}}^2$ 随迭代次数单调递减。因此，对于任意一个正值 C，都可以通过合适的步长和初始条件计算出 $\boldsymbol{\Omega}$，这使得 KMC 的优化是一个自正则化的问题，从而不需要通过添加正则项来避免不适定问题，这是 KMC 相较于 KLMS 除抑制脉冲噪声之外的又一个优势。

2．仿真实验

为了验证 KMC 滤波器的性能，通过倍频系统这一典型的非线性系统进行实验。在仿真实验中，系统的输入训练信号和期望信号均为正弦信号，其中训练信号的频率为 f_0，期望输出信号的频率为 $2f_0$。具体的输入、输出信号如图 6.4 所示，其中训练信号 $x(n)$ 用实线表示，期望信号 $y(n)$ 用点画线表示。

图 6.4　倍频系统的训练信号与期望信号

通过 Alpha 稳定分布生成脉冲噪声，考察不同滤波器得到的输出信号与期望信号之间的误差。测试算法包括本节介绍的 KMC 滤波器以及传统的 KLMS 和 MCC 滤波器。其中，两

种核自适应滤波器，即 KMC 和 KLMS 滤波器，其核映射的高斯核函数核长均设置为 0.5；两种使用相关熵的滤波器，即 KMC 和 MCC 滤波器，其相关熵的高斯核函数核长均设置为 0.4。通过 100 次不同起始点的蒙特卡洛实验，利用固有误差功率（intrinsic error power，IEP）衡量各算法的性能。

$$IEP = E[d - f(\boldsymbol{\mu})]^2 \tag{6.37}$$

式中，d、$\boldsymbol{\mu}$ 表示无噪声干扰的期望输出和输入，$f(\boldsymbol{\mu})$ 表示含噪声信号经滤波器后得到的输出信号。具体的实验结果如图 6.5 所示，可以看出，KMC 相较其他算法具有明显的优势，且具有更低的 IEP，说明其输出信号更接近期望输出。

图 6.5　各滤波器的平均学习曲线

6.4.2　核递归最大相关熵自适应滤波器

1. KRMC 滤波器概念

6.4.1 节介绍的核最大相关熵自适应滤波器，其显著特点是可以有效抑制非线性系统中的脉冲噪声，得到较好的自适应滤波效果。但是，这种滤波器的收敛速度较慢，使其应用受到一定的限制。考虑到递归最小二乘（recursive least square，RLS）算法具有更快的收敛速度，Wu 等人提出一种基于核递归最大相关熵准则（kernel recursive maximum correntropy，KRMC）的自适应滤波算法。这种滤波器不仅继承了核最大相关熵对于脉冲噪声条件下信号处理的优势，还可以通过递归模型有效地加快算法的收敛速度，并改善滤波效果。

2. 基本原理

假设一个非线性映射函数 f 的训练数据序列为 $\{\boldsymbol{u}_i, d_i\}_{i=1}^N$。核自适应滤波中的核映射函数选择高斯核函数 $\kappa_{\sigma_2}(\cdot)$，σ_2 表示其核长。基于 Mercer 理论，任意的 Mercer 核可以将一个映射 φ 从输入空间引入高维空间。此时，在特征空间内的内积可以表示为 $\kappa_{\sigma_2}(\boldsymbol{u}_i, \boldsymbol{u}_j) = \kappa_{\sigma_2}(\boldsymbol{u}_i - \boldsymbol{u}_j) = \boldsymbol{\varphi}_i^{\mathrm{T}} \boldsymbol{\varphi}_j$，其中 $\boldsymbol{\varphi}_i$ 代表函数 $\boldsymbol{\varphi}(\boldsymbol{u}_i)$。基于核自适应与递归最大相关熵准则，KRMC 的代价函数定义为

$$J = \max_{\boldsymbol{\Omega}} \sum_{j=1}^{i} \beta^{i-j} \kappa_{\sigma_1}(d_j - \boldsymbol{\Omega}^{\mathrm{T}} \boldsymbol{\varphi}_j) - \frac{1}{2} \beta^i \gamma_2 \|\boldsymbol{\Omega}^2\| \tag{6.38}$$

式中，$\boldsymbol{\Omega}$ 为滤波器系数，β 为遗忘因子，且通常 $0 \ll \beta \leqslant 1$，γ_2 为正则化因子，包含 γ_2 的正

则项用于保证自相关矩阵的逆矩阵存在，$\kappa_{\sigma_1}(d_j - \boldsymbol{\Omega}^{\mathrm{T}}\boldsymbol{\varphi}_j) = \exp\left(\dfrac{-(d_j - \boldsymbol{\Omega}^{\mathrm{T}}\boldsymbol{\varphi}_j)^2}{2\sigma_1^2}\right)$ 为相关熵的核

函数。令式（6.38）对 $\boldsymbol{\Omega}$ 求梯度并令其等于 0，即得到滤波器的系数解为

$$\boldsymbol{\Omega} = (\boldsymbol{\Phi}_i \boldsymbol{B}_i \boldsymbol{\Phi}_i^{\mathrm{T}} + \gamma_2 \beta^i \sigma_1^2 \boldsymbol{I})^{-1} \boldsymbol{\Phi}_i \boldsymbol{B}_i \boldsymbol{d}_i \tag{6.39}$$

式中，$\boldsymbol{\Phi}_i = [\boldsymbol{\varphi}_1, \boldsymbol{\varphi}_2, \cdots, \boldsymbol{\varphi}_i]$，且

$$\boldsymbol{B}_i = \mathrm{diag}[\beta^{i-1}\exp(-(d_1 - \boldsymbol{\Omega}^{\mathrm{T}}\boldsymbol{\varphi}_1)^2/(2\sigma_1^2)), \cdots, \exp(-(d_i - \boldsymbol{\Omega}^{\mathrm{T}}\boldsymbol{\varphi}_i)^2/(2\sigma_1^2))] \tag{6.40}$$

利用矩阵的求逆原理，可得

$$(\boldsymbol{\Phi}_i \boldsymbol{B}_i \boldsymbol{\Phi}_i^{\mathrm{T}} + \gamma_2 \beta^i \sigma_1^2 \boldsymbol{I})^{-1} \boldsymbol{\Phi}_i \boldsymbol{B}_i = \boldsymbol{\Phi}_i (\boldsymbol{\Phi}_i^{\mathrm{T}} \boldsymbol{\Phi}_i + \gamma_2 \beta^i \sigma_1^2 \boldsymbol{B}_i^{-1})^{-1} \tag{6.41}$$

将式（6.41）代入式（6.39），有

$$\boldsymbol{\Omega}_i = \boldsymbol{\Phi}_i (\boldsymbol{\Phi}_i^{\mathrm{T}} \boldsymbol{\Phi}_i + \gamma_2 \beta^i \sigma_1^2 \boldsymbol{B}_i^{-1})^{-1} \boldsymbol{d}_i \tag{6.42}$$

由式（6.42）可以看出，加权系数（即滤波器系数）可以直接由传输数据的线性组合表示，换言之，$\boldsymbol{\Omega}_i = \boldsymbol{\Phi}_i \boldsymbol{a}_i$，其中 $\boldsymbol{a}_i = (\boldsymbol{\Phi}_i^{\mathrm{T}} \boldsymbol{\Phi}_i + \gamma_2 \beta^i \sigma_1^2 \boldsymbol{B}_i^{-1})^{-1} \boldsymbol{d}_i$ 可由核函数计算得到。

为计算 $\boldsymbol{a}_i$，令 $\boldsymbol{Q}_i = (\boldsymbol{\Phi}_i^{\mathrm{T}} \boldsymbol{\Phi}_i + \gamma_2 \beta^i \sigma_1^2 \boldsymbol{B}_i^{-1})^{-1}$，可以得到如下公式：

$$\boldsymbol{Q}_i = \begin{bmatrix} \boldsymbol{\Phi}_{i-1}^{\mathrm{T}} \boldsymbol{\Phi}_{i-1} + \gamma_2 \beta^i \sigma_1^2 \boldsymbol{B}_{i-1}^{-1} & \boldsymbol{\Phi}_{i-1}^{\mathrm{T}} \boldsymbol{\varphi}_i \\ \boldsymbol{\varphi}_i^{\mathrm{T}} \boldsymbol{\Phi}_{i-1} & \boldsymbol{\varphi}_i^{\mathrm{T}} \boldsymbol{\varphi} + \gamma_2 \beta^i \sigma_1^2 \theta_i \end{bmatrix}^{-1} \tag{6.43}$$

式中，$\theta_i = (\exp(-e_i^2/(2\sigma_1^2))^2)^{-1}$，且 $e_i = d_i - \boldsymbol{\Omega}^{\mathrm{T}}\boldsymbol{\varphi}_i$，因此很容易得到

$$\boldsymbol{Q}_i^{-1} = \begin{bmatrix} \boldsymbol{Q}_{i-1}^{-1} & \boldsymbol{h}_i \\ \boldsymbol{h}_i^{\mathrm{T}} & \boldsymbol{\varphi}_i^{\mathrm{T}} \boldsymbol{\varphi} + \gamma_2 \beta^i \sigma_1^2 \theta_i \end{bmatrix} \tag{6.44}$$

式中，$\boldsymbol{h}_i = \boldsymbol{\Phi}_{i-1}^{\mathrm{T}} \boldsymbol{\varphi}_i$。根据块矩阵求逆的原理，可以发现

$$\boldsymbol{Q}_i = r_i^{-1} \begin{bmatrix} \boldsymbol{Q}_{i-1} r_i + \boldsymbol{z}_i \boldsymbol{z}_i^{\mathrm{T}} & -\boldsymbol{z}_i \\ -\boldsymbol{z}_i^{\mathrm{T}} & 1 \end{bmatrix} \tag{6.45}$$

式中，$\boldsymbol{z}_i = \boldsymbol{Q}_{i-1} \boldsymbol{h}_i$，且

$$r_i = \boldsymbol{\varphi}_i^{\mathrm{T}} \boldsymbol{\varphi} + \gamma_2 \beta^i \sigma_1^2 \theta_i - \boldsymbol{z}_i^{\mathrm{T}} \boldsymbol{h}_i \tag{6.46}$$

3. 算法步骤

根据上述表达式，可以实现 $\boldsymbol{a}_i$ 的迭代更新，具体迭代流程步骤如下。

步骤 1：初始化 $\boldsymbol{Q}_1 = (\kappa_{\sigma_2}(\boldsymbol{u}_1 - \boldsymbol{u}_1) + \gamma_2 \beta \sigma_1^2)^{-1}$ 和 $\boldsymbol{a}_1 = \boldsymbol{Q}_1 d_1$。

步骤 2：对于 $i > 1$，计算 $\boldsymbol{h}_i = [\kappa_{\sigma_2}(\boldsymbol{u}_i - \boldsymbol{u}_1), \cdots, \kappa_{\sigma_2}(\boldsymbol{u}_i - \boldsymbol{u}_{i-1})]^{\mathrm{T}}$，$y_i = \boldsymbol{h}_i^{\mathrm{T}} \boldsymbol{a}_{i-1}$，$e_i = d_i - y_i$，$\boldsymbol{z}_i = \boldsymbol{Q}_{i-1} \boldsymbol{h}_i$，$\theta_i = (\exp(-e_i^2/(2\sigma_1^2)))^{-1}$。

步骤 3：计算 $r_i = \kappa_{\sigma_2}(\boldsymbol{u}_i - \boldsymbol{u}_i) + \gamma_2 \beta^i \sigma_1^2 \theta_i - \boldsymbol{z}_i^{\mathrm{T}} \boldsymbol{h}_i$，$\boldsymbol{Q}_i = r_i^{-1} \begin{bmatrix} \boldsymbol{Q}_{i-1} r_i + \boldsymbol{z}_i \boldsymbol{z}_i^{\mathrm{T}} & -\boldsymbol{z}_i \\ -\boldsymbol{z}_i^{\mathrm{T}} & 1 \end{bmatrix}$。

步骤 4：计算 $\boldsymbol{a}_i = \begin{bmatrix} \boldsymbol{a}_{i-1} r_i - \boldsymbol{z}_i r_i^{-1} e_i \\ r_i^{-1} e_i \end{bmatrix}$。

通过上述步骤得到 $\boldsymbol{a}_i$ 后，利用 $\boldsymbol{\Omega}_i = \boldsymbol{\Phi}_i \boldsymbol{a}_i$ 可以得到 KRMC 滤波器的系数。相较于传统的核递归最小二乘（KRLS）滤波器，KRMC 的主要差别体现在式（6.46）的计算上。当受脉冲噪声影响时，误差变量的值十分显著，θ_i 也会因此变得十分大，这会导致 r_i^{-1} 的值变得很小，从而减弱脉冲噪声对滤波器系数更新所造成的影响。此外可以发现，当相关熵的核长 σ_1 十分

显著时，KRMC 近似 KRLS，这说明 KRMC 不仅对脉冲噪声具有很好的滤波效果，而且对高斯噪声也有很好的适用性。

4. 仿真实验

为进一步验证算法的有效性，对比核最小均方算法（KLMS）、核递归最小二乘（KRLS）和核最大相关熵（KMC）算法进行了仿真实验。在仿真实验中，考虑一个 Mackey–Glass 混沌时间序列的短期预测问题。该序列中 500 组被噪声干扰的样本作为输入训练数据，其他 100 组无噪声干扰的数据作为测试数据。实验的目标是利用过去 7 个样本来预测当前数据的值。实验中的脉冲噪声通过 Alpha 稳定分布产生，针对核自适应滤波器，核映射函数的核长 σ_2 设置为 $\sqrt{2}/2$。对于使用了相关熵的滤波器，相关熵的核长 σ_1 设置为 1。100 次蒙特卡洛实验的结果如图 6.6 所示。

图 6.6 为不同滤波器在脉冲噪声下的测试误差收敛曲线。可以明显地看出，在脉冲噪声下，KMC 和 KRMC 滤波器受强噪声干扰的影响很小，而 KLMS 和 KRLS 滤波器由于对脉冲噪声很敏感，出现了明显的性能退化，测试误差（testing error）显著且剧烈波动。此外，由于将递归机制引入滤波器设计中，KRMC 相较于 KMC 滤波器具有更快的收敛速度和更低的测试误差。

图 6.6　脉冲噪声下各滤波器的测试误差收敛曲线

例 6.5　利用 MATLAB 编程，实现核递归最大相关熵自适应滤波器。

解　以 MATLAB 函数的形式给出设计实现的核递归最大相关熵自适应滤波器的程序代码如下：

```
function [expansionCoefficient] = KRMC(trainIn,trainT,RF,FF, Kernel)
% trainIn: 训练数据维度*输入数据个数;   % trainT: 训练数据理想输出;
% Kernel: 核长;   % RF: 正则化参数;   % FF: 遗忘因子;   % flagLearningCurve:
% Output: 输出;   % expansionCoefficient: a_i;
% 初始化
[inputDimension,trainSize] =  size(trainIn);     expansionCoefficient =
zeros(trainSize,1);
  e1= trainIn(:,1)-trainIn(:,1);
  Q_matrix =1/(FF*RF* Kernel ^2 + 1/(sqrt(2*pi)* Kernel ^2)*exp(-e1^2/2/ Kernel
```

```
^2));
    expansionCoefficient(1) = Q_matrix*trainTarget(1);
    % 开始训练
    for n = 2:trainSize
        ii = 1:n-1; e_y = trainInput(:,n)-trainInput(:,ii); e_n = trainInput(:,n)
-trainInput(:,n);
        k_vector = 1/(sqrt(2*pi)* Kernel ^2)*exp(-e_y^2/2/ Kernel ^2);  % 计算 h
        f_vector = Q_matrix*k_vector;  %计算 z
        y_temp = k_vector'*expansionCoefficient(ii);  %计算 y_i z
        e_temp = trainT (n)-y_temp;  % 计算残差项 e_i
        theta_temp = exp(-e_temp^2/2/ Kernel ^2);  %计算 θ_i
        r_temp  =RF*FF^(n)*  Kernel   ^2*theta_temp+  1/(sqrt(2*pi)*   Kernel
^2)*exp(-e_n^2/2/ Kernel ^2)-k_vector'*f_vector; %计算 r_i
        Q_tmp = zeros(n,n);  Q_tmp(ii,ii) = Q_matrix*r_temp + f_vector*f_vector';
        Q_tmp(ii,n) = -f_vector;  Q_tmp(n,ii) = Q_tmp(ii,n)';  Q_tmp(n,n) = 1;
        Q_matrix = Q_tmp/r_temp;%更新矩阵 Q
        % 更新 a_i
        expansionCoefficient(n) = e_temp/r_temp;
        expansionCoefficient(ii)           =           expansionCoefficient(ii)        -
f_vector*expansionCoefficient(n);
        learningCurve(n) = e_temp^2;
    end
```

6.5 基于相关熵的卡尔曼滤波

6.5.1 相关熵卡尔曼滤波器的产生背景

6.3 节与 6.4 节介绍了相关熵在自适应滤波器中的应用，本节将介绍如何将相关熵应用到卡尔曼滤波技术中。

卡尔曼滤波器（Kalman filter）是一种以 Kalman 的名字命名的用于线性时变系统的递归滤波器。20 世纪五六十年代，Kalman 在美国航空航天局（NASA）研究中心访问时，发现这种滤波器对于解决阿波罗计划的轨道预测很有意义，并且后来在阿波罗飞船的导航计算机中使用了这种滤波器。卡尔曼滤波器可以认为是维纳滤波器的推广，它不仅适用于平稳过程，而且适用于非平稳过程；不仅可以用于线性滤波问题，还可以用于非线性控制问题，甚至可以用于多输入-多输出系统。此外，Kalman 滤波器的一个显著特点是，它是在时域内进行分析的，并且应用状态空间分析方法。

针对不同的研究方向和应用类型，许多学者在卡尔曼滤波器的基础上进行了一系列的拓展，如扩展卡尔曼滤波器（extended kalman filter，EKF）、二阶扩展卡尔曼滤波器（second-order extended kalman filter，SKF）、无迹卡尔曼滤波器（unscented kalman filter，UKF），等等。然而这些卡尔曼滤波器均是建立在最小均方误差的准则基础上的，其主要用于高斯分布的噪声条件。当信号或噪声呈现脉冲特性时，上述卡尔曼滤波器会出现明显的性能退化。因此，本节通过将相关熵引入各种类型的卡尔曼滤波器中，体现相关熵在卡尔曼滤波器中应用的优势。

6.5.2　基于最大相关熵的卡尔曼滤波器

1．MCKF 的基本概念

首先介绍一种最基本的基于 MCC 准则的卡尔曼滤波器（maximum correntropy Kalman filter，MCKF）。Chen 等人利用最大相关熵准则代替最小均方误差准则作为优化准则，并基于定点（fixed-point）迭代算法，实现了脉冲噪声下有效的卡尔曼滤波器构造。与传统的卡尔曼滤波器相似，MCKF 不仅能保留状态均值的传递过程，也能保留协方差矩阵的传递过程。

2．基本原理

针对一个观测值维度为 n 的线性模型，其包含下述的状态方程与观测方程：

$$\boldsymbol{x}(k) = \boldsymbol{F}(k-1)\boldsymbol{x}(k-1) + \boldsymbol{q}(k-1)$$
$$\boldsymbol{y}(k) = \boldsymbol{H}(k)\boldsymbol{x}(k) + \boldsymbol{r}(k) \tag{6.47}$$

式中，$\boldsymbol{x}(k)$ 为状态矢量，$\boldsymbol{y}(k)$ 为观测矢量，$\boldsymbol{F}$ 和 $\boldsymbol{H}$ 分别为状态转移矩阵和观测矩阵。$\boldsymbol{q}(k-1)$ 和 $\boldsymbol{r}(k)$ 分别表示系统噪声与测量噪声。卡尔曼滤波器中通常包含预测和更新两个过程，在预测过程中，状态矢量的先验均值与协方差矩阵可定义为

$$\hat{\boldsymbol{x}}(k|k-1) = \boldsymbol{F}(k-1)\hat{\boldsymbol{x}}(k-1|k-1)$$
$$\boldsymbol{P}(k|k-1) = \boldsymbol{F}(k-1)\boldsymbol{P}(k-1|k-1)\boldsymbol{F}^{\mathrm{T}}(k-1) + \boldsymbol{Q}(k-1) \tag{6.48}$$

式中，$\boldsymbol{Q}(k-1) = E[\boldsymbol{q}(k-1)\boldsymbol{q}^{\mathrm{T}}(k-1)]$。

此时，根据式（6.47）和式（6.48），对于线性系统可以得到

$$\begin{bmatrix} \hat{\boldsymbol{x}}(k|k-1) \\ \boldsymbol{y}(k) \end{bmatrix} = \begin{bmatrix} \boldsymbol{I} \\ \boldsymbol{H}(k) \end{bmatrix} \boldsymbol{x}(k) + \boldsymbol{v}(k) \tag{6.49}$$

式中，$\boldsymbol{I}$ 是一个 $n \times n$ 的单位矩阵，且

$$\boldsymbol{v}(k) = \begin{bmatrix} -(\boldsymbol{x}(k) - \hat{\boldsymbol{x}}(k|k-1)) \\ \boldsymbol{r}(k) \end{bmatrix} \tag{6.50}$$

通过对 $E[\boldsymbol{v}(k)\boldsymbol{v}^{\mathrm{T}}(k)] = \boldsymbol{B}(k)\boldsymbol{B}^{\mathrm{T}}(k)$ 进行 Cholesky 分解获得 $\boldsymbol{B}(k)$，并对式（6.49）左乘 $\boldsymbol{B}^{-1}(k)$，可以得到

$$\boldsymbol{D}(k) = \boldsymbol{W}(k)\boldsymbol{x}(k) + \boldsymbol{e}(k) \tag{6.51}$$

式中，$\boldsymbol{W}(k) = \boldsymbol{B}^{-1}(k)\begin{bmatrix} \boldsymbol{I} \\ \boldsymbol{H}(k) \end{bmatrix}$，$\boldsymbol{e}(k) = \boldsymbol{B}^{-1}(k)\boldsymbol{v}(k)$，且 $E[\boldsymbol{e}(k)\boldsymbol{e}^{\mathrm{T}}(k)] = \boldsymbol{I}$。当系统被脉冲噪声干扰时，传统的卡尔曼滤波器的代价函数会发生性能退化，此时，针对式（6.51）构造一种基于相关熵的代价函数，其表示为

$$J_L(\boldsymbol{x}(k)) = \frac{1}{L} \sum_{i=1}^{L} \kappa_\sigma(d_i(k) - \boldsymbol{w}_i(k)\boldsymbol{x}(k)) \tag{6.52}$$

式中，κ_σ 表示核长为 σ 的高斯核函数，$d_i(k)$ 为 $\boldsymbol{D}(k)$ 的第 i 个元素，$\boldsymbol{w}_i(k)$ 为 $\boldsymbol{W}(k)$ 的第 i 行，$L = n + m$ 为 $\boldsymbol{D}(k)$ 的维数。

基于 MCC 准则，$\boldsymbol{x}(k)$ 的最优解可利用下式求解：

$$\hat{\boldsymbol{x}}(k) = \arg\max_{\boldsymbol{x}(k)} J_L(\boldsymbol{x}(k)) = \arg\max_{\boldsymbol{x}(k)} \sum_{i=1}^{L} \kappa_\sigma(e_i(k)) \tag{6.53}$$

式中，$e_i(k)$ 为 $\boldsymbol{e}(k)$ 的第 i 个元素

$$e_i(k) = d_i(k) - \boldsymbol{w}_i(k)\boldsymbol{x}(k) \tag{6.54}$$

利用梯度法对式（6.53）求解，即

$$\frac{\partial J_L(\boldsymbol{x}(k))}{\partial \boldsymbol{x}(k)} = \sum_{i=1}^{L}[\kappa_\sigma(e_i(k))\boldsymbol{w}_i^{\mathrm{T}}(k)(d_i(k) - \boldsymbol{w}_i(k)\boldsymbol{x}(k))] = 0 \tag{6.55}$$

容易看出

$$\boldsymbol{x}(k) = \left[\sum_{i=1}^{L}\kappa_\sigma(e_i(k))\boldsymbol{w}_i^{\mathrm{T}}(k)\boldsymbol{w}_i(k)\right]^{-1} \times \left[\sum_{i=1}^{L}\kappa_\sigma(e_i(k))\boldsymbol{w}_i^{\mathrm{T}}(k)d_i(k)\right] \tag{6.56}$$

由于 $e_i(k) = d_i(k) - \boldsymbol{w}_i(k)\boldsymbol{x}(k)$，上式的最优解是对于 $\boldsymbol{x}(k)$ 的一个定点等式，因此，上式可以改写为

$$\boldsymbol{x}(k) = f(\boldsymbol{x}(k)) \tag{6.57}$$

式中，

$$
\begin{aligned}
f(\boldsymbol{x}(k)) &= \left[\sum_{i=1}^{L}\kappa_\sigma(d_i(k) - \boldsymbol{w}_i(k)\boldsymbol{x}(k))\boldsymbol{w}_i^{\mathrm{T}}(k)\boldsymbol{w}_i(k)\right]^{-1} \\
&\times \left[\sum_{i=1}^{L}\kappa_\sigma(d_i(k) - \boldsymbol{w}_i(k)\boldsymbol{x}(k))\boldsymbol{w}_i^{\mathrm{T}}(k)d_i(k)\right]
\end{aligned} \tag{6.58}
$$

随后，可以定点迭代进行 $\boldsymbol{x}(k)$ 的更新，即

$$\hat{\boldsymbol{x}}(k)_{t+1} = f(\hat{\boldsymbol{x}}(k)_t) \tag{6.59}$$

式中，$\hat{\boldsymbol{x}}(k)_t$ 代表在第 t 次定点迭代中得到的解，因此式（6.56）可以表示为

$$\boldsymbol{x}(k) = (\boldsymbol{W}^{\mathrm{T}}(k)\boldsymbol{C}(k)\boldsymbol{W}(k))^{-1}\boldsymbol{W}^{\mathrm{T}}(k)\boldsymbol{C}(k)\boldsymbol{D}(k) \tag{6.60}$$

式中，

$$\boldsymbol{C}(k) = \begin{bmatrix} \boldsymbol{C}_x(k) & \boldsymbol{0} \\ \boldsymbol{0} & \boldsymbol{C}_y(k) \end{bmatrix} \tag{6.61}$$

$$\boldsymbol{C}_x(k) = \mathrm{diag}[\kappa_\sigma(e_1(k)), \kappa_\sigma(e_2(k)), \cdots, \kappa_\sigma(e_n(k))] \tag{6.62}$$

$$\boldsymbol{C}_y(k) = \mathrm{diag}[\kappa_\sigma(e_{n+1}(k)), \kappa_\sigma(e_{n+2}(k)), \cdots, \kappa_\sigma(e_{n+m}(k))] \tag{6.63}$$

利用上述结果，可得到卡尔曼滤波器中状态矢量的迭代流程

$$\boldsymbol{x}(k) = \hat{\boldsymbol{x}}(k|k-1) + \overline{\boldsymbol{K}}(k)(\boldsymbol{y}(k) - \boldsymbol{H}(k)\hat{\boldsymbol{x}}(k|k-1)) \tag{6.64}$$

式中，

$$\overline{\boldsymbol{K}}(k) = \overline{\boldsymbol{P}}(k|k-1)\boldsymbol{H}^{\mathrm{T}}(k)(\boldsymbol{H}(k)\overline{\boldsymbol{P}}(k|k-1)\boldsymbol{H}^{\mathrm{T}}(k) + \overline{\boldsymbol{R}}(k))^{-1} \tag{6.65}$$

$$\overline{\boldsymbol{P}}(k|k-1) = \boldsymbol{B}_P(k|k-1)\boldsymbol{C}_x^{-1}\boldsymbol{B}_P^{\mathrm{T}}(k|k-1) \tag{6.66}$$

$$\overline{\boldsymbol{R}}(k) = \boldsymbol{B}_r(k)\boldsymbol{C}_y^{-1}\boldsymbol{B}_r^{\mathrm{T}}(k) \tag{6.67}$$

通过上述流程即可完成基于 MCC 的卡尔曼滤波器的迭代。由迭代公式可以看出，区别于传统的卡尔曼滤波器，MCKF 除了通过相关熵进行非高斯噪声的抑制，还利用了一个定点算法来进行状态变量的后验估计，并且由于定点迭代的初始值是通过先验估计 $\hat{\boldsymbol{x}}(k|k-1)$ 计算得到的，MCKF 具有非常快的收敛速度，通常几次迭代即可完成收敛。

例 6.6 利用 MATLAB 编程，设计实现基于最大相关熵准则的卡尔曼滤波器。

解 基于最大相关熵准则的卡尔曼滤波器（MCKF）的 MATLAB 程序代码如下：

```
function [x,P,b]=mckf(F,x,P,H,z,Q,R)
% 输入：  F：状态转移矩阵；
%  x：上一时刻的估计状态矢量；  P：上一时刻的估计协方差矩阵；  H：观测矩阵；
%  z：当前时刻的测量值；  Q：系统噪声方差；  R：测量噪声方差；  b：迭代次数；
%  输出：  x：当前时刻的估计状态矢量；  P：当前时刻的估计协方差矩阵；
n=numel(x);  %状态矢量的维度；  m=numel(z);  %测量矢量的维度；
x1=F*x;  %估计状态矢量先验值；  P1=F*P*F'+Q;  %估计协方差先验值；
B_all=[P1,zeros(n,m);zeros(m,n),R];  B=(chol(B_all))';  D=inv(B)*[x1;z];
W=inv(B)*[eye(n);H];  x3=x1;  x2=x1+ones(n,1);  b=0;  %初始化迭代次数
%迭代过程
while (norm((x3-x2)/norm(x2))>=1e-6)&&(b<=10000)
    x2=x3;  e=D-W*x2;  %残差；  delta=2;  %核长
    for a=1:n+m
        G(a)=exp(-(e(a,:)^2)/(2*delta^2));
    end
    C=diag(G);  P11=B(1:n,1:n)*inv(C(1:n,1:n))*B(1:n,1:n)';
    R1=B((n+1):(n+m),(n+1):(n+m))*inv(C((n+1):(n+m),(n+1):(n+m)))*B((n+1):
(n+m),(n+1):(n+m))';
    K1=P11*H'*inv(H*P11*H'+R1);
    x3=x1+K1*(z-H*x1);  b=b+1;
end
x=x3;       % 输出的状态矢量
P=(eye(n)-K1*H)*P1*(eye(n)-K1*H)'+K1*R*K1';  % 输出的协方差矩阵
```

3.　仿真实验

为了验证 MCKF 的性能，将传统的卡尔曼滤波器（KF）与不同核长下基于 MCC 准则的卡尔曼滤波器（MCKF）进行了对比仿真实验，考虑下述线性系统：

$$\begin{bmatrix} x_1(k) \\ x_2(k) \end{bmatrix} = \begin{bmatrix} \cos(\theta) & -\sin(\theta) \\ \sin(\theta) & \cos(\theta) \end{bmatrix} \begin{bmatrix} x_1(k-1) \\ x_2(k-1) \end{bmatrix} + \begin{bmatrix} q_1(k-1) \\ q_2(k-1) \end{bmatrix} \tag{6.68}$$

$$y(k) = \begin{bmatrix} 1 & 1 \end{bmatrix} \begin{bmatrix} x_1(k) \\ x_2(k) \end{bmatrix} + r(k) \tag{6.69}$$

式中，$\theta=\pi/18$，$q_1(k-1)$、$q_2(k-1)$ 及 $r(k)$ 均为由 Alpha 稳定分布产生的脉冲噪声。考察 KF 与不同核长的 MCKF 对于 x_1 和 x_2 的估计误差，其估计误差的概率密度分布如图 6.7 所示。由实验结果可以发现，当相关熵核长选择得合适时，MCKF 相比 KF 具有明显的优势，在脉冲噪声下，MCKF 的误差分布具有更高的峰值和更小的分散系数。

6.5.3　状态约束最大相关熵卡尔曼滤波器

1.　约束条件下的卡尔曼滤波器

6.5.2 节介绍了基于 MCC 准则的卡尔曼滤波器，其对脉冲噪声表现出良好的抑制能力。但是，仅将 MCC 准则引入卡尔曼滤波器模型中，而未考虑累积误差所造成的影响，仍然具有某些局限性。与 6.3.2 节类似，可以通过将约束条件引入滤波器的设计中，从而进一步提高滤波器的性能。在某些特殊系统（如立体视觉系统、手势估计模型）中，系统状态通常满足确定线性或非线性约束。考虑这些系统，可以将系统的先验信息通过约束条件引入滤波器

中。对于线性约束，可以采用估计投影和概率密度函数截断等方法引入滤波器的约束条件进行设计。对于非线性约束，则可以采用线性近似和二阶近似等方法。

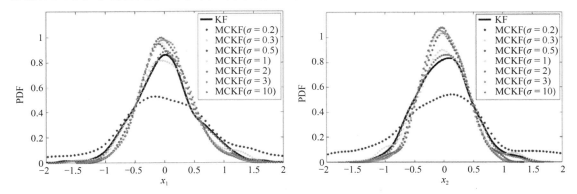

图 6.7　脉冲噪声下 KF 与不同核长 MCKF 估计误差的概率密度分布

通过将状态约束引入基于 MCC 准则的卡尔曼滤波器中，Liu 等人实现了一类基于状态约束最大相关熵的卡尔曼滤波器，下文将介绍其具体结构和原理。

2. 基本原理

MCKF 通过 6.5.2 节的式（6.64）不断更新得到的估计值 $\hat{\boldsymbol{x}}$，利用线性约束得到一个新的估计值。首先假设所有的状态成分均满足一个线性约束

$$\boldsymbol{M}\boldsymbol{x} = \boldsymbol{m} \tag{6.70}$$

式中，$\boldsymbol{M}$ 是一个 $s \times n$ 维矩阵，$\boldsymbol{m}$ 是一个 $s \times 1$ 维的矢量，且 $s \leq n$。此外，假设 $\boldsymbol{M}$ 是一个满秩矩阵。

为解决这一线性约束问题，首先可以使用估计投影的方法，该方法是约束型滤波器中常用的方法，其通过将非约束下的估计 $\hat{\boldsymbol{x}}$ 投影到一个约束表面，随后约束条件下的估计值 $\bar{\boldsymbol{x}}$ 可以利用下述方程计算求解：

$$\bar{\boldsymbol{x}} = \underset{\boldsymbol{x}}{\arg\min}(\boldsymbol{x} - \hat{\boldsymbol{x}})^{\mathrm{T}}\boldsymbol{W}(\boldsymbol{x} - \hat{\boldsymbol{x}}) \quad \text{s.t.} \quad \boldsymbol{M}\boldsymbol{x} = \boldsymbol{m} \tag{6.71}$$

式中，$\boldsymbol{W}$ 是一个半正定的加权矩阵。最后，利用拉格朗日算子法，拉格朗日方程可表示为

$$L = (\boldsymbol{x} - \hat{\boldsymbol{x}})^{\mathrm{T}}\boldsymbol{W}(\boldsymbol{x} - \hat{\boldsymbol{x}}) + 2\lambda(\boldsymbol{M}\boldsymbol{x} - \boldsymbol{m}) \tag{6.72}$$

式中，λ 为正则化因子，而上述方程的最优解可以利用下式进行求解：

$$\frac{\partial L}{\partial \boldsymbol{x}} = 0 \tag{6.73}$$

$$\frac{\partial L}{\partial \lambda} = 0 \tag{6.74}$$

利用式（6.73）和式（6.74）即可解得

$$\bar{\boldsymbol{x}} = \hat{\boldsymbol{x}} - \boldsymbol{W}^{-1}\boldsymbol{M}^{\mathrm{T}}(\boldsymbol{M}\boldsymbol{W}^{-1}\boldsymbol{M}^{\mathrm{T}})^{-1}(\boldsymbol{M}\hat{\boldsymbol{x}} - \boldsymbol{m}) \tag{6.75}$$

通常，令 $\boldsymbol{W} = (\boldsymbol{P}(k|k-1))^{-1}$ 或 $\boldsymbol{W} = \boldsymbol{I}$ 来进行约束项的估计。

除上述算法外，还可以利用概率密度函数截断（probability density function truncation）算法进行卡尔曼滤波器的设计。此时，约束的状态估计变量即为截断概率密度函数的均值。具体的设计步骤如下所示。

首先，定义 $\bar{\boldsymbol{x}}^{(t)}$ 表示在引入了 t 个约束项的估计值之后的状态变量。$\bar{\boldsymbol{P}}^{(t)}$ 表示其协方差矩

阵，初始化

$$t = 0, \ \overline{\boldsymbol{x}}^{(t)} = \hat{\boldsymbol{x}}, \ \overline{\boldsymbol{P}}^{(t)} = \boldsymbol{P}(k|k) \tag{6.76}$$

进行如下转换：

$$\boldsymbol{z}^{(t)} = \boldsymbol{\rho} \boldsymbol{S}^{-1/2} \boldsymbol{U}^{\mathrm{T}} (\boldsymbol{x} - \overline{\boldsymbol{x}}^{(t)}) \tag{6.77}$$

式中，$\boldsymbol{\rho}$ 为正交矩阵，$\boldsymbol{U}$ 也为正交矩阵，$\boldsymbol{S}$ 为对角阵。

对 $\overline{\boldsymbol{P}}^{(t)}$ 进行奇异值分解（SVD），可以得到

$$\overline{\boldsymbol{P}}^{(t)} = \boldsymbol{U} \boldsymbol{S} \boldsymbol{V}^{\mathrm{T}} \tag{6.78}$$

此外，利用 Gram-Schmidt 正交化使其满足下式，从而计算正交矩阵 $\boldsymbol{\rho}$：

$$\boldsymbol{\rho} \boldsymbol{S}^{1/2} \boldsymbol{U}^{\mathrm{T}} \boldsymbol{M}_{t+1}^{\mathrm{T}} = [(\boldsymbol{M}_{t+1} \overline{\boldsymbol{P}}^{(t)} \boldsymbol{M}_{t+1}^{\mathrm{T}})^{1/2}, 0, \cdots, 0]^{\mathrm{T}} \tag{6.79}$$

式中，$\boldsymbol{M}_{t+1}$ 表示 $\boldsymbol{M}$ 的第 $t+1$ 行。由式（6.79）可知

$$\boldsymbol{M}_{t+1} \boldsymbol{U} \boldsymbol{S}^{1/2} \boldsymbol{\rho}^{\mathrm{T}} \boldsymbol{z}^{(t)} + \boldsymbol{M}_{t+1} \overline{\boldsymbol{x}}^{(t)} = m_{t+1} \tag{6.80}$$

式中，m_{t+1} 表示 $\boldsymbol{m}$ 的第 $t+1$ 个元素。

对式（6.80）两边同时除以 $(\boldsymbol{M}_{t+1} \overline{\boldsymbol{P}}^{(t)} \boldsymbol{M}_{t+1}^{\mathrm{T}})^{1/2}$，得到

$$\frac{\boldsymbol{M}_{t+1} \boldsymbol{U} \boldsymbol{S}^{1/2} \boldsymbol{\rho}^{\mathrm{T}} \boldsymbol{z}^{(t)}}{(\boldsymbol{M}_{t+1} \overline{\boldsymbol{P}}^{(t)} \boldsymbol{M}_{t+1}^{\mathrm{T}})^{1/2}} = \frac{m_{t+1} - \boldsymbol{M}_{t+1} \overline{\boldsymbol{x}}^{(t)}}{(\boldsymbol{M}_{t+1} \overline{\boldsymbol{P}}^{(t)} \boldsymbol{M}_{t+1}^{\mathrm{T}})^{1/2}} \tag{6.81}$$

由上式可知，$\boldsymbol{z}^{(t)}$ 具有零均值且其协方差矩阵为一个单位矩阵。

定义

$$c_{t+1} = \frac{m_{t+1} - \boldsymbol{M}_{t+1} \overline{\boldsymbol{x}}^{(t)}}{(\boldsymbol{M}_{t+1} \overline{\boldsymbol{P}}^{(t)} \boldsymbol{M}_{t+1}^{\mathrm{T}})^{1/2}} \tag{6.82}$$

并且可知

$$[1, 0, \cdots, 0] \boldsymbol{z}^{(t)} = c_{t+1} \tag{6.83}$$

则 $\boldsymbol{z}^{(t+1)}$ 的均值和方差可表示为

$$\mu = c_{t+1} \tag{6.84}$$

$$\xi^2 = 0 \tag{6.85}$$

而对于转移后的状态估计值，在应用了 $t+1$ 个约束项后，其可表示为

$$\overline{\boldsymbol{z}}^{(t+1)} = [\mu, 0, \cdots, 0]^{\mathrm{T}} \tag{6.86}$$

$$\mathrm{cov}(\overline{\boldsymbol{z}}^{(t+1)}) = \mathrm{diag}(\xi^2, 1, \cdots, 1) \tag{6.87}$$

对式（6.77）求逆，有

$$\overline{\boldsymbol{x}}^{(t+1)} = \boldsymbol{U} \boldsymbol{S}^{1/2} \boldsymbol{\rho}^{\mathrm{T}} \overline{\boldsymbol{z}}^{(t+1)} + \overline{\boldsymbol{x}}^{(t)} \tag{6.88}$$

$$\overline{\boldsymbol{P}}^{(t+1)} = \boldsymbol{U} \boldsymbol{S}^{1/2} \boldsymbol{\rho}^{\mathrm{T}} \mathrm{cov}(\overline{\boldsymbol{z}}^{(t+1)}) \boldsymbol{\rho} \boldsymbol{S}^{1/2} \boldsymbol{U} \tag{6.89}$$

把上述约束条件与基本的 MCKF 流程相结合，对 $\boldsymbol{x}$ 的迭代直到满足 $t+1 = \mathrm{length}(\boldsymbol{m})$ 为止。其中，length 表示求矢量长度的运算。这样，可通过概率密度函数截断实现卡尔曼滤波器的设计。

3. 仿真实验

为了验证约束型最大相关熵卡尔曼滤波器的效果，分别就基本卡尔曼滤波器（KF）、基于 MCC 的卡尔曼滤波器（MCKF）、基于估计投影的卡尔曼滤波器（KF-EP）、基于 MCC 与估计投影的卡尔曼滤波器（MCKF-EP）、基于概率密度截断的卡尔曼滤波器（KF-PDFT）与基于 MCC 和概率密度截断的卡尔曼滤波器（MCKF-PDFT）进行了对比仿真实验。考虑一个

陆地车辆的导航问题，其速度的方向为 θ。在导航过程中，其状态转移方程和观测方程如下：

$$\boldsymbol{x}(k) = \begin{bmatrix} 1 & 0 & L & 0 \\ 0 & 1 & 0 & L \\ 0 & 0 & 1 & 0 \\ 0 & 0 & 0 & 1 \end{bmatrix} \boldsymbol{x}(k-1) + \begin{bmatrix} 0 \\ 0 \\ L\sin\theta \\ L\cos\theta \end{bmatrix} \boldsymbol{\mu}(k-1) + \boldsymbol{q}(k-1) \tag{6.90}$$

$$\boldsymbol{y}(k) = \begin{bmatrix} 1 & 0 & 0 & 0 \\ 0 & 1 & 0 & 0 \end{bmatrix} \boldsymbol{x}(k) + \boldsymbol{r}(k) \tag{6.91}$$

式中，状态矢量 $\boldsymbol{x}(k) = [x_1(k), x_2(k), x_3(k), x_4(k)]^{\mathrm{T}}$ 包含该车辆的北部位置、东部位置、北向速度及东向速度，L 表示离散时间间隔，$\boldsymbol{\mu}(k)$ 表示累计输入，$\theta = 0.28\pi$。如果该车辆在陆地上的角度为 θ，可知 $\tan\theta = x_1(k)/x_2(k) = x_3(k)/x_4(k)$，此时约束矩阵 $\boldsymbol{M}$ 设置为

$$\boldsymbol{M} = \begin{bmatrix} 1 & -\tan\theta & 0 & 0 \\ 0 & 0 & 1 & \theta \end{bmatrix} \tag{6.92}$$

此外，系统噪声和测量噪声均服从 Alpha 稳定分布。考察不同类型滤波器对于状态矢量 $\boldsymbol{x}$ 的估计误差，实验结果如图 6.8 所示。由实验结果可以看出，基于 MCC 的一类滤波器在非高斯噪声下相对传统卡尔曼滤波器有明显的性能优势，且具有更小的均方根误差。此外，在这些基于 MCC 的滤波器中，基于约束条件的滤波器相对于无约束条件的滤波器同样具有更小的均方根误差。

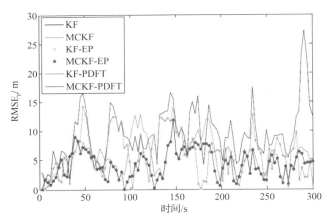

图 6.8 脉冲噪声下不同滤波器的均方误差

6.5.4 相关熵无迹卡尔曼滤波器

1. UKF 的概念

6.5.2 节和 6.5.3 节主要介绍了线性系统中卡尔曼滤波器的设计，针对非线性系统，尤其是高度非线性系统，基于上述算法的滤波器会出现发散现象，从而产生性能退化。为解决发散现象，文献中提出了一种无迹卡尔曼滤波器（UKF）。通过一系列确定的 sigma 点近似概率密度分布，并利用非线性方程组传递概率分布，UKF 可以将非线性系统近似为线性系统。目前已有的 UKF 是基于高斯噪声的假设，在脉冲噪声下会出现性能退化。为此，Liu 等人提出一种结合 MCC 准则与无迹变换的卡尔曼滤波器（MCUF）。该算法首先利用无迹变换（UT）

来获得状态矩阵和协方差矩阵的先验估计，然后利用基于 MCC 的统计线性状态回归得到后验状态与协方差矩阵。通过这一过程，实现了脉冲噪声与非线性系统下的卡尔曼滤波器设计。

2．基本原理

假设一个非线性系统表示为如下形式：

$$\boldsymbol{x}(k) = f(k-1, \boldsymbol{x}(k-1)) + \boldsymbol{q}(k-1) \tag{6.93}$$

$$\boldsymbol{y}(k) = h(k, \boldsymbol{x}(k)) + \boldsymbol{r}(k) \tag{6.94}$$

式中，$\boldsymbol{x}(k)$ 表示在 k 时刻的 n 维状态矢量，$\boldsymbol{y}(k)$ 表示在第 k 时刻的 m 维观测矢量，f 表示一个非线性的状态方程，h 表示一个非线性的观测方程，且 f 和 h 均被假设为连续可微的。而系统噪声 $\boldsymbol{q}(k-1)$ 与测量噪声 $\boldsymbol{r}(k)$ 通常均被假定为相互独立。与无迹卡尔曼滤波器相似，MCUF 首先对数据进行无迹变换，其主要包含时间更新和测量更新两个步骤。

考虑时间上的更新，对于 $2n+1$ 个样本点，通过观测状态变量 $\hat{\boldsymbol{x}}(k|k-1)$ 和协方差矩阵 $\boldsymbol{P}(k-1|k-1)$ 在最近的 $k-1$ 个步骤中得到

$$
\begin{aligned}
\chi^0(k-1|k-1) &= \hat{\boldsymbol{x}}(k-1|k-1), \\
\chi^i(k-1|k-1) &= \hat{\boldsymbol{x}}(k-1|k-1) + \left(\sqrt{(n+\lambda)\boldsymbol{P}(k-1|k-1)}\right)_i, \quad i = 1, \cdots, n \\
\chi^i(k-1|k-1) &= \hat{\boldsymbol{x}}(k-1|k-1) - \left(\sqrt{(n+\lambda)\boldsymbol{P}(k-1|k-1)}\right)_{i-n}, \quad i = n+1, \cdots, 2n
\end{aligned}
\tag{6.95}
$$

式中，$\left(\sqrt{(n+\lambda)\boldsymbol{P}(k-1|k-1)}\right)_i$ 为 $(n+\lambda)\boldsymbol{P}(k-1|k-1)$ 矩阵的均方根的第 i 列，n 为状态维度，λ 为复合尺度因子，定义为

$$\lambda = v^2(n+\phi) - n \tag{6.96}$$

式中，v 表示一个 sigma 点的传播度，通常选择一个很小的正值，ϕ 表示一个参数且通常被设置为 $3-n$。

不定点的迭代通常利用下述处理方程进行运算：

$$\chi^{i*}(k|k-1) = f(k-1, \chi^i(k-1|k-1)), \quad i = 0, \cdots, 2n \tag{6.97}$$

初始状态的均值和方差由下式估计：

$$\hat{\boldsymbol{x}}(k|k-1) = \sum_{i=0}^{2n} w_m^i \chi^{i*}(k|k-1) \tag{6.98}$$

$$
\begin{aligned}
\boldsymbol{P}(k-1|k-1) = \sum_{i=0}^{2n} w_c^i &\left[\chi^{i*}(k|k-1) - \hat{\boldsymbol{x}}(k|k-1) \right] \\
&\times \left[\chi^{i*}(k|k-1) - \hat{\boldsymbol{x}}(k|k-1) \right]^{\mathrm{T}} + \boldsymbol{Q}(k-1)
\end{aligned}
\tag{6.99}
$$

式中，状态和协方差矩阵对应的权值可表示为

$$w_m^0 = \frac{\lambda}{n+\lambda} \tag{6.100}$$

$$w_c^0 = \frac{\lambda}{n+\lambda} + (1 - \alpha^2 + \beta) \tag{6.101}$$

$$w_m^i = w_c^i = \frac{1}{2(n+\lambda)}, \quad i = 1, \cdots, 2n \tag{6.102}$$

式中，β 为一个与 $\boldsymbol{x}(k)$ 概率分布先验有关的参数，在高斯分布中通常设置为 2。

针对测量状态的更新，与上述更新类似，一系列的 χ 值可利用初始状态的均值和方差得

到，如下所示：

$$\chi^0(k-1|k-1) = \hat{x}(k|k-1),$$

$$\chi^i(k-1|k-1) = \hat{x}(k|k-1) + \left(\sqrt{(n+\lambda)\boldsymbol{P}(k-1|k-1)}\right)_i, \quad i = 1, \cdots, n \quad (6.103)$$

$$\chi^i(k-1|k-1) = \hat{x}(k|k-1) - \left(\sqrt{(n+\lambda)\boldsymbol{P}(k-1|k-1)}\right)_{i-n}, \quad i = n+1, \cdots, 2n$$

此时，以上各点利用下述传输方程处理：

$$\gamma^i(k) = h(k, \chi^i(k|k-1)), \quad i = 0, \cdots, 2n \quad (6.104)$$

初始测量值的均值由下式计算：

$$\hat{y}(k) = \sum_{i=0}^{2n} w_m^i \gamma^i(k) \quad (6.105)$$

进而，状态矢量与观测矢量的互协方差矩阵则可表示为

$$\boldsymbol{P}_{xy}(k) = \sum_{i=0}^{2n} w_c^i [\chi^i(k|k-1) - \hat{x}(k|k-1)][\gamma^i(k) - \hat{y}(k)]^{\mathrm{T}} \quad (6.106)$$

接下来，利用一个基于最大相关熵准则的线性回归模型来获得测量值的更新方程。首先为了构造线性回归模型，定义初始状态的估计误差为

$$\eta(\boldsymbol{x}(k)) = \boldsymbol{x}(k) - \hat{x}(k|k-1) \quad (6.107)$$

并且定义测量斜率矩阵为

$$\boldsymbol{H}(k) = (\boldsymbol{P}^{-1}(k-1|k-1)\boldsymbol{P}_{xy}(k))^{\mathrm{T}} \quad (6.108)$$

与此同时，状态方程也可近似表示为

$$\boldsymbol{y}(k) \approx \hat{y}(k) + \boldsymbol{H}(k)(\boldsymbol{x}(k) - \hat{x}(k|k-1)) + \boldsymbol{r}(k) \quad (6.109)$$

结合式（6.98）、式（6.105）和式（6.109），可以得到如下的统计线性回归模型：

$$\begin{bmatrix} \hat{x}(k|k-1) \\ \boldsymbol{y}(k) - \hat{y}(k) + \boldsymbol{H}(k)\hat{x}(k|k-1) \end{bmatrix} = \begin{bmatrix} \boldsymbol{I} \\ \boldsymbol{H}(k) \end{bmatrix} \boldsymbol{x}(k) + \boldsymbol{\xi}(k) \quad (6.110)$$

式中，

$$\boldsymbol{\xi}(k) = \begin{bmatrix} \eta(\boldsymbol{x}(k)) \\ \boldsymbol{r}(k) \end{bmatrix} \quad (6.111)$$

可以发现，式（6.110）与式（6.49）具有相似的形式，此时就可以按照与 6.5.2 节中一样的处理方法进行后续的卡尔曼滤波器设计。

3．仿真实验

考虑一个单变量非平稳增长模型，该模型通常被作为非线性滤波的经典实例。其状态方程和观测方程如下：

$$x(k) = 0.5x(k-1) + 25\frac{x(k-1)}{1+x(k-1)^2} + 8\cos(1.2(k-1)) + q(k-1)$$

$$y(k) = \frac{x(k)^2}{20} + r(k) \quad (6.112)$$

观测噪声与系统噪声均由 Alpha 稳定分布产生，状态变量 x 的估计误差结果如图 6.9 所示，分别就扩展卡尔曼滤波器（EKF）、Huber 扩展卡尔曼滤波器（HEKF）、无迹卡尔曼滤波器（UKF）、Huber 无迹卡尔曼滤波器（HUKF），以及本节的基于 MCC 的无迹卡尔曼滤波器

（MCUF）进行了仿真实验。由实验结果可以看出，在适当核长下，MCUF 相较于其他滤波器具有更低的估计误差，体现出其更好的性能。

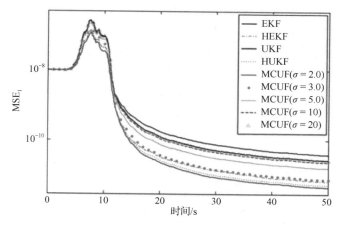

图 6.9　脉冲噪声下不同卡尔曼滤波器的估计误差曲线

6.6　本章小结

近年来，相关熵作为一种受到广泛关注的信号处理新概念与新方法，在脉冲噪声下的信号处理中取得了显著的成果。由本书前面章节可见，相关熵在脉冲噪声下的信号处理中具有显著优势。为进一步阐明相关熵在脉冲噪声下的应用原理与良好的性能表现，本章详细介绍了相关熵的热点研究方向，即基于相关熵的信号滤波技术。重点介绍了基于最大相关熵准则的自适应滤波器、约束最大相关熵自适应滤波器、基于最大相关熵的卡尔曼滤波器、状态约束最大相关熵卡尔曼滤波器和相关熵无迹卡尔曼滤波器，还介绍了基于核最大相关熵的自适应滤波器和核递归最大相关熵自适应滤波器。通过介绍相关熵在不同种类的滤波器的应用原理与实验结果，反映出相关熵在脉冲噪声下信号滤波中所具有的优势。

思考题与习题

1. 试说明贝叶斯估计的基本原理。
2. 试说明贝叶斯估计中 MS 估计、ABS 估计和 MAP 估计的特点。
3. 试说明 MCC 与贝叶斯估计的关联。
4. 思考一下，可否基于最大相关熵准则来改进 MS 估计？
5. 举例说明基于相关熵的自适应滤波器与基于最小均方误差的自适应滤波器的区别。
6. 试说明 MCC 能作为滤波器代价函数的本质。
7. 试说明自适应滤波器系数迭代常用的方法。
8. 试分析说明基于最大相关熵准则的自适应滤波器的基本原理和特点。
9. 试分析说明约束最大相关熵自适应滤波器的基本原理和特点。
10. 试分析说明基于核最大相关熵的自适应滤波器的基本原理和特点。
11. 试分析说明核递归最大相关熵自适应滤波器的基本原理和特点。

12．试说明 KMC 自适应滤波器避免出现病态问题的原因。

13．试分析 KRMC 滤波器中遗忘因子的作用。

14．说明相关熵卡尔曼滤波器的产生原因。

15．试分析 MCKF 与传统卡尔曼滤波器的区别。

16．试举例说明线性约束与非线性约束常见的设计方法。

17．试分析为何相关熵在脉冲噪声下的自适应滤波器具有更好的性能。

18．试给出高斯核以外其他核函数的表达式，并分析其是否适用于脉冲噪声。

19．试总结 MCC 算法的各改进形式及其特点。

20．试求 $x = [1, 2, 4]$，$y = [2, 4, 6]$ 的相关熵（高斯核，核长为 $\sigma = 2$）。

21．试利用 MATLAB 编程，设计实现基于最大相关熵的自适应滤波器。

22．试利用 MATLAB 编程，设计实现基于约束最大相关熵的自适应滤波器。

23．试利用 MATLAB 编程，设计实现基于核最大相关熵的自适应滤波器。

24．试利用 MATLAB 编程，设计实现基于核递归最大相关熵的自适应滤波器。

25．试利用 MATLAB 编程，设计实现相关熵卡尔曼滤波器。

第 7 章　相关熵信号处理的应用

7.1　概述

　　研究表明，相关熵作为一种广义的相似性度量，可视为再生核希尔伯特空间的相关函数，能同时反映信号的时间结构和统计特性。此外，相关熵在脉冲噪声下能够有效地抑制野点带来的影响，且不依赖于脉冲噪声的先验知识。基于上述原因，相关熵在信号处理领域，尤其是非高斯信号处理领域中受到了广泛的关注。

　　与此同时，相关熵理论方法已经广泛应用到各相关领域中，如自适应滤波、信号相似性测量、非线性鲁棒检测器、无线定位、图像处理、医学信号分析等。总体而言，相关熵在自适应滤波中的应用最为广泛，第 6 章已就相关熵在信号自适应滤波领域中的应用进行了详细的介绍。那么，相关熵如何在其他领域中进行应用呢？是通过与第 6 章类似的方法将最大相关熵准则引入代价函数的设计当中吗？为了进一步了解相关熵在各个领域的应用并且掌握其在真实应用中的实现方法，本章对相关熵在局部相似性测度、无线电监测、图像处理和医学信号分析等多个热点领域的应用进行较为详细的介绍，通过说明各种实际应用实现的原理，帮助读者了解和掌握如何利用相关熵作为信号处理中的一个有效工具。

7.2　相关熵作为局部相似性的测度

7.2.1　常规的相似度测度

　　常规的相似度测度以两个矢量的距离为基础，因此，距离测量值是两矢量各相应分量之差的函数。设 $\boldsymbol{x} = [x_1, x_2, \cdots, x_n]^{\mathrm{T}}$，$\boldsymbol{y} = [y_1, y_2, \cdots, y_n]^{\mathrm{T}}$，计算 $\boldsymbol{x}$ 与 $\boldsymbol{y}$ 之间的距离测度函数有很多种，常用的主要包括几种。

1. 欧氏距离

　　欧氏距离即欧几里得距离（Euclidean distance），最初用于计算欧几里得空间中两个点的距离。上述矢量 $\boldsymbol{x}$ 和 $\boldsymbol{y}$ 的欧氏距离为

$$d(\boldsymbol{x}, \boldsymbol{y}) = \|\boldsymbol{x} - \boldsymbol{y}\| = \left[\sum_{i=1}^{n} (x_i - y_i)^2 \right]^{1/2} \tag{7.1}$$

　　欧氏距离能够体现个体数值特征的绝对差异，因此被广泛应用于需要从维度数值大小中体现差异的分析。

2. 曼哈顿距离

　　曼哈顿距离（Manhattan distance）又称绝对值距离，起源于对城市区块距离的描述，是将多个维度上的距离进行求和后的结果。与欧氏距离相似，曼哈顿距离用于多维数据空间距

离的测度，其定义为

$$d(\boldsymbol{x}, \boldsymbol{y}) = \sum_{i=1}^{n} |x_i - y_i| \tag{7.2}$$

3．切比雪夫距离

切比雪夫距离（Chebyshev distance）又称棋盘距离，起源于国际象棋中国王的走法，其定义为

$$d(\boldsymbol{x}, \boldsymbol{y}) = \arg\max_i |x_i - y_i| \tag{7.3}$$

4．明氏距离

明氏距离又称明可夫斯基距离（Minkowski distance），是欧氏空间中的一种测度，可看作欧氏距离和曼哈顿距离的一种推广。其定义为

$$d(\boldsymbol{x}, \boldsymbol{y}) = \left[\sum_{i=1}^{n} |x_i - y_i|^m \right]^{1/m} \tag{7.4}$$

由式（7.4）可以看出，当 $m = 2$ 时，明氏距离即为欧氏距离；当 $m = 1$ 时，即为曼哈顿距离。

5．马氏距离

马氏距离即马哈拉诺比斯距离（Mahalanobis distance），假设 $\boldsymbol{x}$、$\boldsymbol{y}$ 属于同一个矢量集，两者的马氏距离定义如下：

$$d(\boldsymbol{x}, \boldsymbol{y}) = (\boldsymbol{x} - \boldsymbol{y})^{\mathrm{T}} \boldsymbol{V}^{-1} (\boldsymbol{x} - \boldsymbol{y}) \tag{7.5}$$

式中，$\boldsymbol{V}$ 表示矢量集协方差矩阵统计量。马氏距离通常用于度量服从同一分布且协方差矩阵为常数的两个随机变量的差异度。

除上述几种方式之外，还有许多度量手段，如汉明距离、巴氏距离等。然而，这些距离大多数均假定所涉及的噪声服从高斯分布，在脉冲噪声条件下会出现性能退化。为此，借助于相关熵，文献中报道了基于相关熵的相似性测度新方法。

7.2.2　相关熵作为相似性测度

相关熵作为一种广义的相似性测度，可视为再生核希尔伯特空间的相关函数，能同时反映信号的时间结构和统计特性，能较好地抑制脉冲噪声中野点带来的影响。给定 N 维样本空间内两组矢量 $\boldsymbol{x} = [x_1, x_2, \cdots, x_N]^{\mathrm{T}}$ 和 $\boldsymbol{y} = [y_1, y_2, \cdots, y_N]^{\mathrm{T}}$，相关熵诱导距离定义如下：

$$\mathrm{CIM}(\boldsymbol{x}, \boldsymbol{y}) = [\kappa_\sigma(0) - \kappa_\sigma(\boldsymbol{x} - \boldsymbol{y})]^{1/2} \tag{7.6}$$

相关熵诱导距离具有三个重要性质：非负性、对称性和三角不等式。第 5 章中图 5.2 给出了不同核长条件下二维样本空间的 $\mathrm{CIM}(\boldsymbol{x}, \boldsymbol{0})$，其中 $\boldsymbol{a} = [a_1, a_2]^{\mathrm{T}}$，$\boldsymbol{0} = [0, 0]^{\mathrm{T}}$。从图中可以看出，相关熵诱导距离并非样本空间的单一范数。当样本空间中的点距离原点较近时，CIM 表现为 L_2 范数；而当该点距离原点较远时，CIM 表现为 L_1 范数；进一步地，当该点继续远离原点时，CIM 表现为 L_0 范数。此外，还可以发现，核长 σ 对 CIM 有较大的影响，当核长 σ 较大时，CIM 在更大范围内表现为 L_2 范数；而当核长 σ 较小时，CIM 在更大范围内表现为 L_1 范数和 L_0 范数。这里再补充一个核长 $\sigma = 0.5$ 的二维样本空间 $\mathrm{CIM}(\boldsymbol{x}, 0)$ 的等高线图，如图 7.1 所示。

（a）核长 $\sigma = 0$　　　　　　　　　　（b）核长 $\sigma = 0.5$

图 7.1　二维样本空间 CIM $(\pmb{x},0)$ 的等高线图

例 7.1　设三个矢量分别为 $\pmb{x} = [1, 2, 3]$，$\pmb{y} = [1, 2, 3]$，$\pmb{z} = [2, 4, 6]$。试分别计算 $\pmb{x}$ 与 $\pmb{y}$ 和 $\pmb{x}$ 与 $\pmb{z}$ 的（1）欧氏距离；（2）曼哈顿距离；（3）CIM（采用高斯核函数，核长 $\sigma = 1$）。

解　（1）计算欧氏距离：

由式（7.1）可知，$\pmb{x}$ 与 $\pmb{y}$ 的欧氏距离为

$$d(\pmb{x}, \pmb{y}) = \|\pmb{x} - \pmb{y}\| = \sqrt{(1-1)^2 + (2-2)^2 + (3-3)^2} = 0$$

$\pmb{x}$ 与 $\pmb{z}$ 的欧氏距离为

$$d(\pmb{x}, \pmb{z}) = \|\pmb{x} - \pmb{z}\| = \sqrt{(1-2)^2 + (2-4)^2 + (3-6)^2} = \sqrt{14} \approx 3.742$$

（2）计算曼哈顿距离：

由式（7.2）可知，$\pmb{x}$ 与 $\pmb{y}$ 的曼哈顿距离为

$$d(\pmb{x}, \pmb{y}) = \sum_{i=1}^{n} |x_i - y_i| = |1-1| + |2-2| + |3-3| = 0$$

$\pmb{x}$ 与 $\pmb{z}$ 的曼哈顿距离为

$$d(\pmb{x}, \pmb{z}) = \sum_{i=1}^{n} |x_i - z_i| = |1-2| + |2-4| + |3-6| = 6$$

（3）计算相关熵诱导距离 CIM：

由式（7.6）可知，$\pmb{x}$ 与 $\pmb{y}$ 的 CIM 为

$$\mathrm{CIM}(\pmb{x}, \pmb{y}) = \left[\kappa_\sigma(0) - \kappa_\sigma(\pmb{x} - \pmb{y}) \right]^{1/2} = \sqrt{\frac{1}{\sqrt{2\pi}} - \frac{1}{\sqrt{2\pi}} \exp\left(-\frac{(1-1)^2 + (2-2)^2 + (3-3)^2}{2} \right)} = 0$$

$\pmb{x}$ 与 $\pmb{z}$ 的 CIM 为

$$\mathrm{CIM}(\pmb{x}, \pmb{z}) = \sqrt{\frac{1}{\sqrt{2\pi}} - \frac{1}{\sqrt{2\pi}} \exp\left(-\frac{(1-2)^2 + (2-4)^2 + (3-6)^2}{2} \right)} \approx 0.6313$$

7.3 相关熵在无线定位技术中的应用

无线定位是指利用信号处理方法对接收到的无线信号进行分析而得到特征参数，并利用特定的参数估计与定位算法，确定目标信号的特点与位置的技术。这种技术广泛应用于雷达、声呐、导航、地震勘测、无线电监测及移动通信等多个军用和民用领域，是国内外信号处理领域的研究热点。

目前，针对各种无线定位技术，主要以二阶统计量或高阶统计量为基础实现信号参数的估计并完成定位。近年来，随着无线电技术的快速发展，电磁环境日益复杂，传统方法在脉冲噪声条件下经常会出现性能退化的问题。而相关熵作为一种能有效抑制脉冲噪声的统计量，被广泛地引入各种无线定位技术中，第 5 章就相关熵在无线定位中的波达方向估计进行了介绍。本节在此基础上，进一步详细介绍如何将相关熵应用在无线定位中的时间延迟估计、波达方向估计及自适应波束形成等方面。

7.3.1 基于相关熵的时间延迟估计

1．时间延迟估计的概念与意义

时间延迟估计（time delay estimation，TDE，简称时延估计）是指利用参数估计和信号处理方法，对信号达到不同接收器之间的时间延迟进行估计。在无线电目标定位等领域，时间延迟估计也常称为到达时差估计（time difference of arrival，TDOA）。

时间延迟估计是数字信号处理领域一个十分活跃的研究方向，它是目标定位技术中的核心算法，其估计精度直接影响定位目标的准确性。一方面，它与现代谱估计、自适应算法等信号处理的基础理论紧密相关，从而具有重要的理论研究意义。另一方面，它具有很强的实际工程背景，如声呐、雷达等军事领域、生物医学、水声、石油勘探、故障诊断等工业科学领域都有其广泛的应用。纵观过去几十年的时延估计算法的发展，若从不同的处理域进行分类，大致可以分为时域和变换域两类算法；若从采样周期角度分类，可以分为整数采样周期和非整数采样周期两类算法；还可以分为非迭代的基于相关运算的算法和迭代的基于自适应滤波器的算法。然而，上述算法涉及的背景噪声大多考虑高斯噪声条件，在脉冲噪声条件下会出现性能退化。为解决这一问题，人们提出了基于分数低阶统计量的算法，如第 3 章所介绍的基于最小 p 范数的方法，但这种算法对噪声的先验知识有一定程度的依赖。为了改善脉冲噪声下时间延迟估计的性能，文献中介绍了一种基于最大相关熵准则的时间延迟估计方法，它可以在不需要先验知识的情况下有效提高脉冲噪声下时间延迟估计的性能。

2．基本原理

（1）信号模型与常规算法

考虑时间延迟估计的信号模型为 $x_1(n) = s(n) + v_1(n)$，$x_2(n) = s(n-D) + v_2(n)$。其中，$x_1(n)$ 与 $x_2(n)$ 是观测信号，n 为离散时间变量，D 为待估计的延迟时间，$s(n)$ 为感兴趣信号，$v_1(n)$ 与 $v_2(n)$ 为服从独立对称 Alpha 稳定分布的噪声。

由于延迟信号 $s(n-D)$ 可视为 $s(n)$ 与一个横向滤波器卷积的结果，该滤波器利用 sinc 函数作为权系数，因此在自适应时间延迟估计中，常常将时间延迟估计转化为对有限脉冲响应（FIR）滤波器权系数的估计问题，利用估计的权系数的峰值位置得到时间延迟信息。

设延迟时间的范围为 $[-M, M]$，自适应 FIR 滤波器的权系数为 $\boldsymbol{h} = [h(-M), \cdots,$ $h(0), \cdots, h(M)]^{\mathrm{T}}$，则滤波器的误差信号为

$$e(n) = x_2(n) - \sum_{i=-M}^{M} h(i)x_1(n+i) \tag{7.7}$$

经过自适应训练得到的滤波器权系数矢量为 $\boldsymbol{h}^* = [h^*(-M), \cdots, h^*(0), \cdots, h^*(M)]^{\mathrm{T}}$，那么时间延迟估计则可利用下式求得：

$$\hat{D} = -\arg\max_i (h^*(i)) \tag{7.8}$$

（2）基于相关熵的时延估计算法

根据相关熵的性质可知，最大化误差信号的相关熵能够起到最小化误差信号功率的目的，因此将采用误差信号的最大相关熵作为代价函数

$$J_{\mathrm{MCC}}(\boldsymbol{h}) = E\left[\kappa_\sigma\left(x_2(n) - \sum_{i=-M}^{M} h(i)x_1(n+i)\right)\right] \tag{7.9}$$

通过下式优化求解滤波器系数：

$$\max_{\boldsymbol{h}} J_{\mathrm{MCC}}(\boldsymbol{h}) \tag{7.10}$$

考虑实际数据为有限长，为实现 FIR 滤波器权系数 $\boldsymbol{h}$ 的估计，$J_{\mathrm{MCC}}(\boldsymbol{h})$ 的估计为

$$\hat{J}_{\mathrm{MCC}}(\boldsymbol{h}) = \frac{1}{N-2M} \sum_{n=M+1}^{N-M} \kappa_\sigma\left[x_2(n) - \sum_{k=-M}^{k=M} h(k)x_1(n+k)\right] \tag{7.11}$$

利用随机梯度下降法得到 $\boldsymbol{h}$ 的更新关系式为

$$\begin{aligned}
\boldsymbol{h}_{n+1} &= \boldsymbol{h}_n + \mu\left[\frac{\partial \hat{J}_{\mathrm{MCC}}(\boldsymbol{h})}{\partial \boldsymbol{h}}\right]_n \\
&= \boldsymbol{h}_n + \mu\frac{1}{\sqrt{2\pi}\sigma^3}\exp\left(-\frac{e(n)^2}{2\sigma^2}\right) \cdot e(n) \cdot \boldsymbol{x}_1\Big|_{[n-M \quad n+M]}
\end{aligned} \tag{7.12}$$

式中，μ 为迭代步长，$\boldsymbol{x}_1\big|_{[n-M \quad n+M]} = [x_1(n-M), \cdots, x_1(n), \cdots, x_1(n+M)]^{\mathrm{T}}$。为方便讨论，将基于相关熵准则的时间延迟估计算法简记为 MCCTDE。通过式（7.12）进行滤波器系数的求解，随后，利用式（7.8）进行时间延迟的估计。此时，比较已有的其他算法权系数更新关系式可以发现：

MCCTDE 算法的权系数迭代公式可以记为

$$\boldsymbol{h}_{n+1} = \boldsymbol{h}_n + \mu\psi_1(e(n)) \cdot e(n) \cdot \boldsymbol{x}_1\big|_{[n-M \quad n+M]} \tag{7.13}$$

基于最小 p 范数的时延估计算法（LMPTDE）的权系数的更新关系式为

$$\boldsymbol{h}_{n+1} = \boldsymbol{h}_n + \mu p\psi_2(e(n)) \cdot e(n) \cdot \boldsymbol{x}_1\big|_{[n-M \quad n+M]} \tag{7.14}$$

基于最小均方的时延估计算法（LMSTDE）的权系数的更新关系式为

$$\boldsymbol{h}_{n+1} = \boldsymbol{h}_n + \mu\psi_3(e(n)) \cdot e(n) \cdot \boldsymbol{x}_1\big|_{[n-M \quad n+M]} \tag{7.15}$$

式中，$\psi_1(e(n)) = \exp\left(-\dfrac{e(n)^2}{2\sigma^2}\right)$，$\psi_2(e(n)) = |e(n)|^{p-2}$，$p < \alpha \leqslant 2$，$\psi_3(e(n)) = 1$。

例 7.2　式（7.13）~式（7.15）分别给出了 MCCTDE 算法、LMPTDE 算法和 LMSTDE 算法的权系数迭代公式。从这几个迭代公式中可以观察到什么？

解　通过上述各式可以发现，与前面章节介绍的自适应滤波器设计类似，不同方法的主要区别在于误差项上的尺度因子不同，而正是由于该尺度因子，MCCTDE 算法和 LMPTDE

算法能够有效抑制非高斯噪声，而进一步地，MCCTDE 算法不需要噪声的先验知识，并且相较于 LMPTDE 算法的尺度因子在核长适当时抑制脉冲噪声的能力更强。

3．仿真实验

为了评估 MCCTDE 算法的性能，采用零均值高斯分布信号 $s(n)$ 作为输入信号。观测数据长度为 1064，真实时延设定为 $D = 20$。FIR 滤波器阶数为 125，且初始权系数 $\boldsymbol{h}_0$ 取零矢量。信号中采用加性 Alpha 稳定分布噪声。图 7.2 是在 GSNR = 1.5dB 条件下不同算法随噪声特征指数增加（噪声脉冲性减弱）时延估计的性能对比，分别对比了 MCCTDE、LMSTDE 及 LMPTDE 三种时延估计算法。其中各算法的迭代步长设置为 $\mu = 10^{-5}$。定义时延估计误差为

$$\text{MAE} = \frac{1}{L} \sum_{i=1}^{L} \left| \frac{\hat{D}_i - D}{D} \right| \tag{7.16}$$

式中，$L = 300$ 是仿真实验次数，$\hat{D}_i \ (i = 1, \cdots, L)$ 是第 i 次估计的结果，D 是时延的真值。

图 7.2　不同算法的时延估计结果

由图 7.2 可以看出，相较于 LMSTDE 算法，MCCTDE 算法与 LMPTDE 算法具有明显的性能优势，这是因为其具有抗脉冲噪声的能力。在核长合适的条件下，MCCTDE 算法具有最好的估计性能。

例 7.3　利用 MATLAB 编程，实现基于最大相关熵的时间延迟估计。

解　基于最大相关熵的时间延迟估计的 MATLAB 程序代码如下所示：

```
function [D_MCC h] = Time_D_MCC( mu , sigma , M , X1 , X2 )
% 输入：mu：步长，sigma：相关熵核长，M：滤波器系数长度，X1, X2：两路接收信号
% 输出：D_MCC：待估计时延，h：滤波器系数
%%初始化
h = zeros(1,M);  L = 0.5 * (M-1);  y = zeros(1,length(X1));
Error_TDE = zeros(1,length(X1));
%%迭代
for n = L+1:length(X1)-L
    x = X1(n+L:-1:n-L);  y(n) = h*x';  Error_TDE(n) = X2(n) - y(n);
    h = h + mu * [exp(-Error_TDE(n)^2/(2*sigma^2))] *( Error_TDE(n) ) * x; %
滤波器迭代
```

```
end
[a b] = max(h);  D_MCC = b-L-1;  %%输出估计的时延
```

7.3.2　基于相关熵与稀疏表示的波达方向估计

1. 稀疏表示下的 DOA 估计

第 5 章介绍了利用相关熵和低秩逼近算法实现 DOA 估计的方法，这是一种基于子空间的算法，需要较多的信号快拍数并且无法处理相干信号源。近年来，基于稀疏表示的 DOA 估计算法受到了学者们的关注，成为当前的研究热点。其原因在于该类方法具有快拍数要求低，能够处理相干信源等优点。但现有的基于稀疏表示的 DOA 估计算法大多假设噪声服从高斯分布，在脉冲噪声下算法性能严重下降甚至失效。针对脉冲噪声下的 DOA 估计问题，王鹏实现了一种最大相关熵准则下基于稀疏表示的 DOA 估计算法（CM-NIHT），该算法保留了相关熵算法对脉冲噪声的鲁棒性和基于稀疏表示的 DOA 估计算法的优点，取得了较好的估计效果。

2. 基本原理

本节采用式（3.95）所示的信号模型，t 时刻所有阵元的输出为

$$\boldsymbol{x}(t) = \boldsymbol{A}\boldsymbol{s}(t) + \boldsymbol{v}(t) \tag{7.17}$$

将空间均匀划分为 $\{\overline{\theta}_1, \overline{\theta}_2, \cdots, \overline{\theta}_Q\}$，并且满足 $Q \gg K$。假设每个空间位置 $\overline{\theta}_i$ 处存在一个信源 $\tilde{s}_i(t)$，此时式（7.17）可进一步写成

$$\boldsymbol{x}(t) = \boldsymbol{\Phi}\tilde{\boldsymbol{s}}(t) + \boldsymbol{v}(t) \tag{7.18}$$

式中，$\boldsymbol{\Phi} = [\boldsymbol{a}(\overline{\theta}_1), \boldsymbol{a}(\overline{\theta}_2), \cdots, \boldsymbol{a}(\overline{\theta}_Q)]^{\mathrm{T}}$，$\tilde{\boldsymbol{s}}(t) = [\tilde{s}_1(t), \tilde{s}_2(t), \cdots, \tilde{s}_Q(t)]^{\mathrm{T}}$。

对比式（7.17）与式（7.18）可以发现，仅当满足 $\overline{\theta}_i = \theta_k$ 时，有 $\tilde{s}_i(t) = \tilde{s}_k(t) \neq 0$ 成立。又因为 $Q \gg K$，因此此 $\tilde{\boldsymbol{s}}(t)$ 是稀疏的。以上分析表明，利用观测数据 $\boldsymbol{x}(t)$ 重建得到稀疏信号 $\tilde{\boldsymbol{s}}(t)$，即可以实现信源的 DOA 估计。

然而，单快拍下基于稀疏表示的 DOA 估计算法可分辨的信源数目少且易受噪声影响，故多快拍下基于稀疏表示的 DOA 估计方法受到关注。多快拍下基于稀疏表示的 DOA 估计信号模型可写为

$$\boldsymbol{X} = \boldsymbol{\Phi}\tilde{\boldsymbol{S}} + \boldsymbol{V} \tag{7.19}$$

式中，$\boldsymbol{X} = [\boldsymbol{x}(t_1), \cdots, \boldsymbol{x}(t_N)]$，$\tilde{\boldsymbol{S}} = [\tilde{\boldsymbol{s}}(t_1), \cdots, \tilde{\boldsymbol{s}}(t_N)]$ 且 $\boldsymbol{V} = [\boldsymbol{v}(t_1), \cdots, \boldsymbol{v}(t_N)]$。可以发现，在 DOA 估计问题中，$\tilde{\boldsymbol{s}}(t_1), \tilde{\boldsymbol{s}}(t_2), \cdots, \tilde{\boldsymbol{s}}(t_N)$ 具有相同的稀疏结构，即非零元素的位置相同，而非零元素的位置对应的角度就是信源的波达方向。

若信源数目已知，则式（7.19）的重构可通过求解下述问题来实现：

$$\hat{\tilde{\boldsymbol{S}}} = \max_{\boldsymbol{Y}} \hat{V}_\sigma(\boldsymbol{X}, \boldsymbol{\Phi}\boldsymbol{Y}) \quad \text{s.t.} \ \|\boldsymbol{Y}\|_{\ell_{2,0}} \leqslant K \tag{7.20}$$

式中，$\boldsymbol{Y} \in \mathbb{C}^{Q \times N}$，$\|\boldsymbol{Y}\|_{\ell_{2,0}} = \|\tilde{\boldsymbol{y}}^{(\ell_2)}\|_0$，$\tilde{\boldsymbol{y}}^{(\ell_2)} = \left[\tilde{y}_1^{(\ell_2)}, \cdots, \tilde{y}_Q^{(\ell_2)}\right]^{\mathrm{T}}$，$\tilde{y}_i^{(\ell_2)} = \|\boldsymbol{y}_{(i)}\|_2$，$\boldsymbol{y}_{(i)}$ 表示矩阵 $\boldsymbol{Y}$ 的第 i 行，即首先求取矩阵 $\boldsymbol{Y}$ 行矢量的 2 范数，组成新的矢量 $\tilde{\boldsymbol{y}}^{(\ell_2)}$，再求该矢量的 0 范数。相关熵 $\hat{V}_\sigma(\boldsymbol{X}, \boldsymbol{\Phi}\boldsymbol{Y})$ 可表示为

$$\hat{V}_\sigma(\boldsymbol{X}, \boldsymbol{\Phi}\boldsymbol{Y}) = \frac{1}{MN} \sum_{n=1}^{N} \sum_{m=1}^{M} \kappa_\sigma(x_{mn} - (\boldsymbol{\Phi}\boldsymbol{Y})_{mn}) \tag{7.21}$$

式中，x_{mn} 与 $(\boldsymbol{\Phi}\boldsymbol{Y})_{mn}$ 分别表示 $\boldsymbol{X}$ 和 $\boldsymbol{\Phi}\boldsymbol{Y}$ 的第 m 行、第 n 列的元素。

进一步，式（7.20）中的代价函数可写为

$$\frac{1}{MN}\max_{X}\sum_{n=1}^{N}\sum_{m=1}^{M}\kappa_{\sigma}(x_{mn}-(\boldsymbol{\Phi Y})_{mn})=\frac{1}{N}\max_{Y}\sum_{n=1}^{N}\hat{V}_{\sigma}(\boldsymbol{x}_n,\boldsymbol{\Phi y}_n)\quad\text{s.t.}\quad\|\boldsymbol{Y}\|_{\ell_{2,0}}\leqslant K\qquad(7.22)$$

式中，$\boldsymbol{x}_n$ 与 $\boldsymbol{y}_n$ 分别表示矩阵 $\boldsymbol{X}$ 和 $\boldsymbol{Y}$ 的第 n 列。

假设存在矩阵 $\boldsymbol{Y}^*=[\boldsymbol{y}_1^*,\boldsymbol{y}_2^*,\cdots,\boldsymbol{y}_N^*]$，且列矢量满足

$$\boldsymbol{y}_n^*=\arg\max_{\boldsymbol{y}}V_{\sigma}(\boldsymbol{x}_n,\boldsymbol{\Phi y})\quad\text{s.t.}\quad\|\boldsymbol{y}\|_0\leqslant P,\ \mathrm{supp}(\boldsymbol{y})=\mathrm{supp}(\tilde{\boldsymbol{y}}^{(\ell_2)})\qquad(7.23)$$

式中，$n=1,2,\cdots,N$，$\mathrm{supp}(\cdot)$ 表示该矢量中非零元素位置的集合。对比式（7.22）与式（7.23）容易发现，$\boldsymbol{Y}^*$ 能够使得式（7.22）取得最大值，这就意味着 $\boldsymbol{Y}^*$ 是该式的一种解。因此，式（7.22）所描述的优化问题求解可以转化为 N 个子问题的求解，从而完成信号的重构与 DOA 估计，对于每一个子问题，根据归一化迭代硬阈值（NIHT）可知，若第 l 次迭代结果为 $\boldsymbol{y}^{(l)}$，则第 $l+1$ 次迭代可以写为

$$\boldsymbol{y}^{(l+1)}=H_K(\boldsymbol{y}^{(l)}+\mu^{(l)}\boldsymbol{g}^{(l)})\qquad(7.24)$$

式中，$H_K(\boldsymbol{y})$ 表示仅保留 $\boldsymbol{y}$ 中最大的 K 个峰值而其他元素置 0 的非线性操作，$\mu^{(l)}$ 为第 l 次迭代步长，$\boldsymbol{g}$ 为梯度

$$\boldsymbol{g}=\boldsymbol{\Phi}^{\mathrm{H}}\boldsymbol{W}(\boldsymbol{x}-\boldsymbol{\Phi y})\qquad(7.25)$$

式中，$\boldsymbol{W}$ 为对角矩阵。当相关熵采用高斯核函数时，对角元素为

$$w_{i,i}=\frac{1}{2\sqrt{2\pi}\sigma^3}\exp\left(-\left|x_i-\boldsymbol{\Phi}_{(i)}\boldsymbol{y}\right|^2/(2\sigma^2)\right)\qquad(7.26)$$

式中，$\boldsymbol{\Phi}_{(i)}$ 表示矩阵 $\boldsymbol{\Phi}$ 的第 i 行，x_i 表示矢量 $\boldsymbol{x}$ 的第 i 个元素。与传统 NIHT 算法相比，该方法令梯度项含有加权矩阵 $\boldsymbol{W}$ 以实现对脉冲噪声的抑制。

3. 仿真实验

为评价不同算法在脉冲噪声条件下的 DOA 估计性能，考虑两个独立的窄带信源入射到一个阵元个数为 8 的均匀线阵，波达方向分别为 $\theta_1=10°$，$\theta_2=30°$，信号的快拍数设置为 50，脉冲噪声的特征指数 $\alpha=1.5$，不同算法在 GSNR 变化下的性能如图 7.3 所示，从图中可以看出，随着 GSNR 的增大，所有算法的性能均有显著的改善。其中，相对于其他算法，CM-NIHT 算法在可分辨概率及参数估计误差两个方面均具有较为明显的优势。原因在于 CM-NIHT 算法将相关熵和稀疏表示相结合，既保留了基于稀疏表示的 DOA 估计算法的高估计精度，又利用相关熵实现对 Alpha 稳定分布脉冲噪声的抑制。

（a）可分辨概率 　　　　　　　　　　　（b）DOA 估计均方根误差

图 7.3　广义信噪比对算法性能的影响

7.3.3　基于相关熵的波束形成

1. 波束形成的概念与背景

波束形成作为阵列信号处理的一个研究方向，被广泛应用于雷达、声呐、无线通信、射电天文、语音信号处理及生物医学等领域中。其主要目的是使阵列在感兴趣的波达方向达到最大的阵增益，并抑制干扰源对应波达方向的阵增益。常规波束形成器只能在固定方向实现最大的输出干扰噪声比，阵增益有限，而自适应波束形成器能够根据信号环境的变化自适应地调整各阵元的加权因子，从而达到在增强信号的同时抑制干扰的目的。传统的自适应波束形成算法大多基于高斯噪声背景的假设，在脉冲噪声条件下会出现性能退化的问题。考虑到相关熵在处理脉冲噪声时所具有的优势，Hajiabadi 等人实现了一种基于相关熵的自适应波束形成算法，从而保证脉冲噪声条件下自适应波束形成的性能。

2. 基本原理

假设存在由 M 个传感器构成的均匀线阵，在第 t 次快拍采样下，接收信号可表示为

$$\boldsymbol{x}(t) = \boldsymbol{s}_0(t)\boldsymbol{a}(\theta_0) + \sum_{j=1}^{J}\boldsymbol{s}_j(t)\boldsymbol{a}(\theta_j) + \boldsymbol{v}(t) \tag{7.27}$$

式中，$\boldsymbol{s}_0(t)$ 为感兴趣信号（SOI），$\boldsymbol{s}_j(t)$（$j=1,\cdots,J$）为干扰源，θ 为入射角度，$\boldsymbol{a}(\theta)$ 为各信号的导向矢量，$\boldsymbol{v}(t)$ 为噪声。

波束形成的目的是设计一个加权矩阵 $\boldsymbol{W}$，使得在 SOI 的波达方向为 θ_0 时，波束形成的输出 $\boldsymbol{y}(t) = \boldsymbol{W}\boldsymbol{x}(t)$ 与 SOI（即 $\boldsymbol{s}_0(t)$）最为接近，而这个加权矩阵受到 SOI 入射角度的影响，满足 $\boldsymbol{W}\boldsymbol{a}(\theta_0) = 1$。传统高斯噪声下，通常利用最小化均方误差，即 $\boldsymbol{W}_o = \arg\min_{\boldsymbol{W}} E[(\boldsymbol{e}(t))^2]$ 进行优化求解，其中 $\boldsymbol{e}(t) = \boldsymbol{s}_0(t) - \boldsymbol{y}(t)$。然而该方法在脉冲噪声下会出现性能退化，因此利用 MCC 准则，一个新的代价函数可以构造为

$$\max_{\boldsymbol{W}} \kappa_\sigma(\boldsymbol{s}(t), \boldsymbol{y}(t)) \qquad \text{s.t.} \qquad \boldsymbol{C}^*\boldsymbol{W} = \boldsymbol{F} \tag{7.28}$$

式中，$\boldsymbol{C}$ 和 $\boldsymbol{F}$ 为线性约束条件。

利用拉格朗日乘子法得到

$$L(\boldsymbol{W}, \lambda) = E\left[\frac{1}{\sqrt{2\pi}\sigma}\exp\left(\frac{-(\boldsymbol{e}(t))^2}{2\sigma^2}\right)\right] - \lambda(\boldsymbol{C}^*\boldsymbol{W} - \boldsymbol{F}) \tag{7.29}$$

式中，λ 为正则化因子，对式（7.29）利用随机梯度法，可以得到 $\boldsymbol{W}$ 的迭代计算公式为

$$\boldsymbol{W}_{t+1} = \boldsymbol{W}_t + \mu\nabla_{\boldsymbol{W}_t}L(\boldsymbol{W}_t, \lambda) \tag{7.30}$$

式中，μ 为迭代步长，且

$$\nabla_{\boldsymbol{W}_t}L(\boldsymbol{W}_t, \lambda_t) = \frac{1}{\sqrt{2\pi}\sigma^3}\boldsymbol{e}(t)\exp\left(\frac{-(\boldsymbol{e}(t))^2}{2\sigma^2}\right)\boldsymbol{x}(t) - \lambda\boldsymbol{C} \tag{7.31}$$

将式（7.31）代入式（7.30），可以得到

$$\boldsymbol{W}_{t+1} = \boldsymbol{W}_t + \mu\frac{1}{\sqrt{2\pi}\sigma^3}\boldsymbol{e}(t)\exp\left(\frac{-(\boldsymbol{e}(t))^2}{2\sigma^2}\right)\boldsymbol{x}(t) - \mu\lambda\boldsymbol{C} \tag{7.32}$$

由于线性约束在所有时刻都会满足 $\boldsymbol{C}^*\boldsymbol{W}_{t+1} = \boldsymbol{F}$，故将该约束引入式（7.31）中，可以得到

$$\boldsymbol{C}^*\boldsymbol{W}_t + \mu\frac{1}{\sqrt{2\pi}\sigma^3}\boldsymbol{e}(t)\exp\left(\frac{-(\boldsymbol{e}(t))^2}{2\sigma^2}\right)\boldsymbol{C}^*\boldsymbol{x}(t) - \mu\lambda\boldsymbol{C}^*\boldsymbol{C} = \boldsymbol{F} \tag{7.33}$$

通过式（7.33）计算出迭代过程中 λ 的最优值为

$$\mu\lambda = (C^*C)^{-1}C^*W_t + \mu\frac{1}{\sqrt{2\pi}\sigma^3}e(t)\exp\left(\frac{-(e(t))^2}{2\sigma^2}\right)(C^*C)^{-1}C^*x(t) - (C^*C)^{-1}F \qquad (7.34)$$

随后，将式（7.34）代入式（7.32）中，就可以得到 W 的最终迭代公式

$$W_{t+1} = P\left[W_t + \mu\frac{1}{\sqrt{2\pi}\sigma^3}e(t)\exp\left(\frac{-(e(t))^2}{2\sigma^2}\right)x(t)\right] + Q \qquad (7.35)$$

式中，

$$P = I - C(C^*C)^{-1}C^* \qquad (7.36)$$

$$Q = C(C^*C)^{-1}F \qquad (7.37)$$

3．仿真实验

为了评价不同噪声分布下，基于 MCC 和 LMS 的自适应波束形成的性能，针对阵元个数为 10 的均匀线阵进行了实验。SOI 与干扰源均为 QPSK 信号，SOI 的入射角度为 90°，信干比设置为 20dB，迭代步长设置为 0.01，相关熵的核长设置为 1，干扰噪声分别通过高斯分布和 Alpha 稳定分布产生。实验结果如图 7.4 所示。

（a）高斯分布噪声下的波束图　　　　　　　（b）Alpha稳定分布噪声下的波束图

图 7.4　不同噪声分布下的波束图

由图 7.4 可以看出，在高斯分布噪声下，基于 MCC 和基于 LMS 的自适应波束形成均能有效地识别出 SOI 的角度，对于 SOI 的增益和旁瓣的抑制也几乎一致。而在脉冲噪声条件下，基于 MCC 的算法相较基于 LMS 的算法对于 SOI 的增益更大，旁瓣抑制得更好，这再次体现出了相关熵在处理脉冲噪声时具有的明显优势。

7.4　基于相关熵的图像处理技术

7.4.1　图像处理的概念

图像处理（image processing）又称为影像处理，是利用计算机对图像信息进行加工以满足人的视觉心理或应用需求的行为和技术。图像处理技术应用广泛，现已广泛应用于遥感、测绘学、大气科学、天文学、医学与美图等诸多领域，对于改善图像质量或提取图像中的信息具有重要作用。图像处理技术起源于 20 世纪 20 年代，目前通常采用数字图像处理技术。图像处理技术的主要内容包括图像压缩、增强复原、匹配描述识别，常见的处理有图像数字

化、图像编码、图像增强、图像复原、图像分割和图像分类等。

目前，大多数图像处理均是建立在高斯噪声假设条件下的，而脉冲噪声的出现，常会引起图像处理系统的性能退化。然而，实际图像经常会受到脉冲噪声的影响，如合成孔径雷达（SAR）图像、灰度不均匀图像等。因此，利用相关熵解决图像中的脉冲噪声问题受到了广泛的关注。目前相关熵已广泛应用于图像分割、分类、识别等领域中。本节就图像处理的若干热点研究问题，介绍相关熵是如何应用在图像处理中的。

7.4.2　相关熵在图像分割中的应用

1. 图像分割的概念

图像分割是图像处理与模式识别中一个重要的研究方向，其目的在于将图像分为一系列不重合的区域从而寻找感兴趣的目标。目前，在图像分割领域中存在多种类型的方法，包括边缘检测、水平集、图割和聚类等。在聚类方法中，K 均值聚类方法通过将图像分割问题转化为一个 K 均值聚类问题，从而实现图像分割。在 K 均值聚类的基础上，研究者将局部二值拟合（LBF）、局部高斯拟合（LGF）、局部图像拟合（LIF）等技术引入 K 均值聚类中，从而改善图像分割的效果。然而在这些技术中，均假设噪声为高斯噪声。但某些实际图像（如合成孔径雷达（SAR）图像）包含的噪声更为复杂且无法由高斯分布描述，由于噪声的干扰和灰度的不连续性，上述算法出现性能退化。为解决这一问题，Wang 等人提出一种基于局部相关熵的 K 均值聚类算法（LCK）。借助于相关熵，LCK 可以降低远离聚类中心的部分的权重，从而提高算法对于野点的鲁棒性。将这种基于相关熵的 K 均值聚类算法应用到活动轮廓模型上，可以有效提高图像分割的性能，如分割准确率等。

2. 基本原理

考虑 N 个样本点 $\chi = \{x_i\}_{i=1}^{N}$ 的 K 均值聚类问题。通过将相关熵运用到代价函数中，得到一种新的代价函数

$$\min_{\{\mu_c\}_{c=1}^{K}} \left[-\sum_{c=1}^{K} \sum_{i=1}^{N} \theta(i,c)\sigma^2 g\left(\left\| x_i - \mu_c \right\|_2\right) \right] \tag{7.38}$$

式中，$\theta(i,c)$ 表示成员变量，即元素 i 属于第 c 类的概率，其满足两个条件：对于任意的 $\theta(i,c) \in [0,1]$ 且 $\sum_{c=1}^{K} \theta(i,c) = 1$，$g(x) = \exp(-x^2/(2\sigma^2))$ 是相关熵中核长为 σ 的高斯核函数。借助于该核函数，可有效加强靠近聚类中心样本的权重并降低远离聚类中心样本的权重。

经典的活动轮廓模型分割算法将图像分割看作一个全局 K 均值聚类过程。通过结合轮廓的长度项，其代价函数模型如下：

$$C = \min_{C,\{\mu_c\}_{c=1}^{K}} \sum_{c=1}^{K} \sum_{i=1}^{N} \theta(i,c)\left\| x_i - \mu_c \right\|_2 + v|C| \tag{7.39}$$

式中，C 表示分割的轮廓，v 表示对应轮廓长度的加权项。

然而，当待分割图像为灰度不均匀图像时，不同聚类集的像素点会发生重叠，导致上述全局模型出现性能退化。针对这个问题，可考虑局部区域的像素点，即采用如下的基于局部 K 均值聚类的模型：

$$C^* = \min_{\{\mu_{j,c}\}_{c=1}^{K}} \sum_{c=1}^{K} \sum_{i \in G_j} \theta(i,c)\kappa(j,i)\left(\left\| x_i - \mu_{j,c} \right\|_2\right) + v|C| \tag{7.40}$$

式中，$i \in G_j$ 表示在第 j 个像素点周围的局部像素点，并且

$$\kappa(j,i) = \frac{1}{2\pi\sigma_d^2} \exp\left(\frac{-d(i,j)^2}{2\sigma_d^2}\right) \tag{7.41}$$

式中，$\kappa(j,i)$ 表示一个用于获取局部信息的高斯核函数，$d(i,j)$ 表示第 i 个像素点与第 j 个像素点的空间距离，$\{\mu_{j,c}\}_{c=1}^K$ 为第 j 个像素点的局部聚类点集合。

通过整合所有的局部模型，基于局部信息的图像分割模型可以表示为

$$C^* = \min_{C, \{\mu_{j,c}\}_{c=1}^K} \sum_{j=1}^N \sum_{c=1}^K \sum_{i \in G_j} \theta(i,c)\kappa(j,i)\left(\|x_i - \mu_{j,c}\|_2\right) + v|C| \tag{7.42}$$

然而，式（7.42）并未考虑非高斯噪声造成的影响，因此，结合基于相关熵的 K 均值聚类模型式（7.38），一种新的基于局部相关熵 K 均值聚类模型（LCK）的代价函数如下所示：

$$C^* = \min_{C, \{\{\mu_{j,c}\}_{c=1}^K\}_{j=1}^N} -\sum_{j=1}^N \sum_{c=1}^K \sum_{i \in G_j} \theta(i,c)\kappa(j,i)\sigma^2 g\left(\|x_i - \mu_{j,c}\|_2\right) + v|C| \tag{7.43}$$

显然，该模型相对于式（7.42）的最大区别在于如何定义像素点与聚类中心的距离，基于相关熵的模型相比传统模型具有更宽泛的定义，其不仅适用于高斯噪声，也适用于非高斯噪声。通过水平集的框架可以实现该模型的优化求解。通常利用 C_0 表示一系列水平集函数 ϕ 的零水平集。考虑一个二分类问题，此时聚类的个数为 $K = 2$，成员变量则定义为

$$\theta(i,1) = H(\phi_i), \qquad \theta(i,2) = 1 - H(\phi_i) \tag{7.44}$$

式中，$H(\cdot)$ 为 Heaviside 函数，其通常利用 ε-Heaviside 函数近似

$$H_\varepsilon(x) = \frac{1}{2}\left[1 + \frac{2}{\pi}\arctan\left(\frac{x}{\varepsilon}\right)\right] \tag{7.45}$$

其导数可表示为

$$\delta_\varepsilon(x) = \frac{\varepsilon}{\pi(x^2 + \varepsilon^2)} \tag{7.46}$$

将式（7.45）代入 LCK 模型中，可以得到最终的代价函数为

$$\phi^* = \min_{\phi, \{\mu_{j,1}, \mu_{j,2}\}_{j=1}^N} \mathrm{E}\left(\phi, \{\mu_{j,1}, \mu_{j,2}\}_{j=1}^N\right)$$

$$= \min_{\phi, \{\mu_{j,1}, \mu_{j,2}\}_{j=1}^N} -\sum_{j=1}^N \sum_{i \in G_j} k(j,i)\sigma^2 (H_\varepsilon(\phi_i)) g\left(\|\boldsymbol{x}_i - \mu_{j,1}\|_2\right) \tag{7.47}$$

$$+ (1 - H_\varepsilon(\phi_i)) g\left(\|\boldsymbol{x}_i - \mu_{j,2}\|_2\right) + v\sum_{j=1}^N |\delta(\phi_j)| + \xi\sum_{j=1}^N 0.5\left(|\delta(\phi_j)| - 1\right)^2$$

通过优化求解式（7.47），即可完成图像的分割。

3. SAR 图像分割实验

为评价不同算法在脉冲噪声条件下的分割性能，采用被强脉冲噪声干扰的 SAR 图像作为实验数据，LCK 算法分别与传统活动轮廓模型算法 CV、LIF、LBF 及 LBF 结合局部阶能量（LBF-ORDER）算法进行了实验对比。实验结果如图 7.5 所示，可以看出，基于相关熵的模型分割效果明显优于其他算法，其能够成功地将 SAR 图像中的道路分割出来，并且引入的背景干扰十分小。这是因为通过基于相关熵的距离度量，图像中的一些与道路像素点显著不同的像素点被认为是野点，从而在轮廓演化的过程中被剔除，避免了其对分割结果的影响。与

之相对应的是，其他几种分割算法由于采用了基于最小均方误差的距离度量，都出现了明显的性能退化。

输入SAR图像　　　　　　CV　　　　　　LIF

LBF　　　　　　LBF+Order　　　　　基于相关熵的算法

图 7.5　不同算法的 SAR 图像分割效果

7.4.3　相关熵在视觉跟踪中的应用

1. 视觉跟踪的概念与应用

在计算机视觉领域，视觉跟踪在许多应用中起到十分重要的作用，包括车辆导航、人机交互、视频监控等。通常，视觉跟踪问题通过寻找一个与目标模板最相似的区域来建立模型，这一类算法也称为模板类算法。在模板类算法中，相似度测量是一个非常重要的指标。现有算法中大多未考虑图像中脉冲噪声造成的影响，从而采用如 L_1 范数、L_2 范数等作为距离测量的范数。然而这些测量方法在脉冲噪声下会出现性能退化，为此 Bo 等人提出了一种利用相关熵作为相似性测度的视觉跟踪方法，能够有效地改善非高斯噪声条件下视觉跟踪的性能。

2. 基本原理

考虑两个具有同样尺寸 $N_1 \times N_2$ 的图像块 A 和 B，将其矢量化后得到相应的一维图像矢量 $A \to a$，$B \to b$。结合碎片化（fragment）算法，可以构造出一个基于碎片化的相关熵来衡量两个图像块的不相似程度，将每个图像块分为 $M = M_1 \times M_2$ 个碎片，对于每一个碎片，分别将其矢量化得到 $a_i(i = 1, \cdots, M)$ 和 $b_i(i = 1, \cdots, M)$，并对其归一化得到 $\overline{a}_i$ 与 $\overline{b}_i$。此时，对于图像块 A 和 B，其基于碎片化和相关熵的相似性测度因子（FCIM）可表示为

$$\mathrm{FCIM}(A, B) = \left[1 - \sum_{i=1}^{M} \frac{1}{M} \exp\left(-\frac{\left\| \overline{a}_i - \overline{b}_i \right\|_2^2}{2\sigma^2} \right) \right]^{1/2} \tag{7.48}$$

FCIM 越小，表示两个图像块越相似。为利用 FCIM 解决视觉跟踪问题，通常利用贝叶斯推理与马尔可夫模型建模。考虑一组观测图像块 $y_t = \{Y_1, Y_2, \cdots, Y_t\}$，视觉跟踪的目标就是通过 y_t 来估计隐藏状态变量 x_t 的，即

$$p(x_t | y_t) \propto p(Y_t | x_t) \int p(x_t | x_{t-1}) p(x_{t-1} | y_t) \mathrm{d}x_{t-1} \tag{7.49}$$

式中，$p\left(\boldsymbol{x}_t \middle| \boldsymbol{x}_{t-1}\right)$ 表示两个连续状态之间的状态转移模型，$p\left(\boldsymbol{Y}_t \middle| \boldsymbol{x}_t\right)$ 表示基于似然函数的观测模型。状态转移模型通常用仿射变换进行构造，例如，可以运用一个随机游走进行状态转移，即 $p\left(\boldsymbol{x}_t \middle| \boldsymbol{x}_{t-1}\right) = \mathrm{CN}(\boldsymbol{x}_t; \boldsymbol{x}_t, \boldsymbol{\varphi})$，$\boldsymbol{\varphi}$ 为协方差矩阵。

对于观测模型，考虑在第 t 帧图像中，利用图像块 $\boldsymbol{Y}_t^i$ 来预测状态 $\boldsymbol{x}_t^i$，通过 FCIM 来衡量这个观测模型，即

$$p\left(\boldsymbol{Y}_t^i \middle| \boldsymbol{x}_t^i\right) = \mathrm{FCIM}\left(\boldsymbol{Y}_t^i, \boldsymbol{D}\right) \tag{7.50}$$

式中，$\boldsymbol{D}$ 表示目标模板，其对第 1 帧图像进行初始化，通过跟踪处理进行在线更新。通过不断的更新迭代，即可实现视觉跟踪。为实现在线更新，在每帧获得被跟踪目标的最佳候选状态后（记为 $\boldsymbol{x}^*$），提取出其对应的图像块 $\boldsymbol{Y}^*$ 来更新目标模板。为了避免损坏或阻塞的问题，考虑一种基于碎片化的迭代原则，即

$$\begin{cases} \boldsymbol{t}_i \leftarrow (1-\eta)\boldsymbol{t}_i + \eta \boldsymbol{y}_i^*, & \text{若} \left\| \overline{\boldsymbol{y}_i^*} - \overline{\boldsymbol{t}_i} \right\|_2 < \varepsilon \\ \boldsymbol{t}_i \leftarrow \boldsymbol{t}_i, & \text{其他} \end{cases} \tag{7.51}$$

式中，$\boldsymbol{t}_i$ 和 $\boldsymbol{y}_i^*$ 表示 $\boldsymbol{D}$ 和 $\boldsymbol{Y}^*$ 的第 i 个碎片。$\overline{\boldsymbol{y}_i^*}$ 和 $\overline{\boldsymbol{t}_i}$ 表示其归一化的值，η 为更新速率，ε 为一个预设的阈值。

3. 仿真实验

为了验证上述方法对于目标跟踪的有效性，采用 600 幅图片进行视觉跟踪测试。图片尺寸大小为 32×32 像素，每个图片被分为 4×4 像素的碎片，更新速率设置为 0.05，ε 设置为 0.2，FCIM 中相关熵的核长设置为 1。实验结果如图 7.6 所示，可以看出，FCIM 算法具有更好的视觉跟踪效果，该算法能够有效地处理部分遮挡或重度遮挡所造成的影响，如视频 FaceOcc 1#0470，FaceOcc 2#0580。此外，在跟踪较为困难的汽车与动物视频方面，该算法也取得了良好的效果，如 Car#11 和 Animal#0055。

图 7.6　不同算法的视觉跟踪效果

7.4.4　相关熵在人脸识别中的应用

1．人脸识别的概念

人脸识别，是基于人的脸部特征信息进行身份识别的一种生物识别技术。这种技术用摄像机采集含有人脸的图像或视频流，并在图像中自动检测和跟踪人脸，进而对检测到的人脸进行脸部识别，通常也称为人像识别、面部识别。目前，人脸识别已广泛应用在各种场合。而在人脸识别中，如何能够鲁棒性地提取人脸结构特征是一个重要的问题。He 等人提出一种基于相关熵与稀疏表示的人脸识别方法，该方法能够避免野点噪声对于人脸识别造成的影响，并有效地提高人脸识别的性能。

2．基本原理

对于人脸识别问题，用矢量 $\boldsymbol{a} = [y_1, y_2, \cdots, y_m]^{\mathrm{T}}$ 表示人脸图像矢量，矢量 $\boldsymbol{b} = \left(\sum_i x_{i1}\beta_i, \cdots, \sum_i x_{m1}\beta_i \right)^{\mathrm{T}}$ 表示数据集 $\boldsymbol{X}$ 利用稀疏编码矢量 $\boldsymbol{\beta} = [\beta_1, \cdots, \beta_n]^{\mathrm{T}}$ 的线性表示。于是，人脸识别就可以转化为寻找一个合适的 $\boldsymbol{\beta}$ 使得 $\boldsymbol{b}$ 与 $\boldsymbol{a}$ 最为接近的问题。因此，可以定义如下基于相关熵的代价函数：

$$J = \max \sum_{j=1}^{m} \kappa_\sigma \left(y_j - \sum_{i=1}^{n} x_{ij}\beta_i \right) - \lambda \|\boldsymbol{\beta}\|_1 \tag{7.52}$$

式中，κ_σ 表示相关熵中的高斯核函数。为了解决式（7.52）的优化问题，通过对 $\boldsymbol{\beta}$ 引入一种非负约束，得到新的代价函数为

$$J = \max \sum_{j=1}^{m} \kappa_\sigma \left(y_j - \sum_{i=1}^{n} x_{ij}\beta_i \right) - \lambda \sum_{i=1}^{n} \beta_i \ \text{ s.t. } \beta_i \geqslant 0 \tag{7.53}$$

由于式（7.53）为一个非线性问题，通常利用半二次（half-quadratic）正则化或期望最大（expectation-maximization）算法进行优化求解。由于该优化过程较为复杂，本书不作具体描述，读者可以查阅相关文献了解具体的优化过程。

3．仿真实验

为评估本节算法的性能，对于 AR Database 中的图像在不同采样率条件下进行人脸识别。所采用的方法包括本节介绍的基于相关熵的算法（CESR），并与基于 L_0 范数、L_1 范数、L_2 范数的稀疏表示方法（SRC0、SRC1、SRC2）以及基于模线性回归（LRC）的算法和最近邻（1NN）的算法进行了对比。实验结果如图 7.7 所示，横坐标代表 4 种特征维数。可以看出，CESR 相较其他算法具有明显更高的准确率。

图 7.7　不同算法的人脸识别率

7.5 基于相关熵的医学信号处理技术

7.5.1 医学信号处理的必要性

医学信号是指通过某些方法从人体采集得到的、可以反映人体生理状态的各种信号。由于医学信号与人体生理状态存在一定的对应关系，因而可用于对人体健康状况的评估，对于临床上辅助诊断患者的疾病具有重要的作用。然而，原始的医学信号包含了大量的冗余信息，或是与某种疾病不相关的非特异性信息，因此，通过对原始信号的人眼观察，很难直接进行精准的诊断。为了得到比较直观的、可应用于临床诊断的信息，通常需要使用一些专门的分析方法对原始医学信号进行一定的处理，这就是医学信号处理。另外，由于医学信号的采集不可避免地会引入一定的噪声，因此医学信号的采集和应用还涉及降噪等处理过程和方法。目前，常见的算法依然假设噪声为高斯噪声，然而医学信号经常会具有非线性、非平稳和非高斯方面的问题，因此，相关熵理论与方法在医学信号分析处理中也得到了重视和应用。本节介绍相关熵在不同医学信号处理中的应用原理与实际效果。

7.5.2 相关熵用于慢性心力衰竭呼吸模式分类

1. 慢性心力衰竭

心力衰竭是由于心肌梗死、心肌病、血流动力学负荷过重、炎症等原因引起的心肌损伤，造成心肌结构和功能的变化，最后导致心室泵血或充盈功能低下。临床主要表现为呼吸困难、乏力和体液潴留。慢性心力衰竭是指持续存在的心力衰竭状态，可以稳定、恶化或失代偿。慢性心力衰竭在全世界都是一个严重的健康问题，每年约有上千万人受到该疾病的影响。慢性心力衰竭患者通常会出现呼吸异常现象，如各种形式的振荡呼吸模式。因此，通过对呼吸模式的分析可以判断是否为慢性心力衰竭患者。针对这一问题，Ainara 等人介绍了一种基于相关熵谱密度的呼吸信号分析的方法。呼吸信号由于具有非线性特性并且会受到噪声的影响，通过相关熵可以更有效地提取信号的高阶统计量特征并抑制噪声的影响，从而提高呼吸模式分类的准确率。

2. 基本原理

为了通过分析呼吸信号进行是否为慢性心力衰竭患者的判别，该研究主要利用相关熵谱进行判别，通过呼吸信号的相关熵谱是否在对应调制频率出现谱峰进行患者与健康受试者的分类。其中，离散时间信号相关熵谱的定义为

$$S(\mathrm{e}^{j\omega}) = \sum_{m=-N+1}^{N-1} (V_m - \bar{V}) \, \mathrm{e}^{-j\omega m} \tag{7.54}$$

式中，N 为信号长度，$\bar{V}$ 为 V 的均值，且

$$V(m) = \frac{1}{U(m)} \sum_{n=m}^{N} \kappa_\sigma(x(n), x(n-m)) g(n) g(n-m) \tag{7.55}$$

$$g(n) = \begin{cases} 1, & \text{样本未丢失} \\ 0, & \text{样本丢失} \end{cases} \tag{7.56}$$

$$U(m) = \sum_{n=m}^{N} g(n)g(n-m) \qquad (7.57)$$

由于采集的呼吸流速信号有时会出现样本丢失或饱和，因此通过 $g(n)$ 的样本流失状态移除这些样本点，从而避免对后续呼吸系统活动的分析造成影响。利用式（7.54）对呼吸信号求解相关熵谱，对相关熵谱的特征进行分析，即可有效地判别是否为慢性心力衰竭患者。

3．实验结果

为验证相关熵谱可以有效地进行慢性心力衰竭的判别，通过对健康受试者与患有慢性心力衰竭的患者进行呼吸信号的采集并进行功率谱与相关熵谱的分析，实验结果如图 7.8 和图 7.9 所示。通过实验结果可以看出，慢性心力衰竭患者与健康受试者在相关熵谱上具有明显的区别，健康受试者的相关熵谱密度缺少与调制频率对应的谱峰（见图 7.8（d）），而慢性心力衰竭患者则表现出更多的调制频率对应的谱峰（见图 7.9（d））。同时可以发现，相对于相关熵谱密度，传统的功率谱无法观测出这一现象。

图 7.8　健康受试者呼吸信号相关熵谱密度和功率谱

图 7.9　慢性性力衰竭患者呼吸信号相关熵谱密度和功率谱

7.5.3　相关熵用于序列比较基因杂交技术数据处理

1. aCGH 技术的概念

序列比较基因杂交技术（array comparative genomic hybridization，aCGH）是一种相对较新的用于测量受试者 DNA 拷贝数变化（copy number variations，CNVs）的技术，常用于将患者与正常人的 CNVs 进行对比。CNVs 对很多疾病的预测具有重要作用，尤其是癌症。各种类型的癌症都是由染色体片段的扩增或缺失引起的，发现 DNA 拷贝数变化异常可以帮助研究人员在基因组中寻找重要的基因片段，因此对 aCGH 数据的分析十分重要。已有的数据分析方法，通常假定 aCGH 数据受到高斯噪声的影响，然而在很多情况中，这种假设并不成立。因此，Majid M.等人提出一种利用相关熵来处理 aCGH 数据的方法，从而减小非高斯噪声对数据处理产生的影响。

2. 基本原理

定义 $\boldsymbol{D} \in \mathbb{R}^{m \times n}$ 是一个从多样本中获得的 aCGH 数据，其中 m 为探针的数量，n 为样本的数量。$\boldsymbol{D}$ 中的任意一个元素 $D_{i,j}$ 代表第 i 个探针采集的第 j 个样本的对数值。通过下式描述该数据受到噪声干扰后的模型：

$$D = B + V \tag{7.58}$$

式中，$B \in \mathbb{R}^{m \times n}$ 表示未受干扰的 CNV 信号，V 为干扰噪声。利用相关熵作为相似性度量，可以利用下式进行纯净 CNV 信号的重构：

$$\min_{B} \mathrm{CIM}(D, B) + \lambda_1 \|B\|_* + \lambda_2 \sum_j \|B_j\|_{\mathrm{TV}} \tag{7.59}$$

式中，$\|\cdot\|_*$ 表示求核范数，B_j 表示 B 的第 j 列，$\|B_j\|_{\mathrm{TV}} = \sum_i |B_{i+1,j} - B_{i,j}|$ 为最大变差范数，且

$$\mathrm{CIM}(X, Y) = \left(\kappa_\sigma(0,0) - \frac{1}{N} \sum_{i=1}^{N} \kappa_\sigma(X_i - Y_i) \right)^{1/2} \tag{7.60}$$

由式（7.60）可以看出，该优化问题是一个非凸函数，无法直接求解，因此同样采用半二次（half-quadratic）正则化进行求解，得到可认为接近纯净信号 B 的重构信号。

3．实验结果

为了验证算法的有效性，通过仿真数据与真实实验进行验证。对于仿真数据，aCGH 数据的长度为 50，探针个数为 500，基于相关熵算法重构信号的效果如图 7.10 所示。其中，第一行图片为原始纯净信号，第二行为加入非高斯噪声后的信号，第三行为重构后的信号，可以看出，基于相关熵的算法能有效地重构出纯净信号。

图 7.10　仿真数据下的信号重构效果

对于真实数据，采用已有的癌症患者数据集。其重构效果如图 7.11 所示，其中实线代表算法重构出的信号，离散点代表收集到的真实信号。

图 7.11　真实数据下的信号重构效果

由图 7.11 可见，基于相关熵算法重构出的信号能很好地近似真实信号的分布趋势。

7.5.4 基于相关熵的脑电信号特征提取

1. 脑机接口的概念

脑机接口（brain-computer interface，BCI）是在人与外部设备之间创建的直接信息连接通路。脑机接口系统将脑信号作为输入信号，经过信号处理，从中辨别出人的意图，并把人的思维活动转换为命令信号，可以实现对外部设备的控制，或实现与外界的交流。进一步地，也可以通过电刺激方式将信息输入脑，与脑进行交互。基于脑电信号（electroencephalogram，EEG）的脑机接口技术已经被广泛应用到各种领域中，如医疗、老年人护理、娱乐游戏等。如何从低信噪比的 EEG 信号中快速、有效地提取特征是脑机接口应用中一个重要的部分。为此，Qin 等人实现了一种结合相关熵谱和功率谱两种特征作为运动想象分类的特征，有效地提高了运动想象的分类准确率。

2. 运动想象分类的基本原理

运动想象即与人体的运动有关的特异性行动在内心的再现，其不伴有实际的身体运动。研究表明，运动想象会引起 EEG 信号产生相应的变化。考虑 EEG 信号滤波后的输出 $\boldsymbol{X}$，其尺寸为 $c \times n$，其中 c 为通道数，n 为所记录的信号长度。假设 y 是每次试验的标签，$y=1$ 为想像左侧，$y=-1$ 代表想像右侧。一个由特征提取方法得到的特征矢量 $\boldsymbol{p}$，其长度为 $c \times d$，d 为每个通道提取的特征个数。通过一系列的特征矢量 $\boldsymbol{p}$ 和标签 y 就可以训练出合适的分类器，从而对新的接收数据 $\boldsymbol{X}_j$ 进行分类。因此 $\boldsymbol{p}$ 的选择十分重要。为此，考虑脑电信号的功率谱、相关熵谱及两者的组合作为特征 $\boldsymbol{p}$。其中脑电信号的功率谱定义为

$$P_{\mathrm{psd}}(\omega) = \frac{1}{n} \left| \sum_{m=0}^{n-1} \boldsymbol{x}(m) \mathrm{e}^{-\mathrm{j}\omega m} \right| \tag{7.61}$$

式中，$\boldsymbol{x}(m)$ 表示 $\boldsymbol{X}$ 的第 m 行，对每一个通道均求解功率谱，就可以获得基于功率谱的特征，即 $\boldsymbol{p} = \left[P_{\mathrm{psd}}^1, P_{\mathrm{psd}}^2, \cdots, P_{\mathrm{psd}}^c \right]$。

同理，考虑基于相关熵谱的特征提取，相关熵的谱密度定义为

$$S_{\mathrm{csd}}(\omega) = \frac{1}{n} \left| \sum_{m=0}^{n-1} (v(m) - \overline{v}) \mathrm{e}^{-\mathrm{j}\omega m} \right| \tag{7.62}$$

式中，$\overline{v}$ 为相关熵 $v(m)$ 的均值，且

$$v(m) = \frac{1}{n-m} \sum_{l=m-1}^{n} \kappa_\sigma(x(l), x(l-m)) \tag{7.63}$$

此时，对每一个通道均求解相关熵谱，就可以获得基于相关熵谱的特征，即 $\boldsymbol{p} = \left[S_{\mathrm{csd}}^1, S_{\mathrm{csd}}^2, \cdots, S_{\mathrm{csd}}^c \right]$。

此外，考虑将相关熵谱与功率谱组合构造一个新的特征，即 $\boldsymbol{p} = \left[\lambda_1 S_{\mathrm{csd}}^1, \lambda_1 S_{\mathrm{csd}}^2, \cdots, \lambda_1 S_{\mathrm{csd}}^c, \lambda_2 P_{\mathrm{psd}}^1, \lambda_2 P_{\mathrm{psd}}^2, \cdots, \lambda_2 P_{\mathrm{psd}}^c \right]$。

3. 实验结果

为衡量不同特征下运动想象分类的准确率，采用 BCI 竞赛数据集，分别利用功率谱、相

关熵谱及两者的组合提取特征并进行分类器的训练，分类器模型采用 K 最近邻（KNN）分类器，实验结果如表 7.1 所示。由表 7.1 可以看出，利用相关熵谱和功率谱组合（CAD&PSD）作为特征，可以有效地提高分类准确率。

表 7.1　运动想象分类准确率

subject	PSD	CSD	CSD&PSD
B01	0.64459	0.56172	0.64488
B02	0.45909	0.54077	0.53535
B03	0.51161	0.53508	0.54579
B04	0.96587	0.94065	0.97283
B05	0.65969	0.59351	0.66449
B06	0.66026	0.5974	0.66364
B07	0.72216	0.73108	0.73865
B08	0.86575	0.86039	0.88891
B09	0.76816	0.68079	0.77316
avg	0.69524	0.67127	0.71419

7.6　相关熵在其他领域的应用

前面章节绍了相关熵在许多热点研究中的应用。然而不仅仅在这些应用中，相关熵还广泛应用到其他各领域中，如天文学、风速预测、电力预测、昆虫识别等。本节将介绍如何在这些领域中利用相关熵来解决应用问题，进一步扩展相关熵在各种领域中应用的思路。

7.6.1　相关熵用于天文时间序列周期估计

1．天文时间序列

天文学中的所谓变星（variable star），是指亮度与电磁辐射不稳定、经常变化，并且伴随着其他物理变化的恒星。而变化呈周期性的变星，称为周期变星，通常可分为长期变星和短期变星两种。光曲线（light curves）是反映恒星亮度随时间变化的时间序列，其特点是噪声强，且采样不均匀。传统的估计星变周期的方法是时隙相关法（slotted correlation）、周期图法和方差分析法，但是由于非高斯噪声的影响，这些方法性能不够理想。为了更准确地估计周期变星的周期，Huijse 等人提出了一种基于时隙相关熵（slotted correntropy）的方法，即使用时隙滞后直接从不规则采样时间序列估计相关熵，并进一步地采用一种新的信息论度量方法来识别相关熵谱密度的峰值。

2．基本原理

对于一个不规则采样的时间序列，其时隙相关熵定义为

$$V[k\Delta\tau] = \frac{\sum\limits_{i,j}^{N} \kappa_\sigma(x_i - x_j) B_{k,\Delta\tau}(t_i, t_j)}{\sum\limits_{i,j}^{N} B_{k,\Delta\tau}(t_i, t_j)} \qquad (7.64)$$

式中，$k = 0, 1, 2, \cdots, \lfloor \tau_{max}/\Delta\tau \rfloor$，$\lfloor\cdot\rfloor$ 表示一个就近取整算子，$\Delta\tau$ 为时隙的长度，τ_{max} 为最大延迟，t_i 和 t_j 表示采样点 x_i 和 x_j 对应的时间，且

$$B_{k,\Delta\tau}(t_i, t_j) = \begin{cases} 1, & \text{若} |t_i - t_j - k\Delta\tau| < 0.5\Delta\tau \\ 0, & \text{其他} \end{cases} \qquad (7.65)$$

求解出式（7.64）所示时隙相关熵的时隙相关熵谱，利用时隙相关熵谱作为判别因子，就可以估计天文时间序列的周期。

3．实验结果

利用 MACHO 数据集测量得到的结果进行测试，基于时隙相关熵的算法估计准确率可以达到 97%，而基于时隙相关的算法准确率为 93%，由此可以看出相关熵在处理天文时间信号上所具有的优势。

7.6.2　基于相关熵的网络流量预测

1．网络流量预测

网络流量是一个重要的参数，其被用于评估网络的当前状态和负载。随着互联网业务的快速增长，网络资源的优化配置和网络安全问题日益突出并越来越重要，其会影响网络管理的服务质量。基于网络流量的特性，其通常会包含很多具有非线性或非高斯性质的数据，从而使得使用最小均方误差准则的算法出现性能退化。考虑到上述问题，Qu 等人将相关熵引入 Elman 神经网络的训练中，提出一种基于 MCC 的训练算法。实验结果表明，该算法可以有效地提高网络流量的预测性能。

2．基本原理

网络流量预测模型中的训练输出数据设为 $X = \{x_i\}_{i=1}^{N}$，期望数据设为 $Y = \{y_i\}_{i=1}^{N}$。基于 MCC 和 Elman 神经网络的网络流量预测算法将 MCC 作为 Elman 神经网络的误差评估函数，其定义为

$$J = \max \frac{1}{N} \sum_{i=1}^{N} \kappa_\sigma(e_i) \qquad (7.66)$$

式中，$e_i = x_i - y_i$。以该代价函数为基础进行 Elman 神经网络的训练，可实现对网络流量的预测。

3．实验结果

为衡量本节算法的性能，利用 2006 年前 150 天的网络流量数据作为仿真数据，对比基于最小均方误差（MMSE）的算法与基于 MCC 和 MMSE 混合的算法，分别比较了平均绝对误差（MAE）、平均相对误差（MRE）和误差平方和（SSE）等几项指标，不同算法的预测结果如表 7.2 所示。可以看出，基于 MCC 的算法具有更低的误差，说明了其性能优势。

表 7.2 不同算法的估计性能

代价函数	MAE	MRE	SSE
MCC	0.1024	0.4102	0.6570
MCC-MMSE	0.1048	0.4176	0.6726
MMSE	0.1061	0.4217	0.6811

7.6.3 基于相关熵的电力消耗预测

1. 相关熵与电力消耗预测

电量消耗预测（forecasting of electricity consumption，FoEC）是近年来电力市场十分关注的重要问题。如何科学准确地预测和评估电量消耗，是该领域研究的关键课题之一。针对电量消耗预测中尚存在的问题，有文献依据 MCC 准则改进最小均方支持向量机（LSSVM）模型，以相关熵函数作为局部相似性评价准则。Duan 等人提出了一种电量消耗预测新方法，数据分析实验表明，这种基于最大相关熵准则改进的预测方法，比常规的 LSSVM 具有更好的预测特性，对电力企业制定购电计划和用户定价具有参考意义。

2. 电力消耗预测结果

通过对山西某大型工厂的电力预测验证算法的性能，实验结果如图 7.12 所示。由图可以看出，相较于基于最小均方误差的算法（MMSE-LSSVM），基于相关熵的算法（MCC-LSSVM）与真实值更为接近，预测结果更准确。

图 7.12 电力消耗预测结果

7.7 本章小结

在复杂电磁环境中，由于受到脉冲噪声的影响，各应用领域已有的信号处理分析算法可能出现性能退化。而相关熵作为一种新的相似性测度手段，能有效地解决脉冲噪声下的信号处理问题。在第 6 章就相关熵的热点应用——自适应滤波器进行了重点介绍，在其基础上，本章介绍了相关熵在各种其他领域中的应用，包括无线定位技术、图像处理、医学信号分析等。这些领域是现代科学技术的重要领域，且与人们的日常生活息息相关，通过介绍在不同领域中使用相关熵进行信号分析与处理的算法原理与实验结果，进一步体现出相关熵在处理脉冲噪声时所具有的优势，也体现出后续章节在相关熵的基础上研究循环相关熵的必要性。

思考题与习题

1．试举例说明相关熵的不同应用。

2．试总结归纳各种距离测度的定义及其特点。

3．请自行搜集资料，看看还有哪些距离测度？

4．试分析相关熵诱导距离与传统欧氏距离的区别。

5．相关熵诱导距离 CIM 有什么特点？

6．试证明 CIM 的 3 个性质。

7．试分析相关熵对于脉冲噪声具有抑制能力的原因。

8．试说明相关熵如何应用到无线定位中的参数估计。

9．试说明相关熵如何应用到图像处理与医学信息处理当中。

10．试分析相关熵谱与传统功率谱的各自特点。

11．试分析相关熵在机器学习中如何应用。

12．试设想相关熵还可以在哪些场景中应用。

13．试说明适合相关熵处理的图像类型。

14．试分析相关熵在稀疏表示应用中的优劣势。

15．试使用迭代法之外的方法将相关熵进行应用。

16．设 3 个矢量分别为 $x=[2,3,4]$，$y=[6,3,1]$，$z=[1,5,2]$。试分别计算 x 与 y 的欧氏距离与 CIM。并计算 y 与 z 的欧氏距离与 CIM（采用高斯核函数，核长 $\sigma=1$）。

17．利用 MATLAB 编程，实现基于相关熵的时延估计算法。

18．利用 MATLAB 编程，实现基于相关熵与稀疏表示的波达方向估计。

19．利用 MATLAB 编程，实现基于相关熵的波束形成。

20．利用 MATLAB 编程，实现基于相关熵的图像分割。

21．利用 MATLAB 编程，实现基于相关熵的视觉跟踪。

22．利用 MATLAB 编程，实现医学信号的分析处理。

第8章　广义相关熵与复相关熵

8.1　概述

通过第 5 章给出的相关熵基本理论与基本方法可以看到，相关熵实际上是一种在再生核希尔伯特空间定义的广义相关函数，具有同时反映信号时间结构和统计特性的优点。依据核函数的调整与控制，相关熵对信号中的脉冲噪声有很好的抑制作用，因此得到信号处理领域的高度重视和深入研究，并在信号检测、参数估计、目标定位、图像处理和自适应滤波等领域得到广泛的应用。

尽管相关熵的理论和应用均取得了显著的进展，但是相关熵中的关键环节核函数的选择仍存在一些局限性。例如，在许多文献中，都默认选择高斯核函数作为相关熵的核函数，并在此基础上进行理论推导和应用研究，表现出某种单一性；即使选择不同的核函数来构建相关熵，也似乎缺乏理论上的指导，表现出某种盲目性。针对这些问题，西安交通大学陈霸东教授团队提出了广义相关熵（generalized correntropy）的概念，在相关熵结构中设计了广义高斯概率密度函数作为核函数。相比于相关熵，广义相关熵通过参数的选择，可以适应更为复杂的信号条件，并得到更好的结果，具有很强的通用性和灵活性。

另一方面，第 5 章介绍的相关熵概念与方法，基本上属于实值范畴，即没有考虑复值信号的情况。因此，这种相关熵主要适用于实值随机变量和随机过程的情况。在诸如无线电监测和通信技术等实际应用中，存在大量的复值随机过程或随机信号。为此，Guimaraes 等人提出了复相关熵（complex correntropy）的概念，将相关熵的概念和理论方法从实数域推广到复数域。

本章详细介绍广义相关熵与复相关熵的基本概念与基本理论方法，给出最小广义相关熵准则（minimum generalized correntropy criterion，MGCC）和最大复相关熵准则（maximum complex correntropy criterion，MCCC），系统地分析与证明广义相关熵和复相关熵的性质和特点，并给出依据广义相关熵或复相关熵进行系统辨识、信号参数估计和目标定位等领域的应用举例，从而进一步表明了广义相关熵和复相关熵理论在信号相似性评价和脉冲噪声抑制等诸多方面的有效性。

8.2　广义相关熵

8.2.1　第一类广义相关熵

1. 第一类广义相关熵的定义

尽管相关熵在信号处理领域得到了越来越多的关注和应用，但其默认的高斯核函数并不总是最好的选择。Chen 等人提出了一种以广义高斯密度函数为核函数的广义相关熵，并将其成功地运用到自适应滤波领域，具有很好的稳定性。

高斯密度函数的一个著名的推广称为广义高斯密度（generalized Gaussian density，GGD）函数，对于均值为零的情况，可表示为

$$G_{u,v}(e) = \frac{u}{2v\Gamma(1/u)} \exp\left(-\left|\frac{e}{v}\right|^u\right) = \varsigma_{u,v} \exp(-\lambda |e|^u) \tag{8.1}$$

式中，$u > 0$ 为形状参数；$v > 0$ 为尺度参数；$\Gamma(\cdot)$ 为伽马函数；$\lambda = 1/v^u$ 是核参数。这个参数族以高斯分布（$u = 2$）和拉普拉斯分布（$u = 1$）为特例。当 $u \to \infty$ 时，广义高斯密度在区间 $(-v, v)$ 上逐点收敛到均匀密度。

定义 8.1　第一类广义相关熵　设 X 和 Y 为两个随机变量，则第一类广义相关熵定义为

$$V_{u,v}(X,Y) = E[G_{u,v}(X-Y)] \tag{8.2}$$

显然，采用高斯函数作为核函数的相关熵对应于 $u = 2$ 的第一类广义相关熵。通过与相关熵的比较可知，第一类广义相关熵可以通过参数的设定，适应更为复杂的信号条件，并得到更好的结果，因此具有很强的通用性和灵活性。

值得注意的是，在第一类广义相关熵 $V_{u,v}(X,Y)$ 中，核函数不需要满足 Mercer 条件。事实上，针对第一类广义相关熵 $V_{u,v}(X,Y)$，当且仅当 $0 < u \leqslant 2$ 时，核函数 $\kappa(x,y) = G_{u,v}(x-y)$ 是正定的。

在实际应用中，由于随机变量 X 和 Y 的联合分布通常是未知的，且仅能够获得有限数据采样 $\{(x_i, y_i)\}_{i=1}^N$，因此，第一类广义相关熵 $V_{u,v}(X,Y)$ 可以通过下式进行估计：

$$\hat{V}_{u,v}(X,Y) = \frac{1}{N}\sum_{i=1}^N G_{u,v}(x_i - y_i) \tag{8.3}$$

2．第一类广义相关熵的性质

性质 8.1　第一类广义相关熵 $V_{u,v}(X,Y)$ 是对称的，即

$$V_{u,v}(X,Y) = V_{u,v}(Y,X) \tag{8.4}$$

性质 8.2　第一类广义相关熵 $V_{u,v}(X,Y)$ 是正的且是有界的，即

$$0 < V_{u,v}(X,Y) \leqslant G_{u,v}(0) = \varsigma_{u,v} \tag{8.5}$$

并且，当且仅当 $X = Y$ 时，$V_{u,v}(X,Y)$ 取最大值。

性质 8.3　第一类广义相关熵 $V_{u,v}(X,Y)$ 包含误差 $X-Y$ 模的高阶矩

$$V_{u,v}(X,Y) = \varsigma_{u,v}\sum_{n=0}^{\infty} \frac{(-\lambda)^n}{n!} E[|X-Y|^{un}] \tag{8.6}$$

当参数 λ 足够小时，可以得到 $V_{u,v}(X,Y) \approx \varsigma_{u,v}(1 - \lambda E[|X-Y|^u])$。在这种情况下，第一类广义相关熵 $V_{u,v}(X,Y)$ 可以近似为误差 $X-Y$ 模的 u 阶矩的仿射线性函数。

性质 8.4　设数据采样 $\{(x_i, y_i)\}_{i=1}^N$ 满足联合概率密度函数 $f_{XY}(x,y)$，如果定义 $\hat{f}_e(\cdot)$ 为关于采样误差 $\{e_i = x_i - y_i\}_{i=1}^N$ 概率密度函数的 Parzen 估计，以广义高斯函数 $G_{u,v}$ 作为第一类广义相关熵的核函数，则此时 $\hat{V}_{u,v}(X,Y)$ 是 $\hat{f}_e(\cdot)$ 在零点的估计值，即

$$\hat{V}_{u,v}(X,Y) = \hat{f}_e(0) \tag{8.7}$$

式中，$\hat{f}_e(\cdot) = \dfrac{1}{N} \sum_{i=1}^{N} G_{u,v}(\cdot - e_i)$。

性质 8.5　对于 $0 < u \leqslant 2$，第一类广义相关熵 $V_{u,v}(X,Y)$ 是映射空间数据的二阶统计量。

证明　对于 $0 < u \leqslant 2$，核函数 $\kappa(x,y) = G_{u,v}(x-y)$ 是一个 Mercer 核，因此可得

$$V_{u,v}(X,Y) = E[\boldsymbol{\varphi}_{u,v}^{\mathrm{T}}(X)\boldsymbol{\varphi}_{u,v}(Y)] \tag{8.8}$$

式中，$\boldsymbol{\varphi}_{u,v}(\cdot)$ 是由 $G_{u,v}$ 诱导的非线性映射。

在诸如回归和分类等数据分析中，可以使用一种被称为相关熵损失（correntropic loss，简记为 C-loss）的统计量来代替相关熵。设 X 和 Y 为两个随机变量，则第一类广义相关熵损失（generalized C-loss，GC-loss）定义为

$$J_{\mathrm{GC\text{-}loss}}(X,Y) = G_{u,v}(0) - V_{u,v}(X,Y) \tag{8.9}$$

GC-loss 满足 $J_{\mathrm{GC\text{-}loss}}(X,Y) \geqslant 0$，且当 $0 < u \leqslant 2$ 时，式（8.9）可进一步表示为

$$J_{\mathrm{GC\text{-}loss}}(X,Y) = \frac{1}{2} E\left[\left\|\boldsymbol{\varphi}_{u,v}(X) - \boldsymbol{\varphi}_{u,v}(Y)\right\|^2\right] \tag{8.10}$$

式（8.10）是 Mercer 核 $\kappa(x,y) = G_{u,v}(x-y)$ 诱导的特征空间 $\mathbb{H}_\kappa$ 中的一个均方代价函数。显然，最小化 GC-loss 等价于最大化第一类广义相关熵。

令 $\{(x_i, y_i)\}_{i=1}^{N}$ 为从联合概率密度函数 $f_{XY}(x,y)$ 获得的 N 个采样数据，则 GC-loss 的估计可以表示为

$$\hat{J}_{\mathrm{GC\text{-}loss}}(X,Y) = G_{u,v}(0) - \hat{V}_{u,v}(X,Y) = \varsigma_{u,v} - \frac{1}{N} \sum_{i=1}^{N} G_{u,v}(x_i - y_i)$$

$$= \varsigma_{u,v} - \frac{1}{N} \sum_{i=1}^{N} G_{u,v}(e_i) \tag{8.11}$$

性质 8.6　设 $\boldsymbol{X} = [x_1, x_2, \cdots, x_N]^{\mathrm{T}}$，当 $\lambda \to 0+$（或 x_i，$i = 1,2,\cdots,N$）时，函数 $L_{u,v}(\boldsymbol{X}) = \left(\dfrac{N}{\lambda \varsigma_{u,v}} \hat{J}_{\mathrm{GC\text{-}loss}}(X,0)\right)^{1/u}$ 约等于 $\boldsymbol{X}$ 的 L_u 范数，即当 $\lambda \to 0$ 时，有

$$L_{u,v}(\boldsymbol{X}) = \left(\frac{N}{\lambda \varsigma_{u,v}} \hat{J}_{\mathrm{GC\text{-}loss}}(X,0)\right)^{1/u} = \left[\frac{N}{\lambda \varsigma_{u,v}}\left(G_{u,v}(0) - \frac{1}{N}\sum_{i=1}^{N} G_{u,v}(x_i)\right)\right]^{1/u}$$

$$\approx \left[\frac{N}{\lambda \varsigma_{u,v}}\left(\varsigma_{u,v} - \frac{1}{N}\sum_{i=1}^{N} \varsigma_{u,v}(1 - \lambda|x_i|^u)\right)\right]^{1/u} \tag{8.12}$$

$$= \left(\sum_{i=1}^{N} |x_i|^u\right)^{1/u}$$

性质 8.7　设 $|x_i| > \delta$，对于 $\forall i : x_i \neq 0$，其中 δ 为一个很小的正数，当 $\lambda \to \infty$（或 $v \to 0+$）时，最小化函数 $L_{u,v}(\boldsymbol{X})$ 近似等于最小化 $\boldsymbol{X}$ 的 L_0 范数，即

$$\min_{\boldsymbol{X} \in \Omega} L_{u,v}(\boldsymbol{X}) \sim \min_{\boldsymbol{X} \in \Omega} \|\boldsymbol{X}\|_0, \quad \text{当 } \lambda \to \infty \text{ 时} \tag{8.13}$$

式中，Ω 为 $\boldsymbol{X}$ 的一个可能集合。

证明　设 $\boldsymbol{X}_0$ 是通过将 Ω 上的 $\|\boldsymbol{X}\|_0$ 最小化而获得的解，而 $\boldsymbol{X}_l$ 是通过将 $L_{u,v}(\boldsymbol{X})$ 最小化而获得的解，则有

$$L_{u,v}(\boldsymbol{X}_l) \leqslant L_{u,v}(\boldsymbol{X}_0) \tag{8.14}$$

因此

$$\sum_{i=1}^{N} G_{u,v}((\boldsymbol{X}_l)_i) \geqslant \sum_{i=1}^{N} G_{u,v}((\boldsymbol{X}_0)_i) \tag{8.15}$$

式中，$(\boldsymbol{X}_l)_i$ 表示 $\boldsymbol{X}_l$ 的第 i 项，则

$$(N - \|\boldsymbol{X}_l\|_0) + \sum_{i=1,(\boldsymbol{X}_l)_i \neq 0}^{N} \exp(-\lambda \,|\,(\boldsymbol{X}_l)_i\,|^u) \geqslant (N - \|\boldsymbol{X}_0\|_0) + \sum_{i=1,(\boldsymbol{X}_l)_i \neq 0}^{N} \exp(-\lambda \,|\,(\boldsymbol{X}_0)_i\,|^u) \tag{8.16}$$

因此可得

$$\|\boldsymbol{X}_l\|_0 - \|\boldsymbol{X}_0\|_0 \leqslant \sum_{i=1,(\boldsymbol{X}_l)_i \neq 0}^{N} \exp(-\lambda \,|\,(\boldsymbol{X}_l)_i\,|^u) - \sum_{i=1,(\boldsymbol{X}_l)_i \neq 0}^{N} \exp(-\lambda \,|\,(\boldsymbol{X}_0)_i\,|^u) \tag{8.17}$$

由于 $|x_i| > \delta$ 且 $\forall i : x_i \neq 0$，当 $\lambda \to \infty$ 时，式（8.17）右边项近似为零。因此，如果 λ 足够大，可以得到以下不等式：

$$\|\boldsymbol{X}_0\|_0 \leqslant \|\boldsymbol{X}_l\|_0 \leqslant \|\boldsymbol{X}_l\|_0 + \varepsilon \tag{8.18}$$

式中，ε 为一个接近于零的小正数。

3．GC-loss 的一些优化属性

下面介绍第一类广义相关熵损失 GC-loss 的一些优化属性。

性质 8.8 设 $\boldsymbol{e} = [e_1, e_2, \cdots, e_N]^{\mathrm{T}}$，可以得出第一类广义相关熵损失 GC-loss 的性质如下：

① 若 $0 < u \leqslant 1$，则 GC-loss 在 $\boldsymbol{e}$ 中的任意一个 $e_i \neq 0$（$i = 1, 2, \cdots, N$）处都是凹的。

② 若 $u > 1$，则 GC-loss 在满足 $0 < |e_i| \leqslant [(u-1)/u\lambda]^{1/u}$（$i = 1, 2, \cdots, N$）的任意 $\boldsymbol{e}$ 处都是凸的。

③ 若 $\lambda \to 0+$，对于满足 $e_i \neq 0$（$i = 1, 2, \cdots, N$）的任意 $\boldsymbol{e}$，GC-loss $\hat{J}_{\text{GC-loss}}$ 在 $\boldsymbol{e}$ 处是凹的，在 $u > 1$ 时是凸的。

证明 关于 $\boldsymbol{e}$ 的 $\hat{J}_{\text{GC-loss}}$ 的 Hessian 矩阵可以表示为

$$\boldsymbol{H}_{\hat{J}_{\text{GC-loss}}}(\boldsymbol{e}) = -\frac{u\lambda \varsigma_{uv}}{N} \begin{bmatrix} T(e_1(u\lambda \,|\, e_1\,|^u - (u-1))) & \cdots & 0 \\ \vdots & \ddots & \vdots \\ 0 & \cdots & T(e_N(u\lambda \,|\, e_N\,|^u - (u-1))) \end{bmatrix} \tag{8.19}$$

式中，$T(x) = \exp(-\lambda \,|\, x\,|^u) \,|\, x\,|^{u-2}$。

由式（8.19）可知：

① 如果 $0 < u \leqslant 1$，则对于满足 $e_i \neq 0$（$i = 1, 2, \cdots, N$）的任意一个 $\boldsymbol{e}$，有 $\boldsymbol{H}_{\hat{J}_{\text{GC-loss}}}(\boldsymbol{e}) \leqslant 0$。

② 如果 $u > 1$，则对于满足 $0 < |e_i| \leqslant [(u-1)/u\lambda]^{1/u}$（$i = 1, 2, \cdots, N$），有 $\boldsymbol{H}_{\hat{J}_{\text{GC-loss}}}(\boldsymbol{e}) \geqslant 0$。

③ 如果 $\lambda \to 0+$，对于满足 $e_i \neq 0$（$i = 1, 2, \cdots, N$）的任意 $\boldsymbol{e}$，当 $0 < u \leqslant 1$ 时，有 $\boldsymbol{H}_{\hat{J}_{\text{GC-loss}}}(\boldsymbol{e}) \leqslant 0$；当 $u > 1$ 时，有 $\boldsymbol{H}_{\hat{J}_{\text{GC-loss}}}(\boldsymbol{e}) \geqslant 0$。

性质 8.9 对于 $u > 1$，$\hat{J}_{\text{GC-loss}}$ 是满足 $e_i \leqslant M$（$i = 1, 2, \cdots, N$）的 $\boldsymbol{e} = [e_1, e_2, \cdots, e_N]^{\mathrm{T}}$ 的可微分凸函数，其中 M 是任意正数。

证明 如果一个可微分函数 $f : S \mapsto \mathbb{R}(S \subset \mathbb{R}^N)$ 满足条件

$$f(x_2) \geqslant f(x_1) + q^{\mathrm{T}}(x_1, x_2) \nabla f(x_1) \tag{8.20}$$

则 f 为凸函数。其中，$\nabla f(x)$ 是 f 关于 x 的梯度；$q(x_1, x_2)$ 是一个矢量函数。

对于 $u > 1$，$\hat{J}_{\text{GC-loss}}$ 是关于 e 的可微分函数，且梯度 $\nabla \hat{J}_{\text{GC-loss}}$ 可以表示为

$$\nabla \hat{J}_{\text{GC-loss}}(e) = \frac{u \lambda \varsigma_{u,v}}{N} \Big[\exp(-\lambda \mid e_1 \mid^u) \mid e_1 \mid^{u-1} \text{sign}(e_1), \cdots,$$
$$\exp(-\lambda \mid e_N \mid^u) \mid e_N \mid^{u-1} \text{sign}(e_N) \Big]^{\text{T}} \tag{8.21}$$

由于 $e_i \leqslant M$，因此当且仅当 $e = 0$ 时，有 $\nabla \hat{J}_{\text{GC-loss}}(e) = 0$。另一方面，还可以得到 $\hat{J}_{\text{GC-loss}}(e) \geqslant \hat{J}_{\text{GC-loss}}(0) = 0$。因此可以构造以下函数：

$$q(e_1, e_2) = \begin{cases} \dfrac{\hat{J}_{\text{GC-loss}}(e_2) - \hat{J}_{\text{GC-loss}}(e_1)}{\nabla \hat{J}_{\text{GC-loss}}(e_1)^{\text{T}} \nabla \hat{J}_{\text{GC-loss}}(e_1)} \nabla \hat{J}_{\text{GC-loss}}(e_1) & e \neq 0 \\ 0 & e = 0 \end{cases} \tag{8.22}$$

此时 $\hat{J}_{\text{GC-loss}}$ 满足以下条件：

$$\hat{J}_{\text{GC-loss}}(e_2) \geqslant \hat{J}_{\text{GC-loss}}(e_1) + q^{\text{T}}(e_1, e_2) \nabla \hat{J}_{\text{GC-loss}}(e_1) \tag{8.23}$$

8.2.2　第二类广义相关熵

1. 第二类广义相关熵的定义

针对 Alpha 稳定分布脉冲噪声二阶矩不存在的特点，以相关熵理论作为基础，Wang 给出另一种广义相关熵的定义。

定义 8.2　第二类广义相关熵　对于两个随机变量 X 和 Y，第二类广义相关熵定义为

$$C_\sigma(X, Y) = E[(X - Y)^2 \kappa_\sigma(X - Y)] \tag{8.24}$$

式中，$\kappa_\sigma(\cdot)$ 为满足 Mercer 条件的核函数。不失一般性，核函数选取高斯函数

$$\kappa_\sigma(\cdot) = \frac{1}{\sqrt{2\pi}\,\sigma} \exp\left(-\frac{\|\cdot\|_2^2}{2\sigma^2}\right) \tag{8.25}$$

式中，σ 为核长。

与第一类广义相关熵 $V_{u,v}(X, Y)$ 的思路不同，第二类广义相关熵 $C_\sigma(X, Y)$ 的结构是对随机变量 X 与 Y 的差值进行核函数变换，再以该差值的平方对核函数加权，最后求取数学期望。

2. 第二类广义相关熵的性质

性质 8.10　针对两个随机变量 X 和 Y，第二类广义相关熵 $C_\sigma(X, Y)$ 是对称的，即

$$C_\sigma(X, Y) = E[(X - Y)^2 \kappa_\sigma(X - Y)]$$
$$= E[(Y - X)^2 \kappa_\sigma(Y - X)] = C_\sigma(Y, X) \tag{8.26}$$

进一步可以推导出

$$C_\sigma(-X, -Y) = E[(-X + Y)^2 \kappa_\sigma(-X + Y)] = C_\sigma(X, Y) \tag{8.27}$$

性质 8.11　针对任意两个随机变量 X 和 Y，第二类广义相关熵 $C_\sigma(X, Y)$ 是非负的，即

$$C_\sigma(X, Y) \geqslant 0 \tag{8.28}$$

当且仅当 $X = Y$ 时，第二类广义相关熵 $C_\sigma(X, Y)$ 取最小值 $C_\sigma(X, Y) = 0$。

性质 8.12　设两个随机变量 X 和 Y 服从对称 Alpha 稳定分布，其特征指数满足 $0 < \alpha \leqslant 2$。则 X 和 Y 的第二类广义相关熵 $C_\sigma(X, Y)$ 是有界的。

证明　由第二类广义相关熵定义可得

$$C_\sigma(X,Y) = E[(X-Y)^2 \kappa_\sigma(X-Y)] \tag{8.29}$$

定义 $r = X-Y$，根据对称 Alpha 稳定分布的性质可知，随机变量 r 同样服从对称 Alpha 稳定分布。根据数学期望定义，式（8.29）可进一步写为

$$C_\sigma(X,Y) = g(r) = \frac{1}{\sqrt{2\pi}\sigma} \int_{-\infty}^{+\infty} \exp\left(-\frac{r^2}{2\sigma^2}\right) r^2 f(r) \mathrm{d}r \tag{8.30}$$

式中，$f(r)$ 表示随机变量 r 的概率密度函数。

虽然对称 Alpha 稳定分布随机变量不存在统一的概率密度函数闭式表达式，但有统一的特征函数

$$\varphi(t) = \exp\{\mathrm{j}\mu t - \gamma\,|\,t\,|^\alpha\} \tag{8.31}$$

根据随机变量概率密度函数与特征函数之间的关系，有

$$g(r) = \frac{1}{2\pi\sqrt{2\pi}\sigma} \int_{-\infty}^{+\infty} \int_{-\infty}^{+\infty} \exp\left(-\frac{r^2}{2\sigma^2}\right) \exp(\mathrm{j}\mu t - \gamma\,|\,t\,|^\alpha - \mathrm{j}\omega r) r^2 \mathrm{d}r \mathrm{d}t \tag{8.32}$$

又因为 $\int_{-\infty}^{+\infty} f(t)\mathrm{d}t \leqslant \int_{-\infty}^{+\infty} |\,f(t)\,|\,\mathrm{d}t$，所以

$$g(r) \leqslant \frac{1}{2\pi\sqrt{2\pi}\sigma} \int_{-\infty}^{+\infty} \int_{-\infty}^{+\infty} \exp\left(-\frac{r^2}{2\sigma^2}\right) r^2 \mathrm{d}r \exp(-\gamma\,|\,t\,|^\alpha) \mathrm{d}t \tag{8.33}$$

已知 $\int_{-\infty}^{+\infty} \exp\left(-\frac{r^2}{2\sigma^2}\right) r^2 \mathrm{d}r = \sqrt{2\pi}\sigma^3$，式（8.33）可写为

$$g(r) \leqslant \frac{\sigma^2}{2\pi} \int_{-\infty}^{+\infty} \exp(-\gamma\,|\,t\,|^\alpha)\mathrm{d}t = \frac{\sigma^2}{\pi} \int_{0}^{+\infty} \exp(-\gamma t^\alpha)\mathrm{d}t \tag{8.34}$$

根据复合函数的导数性质，可得

$$\frac{\mathrm{d}[\exp(-\gamma t^\alpha)]}{\mathrm{d}[\alpha]} = -\exp(-\gamma t^\alpha) \cdot \gamma t^\alpha \cdot \ln t \tag{8.35}$$

又因为分散系数 $\gamma > 0$ 恒成立，所以

$$\begin{cases} \exp(-\gamma t^\alpha) \leqslant \exp(-\gamma t), & t \in [0,1] \\ \exp(-\gamma t^\alpha) \leqslant \exp(-\gamma t), & t \in [1,+\infty) \end{cases} \tag{8.36}$$

因此，式（8.34）可进一步写为

$$g(r) \leqslant \frac{\sigma^2}{\pi} \int_{0}^{+\infty} \exp(-\gamma t)\mathrm{d}t = \frac{\sigma^2}{\pi\gamma} \tag{8.37}$$

另一方面，由性质 8.11 可知 $C_\sigma(X,Y) \geqslant 0$ 成立，故对称 Alpha 稳定分布随机变量的广义相关熵 $C_\sigma(X,Y)$ 是有界的。

由于用 Alpha 稳定分布的脉冲噪声不存在有限的二阶统计量，因此会导致常规的信号处理方法性能退化，从而导致信号处理和参数估计的性能显著下降，甚至无法获得合理的估计结果。由于第二类广义相关熵在 Alpha 稳定分布条件下是有界的，因此可以应用到脉冲噪声环境下的信号处理算法中，从而改善信号处理和参数估计算法的鲁棒性。

例 8.1 试利用 MATLAB 编写程序，生成两组服从 Alpha 稳定分布的随机数 X 和 Y，并计算 X 和 Y 的第二类广义相关熵 $C_\sigma(X,Y)$。

解 选取高斯函数为核函数，设核长为 $\sigma = 1.5$，Alpha 稳定分布的特征指数为 $\alpha = 1.5$，对称参数为 $\beta = 0$，分散系数为 $\gamma = 2.2$，位置参数为 $\mu = 0$，使用 MATLAB 自带函数生成长

度为 $N = 100$ 的 Alpha 稳定分布随机变量 X 和 Y。

根据式（8.29）计算 X 和 Y 的第二类广义相关熵的 MATLAB 程序代码如下：

```
function final_data = SEC_GEN_CORR(X, Y, kernel)
  diff = X - conj(Y);
  temp = mean(exp(-abs(diff).^2./(2*kernel^2)).*abs(diff).^2);
  final_data = temp;
end
```

通过上述代码可计算 X 和 Y 第二类广义相关熵 $C_\sigma(X, Y)$。

8.3　广义相关熵的应用

8.3.1　广义相关熵诱导距离测度

在第 5 章关于相关熵主要性质的讨论中，介绍了相关熵诱导距离测度（CIM）的概念。与常规距离测度不同，相关熵诱导距离测度表现出"混合范数"的特征，即随着两个矢量距离由近至远，相关熵诱导距离测度分别对应于近似 L_2 范数距离、L_1 范数距离直至 L_0 范数距离。这种"混合范数"的特征完全是由相关熵核函数的核长 σ 控制的。

对于广义相关熵（这里暂且不严格区分第一类或第二类广义相关熵）来说，也有对应的诱导距离测度，称为广义相关熵诱导距离测度（generalized correntropy induced metric，GCIM）。

设给定矢量 $\boldsymbol{a} = [a_1, a_2, \cdots, a_N]^{\mathrm{T}}$，$\boldsymbol{b} = [b_1, b_2, \cdots, b_N]^{\mathrm{T}}$，当式（8.1）定义的形状参数满足 $0 < u \leqslant 2$ 时，定义在 N 维采样空间的函数

$$\mathrm{GCIM}(\boldsymbol{a}, \boldsymbol{b}) = \sqrt{\hat{J}_{\mathrm{GC\text{-}loss}}(\boldsymbol{a}, \boldsymbol{b})} \tag{8.38}$$

为广义相关熵诱导距离测度。式中，$\hat{J}_{\mathrm{GC\text{-}loss}}(\boldsymbol{a}, \boldsymbol{b})$ 表示对两个随机变量 $\boldsymbol{a}$ 和 $\boldsymbol{b}$ 相关熵损失的估计。

图 8.1 给出了 $u = 4$、$\lambda = 1$ 条件下三维空间中 GCIM 曲面的示意图。

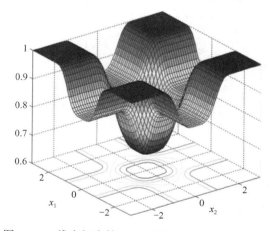

图 8.1　三维空间中的 GCIM 曲面（$u = 4$，$\lambda = 1$）

在图 8.1 中，$\boldsymbol{x} = [x_1, x_2]^{\mathrm{T}}$，$\boldsymbol{y} = [0, 0]^{\mathrm{T}}$，该曲面实际上表示的是 x_1 和 x_2 分别相对于坐标系原点 $(0, 0)$ 的距离。可见，GCIM 在不同区域的行为类似于数据的不同范数（从 L_u 到 L_0）。这一观察结果与用高斯核获得的观测结果相似。

8.3.2 最小广义相关熵准则

设观测变量为 X，待估计变量为 Y，则最小广义相关熵准则（minimum generalized correntropy criterion，MGCC）定义为

$$Y = \arg\min_Y C_\sigma(X,Y)$$
$$= \arg\min_Y E[(X-Y)^2 \kappa_\sigma(X,Y)] \tag{8.39}$$

可见，最小广义相关熵准则是对于变量 X，通过使广义相关熵最小化求解变量 Y。本质上讲，核函数 $\kappa_\sigma(\cdot,\cdot)$ 可以抑制 X 和 Y 中的异常值，以保证式（8.39）中数学期望的有界性，因此，最小广义相关熵准则适用于脉冲噪声环境下的信号参数估计问题。而第 5 章给出的最大相关熵准则则是求解一个函数 $g(\cdot)$，使得随机变量 X 和随机矢量 $\boldsymbol{Y}$ 之间的相关熵 $V_\sigma(X, g(\boldsymbol{Y}))$ 最大，即 X 和 $g(\boldsymbol{Y})$ 的相似度最大。

8.3.3 基于广义相关熵的波达方向估计

1. 波达方向估计算法原理

设 K 个不相关的信号以 $\{\theta_1, \theta_2, \cdots, \theta_K\}$ 的角度入射到包含 M 个阵元的均匀线性阵列上，阵列接收数据中包含服从对称 Alpha 稳定分布的加性脉冲噪声。观测信号模型表示为

$$\boldsymbol{X} = \boldsymbol{AS} + \boldsymbol{V} \tag{8.40}$$

式中，$\boldsymbol{X} = [\boldsymbol{x}(t_1),\ \boldsymbol{x}(t_2),\ \cdots,\ \boldsymbol{x}(t_N)]$ 为接收数据矩阵；$\boldsymbol{S} = [\boldsymbol{s}(t_1),\ \boldsymbol{s}(t_2),\ \cdots,\ \boldsymbol{s}(t_N)]$ 为信号复包络矩阵；$\boldsymbol{V} = [\boldsymbol{v}(t_1),\ \boldsymbol{v}(t_2),\ \cdots,\ \boldsymbol{v}(t_N)]$ 为噪声矩阵。

在实际应用中，对于一组观测数据 $\{(x_i, y_i)\}_{i=1}^N$，第二类广义相关熵的估计式表示为

$$\hat{C}_\sigma(X,Y) = \frac{1}{N} \sum_{i=1}^{N} (x_i - y_i)^2 \kappa_\sigma(x_i - y_i) \tag{8.41}$$

基于低秩近似理论，式（8.40）中的 $\boldsymbol{X}$ 可以用低秩矩阵 $\hat{\boldsymbol{X}}$ 进行如下近似：

$$\min_{\hat{\boldsymbol{X}}} \left\| \boldsymbol{X} - \hat{\boldsymbol{X}} \right\|_F^2, \quad \text{s.t.} \quad \text{rank}(\hat{\boldsymbol{X}}) \leq K \tag{8.42}$$

式中，$\text{rank}(\cdot)$ 表示对矩阵求秩；K 为待估计的信号源个数。

式（8.42）的全局最优解为

$$\hat{\boldsymbol{X}} \approx \boldsymbol{U}_s \boldsymbol{D}_s \boldsymbol{W}_s^{\mathrm{H}}$$
$$\text{SVD}(\boldsymbol{X}) = \boldsymbol{U}_s \boldsymbol{D}_s \boldsymbol{W}_s^{\mathrm{H}} + \boldsymbol{U}_v \boldsymbol{D}_v \boldsymbol{W}_v^{\mathrm{H}} \tag{8.43}$$

式中，$\boldsymbol{D}_s$ 和 $\boldsymbol{D}_v$ 分别表示由 K 个最大奇异值和其余 $M-K$ 个奇异值构成的对角阵；$\boldsymbol{U}_s$ 和 $\boldsymbol{W}_s$ 分别为对应的左特征矢量和右特征矢量。

构建如下形式的代价函数：

$$J_F(\boldsymbol{Y}, \boldsymbol{Z}) = \left\| \boldsymbol{X} - \boldsymbol{YZ} \right\|_F^2 = \sum_{m=1}^{M} \sum_{n=1}^{N} \left| x_{mn} - (\boldsymbol{YZ})_{mn} \right|^2 \tag{8.44}$$

式中，$\boldsymbol{Y} \in \mathbb{C}^{M \times K}$ 为列满秩矩阵；$\boldsymbol{Z} \in \mathbb{C}^{K \times N}$ 表示行满秩矩阵；N 和 M 分别为信号采样的快拍数和接收阵列阵元个数。

设残差矩阵 $\boldsymbol{R} = \boldsymbol{X} - \boldsymbol{YZ}$，第 m 行记为 r_m，第 (m,n) 个元素记为 r_{mn}，将第二类广义相关熵替换式（8.44）中的二阶矩，得到新的代价函数

$$J_{\mathrm{C}}(\boldsymbol{Y}, \boldsymbol{Z}) = \frac{1}{M}\sum_{m=1}^{M}\hat{C}(r_m) = \frac{1}{MN}\sum_{m=1}^{M}\sum_{n=1}^{N}\frac{1}{\sqrt{2\pi}\sigma}\exp\left(-\frac{|r_{mn}|^2}{2\sigma^2}\right)|r_{mn}|^2 \tag{8.45}$$

将式（8.45）进一步写为

$$J_{\mathrm{C}}(\boldsymbol{Y}, \boldsymbol{Z}) = \frac{1}{MN}\left\|\boldsymbol{W}^{1/2}\odot\boldsymbol{R}\right\|_F^2 = \frac{1}{MN}\left\|\boldsymbol{W}^{1/2}\odot\boldsymbol{X}-\boldsymbol{W}^{1/2}\odot\boldsymbol{Y}\boldsymbol{Z}\right\|_F^2 \tag{8.46}$$

式中，$\odot$ 表示矩阵对应元素相乘；$[\cdot]^{1/2}$ 表示对矩阵中每个元素进行求根运算；$\boldsymbol{W}$ 为加权矩阵，其第 m 行、第 n 列元素为

$$w_{mn} = \frac{1}{\sqrt{2\pi}\sigma}\exp\left(-\frac{|r_{mn}|^2}{2\sigma^2}\right) \tag{8.47}$$

与式（8.44）定义的代价函数相比，式（8.46）表示的基于广义相关熵的代价函数增加了加权矩阵，当残差较大时，加权矩阵中的元素迅速衰减，实现脉冲噪声的抑制。

最小化式（8.46）就可以得到信号子空间的估计 $\hat{\boldsymbol{Y}}$，计算空间谱函数

$$P_{\mathrm{MGCC\text{-}MUSIC}}(\theta) = \frac{1}{\boldsymbol{a}^{\mathrm{H}}(\theta)\left(\boldsymbol{I}-\hat{\boldsymbol{Y}}\left\langle\hat{\boldsymbol{Y}},\hat{\boldsymbol{Y}}\right\rangle^{-1}\hat{\boldsymbol{Y}}^{\mathrm{H}}\right)\boldsymbol{a}(\theta)} \tag{8.48}$$

通过谱函数的峰值实现信源波达方向的估计。称上述基于最小广义相关熵准则的 DOA 估计算法为 MGCC-MUSIC 算法。

2．算法步骤

采用 IR-SVD 方法对上述优化问题进行求解，主要步骤如下。

第 1 步：初始化 $\boldsymbol{Y}^{(0)}$ 为随机列满秩矩阵，$\boldsymbol{Z}^{(0)}$ 为随机行满秩矩阵，设迭代次数 $l=0$，迭代相对误差 $\varepsilon^{(0)}=1$，最大迭代次数 L。

第 2 步：对于第 l 次迭代，计算加权矩阵 $\boldsymbol{B}^{(l)}$，对加权后接收数据矩阵进行奇异值分解

$$\mathrm{SVD}[(\boldsymbol{B}^{(l)})^{1/2}\odot\boldsymbol{X}] = \boldsymbol{U}_{\mathrm{s}}^{(l)}\boldsymbol{\Sigma}_{\mathrm{s}}^{(l)}(\boldsymbol{W}_{\mathrm{s}}^{(l)})^{\mathrm{H}}+\boldsymbol{U}_{\mathrm{v}}^{(l)}\boldsymbol{\Sigma}_{\mathrm{v}}^{(l)}(\boldsymbol{W}_{\mathrm{v}}^{(l)})^{\mathrm{H}}$$

选择最大的 K 个奇异值组成对角矩阵 $\boldsymbol{\Sigma}_{\mathrm{s}}^{(l)}$，奇异值对应的左特征向量和右特征向量组成矩阵 $\boldsymbol{U}_{\mathrm{s}}^{(l)}\in\mathbb{C}^{M\times K}$ 和 $\boldsymbol{W}_{\mathrm{s}}^{(l)}\in\mathbb{C}^{K\times N}$，更新估计结果 $\boldsymbol{Y}^{(l+1)}\leftarrow\boldsymbol{U}_{\mathrm{s}}^{(l)}$ 和 $\boldsymbol{Z}^{(l+1)}\leftarrow\boldsymbol{\Sigma}_{\mathrm{s}}^{(l)}(\boldsymbol{W}_{\mathrm{s}}^{(l)})^{\mathrm{H}}$。

第 3 步：令 $l=l+1$，计算相邻两次迭代的相对误差

$$\varepsilon^{(l)} = \frac{J_{\mathrm{C}}(\boldsymbol{Y}^{(l)},\boldsymbol{Z}^{(l)})-J_{\mathrm{C}}(\boldsymbol{Y}^{(l-1)},\boldsymbol{Z}^{(l-1)})}{J_{\mathrm{C}}(\boldsymbol{Y}^{(l-1)},\boldsymbol{Z}^{(l-1)})}$$

第 4 步：重复第 2 步～第 3 步，直至满足 $\varepsilon^{(l)}<\varepsilon_{\mathrm{s}}$ 或 $l<L$，其中 ε_{s} 为迭代停止误差。

第 5 步：按式（8.48）计算空间谱函数，通过搜索峰值实现信源波达方向的估计。

3．计算机仿真

设等距均匀线性阵列包含 $M=8$ 个阵元，阵元间距为 $d=\lambda/2$，两个功率相同、调制方式为 QPSK 的入射信号，入射角度分别为 $\theta_1=-10°$ 和 $\theta_2=20°$。接收信号中存在的脉冲噪声满足对称 Alpha 稳定分布。作为算法性能对比，同时仿真了 MUSIC 算法、FLOM-MUSIC 算法、ACO-MUSIC 算法、CRCO-MUSIC 算法及本节描述的 MGCC-MUSIC 算法。

实验 8.1　空间谱估计。图 8.2 给出了由不同算法估计得到的归一化空间谱，其中广义信噪比 GSNR $=4$dB，噪声特征指数 $\alpha=1.5$，快拍数 $N=100$。可以看出，在脉冲噪声下，传统 MUSIC 算法性能退化严重，FLOM-MUSIC 算法抑制噪声能力较差，而 MGCC-MUSIC 算法

以及 CRCO-MUSIC 算法和 ACO-MUSIC 算法能够得到更好的估计结果。

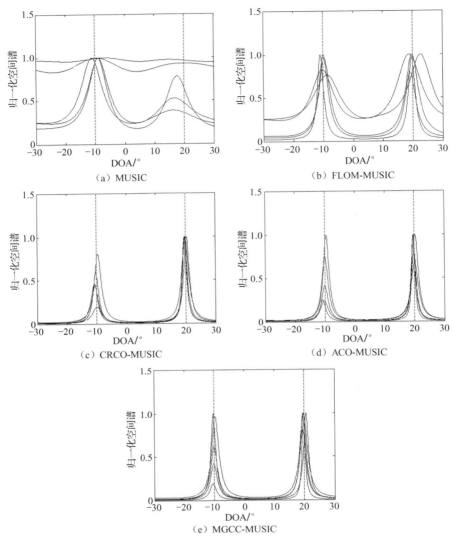

图 8.2 不同算法的归一化空间谱

实验 8.2 广义信噪比的影响。图 8.3 给出了算法性能随广义信噪比的变化曲线，其中噪声特征指数 $\alpha=1.5$，快拍数 $N=100$。从图中可以看出，传统 MUSIC 算法由于无法抑制脉冲噪声而性能较差。另一方面，当信噪比较低时，与其他算法相比，MGCC-MUSIC 与 CRCO-MUSIC 两种算法的可分辨概率更高，且 MGCC-MUSIC 算法的估计误差更小；当信噪比较高时，MGCC-MUSIC 算法与 ACO-MUSIC 算法性能相近。图 8.4 给出了柯西噪声（$\alpha=1.0$）下算法性能随广义信噪比的变化曲线以及参数估计的克拉美-罗界。从图中可以看出，相比于其他算法，MGCC-MUSIC 算法的可分辨概率更高，参数估计误差更小，具有非常明显的优势。这就说明，MGCC-MUSIC 算法更加适用于强脉冲噪声下的参数估计。

（a）可分辨概率　　　　　　　　　　　　　（b）均方根误差

图 8.3　广义信噪比对算法性能的影响（$\alpha = 1.5$）

（a）可分辨概率　　　　　　　　　　　　　（b）均方根误差

图 8.4　广义信噪比对算法性能的影响（$\alpha = 1.0$）

实验 8.3　噪声特征指数的影响。图 8.5 给出了算法性能随噪声特征指数的变化曲线，其中广义信噪比 GSNR = 4dB，快拍数 $N = 100$。从图中可以看出，MGCC-MUSIC 算法在高斯噪声（$\alpha = 2.0$）与脉冲噪声（$\alpha < 2.0$）环境下均能取得较好的估计结果，且在当前核长参数下，MGCC-MUSIC 对噪声特征指数不敏感，其性能优势在高脉冲噪声环境下更加明显。

（a）可分辨概率　　　　　　　　　　　　　（b）均方根误差

图 8.5　噪声特征指数对算法性能的影响

8.3.4 基于广义相关熵的风速预测

1. 风速预测

风力发电是世界上使用最广泛的可再生能源之一。风速预测则是风力发电领域研究的重要方向之一。经典的短期风速预测方法包括自回归滑动平均、支持向量机回归和人工神经网络等。极限学习机（extreme learning machine，ELM）使基于神经网络的学习具有快速的训练速度和良好的生成性能，而在深度学习中开发的堆叠极限学习机（SELM）则将一个较大的神经网络分割成若干连续计算的较小的神经网络，实现较小的存储占用。由于天气、温度、海拔等诸多不确定因素的影响，风能往往是不稳定的。这些随机波动会使数据产生误差。针对上述不确定性问题，有研究依据相关熵所具有的非线性测度的特点，在 SELM 框架中加入广义相关熵函数，Bessa R. J.等人提出一种基于广义相关熵的风速预报方法。通过对多阶秒级和多阶分钟级风速预报实验，验证了基于广义相关熵方法的优越性。与其他模型相比，基于广义相关熵和 SELM 方法的预测精度更高，时间消耗更少。

2. 基本原理

考虑 N 个训练样本 $\{(\boldsymbol{x}_i, \boldsymbol{t}_i) \mid \boldsymbol{x}_i \in \mathbb{R}^q, \boldsymbol{t}_i \in \mathbb{R}^n\}_{i=1}^N$，基于广义相关熵和 ELM 的原理，可以定义如下的代价函数：

$$J(\beta) = \min_{\beta} \left\{ \lambda \left[1 - \frac{1}{N} \sum_{i=1}^N G_{u,v}(\boldsymbol{t}_i - \boldsymbol{y}_i) \right] \right\} + \eta \|\beta\|_{\mathrm{F}} \tag{8.49}$$

式中，β 表示需要估计的隐藏层输出权重；$G_{u,v}$ 表示广义相关熵的核函数；$\boldsymbol{y}_i$ 表示预测的风速，且

$$\boldsymbol{y}_i = \boldsymbol{h}_i \beta \tag{8.50}$$

式中，$\boldsymbol{h}_i$ 表示对于训练数据 $\boldsymbol{x}_i$ 输出的隐藏层矢量。通过分析式（8.49）就能优化求解出 β，从而利用式（8.50）改进神经网络中的训练模型，最终实现风速的预测。

3. 实验结果

为衡量本节算法的性能，通过对采集到的数据进行 10min 后的风速预测，实验结果如图 8.6 所示。可以看出，基于广义相关熵的算法相较于其他算法更接近真实的测量值。

图 8.6　风速预测结果

8.4 复相关熵

在信号处理理论和许多工程技术领域，常需要通过对给定系统的输入和输出信号之间的关系建立模型来进行描述，并便于进一步的分析处理。为了最小化输入信号与期望输出信号之间的差异，通常采用回归方式求解。这种方法在高斯噪声条件下具有较好的性能，但对异常值不具有鲁棒性。

近年来，文献中报道了基于相关熵的代价函数。这种基于相关熵的方法提高了非高斯噪声环境下的拟合精度，并且较之常用的最小均方（least mean square，LMS）法等经典的二阶统计量方法具有更好的性能。此外，在诸如通信技术等许多应用领域都涉及在复数域中定义的源信号。由于本书前文所介绍的相关熵均为在实数域定义的，因此有必要将其扩展到复数域，以便扩展其应用范围。尽管在已发表的文献中报道了针对复数数据的核方法，但由于没有进行理论研究来阐明其性质或最佳使用方法，因此尚未正确地将相关熵应用于复数数据。为此，Principe 等人将相关熵扩展到复数域，提出了复相关熵（complex correntropy）的概念。

8.4.1 复相关熵的概念与方法

1. 相关熵的概率密度解释

如果将 Parzen 估计器作为两个随机变量的联合概率，则相关熵直接描述这两个随机变量的相似度。设 X 和 Y 为两个随机变量，联合概率密度函数为 $f_{XY}(x,y)$，则关于事件 $X=Y$ 的概率可以表示为

$$P(X=Y) = \int_{-\infty}^{+\infty} \int_{-\infty}^{+\infty} f_{XY}(x,y)\delta(x-y)\mathrm{d}x\mathrm{d}y \tag{8.51}$$

然而，在大多数实际应用中，随机变量 X 和 Y 的真实分布情况是未知的，且仅存在有限的数据采样 $(x_n, y_n), \; n=1,2,\cdots,N$ 可用，因此可用基于高斯核的 L 维 Parzen 估计来计算联合概率密度函数

$$\hat{f}_{X^{(1)},X^{(2)},\cdots,X^{(L)}}(x^{(1)},x^{(2)},\cdots,x^{(L)}) = \frac{1}{N}\sum_{n=1}^{N}\prod_{l=1}^{L}G_\sigma(x^{(l)}-x_n^{(l)}) \tag{8.52}$$

式中，$x_n^{(l)}$ 表示 L 维随机矢量的第 l 个分量的第 n 个数据采样。式（8.52）中，$G_\sigma(x)$ 表示高斯窗函数，实际上与相关熵中的高斯核函数 $\kappa_\sigma(x)$ 相同，其中的 σ 表示核长。$G_\sigma(x)$ 定义为

$$G_\sigma(x) = \kappa_\sigma(x) = \frac{1}{\sqrt{2\pi}\sigma}\exp\left(-\frac{x^2}{2\sigma^2}\right) \tag{8.53}$$

考虑 $L=2$ 的情况，设 $X^{(1)}=X$ 和 $X^{(2)}=Y$，则式（8.52）可表示为

$$\hat{f}_{XY}(x,y) = \frac{1}{N}\sum_{n=1}^{N}G_\sigma(x-x_n)G_\sigma(y-y_n) \tag{8.54}$$

将式（8.54）代入式（8.51）得

$$\hat{P}(X=Y) = \int_{-\infty}^{+\infty} \int_{-\infty}^{+\infty} \frac{1}{N}\sum_{n=1}^{N}G_\sigma(x-x_n)G_\sigma(y-y_n)\,\delta(x-y)\mathrm{d}x\mathrm{d}y \tag{8.55}$$

由于只有非零值在联合空间的对角线 $y=x$ 上出现，因此式（8.55）可进一步表示为

$$\hat{P}(X = Y) = \frac{1}{N}\sum_{n=1}^{N}\int_{-\infty}^{+\infty} G_\sigma(u - x_n)G_\sigma(u - y_n)\mathrm{d}u \tag{8.56}$$

式中，u 表示 x 和 y 在对角线 $y = x$ 上的取值。

由于多个高斯分布乘积的积分仍然对应于一个高斯分布，且其核长等于原有高斯分布核长与一个正实数的乘积，因此式（8.56）可以表示为

$$\hat{P}(X = Y) = \frac{1}{N}\sum_{n=1}^{N} G_{\sqrt{2}\sigma}(x_n - y_n) \tag{8.57}$$

结合式（8.57），相关熵可以表示为

$$V(X, Y) = E_{XY}[G_{\sqrt{2}\sigma}(X - Y)]$$
$$= \int_{-\infty}^{+\infty}\int_{-\infty}^{+\infty} f_{XY}(x, y)G(x - y)\mathrm{d}x\mathrm{d}y \tag{8.58}$$

通过比较式（8.51）和式（8.57），可以合理地假设：对于平滑概率密度函数，在核长较小时，相关熵实际上可以解释为两个随机变量在满足事件 $X = Y$ 时的概率密度函数。此外，式（8.58）提供了估计相关熵的精确方法，并且其总是可以解释为关于事件 $X = Y$ 的概率密度的非参数估计。

然而，一般而言，对于任意一个有限核长，相关熵均可根据目标及其信号特征进行估计。这一事实充分地解释了相关熵和均方误差之间的差异，均方误差的局限性在于其仅能够量化二阶矩。

2. 复相关熵的定义

复相关熵将相关熵的定义域从实数域扩展到复数域，定义如下两个复随机变量：

$$C_1 = X + jZ \tag{8.59}$$
$$C_2 = Y + jS \tag{8.60}$$

式中，C_1 与 C_2 为复数；X、Y、Z 和 S 均为实数随机变量。

进一步定义随机变量 $B \in \mathbb{C}$ 为 C_1 与 C_2 的差，根据复变量运算规则，有

$$B = C_1 - C_2 = (X - Y) + j(Z - S) \tag{8.61}$$

相应地，B 的实部 B_{Re} 和虚部 B_{Im} 分别表示为

$$B_{\mathrm{Re}} = X - Y \tag{8.62}$$
$$B_{\mathrm{Im}} = Z - S \tag{8.63}$$

依据上述分析，若满足条件 $C_1 = C_2$，即满足 $X = Z$ 和 $Y = S$ 的概率可以表示为

$$\hat{P}(C_1 = C_2) = \int_{-\infty}^{+\infty}\int_{-\infty}^{+\infty}\int_{-\infty}^{+\infty}\int_{-\infty}^{+\infty} \hat{f}_{XYZS}(x, y, z, s)\delta(x - y)\delta(z - s)\mathrm{d}x\mathrm{d}y\mathrm{d}z\mathrm{d}s \tag{8.64}$$

当满足条件 $x = y$ 和 $z = s$ 时，式（8.64）可重写为

$$\hat{P}(C_1 = C_2) = \int_{-\infty}^{+\infty}\int_{-\infty}^{+\infty} \hat{f}_{XYZS}(x, x, z, z)\,\mathrm{d}x\mathrm{d}z \tag{8.65}$$

不失一般性，设 $L = 4$，由式（8.52）定义的 Parzen 估计代替 $\hat{f}_{XYZS}$ 函数，即

$$\int_{-\infty}^{+\infty}\int_{-\infty}^{+\infty} \frac{1}{N}\sum_{n=1}^{N} G_\sigma(x - x_n)G_\sigma(x - y_n)G_\sigma(z - z_n)G_\sigma(z - s_n)\mathrm{d}x\mathrm{d}z \tag{8.66}$$

对式（8.66）中的二重积分进行求解可得

$$\hat{P}(C_1 = C_2) = \frac{1}{N} \sum_{n=1}^{N} G_{\sqrt{2}\sigma}(x_n - y_n) G_{\sqrt{2}\sigma}(z_n - s_n) \tag{8.67}$$

类比前文的定义，式（8.67）即为两个复随机变量 C_1 和 C_2 的相关熵的估计。因此，基于高斯核函数的两个复随机变量 C_1 和 C_2 的复相关熵定义为

$$V_\sigma^C(C_1 - C_2) = E[G_\sigma(C_1 - C_2)] \tag{8.68}$$

式中，$G_\sigma(\cdot) = \kappa_\sigma(\cdot)$ 为正定核函数。

如果选取

$$G_\sigma^C(C_1 - C_2) = \frac{1}{2\pi\sigma^2} \exp\left(-\frac{(C_1 - C_2)(C_1 - C_2)^*}{2\sigma^2}\right) \tag{8.69}$$

作为复相关熵的核函数，则具有 Parzen 窗的复相关熵非参数估计可以表示为

$$\hat{V}_\sigma^C(C_1 - C_2) = \frac{1}{2N\pi\sigma^2} \sum_{n=1}^{N} \exp\left(-\frac{(x_n - y_n)^2 + (z_n - s_n)^2}{2\sigma^2}\right) \tag{8.70}$$

可见，式（8.70）表示两个复数随机变量之间相似度的完整度量。

对于高斯核函数核长的设定，也存在折中的选择：一方面，在核长较小时需要重点关注联合空间等分线上的样本；另一方面，在核长较大时必须考虑尽可能多的样本的影响。

8.4.2　复相关熵的性质

采用泰勒级数展开的方式，式（8.70）可以进一步表示为以下两种形式：

$$V_\sigma^C(C_1, C_2) = \frac{1}{2\pi\sigma^2} \sum_{m=0}^{\infty} \frac{(-1)^m}{2^m \sigma^{2m} m!} E[(X - Y)^{2m} + (Z - S)^{2m}] \tag{8.71}$$

和

$$V_\sigma^C(C_1, C_2) = \frac{1}{2\pi\sigma^2} + \frac{k_1}{\sigma^4} E[(C_1 - C_2)(C_1 - C_2)^*] + h_{\sigma^6}(C_1 - C_2) \tag{8.72}$$

式中，$h_{\sigma^6}(C_1 - C_2)$ 包含所有高阶矩。

由式（8.72）可以发现，随着核长 σ 的增加，由 $h_{\sigma^6}(C_1 - C_2)$ 表示的高阶矩项趋近于零的速度比式中的第二项更快。值得一提的是，式（8.72）右边第二项刚好对应于复随机变量 C_1 和 C_2 的协方差，因此，当核长 σ 增加时，复相关熵趋向于表现出与协方差相同的性能，与实数值随机变量的相关熵趋于相同。

性质 8.13　复相关熵也是对称的，即

$$\begin{aligned} V_\sigma^C(C_1, C_2) &= E[\kappa(C_1, C_2)] \\ &= E[\kappa(C_2, C_1)] = V_\sigma^C(C_2, C_1) \end{aligned} \tag{8.73}$$

性质 8.14　复相关熵是正的且有界。对于复高斯核函数，复相关熵的估计值 $\hat{V}_\sigma^C$ 始终为实数，且介于 0 和 $1/(2\pi\sigma^2)$ 之间，即

$$0 < \hat{V}_\sigma^C(C_1, C_2) \leqslant \frac{1}{2\pi\sigma^2} \tag{8.74}$$

证明　复高斯核函数 G_σ^C 为

$$G_\sigma^C(C_1, C_2) = \frac{1}{2\pi\sigma^2} \exp\left(-\frac{(C_1 - C_2)(C_1 - C_2)^*}{2\sigma^2}\right) \tag{8.75}$$

则复相关熵的估计可以表示为

$$\hat{V}_\sigma^C(C_1, C_2) = \frac{1}{2\pi\sigma^2} \frac{1}{N} \sum_{n=1}^N \exp\left(-\frac{(C_1 - C_2)(C_1 - C_2)^*}{2\sigma^2}\right) \tag{8.76}$$

如果 $C_1 = C_2$，则复相关熵的估计 $\hat{V}_\sigma^C(C_1, C_2)$ 取最大值 $\hat{V}_\sigma^C(C_1, C_2) = 1/(2\pi\sigma^2)$。反之，如果 $|C_1 - C_2| \to \infty$，则 $\hat{V}_\sigma^C(C_1, C_2) \to 0$。

性质 8.15 对于高斯核函数，复相关熵是随机变量 $B = C_1 - C_2$ 的所有偶阶矩的加权和。此外，增大核长会使相关熵趋于复随机变量 C_1 和 C_2 的相关。

证明 随机变量 $B = C_1 - C_2$ 的实部和虚部的定义如式（8.62）和式（8.63）所示，依据 B_{Re} 和 B_{Im} 的泰勒级数展开，可以分析 $V_\sigma^C(C_1, C_2) = V_\sigma^C(B_{\text{Re}}, B_{\text{Im}}) = E[G_\sigma^C(B)]$。

$$\begin{aligned}
V_\sigma^C(B_{\text{Re}}, B_{\text{Im}}) = \frac{1}{2\pi\sigma} E\Bigg[& 1 - \frac{B_{\text{Re}}^2}{2\sigma^2} + \frac{B_{\text{Re}}^4}{8\sigma^4} - \frac{B_{\text{Re}}^6}{48\sigma^6} + \frac{B_{\text{Re}}^8}{384\sigma^8} \\
& - \frac{B_{\text{Im}}^2}{2\sigma^2} + \frac{B_{\text{Im}}^4}{8\sigma^4} - \frac{B_{\text{Im}}^6}{48\sigma^6} + \frac{B_{\text{Im}}^8}{384\sigma^8} + \frac{B_{\text{Re}}^2 B_{\text{Im}}^2}{4\sigma^4} + \frac{B_{\text{Re}}^2 B_{\text{Im}}^4}{16\sigma^6} - \frac{B_{\text{Re}}^4 B_{\text{Im}}^2}{16\sigma^6} \\
& + \frac{B_{\text{Re}}^2 B_{\text{Im}}^6}{96\sigma^8} + \frac{B_{\text{Re}}^4 B_{\text{Im}}^4}{64\sigma^8} + \frac{B_{\text{Re}}^6 B_{\text{Im}}^2}{96\sigma^8} + \cdots \Bigg]
\end{aligned} \tag{8.77}$$

将式（8.77）中分母为 σ^2 的项分组，并将 h_{σ^4} 定义为包含求和的高阶项的变量，则式（8.77）可分别表示为

$$V_\sigma^C(B_{\text{Re}}, B_{\text{Im}}) = \frac{1}{2\pi\sigma} - \frac{1}{2\pi\sigma} E\left[\frac{B_{\text{Re}}^2 + B_{\text{Im}}^2}{2\sigma^2}\right] + h_{\sigma^4} \tag{8.78}$$

$$V_\sigma^C(X, Y, Z, S) = \frac{1}{2\pi\sigma} - \frac{1}{2\pi\sigma} \frac{1}{2\sigma^2} E[(X - Y)^2 + (Z - S)^2] + h_{\sigma^4} \tag{8.79}$$

$$V_\sigma^C(C_1, C_2) = \frac{1}{2\pi\sigma} - \frac{1}{2\pi\sigma^3} E[(C_1 - C_2)(C_1 - C_2)^*] + h_{\sigma^4} \tag{8.80}$$

$$V_\sigma^C(C_1, C_2) = \frac{1}{2\pi\sigma} - \frac{1}{2\pi\sigma^3} R[C_1, C_2] + h_{\sigma^4} \tag{8.81}$$

式中，$R[C_1, C_2] = E[C_1 C_2^*]$ 是复随机变量 C_1 和 C_2 的相关。

从式（8.81）可以看出，随着核长 σ 的增加，由 h_{σ^4} 表示的高阶项趋于零的速度比式中第二项快，这与涉及两个复变量 C_1 和 C_2 的相关熵对应。

性质 8.16 当使用核长为 σ 的高斯核时，将 σ 减小到零会导致复相关熵接近事件 $C_1 = C_2$ $[P(C_1 = C_2)]$ 的概率密度值，即

$$\begin{aligned}
\lim_{\sigma \to 0} V_\sigma^C(C_1, C_2) &= \int_{-\infty}^{\infty} \int_{-\infty}^{\infty} f_{XYZS}(u_1, u_1, u_2, u_2) \mathrm{d}u_1 \mathrm{d}u_2 \\
&= P(C_1 = C_2)
\end{aligned} \tag{8.82}$$

式中，$\int_{-\infty}^{\infty} f_{XYZS}(u_1, u_1, u_2, u_2)$ 为联合概率密度函数。

证明 重新考虑复相关熵的定义 $V_\sigma^C(C_1, C_2) = E[\kappa(C_1, C_2)]$，由于两个复数相等的条件是这两个复数的实部和虚部分别相等，因此，采用高斯核的复相关熵可以展开为

$$V_\sigma^C(C_1, C_2) = \int_{-\infty}^{\infty} \int_{-\infty}^{\infty} \int_{-\infty}^{\infty} \int_{-\infty}^{\infty} f_{XYZS}(x, y, z, s) G_\sigma(x - y) G_\sigma(z - s) \mathrm{d}x \mathrm{d}y \mathrm{d}z \mathrm{d}s \tag{8.83}$$

根据分布理论，可以证明以下事实：

$$\lim_{\sigma \to 0} G_\sigma(x) \equiv \delta(x) \tag{8.84}$$

结合式（8.83）、式（8.84）可以表示为

$$\lim_{\sigma \to 0} V_\sigma^C(C_1, C_2) = \int_{-\infty}^{\infty} \int_{-\infty}^{\infty} \int_{-\infty}^{\infty} \int_{-\infty}^{\infty} f_{XYZS}(x, y, z, s)\delta(x - y)\delta(z - s)\mathrm{d}x\mathrm{d}y\mathrm{d}z\mathrm{d}s \tag{8.85}$$

令 $x = y = u_1$，$z = s = u_2$，则下式成立：

$$\lim_{\sigma \to 0} V_\sigma^C(C_1, C_2) = \int_{-\infty}^{\infty} \int_{-\infty}^{\infty} f_{XYZS}(u_1, u_1, u_2, u_2)\mathrm{d}u_1\mathrm{d}u_2 \tag{8.86}$$
$$= P(C_1 = C_2)$$

性质 8.17　设独立同分布数据 $\{(x_i, y_i, z_i, s_i)\}_i^N$ 服从联合概率密度函数 f_{XYZS}，$\hat{f}_{\sigma,XYZS}$ 为采用核长 σ 的 Parzen 估计，此时采用核长 $\sigma' = \sqrt{2}\sigma$ 的复相关熵是 f_{XYZS} 沿着 $x = y$ 和 $z = s$ 形成平面的积分

$$\hat{V}_\sigma^C(C_1, C_2) = \int_{-\infty}^{\infty} \int_{-\infty}^{\infty} \hat{f}_{\sigma,XYZS}(x, y, z, s)\,\mathrm{d}u_1\mathrm{d}u_2 \Big|_{x=y=u_1, z=s=u_2} \tag{8.87}$$

证明　设复随机变量 $C_1 = X + \mathrm{j}Z$，$C_2 = Y + \mathrm{j}S$。若 $C_1 = C_2$，则有

$$\hat{P}(C_1 = C_2) = \int_{-\infty}^{\infty} \int_{-\infty}^{\infty} \int_{-\infty}^{\infty} \int_{-\infty}^{\infty} \hat{f}_{XYZS}(x, y, z, s)\delta(x - y)\delta(z - s)\mathrm{d}x\mathrm{d}y\mathrm{d}z\mathrm{d}s \tag{8.88}$$

当 $x - y$ 和 $z = s$ 时，式（8.88）可重写为

$$\hat{P}(C_1 = C_2) = \int_{-\infty}^{\infty} \int_{-\infty}^{\infty} \hat{f}_{XYZS}(x, y, z, s)\,\mathrm{d}u_1\mathrm{d}u_2 \Big|_{x=y=u_1, z=s=u_2}$$
$$= \int_{-\infty}^{\infty} \int_{-\infty}^{\infty} \hat{f}_{XYZS}(u_1, u_1, u_2, u_2)\mathrm{d}u_1\mathrm{d}u_2 \tag{8.89}$$

可见，式（8.89）的右边与式（8.87）的右边相同。

为讨论问题方便，重写关于高斯核函数的复相关熵估计的表达式

$$\hat{V}_\sigma^C(C_1, C_2) = \frac{1}{2\pi\sigma^2} \frac{1}{N} \sum_{n=1}^{N} \exp\left(-\frac{(C_1 - C_2)(C_1 - C_2)^*}{2\sigma^2}\right) \tag{8.90}$$

显然，式（8.90）可以通过求解式（8.87）中的二重积分得到。

采用下式定义的 Parzen 估计代替 f_{XYZS}，有

$$\hat{f}_{X^{(1)}, X^{(2)}, \cdots, X^{(L)}}(x^{(1)}, x^{(2)}, \cdots, x^{(L)}) = \frac{1}{N} \sum_{n=1}^{N} \prod_{l=1}^{L} G_\sigma(x^{(l)} - x_n^{(l)}) \tag{8.91}$$

式中，$G_\sigma(x) = \dfrac{1}{\sqrt{2\pi}\sigma} \exp\left(-\dfrac{x^2}{2\sigma^2}\right)$。设 $L = 4$，并替换式（8.89）中的 f_{XYZS}，则

$$\hat{V}_\sigma^C(C_1, C_2) = \int_{-\infty}^{\infty} \int_{-\infty}^{\infty} \frac{1}{N} \sum_{n=1}^{N} G_\sigma(u_1 - x_n) G_\sigma(u_1 - y_n) G_\sigma(u_2 - z_n) G_\sigma(u_2 - s_n)\mathrm{d}u_1\mathrm{d}u_2 \tag{8.92}$$

为求解式（8.92）中的二重积分，可以将式（8.92）重写为

$$\hat{V}_\sigma^C(C_1, C_2) = \int_{-\infty}^{\infty} \int_{-\infty}^{\infty} \frac{1}{N} \sum_{n=1}^{N} \frac{1}{4\pi^2\sigma^4} \exp\left(-\frac{1}{2\sigma^2}(a(u_1 - b)^2 + a'(u_2 - b')^2 + c)\right)\mathrm{d}u_1\mathrm{d}u_2 \tag{8.93}$$

可进一步变换为

$$\hat{V}_\sigma^C(C_1, C_2) = \int_{-\infty}^{\infty} \int_{-\infty}^{\infty} \frac{1}{N} \sum_{n=1}^{N} \frac{1}{4\pi^2 \sigma^4} \exp\left(-\frac{1}{2\sigma^2} a(u_1 - b)^2\right)$$
$$\times \exp\left(-\frac{1}{2\sigma^2} a'(u_2 - b')^2\right) \exp\left(-\frac{c}{2\sigma^2}\right) du_1 du_2 \tag{8.94}$$

式中的常数 a、b、a'、b' 和 c 可以通过以下方式获得:

$$(u_1 - x_i)^2 + (u_1 - y_i)^2 + (u_2 - z_i)^2 + (u_2 - s_i)^2 = a(u_1 - b)^2 + a'(u_2 - b')^2 + c \tag{8.95}$$

对式 (8.95) 等式左边和右边各项分别展开,并进行对比,可得

$$\begin{cases} a = a' = 2 \\ b = \dfrac{(x_i + y_i)}{2} \\ b' = \dfrac{(z_i + s_i)}{2} \\ c = \dfrac{(x_i - y_i)^2 + (z_i - s_i)^2}{2} \end{cases} \tag{8.96}$$

将式 (8.96) 代入式 (8.94),有

$$\hat{V}_\sigma^C(C_1, C_2) = \int_{-\infty}^{\infty} \int_{-\infty}^{\infty} \frac{1}{N} \sum_{n=1}^{N} \frac{1}{4\pi^2 \sigma^4} \exp\left(-\frac{(u_1 - b)^2}{\sigma^2}\right)$$
$$\times \exp\left(-\frac{(u_2 - b')^2}{\sigma^2}\right) \exp\left(-\frac{c}{2\sigma^2}\right) du_1 du_2 \tag{8.97}$$

令 $\sigma^2 = 2\theta^2$,式 (8.97) 可重写为

$$\hat{V}_\sigma^C(C_1, C_2) = \int_{-\infty}^{\infty} \int_{-\infty}^{\infty} \frac{1}{N} \sum_{n=1}^{N} \frac{1}{2\pi^2 \theta^2} \frac{1}{2\pi 4\theta^2} \exp\left(-\frac{(u_1 - b)^2}{2\theta^2}\right)$$
$$\times \exp\left(-\frac{(u_2 - b')^2}{2\theta^2}\right) \exp\left(-\frac{c}{4\theta^2}\right) du_1 du_2 \tag{8.98}$$

由于存在以下条件:

$$\frac{1}{\sqrt{2\pi}\theta} \int_{-\infty}^{\infty} \exp\left(-\frac{(u_1 - b)^2}{2\theta^2}\right) du_1 \frac{1}{\sqrt{2\pi}\theta} \int_{-\infty}^{\infty} \exp\left(-\frac{(u_2 - b')^2}{2\theta^2}\right) du_2 = 1 \tag{8.99}$$

因此式 (8.98) 可重写为

$$\hat{V}_\sigma^C(C_1, C_2) = \frac{1}{2\pi 4\theta^2} \frac{1}{N} \sum_{n=1}^{N} \exp\left(-\frac{(x_i - y_i)^2 + (z_i - s_i)^2}{8\theta^2}\right) \tag{8.100}$$

令 $8\theta^2 = (2\sigma')^2$,可得

$$\hat{V}_\sigma^C(C_1, C_2) = \frac{1}{2\pi (\sigma')^2} \frac{1}{N} \sum_{n=1}^{N} \exp\left(-\frac{(x_i - y_i)^2 + (z_i - s_i)^2}{2(\sigma')^2}\right) \tag{8.101}$$

由于 $\sigma' = \sigma\sqrt{2}$,因此有

$$V_\sigma^C(C_1, C_2) = \frac{1}{N} \sum_{n=1}^{N} G_{\sigma\sqrt{2}}(x_n - y_n) G_{\sigma\sqrt{2}}(z_n - s_n) \tag{8.102}$$

采用 Parzen 窗实现的复相关熵非参数估计可以表示为

$$\hat{V}_\sigma^C(C_1, C_2) = E[G_\sigma(C_1 - C_2)] \tag{8.103}$$

式中，

$$G_\sigma^C(C_1 - C_2) = \frac{1}{2\pi\sigma^2}\exp\left(-\frac{(C_1 - C_2)(C_1 - C_2)^*}{2\sigma^2}\right)$$

$$= \frac{1}{2\pi\sigma^2}\exp\left(-\frac{(x_n - y_n)^2 + (z_n - s_n)^2}{2\sigma^2}\right) \quad (8.104)$$

也可表示为

$$\hat{V}_\sigma^C(C_1, C_2) = \frac{1}{2\pi\sigma^2}\frac{1}{N}\sum_{n=1}^{N}\exp\left(-\frac{(C_1 - C_2)(C_1 - C_2)^*}{2\sigma^2}\right) \quad (8.105)$$

性质 8.18　在满足 $N \to \infty$ 的条件下，$\hat{V}_{N,\sigma}(C_1, C_2)$ 是 $\hat{V}_\sigma(C_1, C_2)$ 的均方一致估计。并且，当满足条件 $N\sigma \to \infty$，$\sigma \to 0$ 时，$\hat{V}_{N,\sigma}(C_1, C_2)$ 是随机变量 $B = C_1 - C_2$ 的概率密度函数 $f_B(b)$ 的渐近无偏估计，并且是均方一致的。

证明　根据 Parzen 估计的性质可知，在满足 $\lim_{n\to\infty}\sigma = 0$ 的条件下可得

$$\lim_{n\to\infty}\hat{f}_{\sigma,XYZS}(x, y, z, s) = f_{\sigma,XYZS}(x, y, z, s) \quad (8.106)$$

因此，有

$$E[\hat{V}_{N,\sigma}^C(C_1, C_2)] = V_\sigma^C(C_1, C_2) \quad (8.107)$$

重写关于概率密度函数 $f_B(b)$ 的随机变量 $B = C_1 - C_2$，通过采用高斯核函数，并且假设 $N \to \infty$ 和 $\sigma \to 0$，有

$$\lim_{N\to\infty,\sigma\to 0}E[\hat{V}_{N,\sigma}^C(C_1, C_2)] = P(C_1 = C_2) = f_B(0) \quad (8.108)$$

此外，为了分析方差，还需要考虑 Parzen 估计的性质，因此有

$$\mathrm{Var}[\hat{V}_{N,\sigma}^C(C_1, C_2)] = N^{-1}\mathrm{Var}[G_\sigma(C_1 - C_2)] \quad (8.109)$$

$$\lim_{N\to\infty,\sigma\to 0}N\sigma\mathrm{Var}[\hat{V}_{N,\sigma}^C(C_1, C_2)] = f_B(0)\int G_1^2(u)\mathrm{d}u \quad (8.110)$$

式中，$G_1(u)$ 为核长 $\sigma = 1$ 的高斯核函数。

性质 8.19　设 R_1 和 R_2 为两个随机变量，且满足 $R_1, R_2 \in \mathbb{R}$。采用高斯核函数，则复相关熵 $V_\sigma^C(R_1, R_2)$ 与相关熵 $V_\sigma(R_1, R_2)$ 相差一个值为 $\sqrt{2\pi}\sigma$ 的因子

$$\hat{V}_\sigma^C(R_1, R_2)\sqrt{2\pi}\sigma = \hat{V}_\sigma(R_1, R_2) \quad (8.111)$$

证明　对式（8.111）等号左边的项进行展开，可以得到

$$\hat{V}_\sigma^C(R_1, R_2)\sqrt{2\pi}\sigma = \frac{1}{2\pi\sigma^2}\frac{1}{N}\sum_{n=1}^{N}\exp\left(-\frac{(x_n - y_n)^2 + (z_n - s_n)^2}{2\sigma^2}\right)\sqrt{2\pi}\sigma \quad (8.112)$$

如果随机变量 R_1 和 R_2 不存在虚部，则式（8.112）可以写为

$$\hat{V}_\sigma^C(R_1, R_2)\sqrt{2\pi}\sigma = \frac{1}{2\pi\sigma}\frac{1}{N}\sum_{n=1}^{N}\exp\left(-\frac{(x_n - y_n)^2}{2\sigma^2}\right) \quad (8.113)$$

式（8.113）正是使用高斯核估计的 $\hat{V}_\sigma(R_1, R_2)$ 的表达式。

值得一提的是，使用高斯核，大多数情况下都期望复相关熵能在数值上泛化实相关熵，从而在数据的虚部等于零时彼此相等。但事实并非如此，因为估计中的误差导致高斯分布在四维情况下（两个复随机变量）的"扩散"与在二维情况下不同。

性质 8.20 使用高斯核，复相关熵的极坐标形式表示为

$$\hat{V}_\sigma^C(C_1, C_2) = \frac{1}{2\pi\sigma^2} \frac{1}{N} \sum_{n=1}^{N} \exp\left(-\frac{|C_1|^2 + |C_2|^2}{2\sigma^2} - \frac{|C_1||C_2|\cos(\theta - \phi)}{\sigma^2}\right) \tag{8.114}$$

证明 将 C_1 和 C_2 写成以下极坐标的形式：

$$\begin{aligned} C_1 &= |C_1|\cos(\phi) + \mathrm{j}|C_1|\sin(\phi) \\ C_2 &= |C_2|\cos(\theta) + \mathrm{j}|C_2|\sin(\theta) \end{aligned} \tag{8.115}$$

则可以得到以下两个表达式：

$$\begin{aligned} (x - y)^2 &= (|C_1|\cos(\theta) - |C_2|\cos(\phi))^2 \\ &= |C_1|^2\cos(\theta)^2 - 2|C_1||C_2|\cos(\theta)\cos(\phi) + |C_2|^2\cos(\phi)^2 \end{aligned} \tag{8.116}$$

$$\begin{aligned} (z - s)^2 &= (|C_1|\sin(\theta) - |C_2|\sin(\phi))^2 \\ &= |C_1|^2\sin(\theta)^2 - 2|C_1||C_2|\sin(\theta)\sin(\phi) + |C_2|^2\sin(\phi)^2 \end{aligned} \tag{8.117}$$

将式（8.116）和式（8.117）代入 $(x - y)^2 + (z - s)^2$，有

$$\begin{aligned} &|C_1|^2 + |C_2|^2 - 2|C_1||C_2|(\cos(\theta)\cos(\phi) + \sin(\theta)\sin(\phi)) \\ &= |C_1|^2 + |C_2|^2 - 2|C_1||C_2|\cos(\theta - \phi) \end{aligned} \tag{8.118}$$

8.5 最大复相关熵准则及其应用

8.5.1 最大复相关熵准则

1. 最大复相关熵准则的定义

复相关熵定义了两个复随机变量之间的具有鲁棒性的相似性度量统计量。考虑一个线性模型，并将误差 $q = d - y$ 定义为期望信号 d 与估计输出 $y = \boldsymbol{w}^{\mathrm{H}}\boldsymbol{X}$ 之间的差，其中 $y, d, q, \boldsymbol{w}, \boldsymbol{X} \in \mathbb{C}$。将两个随机复变量 D 和 Y 之间的复相关熵作为代价函数

$$J_{\mathrm{MCCC}} = V_\sigma^C(D, Y) = E[G_\sigma^C(d - \boldsymbol{w}^{\mathrm{H}}\boldsymbol{X})] = E[G_\sigma^C(q)] \tag{8.119}$$

式中，$\boldsymbol{w}$ 是控制估计信号与期望信号之间误差的参数；G_σ^C 是复高斯核函数。

通过最大化式（8.119）所示的代价函数 J_{MCCC}，可以使 d 和 y 的相似度最大化，因此该方法被称为最大复相关熵准则（maximum complex correntropy criterion，MCCC）。

2. 最大复相关熵准则的求解

进一步分析可知，通过使用式（8.119）作为代价函数，可以获得最佳权重的定点解（fixed-point solution）。然后，可以通过将代价函数对 $\boldsymbol{w}^*$ 求导并置零的方式进行求解。但是，依据复相关熵的性质可知，虽然 J_{MCCC} 的输入为复数参数 (D, Y)，但采用高斯核函数也使复相关熵成为实值函数。并且，由于违反了柯西-黎曼（Cauchy-Riemann）条件，式（8.119）在复数域中不存在解析解，因此无法应用标准微分算法求解。

解决该问题的一种可行方案是，考虑在二维欧氏空间中定义代价函数。该方案的缺点是会导致计算量增加。为此，需要利用等周不等式的微积分（Wirtinger calculus）计算建立在空间 $\mathbb{C}$ 和 $\mathbb{R}^2$ 之间对偶性上的 J_{MCCC} 的导数，以获得基于定点算法的递归解。具体求解如下：

对 J_{MCCC} 相对于 $\boldsymbol{w}^*$ 求偏导数，可得

$$\frac{\partial J_{\mathrm{MCCC}}}{\partial \boldsymbol{w}^*} = \frac{\partial E[G_{\sqrt{2}\sigma}^{C}(q)]}{\partial \boldsymbol{w}^*} = E\left[G_{\sqrt{2}\sigma}^{C}(q)\frac{\partial(qq^*)}{\partial \boldsymbol{w}^*}\right] = \boldsymbol{0} \tag{8.120}$$

$$
\begin{aligned}
\frac{\partial(qq^*)}{\partial \boldsymbol{w}^*} &= \frac{\partial(d - \boldsymbol{w}^{\mathrm{H}}\boldsymbol{X})(d - \boldsymbol{w}^{\mathrm{H}}\boldsymbol{X})^*}{\partial \boldsymbol{w}^*} \\
&= \frac{\partial(d - \boldsymbol{w}^{\mathrm{H}}\boldsymbol{X})(d^* - \boldsymbol{w}^{\mathrm{T}}\boldsymbol{X}^*)}{\partial \boldsymbol{w}^*} \\
&= \frac{\partial(dd^* - d\boldsymbol{X}^{\mathrm{H}}\boldsymbol{w} - \boldsymbol{w}^{\mathrm{H}}\boldsymbol{X}d^* + \boldsymbol{w}^{\mathrm{H}}\boldsymbol{X}\boldsymbol{X}^{\mathrm{H}}\boldsymbol{w})}{\partial \boldsymbol{w}^*} \\
&= (-d^*\boldsymbol{X} + \boldsymbol{X}\boldsymbol{X}^{\mathrm{H}}\boldsymbol{w})E[G_{\sqrt{2}\sigma}^{C}(q)(-d^*\boldsymbol{X} + \boldsymbol{X}\boldsymbol{X}^{\mathrm{H}}\boldsymbol{w})] = \boldsymbol{0}
\end{aligned}
\tag{8.121}
$$

且有

$$E[G_{\sqrt{2}\sigma}^{C}(q)d^*\boldsymbol{X}] = E[G_{\sqrt{2}\sigma}^{C}(q)\boldsymbol{X}\boldsymbol{X}^{\mathrm{H}}]\boldsymbol{w} \tag{8.122}$$

需要注意，虽然式（8.120）、式（8.121）和式（8.122）与维纳解的形式相同，但由于方程两边的高斯指数包含误差，因此不是解析解。尽管如此，该解还是可以作为定点方程进行估计求解，即

$$\boldsymbol{w} = \left[\sum_{n=1}^{N}G_{\sqrt{2}\sigma}^{C}(q_n)\boldsymbol{X}_n\boldsymbol{X}_n^{\mathrm{H}}\right]^{-1}\left[\sum_{n=1}^{N}G_{\sqrt{2}\sigma}^{C}(q_n)d_n^*\boldsymbol{X}_n\right] \tag{8.123}$$

式（8.123）表示获得权重 $\boldsymbol{w}$ 最佳值的迭代解。可见，即使仅经过几次迭代即可实现收敛，但每次迭代都需要计算整个求和，显然这对于实时学习系统是灾难性的。下面给出一个基于式（8.123）的迭代递归解。

定义复输入信号的加权自相关矩阵 $\boldsymbol{R}_n$，并将所需共轭和输入矢量之间的加权互相关矢量定义为 $\boldsymbol{p}_n$，即

$$\begin{cases} \boldsymbol{R}_n = \displaystyle\sum_{n=1}^{N}G_{\sqrt{2}\sigma}^{C}(q_n)\boldsymbol{X}_n\boldsymbol{X}_n^{\mathrm{H}} \\[2mm] \boldsymbol{p}_n = \displaystyle\sum_{n=1}^{N}G_{\sqrt{2}\sigma}^{C}(q_n)d_n^*\boldsymbol{X}_n \end{cases} \tag{8.124}$$

这样，有

$$\boldsymbol{w} = \boldsymbol{R}_n^{-1}\boldsymbol{p}_n \tag{8.125}$$

不难看出，对于实数值的情况，式（8.124）和式（8.125）类似于维纳解，但并没有采用简单求解平均值的方法，而是使用误差的高斯函数对平均值进行加权。与经典最小二乘或递推最小二乘（recursive least squares，RLS）算法类似，自相关矩阵和互相关矢量可以递归更新，因此 $\boldsymbol{R}_n$ 和 $\boldsymbol{p}_n$ 可以重写为以下形式：

$$\begin{cases} \boldsymbol{R}_n = \boldsymbol{R}_{n-1} + G_{\sqrt{2}\sigma}^{C}(q_n)\boldsymbol{X}_n\boldsymbol{X}_n^{\mathrm{H}} \\[2mm] \boldsymbol{p}_n = \boldsymbol{p}_{n-1} + \displaystyle\sum_{n=1}^{N}G_{\sqrt{2}\sigma}^{C}(q_n)d_n^*\boldsymbol{X}_n \end{cases} \tag{8.126}$$

作为应用式（8.126）迭代递归方法的前提，初始参数 $\boldsymbol{w}$、$\boldsymbol{R}_0$ 和 $\boldsymbol{p}_0$ 需要提前设置。

8.5.2 最大复相关熵准则的应用

1．在信道均衡中的应用

所谓信道均衡，是指为了提高衰落信道条件下通信系统的传输性能而采取的一种抗衰落措施，通常是通过对信道特性进行补偿，以消除或减弱码间串扰问题。第 3 章介绍了基于分数低阶统计量恒模算法的信道均衡方法。本节介绍基于复最大相关熵的信道均衡技术，并与几种经典的信道均衡技术进行对比。

图 8.7 给出了具有自适应信道均衡的通信系统的原理框图。

图 8.7　自适应信道均衡系统的原理框图

图 8.7 中，A 点表示整个均衡系统的输入端，训练信号在此处加载到未知信道中。B 点为待均衡位置信道的输出，C 点和 D 点分别表示自适应均衡器的输入和输出。整个系统的工作机理是以自适应均衡器补偿未知信道的非理想特性，是系统在输出 D 点得到性能改善的信号输出。

设训练信号由与 16-QAM 星座相关联的 T 间隔复符号序列形成，在图 8.7 的 A 点，包含同相分量 $A_{k;I}$ 和正交分量 $A_{k;Q}$，其值（$\pm1\pm j1$，$\pm2\pm j2$，$\cdots$，$\pm8\pm j8$）如图 8.8（a）所示。$A_{k;I}$ 和 $A_{k;Q}$ 的下标 k 表示时间变量。

仿真实验中，该训练信号被加载到未知信道 $\boldsymbol{w}=[w_1,\ w_2]$ 上，其中 $w_1,w_2\in\mathbb{C}$，在图 8.7 的 B 点可得以下表达式：

$$B_k=[A_k,\ A_{k-1}]\begin{bmatrix}w_1\\w_2\end{bmatrix}\tag{8.127}$$

式中，w_1 和 w_2 的初值分别任意分配为 $w_1=1.1-j1.1$ 和 $w_2=0.9-j0.2$，则在图 8.7 的 B 点，信道期望信号 B_k 的散点图如图 8.8（b）所示。

为了评估该算法对脉冲噪声的鲁棒性，将 B_k 中加入加性 Alpha 稳定分布脉冲噪声 η_k，从而在图中 C 点产生信号 $C_k=B_k+\eta_k$，如图 8.8（c）所示。仿真实验中，设定广义信噪比从 10dB 增加到 20dB。值得注意的是，图 8.8（c）显示的结果是在 GSNR = 20dB 和 $\alpha=1.0$ 时获得的。

将信号 C_k 及其相应的延迟，以及训练信号 A_k 与均衡器输出 D_k 之间的误差都作为自适应均衡器的输入。在仿真实验中，$\boldsymbol{w}$ 始终初始化为 $[0,\ 0]^{\mathrm{T}}$。

为评估 MCCC 的性能，将 MCCC 与复最小均方（complex least mean square，CLMS）算法、复递归最小二乘（complex recursive least squares，CRLS）算法，以及最小绝对偏差（least absolute deviation，LAD）算法进行比较。

尽管 MCCC 和 CRLS 是定点解，但 CLMS 和 CMOD 都采用了学习率为 0.01 的上升梯度。

对训练信号进行均衡处理后，利用每个算法在每次迭代中找到的参数，生成不同 GSNR 下的误码率。为了比较图 8.9（a）中的结果与经典方法（如 CLMS、CRLS 和 LAD）提供的结果，选择了三个不同的 σ 值：1、10 和 100。在 $\alpha = 1.5$ 和 GSNR 从 10dB 增加到 20dB 的条件下，对算法的性能通过 10^5 次蒙特卡洛实验的均值进行评估。

（a）纯净输入信号 A_k

（b）信道期望信号 B_k

（c）混有 $\alpha = 1.8$ 的 Alpha 稳定分布噪声（C_k）
且 GSNR $= 20$dB 时的 B_k

（d）采用核长为 $\sigma = 1$ 的 MCCC 自适应均
衡后的接收信号（D_k）

图 8.8　数据流分析，其中（a）、（b）、（c）和（d）分别对应图 8.7 中 A、B、C 和 D 点的数据

（a）被测试算法的误码率

（b）误码率的标准差

图 8.9　误码率（a）和各自的标准差（b），由 10^5 次迭代得到的不同 GSNR 下算法的性能

如图 8.9（a）所示，对于较高的 GSNR 值，所有方法都能够获得相当好的结果。然而，

当这个参数随着 Alpha 稳定分布特征指数 α 的减小，异常值存在的概率增加。这种环境会降低 CRLS 和 CLMS 等二阶方法的性能。图 8.10 给出了在核长 $\sigma = 1.0$ 和 α 的不同值（从 1 到 2 变化）下 MCCC 的误码率性能。根据复相关熵的性质可知，当使用高斯核时，复相关熵是事件 $C_1 = C_2$ 的概率密度估计的所有偶数矩的加权和，这使得对于异常值，MCCC 与 LAD 具有相似的鲁棒性。

图 8.10　对于不同 GSNR 和 α，具有固定核长 $\sigma = 1.0$ 情况下 MCCC 算法的误码率

另外，图 8.9（a）中蒙特卡洛实验的标准差如图 8.9（b）所示。可以注意到，对于所有测试的核长和 GSNR 值，MCCC 在所有测试算法中具有最小的标准差，从而表明了其具有较高的鲁棒性。

根据图 8.9（a），基于 MCCC 信道均衡算法的性能与选择合适的核长密切相关。当核长 $\sigma = 1$ 时，可以获得最佳结果，其中图 8.8（d）显示了当 GSNR = 20dB 时，由 $\sigma = 1$ 的 MCCC 方法产生的无失真信号 D_k 的散点图。此外可以注意到，在某些 GSNR 条件下，当 $\sigma = 100$ 时，LAD 算法的性能优于 MCCC。根据复相关熵的性质可知，当核长增大时，复相关熵在实值条件下趋向于类似相关的性质。因此，正如预期的那样，当 $\sigma = 100$ 时，MCCC 与 CRLS 的性能非常相似。为了突出核长调整的重要性，图 8.11 给出了核长 σ 从 5～50 范围内变化时均衡器的误码率曲面。

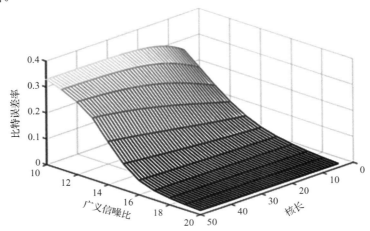

图 8.11　$\alpha = 1.5$，不同 GSNR 情况下，不同核长 σ 对 MCCC 算法的 BER 的影响

通过调整核长，MCCC 算法对 GSNR 的所有测试值情况下都能达到比经典算法更好的误码率水平，因此 MCCC 算法是处理异常值的有效工具。

2．在系统辨识中的应用

系统辨识（system identification）是根据系统的输入-输出时间函数来确定描述系统行为的过程和所得到的数学模型。典型的自适应系统辨识原理如图 8.12 所示。

图 8.12　典型的自适应系统辨识原理

在图 8.12 所示的自适应系统辨识原理图中，待辨识的系统为图中上部的"系统"，利用图中的"自适应系统"，在"代价准则"的控制下，通过"学习算法"对自适应系统的调整，使之逐步逼近未知"系统"的特性。最终，当系统收敛时，以自适应系统的单位冲激响应或系统函数来替代未知"系统"的单位冲激响应或系统函数，从而实现系统辨识的任务。自适应系统的学习过程，就是对未知"系统"的建模过程。

仿真实验中，权重选择为 $\overline{w} = [(1-2j), (-3+4j)]^{\mathrm{T}}$，输入信号为复值随机信号 X，其实部和虚部均服从正态分布，其中实部的概率分布为 $N(1.0,1.5)$，虚部的概率分布为 $N(1.0,0.5)$。其中，$N(\mu,\sigma^2)$ 表示均值为 μ、方差为 σ^2 的正态分布。接收信号中包含加性非高斯噪声 $\eta_n = \eta_n^{\mathrm{Re}} + j\eta_n^{\mathrm{Im}}$，其中 $\eta \in \mathbb{C}$，$\eta_n^{\mathrm{Re}}, \eta_n^{\mathrm{Im}} \in \mathbb{R}$。第一种仿真情况下，$\eta_n^{\mathrm{Re}}$ 和 η_n^{Im} 的概率密度函数定义为 $0.9N(0.0,0.05) + 0.1N(10.0,5.0)$。第二种仿真情况下，选择广义信噪比为 GSNR = 10dB 且特征指数 $\alpha = 1.5$ 的 Alpha 稳定分布噪声。另外，将 MCCC 算法与 CLMS 算法、LAD 算法及 RLS（recursive least squares）算法进行性能对比。加权信噪比（weight signal-to-noise ratio，WSNR）定义为

$$\mathrm{WSNR} = 10\lg\left(\frac{\overline{w}^{\mathrm{H}}\overline{w}}{(\overline{w} - w_n)^{\mathrm{H}}(\overline{w} - w_n)} \right) \tag{8.128}$$

式中，w_n 是第 n 次迭代中通过 MCCC 方法计算出的权重。

经过 300 次迭代，仿真结果如图 8.13 和图 8.14 所示。容易看出，当使用 10000 次蒙特卡洛仿真实验时，由于权重的初始值始终为零，因此曲线代表平均值。实验结果表明，RLS 和 MCCC 算法可以获得最快的收敛速度。并且，非高斯环境下的异常值对 RLS 和 CLMS 的性能也会产生一定的负面影响。因此，可以说 LAD 算法和 MCCC 算法对异常值具有更强的鲁棒性。

从式（8.72）中可以看出，核函数的核长 σ 作为一个自由参数分别对二阶矩和高阶矩加权，因此，为了有效地证明核长 σ 对 MCCC 算法性能的影响，实验中采用了 3 个不同的核长 σ。可以看出，随着核长 σ 的增大，高阶矩减小的速度越快，所得结果越接近于传统的复 RLS 解。图 8.14 中所描述的 Alpha 稳定分布脉冲噪声由于不存在有限的方差，因此要求更大的核长 σ。

通过适当地调整核长 σ，MCCC 算法能够获得比经典方法更高的 WSNR，不但对孤立点具有更高的鲁棒性，同时保持了与 RLS 相同的收敛速度。

图 8.13 加性双模噪声环境下测试算法的加权信噪比   图 8.14 加性 Alpha 稳定分布噪声环境下测试算法的加权信噪比

可以看出，MCCC 算法具有较高的收敛速度，与 LAD、CLMS 和 RLS 算法相比，在处理包含异常值的环境中具有更高的效率。

8.6 本章小结

针对第 5 章介绍的相关熵基本原理所具有的局限性，本章较为系统地介绍了相关熵概念和理论的两个直接推广，即广义相关熵和复相关熵。在广义相关熵部分，分别介绍了基于广义高斯核函数的第一类广义相关熵和基于随机变量差值平方对核函数加权的第二类广义相关熵。本章系统地给出了这两类广义相关熵的定义和性质，以及应用举例。此外，本章还系统地介绍了相关熵的另一个推广，即从实值域推广到复值域的复相关熵。介绍了复相关熵的概念和主要性质、复相关熵诱导距离和最大复相关熵准则，并给出了一些应用实例。本章的理论和应用介绍，对基本相关熵理论进行了推广，体现了相关熵理论的在非高斯信号处理领域的重要性和在许多应用领域的有效性。

思考题与习题

1. 试说明第一类广义相关熵与第二类广义相关熵的概念，二者各有什么特点？
2. 第一类广义相关熵的各参数有什么作用？
3. 第一类广义相关熵有哪些主要性质？
4. 试说明广义相关熵损失的概念。
5. 广义相关熵损失有哪些性质？
6. 试解释第二类广义相关熵的意义。
7. 第二类广义相关熵有哪些主要性质？
8. 什么是最小广义相关熵准则？
9. 解释复相关熵的概念与定义。

10. 对比相关熵，复相关熵有哪些优势？

11. 试说明相关熵的概率密度解释。

12. 复相关熵有哪些主要性质？

13. 什么是最大复相关熵准则？

14. 解释信道均衡的概念。

15. 结合复相关熵的应用，理解信道均衡技术的用途。

16. 解释系统辨识的概念。

17. 说明复相关熵在系统辨识中的应用。

18. 与相关熵相比，第一类广义相关熵具有哪些优势？试分析并证明：当 $0 < u \leq 2$ 时，第一类广义相关熵是映射空间数据的二阶统计量。

19. 编写程序实现广义相关熵函数，并分析广义高斯核函数的参数设置不同值对广义相关熵性质的影响。

20. 广义相关熵包含误差 $X-Y$ 模的高阶矩 $V_{u,v}(X,Y) = \varsigma_{u,v} \sum_{n=0}^{\infty} \frac{(-\lambda)^n}{n!} E[|X-Y|^{un}]$。试证明：当参数 λ 足够小时，有 $V_{u,v}(X,Y) \approx \varsigma_{u,v}(1 - \lambda E[|X-Y|^u])$。

21. 试利用 MATLAB 编写程序，计算随机变量 X 和 Y 的第一类广义相关熵

22. 试利用 MATLAB 编写程序，计算随机变量 X 和 Y 的第二类广义相关熵。

23. 试利用 MATLAB 编写程序，计算复随机变量 X 和 Y 的复相关熵。

第 9 章 循环相关熵基本理论

9.1 概述

近年来，随着新兴移动通信技术的发展，各类无线通信技术日益成为人们生活、工作和学习等诸多方面的重要保障，并在民用、商用和军用等领域体现出不可替代的重要性。由于应用场景愈发变得多样化和复杂化，无线通信信号难免会受到多种噪声和干扰的污染，在某些极端条件下，例如当脉冲噪声和同频带干扰并存时，现有的很多信号分析和处理方法都会出现不同程度的退化。因此，如何在复杂电磁环境的条件下保持乃至提升这些算法性能，成为通信信号处理领域一个亟待解决的问题。

本章选取脉冲噪声及同频带干扰并存的情况作为复杂电磁环境的典型代表。脉冲噪声是一类典型的非高斯噪声，现有的非高斯信号处理理论和方法已然比较成熟，主要包括分数低阶统计量理论、相关熵理论及广义相关熵和复相关熵等推广，它们都能够较好地抑制以 Alpha 稳定分布为模型的脉冲噪声。同频带干扰问题是一类典型的非平稳信号处理问题，在非平稳信号处理框架下，循环平稳信号处理方法是解决该类问题的重要手段，经过近半个世纪的发展，该类方法已经取得了长足的进步，并能够有效地抑制同频带或邻近频带干扰信号。

相比之下，针对更为复杂的电磁环境，尤其是脉冲噪声及同频带干扰并存条件下的电磁环境，相关的信号处理理论还比较薄弱，目前典型的理论进展主要包括分数低阶循环统计量理论和循环相关熵理论。前者是分数低阶统计量理论与循环平稳信号处理理论相结合的成果。作为分数低阶统计量在循环频率域的推广，分数低阶循环统计量承袭了分数低阶统计量对噪声尤其是脉冲噪声先验知识的依赖性，当噪声先验知识匮乏时，基于分数低阶循环统计量的信号处理方法对脉冲噪声的抑制能力会有所降低。循环相关熵是相关熵理论与循环平稳信号处理理论结合的成果，同时它也是相关熵在循环频率域的推广，因而保持了相关熵对脉冲噪声的抑制能力。循环相关熵对噪声先验知识的依赖性较小，即当噪声先验知识匮乏时，依然能够取得较理想的效果。

根据上面的阐述，表 9.1 对分数低阶统计量、分数低阶循环统计量、相关熵和循环相关熵的总体性能进行了概括总结，从而方便读者对这四种概念在脉冲噪声和同频带干扰并存条件下的性能有更清晰的了解。同时，表 9.1 也给出了循环相关熵对脉冲噪声和同频带干扰的抑制能力，这不仅是在复杂电磁环境下对信号进行分析和处理的目标，更是循环相关熵理论及方法的价值所在。

表 9.1　脉冲噪声和同频带干扰并存条件下各理论和方法的性能比较

名　　称	对脉冲噪声 的抑制能力	对同频带干扰 的抑制能力	脉冲噪声与同频带干扰 并存时的抑制能力	说　　明
分数低阶统计量	较好	差	差	对噪声先验知识 依赖性较强
分数低阶 循环统计量	较好	较好	较好	
相关熵	好	差	差	对噪声先验知识 依赖性较弱
循环相关熵	好	好	好	

由表 9.1 可见，在复杂电磁环境下，循环相关熵具有同时抑制脉冲噪声和同频带干扰的能力。为此，本章将系统地介绍循环相关熵（cyclic correntropy，CCE）和循环相关熵谱（cyclic correntropy spectrum，CCES）的基本概念及理论，并系统地介绍 CCE 和 CCES 的基本性质。此外，针对 CCE 和 CCES 的进一步推广，本章还介绍了两类广义循环相关熵及其谱函数的概念和性质。依托于上述与 CCE 和 CCES 相关的基础理论的研究，本章尝试尽可能完整地、系统地总结 CCE 和 CCES 的理论框架，并为无线电信号参数估计与识别，以及机械振动信号故障诊断等循环平稳信号处理方法提供理论支撑。

9.2　循环相关熵与循环相关熵谱

9.2.1　循环互相关熵与循环互相关熵谱

1. 循环互相关熵的概念

由第 5 章的互相关熵的定义可知，两个实循环平稳随机过程 $X(t)$ 和 $Y(t)$ 所对应的互相关熵为

$$V_{XY}^{\sigma}(t,\tau) = E[\kappa_{\sigma}(X(t) - Y(t+\tau))] \tag{9.1}$$

式中，$\kappa_{\sigma}(\cdot)$ 表示高斯核函数，其定义式如下：

$$\kappa_{\sigma}(x) = \frac{1}{\sqrt{2\pi}\sigma} \exp\left(-\frac{|x|^2}{2\sigma^2}\right) \tag{9.2}$$

式中，σ 表示高斯核函数的核长。互相关熵还可以选取其他核函数 $\kappa(\cdot)$，不过在第 9 章和第 10 章中均选用高斯核函数 $\kappa_{\sigma}(\cdot)$。

定义 9.1　循环互相关熵　两个实循环平稳随机过程 $X(t)$ 和 $Y(t)$，若二者的时变互相关熵 $V_{XY}^{\sigma}(t,\tau)$ 具有周期性（不妨设其周期为 T_0），则对应的循环互相关熵 $U_{XY}^{\sigma}(\varepsilon,\tau)$ 定义为 $V_{XY}^{\sigma}(t,\tau)$ 傅里叶级数的系数，表示为

$$U_{XY}^{\sigma}(\varepsilon,\tau) = \frac{1}{T_0} \int_{-T_0/2}^{T_0/2} V_{XY}^{\sigma}(t,\tau) e^{-j2\pi\varepsilon t} dt \tag{9.3}$$

式中，ε 称为循环频率。

显然，由傅里叶级数理论可知，$U_{XY}^{\sigma}(\varepsilon,\tau)$ 体现了周期性的互相关熵 $V_{XY}^{\sigma}(t,\tau)$ 所包含的各频率分量的大小。但是该周期性主要与信号的统计特性有关，而与信号时域波形的周期性无

关，因此为了与信号时域的周期性或频率相区分，在进行循环平稳信号处理时，称这种频率为循环频率。在此基础上，就能够在循环频率域对具有周期性的 $V_{XY}^{\sigma}(t,\tau)$ 进行研究。

2. 循环互相关熵谱

定义 9.2 循环互相关熵谱 循环互相关熵 $U_{XY}^{\sigma}(\varepsilon,\tau)$ 所对应的循环互相关熵谱 $S_{XY}^{\sigma}(\varepsilon,f)$ 定义为

$$S_{XY}^{\sigma}(\varepsilon,f) = \int_{-\infty}^{\infty} U_{XY}^{\sigma}(\varepsilon,\tau)\mathrm{e}^{-\mathrm{j}2\pi f\tau}\mathrm{d}\tau \tag{9.4}$$

显然，循环互相关熵谱是循环互相关熵关于时移变量 τ 的傅里叶变换。由傅里叶变换的意义可知，$S_{XY}^{\sigma}(\varepsilon,f)$ 能够衡量 $U_{XY}^{\sigma}(\varepsilon,\tau)$ 中由时移变量 τ 所引入的不同频率分量的大小。

例 9.1 设两个 AM 信号分别命名为 $x(t)$ 和 $y(t)$，二者的采样频率均为 f_s，载波频率均满足 $f_c = 0.1f_s$，高斯核函数的核长为 $\sigma = 0.5$。试利用 MATLAB 编程计算这两个 AM 信号的循环互相关熵和循环互相关熵谱，并绘制二者的三维曲面。

解 利用 MATLAB 编程，得到两个 AM 信号的循环互相关熵和循环互相关熵谱。下面分别给出对应的 MATLAB 程序代码和绘制的三维曲面图。

```
function CCES = CYCLICCORRENTROPY(X,Y,sigma,frequency_samp)
len_signal = length(X); num_epsilon = floor(len_signal/10);
num_tau = floor(len_signal/10);  CCE = zeros(num_epsilon,num_tau);
CCES = zeros(num_epsilon,num_tau);
for cnt_epsilon = 1:1:num_epsilon
    epsilon = (cnt_epsilon-num_epsilon/2)/num_epsilon*frequency_samp;
    for cnt_tau = 1:1:num_tau
        signal_head = X(1:end-cnt_tau+1);  signal_tail = Y(cnt_tau:end);
        tau = (0:len_signal-cnt_tau)/frequency_samp;
        fourier_facter = exp(-1i*2*pi*epsilon*tau);
        err = abs(signal_head-signal_tail);
        CCE(cnt_epsilon,cnt_tau) =sum(exp(-err.^2/2/sigma^2).* fourier_facter)/
len_signal;
    end
    CCES(cnt_epsilon,:) = fftshift(abs(fft(CCE(cnt_epsilon,:))));
end
```

为了避免采样频率和信号总时长等参数对结果产生影响，采用归一化的时移、归一化的频率和归一化的循环频率对其进行描述。其中，归一化频率是频率与采样频率的比值，归一化循环频率是循环频率与采样频率的比值，归一化时移则是时移与所规定时移的最大值的比值。由图 9.1（a）可见，在某些循环频率 ε 处的循环相关熵截面中，所得波形具有周期性，按照式（9.4）对该波形进行傅里叶变换，由图 9.1（b）可见，在某些循环频率 ε 处存在尖锐的谱峰，印证了图 9.1（a）的观察结果。

（a）循环互相关熵

（b）循环互相关熵谱

图 9.1 AM 信号的循环互相关熵和循环互相关熵谱

9.2.2 循环自相关熵与循环自相关熵谱

一个实循环平稳随机过程 $X(t)$ 的自相关熵的定义式如下：

$$V_X^{\sigma}(t,\tau) = E[\kappa_{\sigma}(X(t) - X(t+\tau))] \tag{9.5}$$

定义 9.3 循环自相关熵 对于实循环平稳随机过程 $X(t)$，若其时变自相关熵 $V_X^{\sigma}(t,\tau)$ 具有周期性（不妨设其周期为 T_0），则对应的循环自相关熵 $U_X^{\sigma}(\varepsilon,\tau)$ 定义为 $V_X^{\sigma}(t,\tau)$ 傅里叶级数的系数，其定义式如下：

$$U_X^{\sigma}(\varepsilon,\tau) = \frac{1}{T_0} \int_{-T_0/2}^{T_0/2} V_X^{\sigma}(t,\tau) \mathrm{e}^{-\mathrm{j}2\pi\varepsilon t} \mathrm{d}t \tag{9.6}$$

与前文相类似，由傅里叶级数的意义可知，$U_X^{\sigma}(\varepsilon,\tau)$ 体现了周期性的自相关熵 $V_X^{\sigma}(t,\tau)$ 所包含的各频率分量的大小，因而可用于在循环频率域研究 $V_X^{\sigma}(t,\tau)$ 的周期性。

定义 9.4 循环自相关熵谱 循环自相关熵 $U_X^\sigma(\varepsilon,\tau)$ 所对应的循环自相关熵谱 $S_X^\sigma(\varepsilon,f)$ 定义为

$$S_X^\sigma(\varepsilon,f) = \int_{-\infty}^{\infty} U_X^\sigma(\varepsilon,\tau) e^{-j2\pi f\tau} d\tau \tag{9.7}$$

也与前文相类似,由傅里叶变换的意义可知,$S_X^\sigma(\varepsilon,f)$ 能够衡量 $U_X^\sigma(\varepsilon,\tau)$ 中由时移变量 τ 所引入的不同频率分量的大小,可用于在循环频率–频率域研究 $V_X^\sigma(t,\tau)$ 的特性,同时抑制具有相同或相近频率但具有不同循环频率的干扰。

例 9.2 设一幅度调制(AM)信号,其采样频率为 f_s,载波频率满足 $f_c = 0.1f_s$,高斯核函数的核长为 $\sigma = 0.5$。试求该 AM 信号的循环自相关熵和循环自相关熵谱。

解 采用 MATLAB 编程,可以给定 AM 信号计算得到其循环自相关熵和循环自相关熵谱,如图 9.2 所示。由图 9.2(a)可见,在某些循环频率 ε 处的循环相关熵截面中,波形具有周期性,按照式(9.7)对该波形进行傅里叶变换,由图 9.2(b)可见,截面中存在尖锐的谱峰,印证了图 9.2(a)的观察结果。

(a)循环自相关熵

(b)循环自相关熵谱

图 9.2 AM 信号的循环自相关熵和循环自相关熵谱

此外，鉴于循环互相关熵与循环自相关熵的相似性，本书将二者统称为循环相关熵。此外，在循环相关熵及循环相关熵谱的概念被提出后，还有文献提出了多核循环相关熵的概念，即指两个乃至多个具有不同核长的循环相关熵的线性组合。

9.2.3　循环相关熵的存在性

1. 以 AM 信号为特例的直观分析

为了表明循环相关熵的存在性，以一个 AM 信号为特例进行直观分析。设 AM 调制信号，其采样频率为 f_s，载波频率 $f_c = 0.1 f_s$，高斯核函数的核长 $\sigma = 0.5$，信号与噪声的广义信噪比 GSNR $= 3$ dB，特征指数 $\alpha = 1.5$。采用 MATLAB 编程，实现该 AM 信号的循环相关熵谱，并与该 AM 信号的循环谱和分数低阶循环谱进行对比，如图 9.3 所示。

（a）循环谱

（b）$a_1 = b_1 = 0.85$ 时的分数低阶循环谱

图 9.3　AM 信号的各种循环谱比较

（c） $a_2=b_2=0.65$ 时的分数低阶循环谱

（d）循环相关熵谱

图 9.3　AM 信号的各种循环谱比较（续）

由图 9.3 可见，图 9.3（a）所示的循环谱已淹没在噪声中；图 9.3（b）和图 9.3（c）都表示分数低阶循环谱，但是前者的参数选择不适当，后者的参数选择适当，由实验结果可见，若参数选择不适当，分数低阶循环谱受噪声的影响很显著；图 9.3（d）表示循环相关熵谱，可见其谱峰尖锐稀疏且清晰可辨，既表明了其抑制脉冲噪声的能力，又说明了 AM 信号的循环相关熵与循环相关熵谱是存在的。

2．进一步的理论分析

（1）严格的存在性条件

循环相关熵的存在性条件，实际上是其对应的时变相关熵函数满足周期性条件。如何确定时变相关熵函数满足周期性，这里将时变相关熵函数 $V_X^\sigma(t,\tau)$ 展开为泰勒级数，再进一步分析说明：

$$V_X^\sigma(t,\tau) = \frac{1}{\sqrt{2\pi}\sigma} \sum_{n=0}^{\infty} \frac{1}{n!} \left(-\frac{1}{2\sigma^2}\right)^n E\left(\sum_{m=0}^{2n} (-1)^{2n-m} C_{2n}^m X^m(t) X^{2n-m}(t+\tau)\right) \qquad （9.8）$$

式中，$C_{2n}^m = (2n)!/(m!(2n-m)!)$。

将式（9.8）中包含统计期望的部分记为 $M_X^{2n}(t,\tau)$，满足如下关系式：

$$
\begin{aligned}
M_X^{2n}(t,\tau) &= E\left(\sum_{m=0}^{2n} (-1)^{2n-m} C_{2n}^m X^m(t) X^{2n-m}(t+\tau) \right) \\
&= \sum_{m=0}^{2n} (-1)^{2n-m} C_{2n}^m E(X^m(t) X^{2n-m}(t+\tau))
\end{aligned}
\tag{9.9}
$$

当 $n=1$ 时，对应的二阶统计量为

$$
M_X^2(t,\tau) = E(X^2(t)) - 2E(X(t)X(t+\tau)) + E(X^2(t+\tau))
\tag{9.10}
$$

当 $n=2$ 时，对应的四阶统计量为

$$
\begin{aligned}
M_X^4(t,\tau) = {}& E(X^4(t)) - 4E(X^3(t)X(t+\tau)) \\
& + 6E(X^2(t)X^2(t+\tau)) - 4E(X^3(t)X(t+\tau)) + E(X^4(t+\tau))
\end{aligned}
\tag{9.11}
$$

由式（9.8）、式（9.10）和式（9.11）可知，时变相关熵 $V_X^\sigma(t,\tau)$ 是随机信号 $X(t)$ 的 $2n$ 阶统计量的线性组合，其中 $n \in \mathbb{R}^+$。显然，若 $M_X^{2n}(t,\tau)$ 均具有周期性，且周期均相同（设为 T_0），则 $V_X^\sigma(t,\tau)$ 也满足周期性条件，且周期为 T_0。简而言之，当 $X(t)$ 满足偶阶循环平稳条件时，其循环相关熵是存在的。

（2）放宽的存在性条件

在实际应用中，如何有效地判定随机信号 $X(t)$ 满足偶阶循环平稳条件，并不是一件容易的事情。不过，在循环平稳信号处理领域，循环均值（cyclic mean）和循环相关（cyclic correlation）是相对容易计算和估计的一阶和二阶循环统计量，可以借助这两个概念来进一步分析时变相关熵的周期性问题，即对比分析二阶循环统计量在整个偶阶循环统计量 $M_X^{2n}(t,\tau)$ 中所占的比重。

将式（9.9）代入式（9.8），得到

$$
V_X^\sigma(t,\tau) = \frac{1}{\sqrt{2\pi}\sigma} \sum_{n=0}^{\infty} \frac{1}{n!} \left(-\frac{1}{2\sigma^2} \right)^n M_X^{2n}
\tag{9.12}
$$

通过计算可知，无论核长 σ 如何取值，$2\sigma^2 \sqrt[n]{n!}$ 都会随着 n 的增加而增加且趋向于无穷大，故 $\left| \frac{1}{n!} \left(\frac{1}{2\sigma^2} \right)^n \right| = \left| \frac{1}{n!} \left(-\frac{1}{2\sigma^2} \right)^n \right|$ 会迅速衰减且趋向于零，从而使得 $V_X^\sigma(t,\tau)$ 中的高阶统计量在 M_X^{2n} 中的占比迅速减小。由上所述可知，随机信号相关熵中的二阶统计量是其主要成分，而其他高阶偶数阶统计量在相关熵中的重要性将随着 n 的增加而迅速降低。

因此，当随机信号满足二阶循环平稳特性时，即使其无法满足严格的偶数阶循环平稳这一苛刻的条件，也可以将其视为准循环平稳（almost cyclostationary，ACS）信号，并采用与严格循环平稳信号相同的方法来进行分析处理。这样，可以得到放宽后的循环相关熵存在性条件，即若随机信号满足二阶循环平稳性，则其时变相关熵具有周期性或准周期性（周期设为 T_0），可认为其对应的循环相关熵存在。

在实际应用中，很多无线电调制信号或机械故障诊断中的故障信号都具有二阶循环平稳特性，即使其时变相关熵不具有严格的周期性，也可以使用循环相关熵和循环相关熵谱进行分析处理。本书将借助各种常见的模拟调制信号和数字调制信号对循环相关熵进行研究，并解释循环相关熵谱的谱峰位置与载波频率和码元速率等参数的关系。

（3）循环相关熵谱的特点

循环相关熵是周期性时变相关熵的傅里叶级数的系数，而循环相关熵谱是循环相关熵的傅里叶变换。这样，循环相关熵谱的谱峰位置对应于循环相关熵特定的物理参数，从而反应循环平稳或准循环平稳随机信号的特性，例如对应于信号的载波频率或码元速率，因而在循环平稳随机信号分析与处理中具有重要的用途。

3．常见调制信号的循环相关熵与循环相关熵谱

除上述 AM 信号外，在图 9.4 中展示了其他 4 种常见的调制信号的循环相关熵与循环相关熵谱。其中，采样频率为 f_s，载波频率 $f_c = 0.1 f_s$，码元传输速率 $R_B = 0.05 f_s$，高斯核函数的核长 $\sigma = 0.5$。

（a）2ASK 信号循环相关熵

（b）2ASK 信号循环相关熵谱

图 9.4　各类信号所对应的循环相关熵和循环相关熵谱

（c）MSK信号循环相关熵

（d）MSK信号循环相关熵谱

（e）2PSK信号循环相关熵

图9.4 各类信号所对应的循环相关熵和循环相关熵谱（续）

（f）2PSK信号循环相关熵谱

（g）16QAM信号循环相关熵

（h）16QAM信号循环相关熵谱

图9.4　各类信号所对应的循环相关熵和循环相关熵谱（续）

如果单独观察图 9.2，实际上除了谱峰的位置和稀疏性，很难发现其他特征，但是如果同时观察图 9.2 和图 9.4，则可以发现不同调制类型的信号所对应的循环相关熵及其谱函数各具特点，它们的主要区别分别是循环相关熵截面的包络形状、循环相关熵谱中谱峰的位置和各个谱峰的高度比例等。

9.3　复循环相关熵与复循环相关熵谱

在通信信号处理等应用领域，信号常会采用复随机过程的形式来表示。针对这种情况，本节在介绍复信号的解析信号表示与正交信号表示的基础上，系统地介绍复循环相关熵和复循环相关熵谱的概念与基本理论。

9.3.1　复信号模型：解析信号与正交信号

解析信号与正交信号是数字信号处理领域中两类主要的复信号模型。为了便于后续学习，本节给出复信号的解析信号和正交信号的表达方式。

1. 解析信号

设随机信号 $s(t)$，其解析信号（analytic signal）记为 $s_A(t)$，则两者满足如下关系式：

$$s_A(t) = s(t) + jH(s(t)) \tag{9.13}$$

显然，解析信号 $s_A(t)$ 是复信号，其实部是原始信号 $s(t)$，其虚部等于实信号的希尔伯特变换（Hilbert transform），记为 $H(\cdot)$，其定义为

$$H(s(t)) = \frac{1}{\pi}\int_{-\infty}^{\infty}\frac{s(\tau)}{t-\tau}\mathrm{d}\tau \tag{9.14}$$

2. 正交信号

此外，有些时候还可以用正交信号（orthogonal signal）来代替解析信号。即对于实信号 $s(t) = A(t)\cos\varphi(t)$，定义正交信号如下：

$$s_O(t) = A(t)\exp(j\varphi(t)) = A(t)\cos\varphi(t) + jA(t)\sin\varphi(t) \tag{9.15}$$

"正交"这一概念是指实信号 $s(t)$（I 通道信号）与其相移结果（Q 通道信号）之间的正交关系。此外，还需要指出对于同一个实信号，其解析信号和正交信号可能并不相同。

9.3.2　复循环互相关熵与复循环互相关熵谱

定义 9.5　复循环互相关熵　两个复循环平稳随机过程 $X(t)$ 和 $Y(t)$，其复互相关熵函数定义为

$$C_{XY}^{\sigma}(t,\tau) = E[\kappa_{\sigma}(X(t) - Y^*(t+\tau))] \tag{9.16}$$

如果复互相关熵函数 $C_{XY}^{\sigma}(t,\tau)$ 具有周期性，不妨设其周期为 T_0，则对应的复循环互相关熵定义为 $C_{XY}^{\sigma}(t,\tau)$ 傅里叶级数的系数，即

$$U_{XY}^{\sigma}(\varepsilon,\tau) = \frac{1}{T_0}\int_{-T_0/2}^{T_0/2} C_{XY}^{\sigma}(t,\tau)\mathrm{e}^{-j2\pi\varepsilon t}\mathrm{d}t \tag{9.17}$$

定义 9.6　复循环互相关熵谱　复循环互相关熵 $U_{XY}^{\sigma}(\varepsilon,\tau)$ 所对应的复循环互相关熵谱 $S_{XY}^{\sigma}(\varepsilon,f)$ 定义为

$$S_{XY}^{\sigma}(\varepsilon, f) = \int_{-\infty}^{\infty} U_{XY}^{\sigma}(\varepsilon, \tau) \mathrm{e}^{-\mathrm{j}2\pi f\tau} \mathrm{d}\tau \qquad (9.18)$$

为了对比实值和复值两种情况的循环互相关熵及各自的循环互相关熵谱，选取两个复值 AM 信号作为输入信号，计算复循环互相关熵及其谱函数，结果如图 9.5 所示。其中，采样频率为 f_s，载波频率 $f_c = 0.1 f_s$，高斯核函数的核长 $\sigma = 0.5$。

（a）复循环互相关熵

（b）复循环互相关熵谱

图 9.5　AM 信号的复循环互相关熵和复循环互相关熵谱

9.3.3　复循环自相关熵与复循环自相关熵谱

定义 9.7　复循环自相关熵　设一个复循环平稳随机过程 $X(t)$，其复自相关熵定义为

$$C_X^{\sigma}(t, \tau) = E[\kappa_{\sigma}(X(t) - X^*(t + \tau))] \qquad (9.19)$$

如果复自相关熵 $C_X^{\sigma}(t, \tau)$ 具有周期性，不妨设其周期为 T_0，则对应的复循环自相关熵 $U_X^{\sigma}(\varepsilon, \tau)$ 定义为 $C_X^{\sigma}(t, \tau)$ 傅里叶级数的系数，其定义式为

$$U_X^{\sigma}(\varepsilon, \tau) = \frac{1}{T_0} \int_{-T_0/2}^{T_0/2} C_X^{\sigma}(t, \tau) \mathrm{e}^{-\mathrm{j}2\pi\varepsilon t} \mathrm{d}t \qquad (9.20)$$

定义 9.8　复循环自相关熵谱　复循环自相关熵 $U_X^\sigma(\varepsilon,\tau)$ 所对应的复循环自相关熵谱 $S_X^\sigma(\varepsilon,f)$ 定义为

$$S_X^\sigma(\varepsilon,f) = \int_{-\infty}^{\infty} U_X^\sigma(\varepsilon,\tau) \mathrm{e}^{-\mathrm{j}2\pi f\tau} \mathrm{d}\tau \tag{9.21}$$

为了对比实值和复值两种情况的循环自相关熵以及各自的循环自相关熵谱，选取单一复值 AM 信号作为输入信号,计算复循环自相关熵及其结果如图 9.6 所示。其中,采样频率为 f_s ,载波频率 $f_c = 0.1f_s$, 高斯核函数的核长 $\sigma = 0.5$ 。

（a）复循环自相关熵

（b）复循环自相关熵谱

图 9.6　AM 信号的复循环自相关熵和复循环自相关熵谱

对比图 9.1 和图 9.5 以及图 9.2 和图 9.6 可见，即使信号的调制方式和参数相同，但是所对应的实信号和复信号两种循环相关熵及其谱函数的三维曲面仍存在区别。与图 9.4 相对应，在图 9.7 中展示了其他 4 种常见的调制信号的复循环相关熵与复循环相关熵谱函数。其中，采样频率为 f_s ,载波频率 $f_c = 0.1f_s$, 码元传输速率 R_B 为 $0.05f_s$, 高斯核函数的核长 $\sigma = 0.5$ 。

（a）2ASK信号复循环相关熵

（b）2ASK信号复循环相关熵谱

（c）MSK信号复循环相关熵

图 9.7　4 种调制信号所对应的复循环相关熵及其谱函数

（d）MSK信号复循环相关熵谱

（e）2PSK信号复循环相关熵

（f）2PSK信号复循环相关熵谱

图 9.7　4 种调制信号所对应的复循环相关熵及其谱函数（续）

（g）16QAM信号复循环相关熵

（h）16QAM信号复循环相关熵谱

图 9.7　4 种调制信号所对应的复循环相关熵及其谱函数（续）

　　由图 9.7 可见，不同调制方式所对应的复循环相关熵及其谱函数也具有较明显的特征，这些区别依旧是复循环相关熵函数的截面包络以及谱函数的谱峰位置和高度。对比图 9.4 和图 9.7 可见，无论是对于实信号还是复信号，当它们具有相同的调制方式和信号参数时，所对应的循环相关熵谱在频率–循环频率域的谱峰均锐利、稀疏且清晰可辨。本书的后续章节还将详尽、系统地介绍循环相关熵谱峰与载波频率和码元速率等信号参数之间的内在关系。

　　此外，当复随机过程退化为实随机过程时，复循环相关熵及其谱函数等价于实循环相关熵及其谱函数。又因为实随机过程是一类特殊的复随机过程，所以 9.2 节和 9.3 节共用了部分符号和公式来描述循环相关熵及其谱函数。此外，在本书的后续章节中，若无特别说明，循环相关熵及其谱函数都是指复循环相关熵及其谱函数。

9.4　循环相关熵及其谱函数的主要性质

　　本书前面章节介绍了循环相关熵和循环相关熵谱的基本概念和原理。为了能够在实际应用中的复杂电磁条件下，借助循环相关熵及其谱函数来抑制脉冲噪声和同频带干扰，还需要进一步了解它们的性质。本节系统地介绍循环相关熵及其谱函数的特点和性质。

由于实循环相关熵是复循环相关熵的特例，因此在本节中不对其性质进行单独介绍。

9.4.1　循环相关熵的统计平均与时间平均

1. 循环自相关熵的统计平均

性质 9.1　设 $X(t)$ 是一个循环平稳随机过程，其循环自相关熵的统计平均表达式 $U_X^\sigma(\varepsilon,\tau)$ 为

$$U_X^\sigma(\varepsilon,\tau) = \frac{1}{T_0}\int_{-T_0/2}^{T_0/2} C_X^\sigma(t,\tau) \mathrm{e}^{-\mathrm{j}2\pi\varepsilon t}\mathrm{d}t$$
$$= \frac{1}{T_0}\int_{-T_0/2}^{T_0/2} E[\kappa_\sigma(X(t)-X^*(t+\tau))]\mathrm{e}^{-\mathrm{j}2\pi\varepsilon t}\mathrm{d}t \tag{9.22}$$

2. 循环自相关熵的时间平均

性质 9.2　若 $X(t)$ 是一个循环平稳随机过程，且满足循环各态历经性，则其自相关熵的时间平均表达式 $\overline{C}_X^\sigma(t,\tau)$ 为

$$\overline{C}_X^\sigma(t,\tau) = \lim_{N\to\infty}\frac{1}{2N+1}\sum_{n=-N}^{N}\kappa_\sigma(X(t+nT_0)-X^*(t+\tau+nT_0)) \tag{9.23}$$

式中，$\overline{C}_X^\sigma(t,\tau)$ 的"横线"表示涉及以时间平均代替统计平均。将其代入式（9.22）中，则可将 $U_X^\sigma(\varepsilon,\tau)$ 改写为循环相关熵的时间平均表达式 $\overline{U}_X^\sigma(\varepsilon,\tau)$，如下式所示：

$$\overline{U}_X^\sigma(\varepsilon,\tau) = \frac{1}{T_0}\int_{-T_0/2}^{T_0/2}\left(\lim_{N\to\infty}\frac{1}{2N+1}\sum_{n=-N}^{N}\kappa_\sigma(X(t+nT_0)-X^*(t+\tau+nT_0))\right)\mathrm{e}^{-\mathrm{j}2\pi mt/T_0}\mathrm{d}t$$
$$\overset{T=(2N+1)T_0,\varepsilon=m/T}{=} \lim_{T\to\infty}\frac{1}{T}\int_{-T/2}^{T/2}\kappa_\sigma(X(t)-X^*(t+\tau))\mathrm{e}^{-\mathrm{j}2\pi\varepsilon t}\mathrm{d}t \tag{9.24}$$
$$= \left\langle \kappa_\sigma(X(t)-X^*(t+\tau))\mathrm{e}^{-\mathrm{j}2\pi\varepsilon t}\right\rangle_t$$

式中，$\overline{U}_X^\sigma(\varepsilon,\tau)$ 的"横线"同样表示涉及以时间平均代替统计平均。$\langle\cdot\rangle_t$ 表示时间平均算子，对于具有循环各态历经性的随机过程 $X(t)$，$\langle X(t)\rangle_t$ 满足如下关系式：

$$\langle X(t)\rangle_t = \lim_{T\to\infty}\frac{1}{T}\int_{-T/2}^{T/2}X(t)\mathrm{d}t \tag{9.25}$$

这样，对于满足循环各态历经性的随机过程，可以利用时间平均代替统计平均来计算循环相关熵及其谱函数，即 $U_X^\sigma(\varepsilon,\tau)=\overline{U}_X^\sigma(\varepsilon,\tau)$，因此在后文中不再区分时间平均和统计平均。

9.4.2　循环相关熵与偶数阶循环统计量的关系

1. 循环互相关熵与偶数阶循环统计量的关系

性质 9.3　若 $X(t)$ 和 $Y(t)$ 是两个循环平稳随机过程，则其循环互相关熵 $U_{XY}^\sigma(\varepsilon,\tau)$ 与 $X(t)$ 和 $Y^*(t+\tau)$ 满足如下关系：

$$U_{XY}^{\sigma}(\varepsilon,\tau) = \frac{1}{\sqrt{2\pi}\sigma} \left\langle \left[\sum_{n=0}^{\infty} \frac{1}{n!} \left(-\frac{1}{2\sigma^2} \right)^n \left(\sum_{m=0}^{2n} (-1)^{2n-m} C_{2n}^m X^m(t) (Y^*(t+\tau))^{2n-m} \right) \right] e^{-j2\pi\varepsilon t} \right\rangle_t \quad (9.26)$$

$$= \frac{1}{\sqrt{2\pi}\sigma} \sum_{n=0}^{\infty} \frac{1}{n!} \left(-\frac{1}{2\sigma^2} \right)^n \left(\sum_{m=0}^{2n} (-1)^{2n-m} C_{2n}^m \left\langle X^m(t)(Y^*(t+\tau))^{2n-m} e^{-j2\pi\varepsilon t} \right\rangle_t \right)$$

2．循环自相关熵与偶数阶循环统计量的关系

性质 9.4 若 $X(t)$ 是一个循环平稳随机过程，则其循环自相关熵 $U_X^{\sigma}(\varepsilon,\tau)$ 与 $X(t)$ 和 $X^*(t+\tau)$ 满足如下关系：

$$U_X^{\sigma}(\varepsilon,\tau) = \frac{1}{\sqrt{2\pi}\sigma} \left\langle \left[\sum_{n=0}^{\infty} \frac{1}{n!} \left(-\frac{1}{2\sigma^2} \right)^n \left(\sum_{m=0}^{2n} (-1)^{2n-m} C_{2n}^m X^m(t)(X^*(t+\tau))^{2n-m} \right) \right] e^{-j2\pi\varepsilon t} \right\rangle_t \quad (9.27)$$

$$= \frac{1}{\sqrt{2\pi}\sigma} \sum_{n=0}^{\infty} \frac{1}{n!} \left(-\frac{1}{2\sigma^2} \right)^n \left(\sum_{m=0}^{2n} (-1)^{2n-m} C_{2n}^m \left\langle X^m(t)(X^*(t+\tau))^{2n-m} e^{-j2\pi\varepsilon t} \right\rangle_t \right)$$

9.4.3 循环相关熵的时移性质

1．循环互相关熵的时移关系

性质 9.5 若 $X_1(t)$、$X_2(t)$、$Y_1(t)$、$Y_2(t)$ 是 4 个循环平稳随机过程，且满足关系 $X_2(t) = X_1(t-t_0)$，$Y_2(t) = Y_1(t-t_0)$，由于各随机过程之间的时移关系，对应的循环互相关熵 $U_{X_1Y_1}^{\sigma}(\varepsilon,\tau)$ 和 $U_{X_2Y_2}^{\sigma}(\varepsilon,\tau)$ 满足如下关系：

$$U_{X_2Y_2}^{\sigma}(\varepsilon,\tau) = U_{X_1Y_1}^{\sigma}(\varepsilon,\tau) e^{-j2\pi\varepsilon t_0} \quad (9.28)$$

证明 根据循环互相关熵的定义，$U_{X_2Y_2}^{\sigma}(\varepsilon,\tau)$ 满足如下关系式：

$$U_{X_2Y_2}^{\sigma}(\varepsilon,\tau) = \frac{1}{T_0} \int_{-T_0/2}^{T_0/2} C_{X_2Y_2}^{\sigma}(t,\tau) e^{-j2\pi\varepsilon t} dt$$

$$= \frac{1}{T_0} \int_{-T_0/2}^{T_0/2} E[\kappa_{\sigma}(X_2(t) - Y_2^*(t+\tau))] e^{-j2\pi\varepsilon t} dt$$

$$= \frac{1}{T_0} \int_{-T_0/2}^{T_0/2} E[\kappa_{\sigma}(X_1(t-t_0) - Y_1^*(t-t_0+\tau))] e^{-j2\pi\varepsilon t} dt \quad (9.29)$$

$$\overset{s=t-t_0}{=} \frac{1}{T_0} \int_{-T_0/2}^{T_0/2} E[\kappa_{\sigma}(X_1(s) - Y_1^*(s+\tau))] e^{-j2\pi\varepsilon(s+t_0)} d(s+t_0)$$

$$= \left(\frac{1}{T_0} \int_{-T_0/2}^{T_0/2} E[\kappa_{\sigma}(X_1(s) - Y_1^*(s+\tau))] e^{-j2\pi\varepsilon s} ds \right) e^{-j2\pi\varepsilon t_0}$$

$$= U_{X_1Y_1}^{\sigma}(\varepsilon,\tau) e^{-j2\pi\varepsilon t_0}$$

2．循环自相关熵的时移关系

性质 9.6 若 $X(t)$ 和 $Y(t)$ 是两个循环平稳随机过程，且满足 $Y(t) = X(t-t_0)$，由于随机过程间的时移关系，对应的循环自相关熵 $U_X^{\sigma}(\varepsilon,\tau)$ 和 $U_Y^{\sigma}(\varepsilon,\tau)$ 满足如下关系式：

$$U_Y^{\sigma}(\varepsilon,\tau) = U_X^{\sigma}(\varepsilon,\tau) e^{-j2\pi\varepsilon t_0} \quad (9.30)$$

由于证明过程与式（9.29）类似，故而此处省略证明过程。

9.4.4 循环相关熵的对称性质

1. 循环互相关熵的时移域对称关系

性质 9.7 若 $X(t)$ 和 $Y(t)$ 是两个循环平稳随机过程，则其循环互相关熵 $U_{XY}^{\sigma}(\varepsilon,\tau)$ 和 $U_{YX}^{\sigma}(\varepsilon,\tau)$ 在时移域具有对称关系，即满足如下关系式：

$$U_{XY}^{\sigma}(\varepsilon,-\tau) = U_{YX}^{\sigma}(\varepsilon,\tau)\mathrm{e}^{-\mathrm{j}2\pi\varepsilon\tau} \tag{9.31}$$

证明 根据循环互相关熵的定义，可知 $U_{XY}^{\sigma}(\varepsilon,-\tau)$ 满足如下关系式：

$$
\begin{aligned}
U_{XY}^{\sigma}(\varepsilon,-\tau) &= \frac{1}{T_0}\int_{-T_0/2}^{T_0/2} E[\kappa_{\sigma}(X(t)-Y^*(t-\tau))]\mathrm{e}^{-\mathrm{j}2\pi\varepsilon t}\mathrm{d}t \\
&\overset{s=t-\tau}{=} \frac{1}{T_0}\int_{-T_0/2}^{T_0/2} E[\kappa_{\sigma}(X(s+\tau)-Y^*(s))]\mathrm{e}^{-\mathrm{j}2\pi\varepsilon(s+\tau)}\mathrm{d}(s+\tau) \\
&= \left(\frac{1}{T_0}\int_{-T_0/2}^{T_0/2} E[\kappa_{\sigma}(Y(s)-X^*(s+\tau))]\mathrm{e}^{-\mathrm{j}2\pi\varepsilon s}\mathrm{d}s\right)\mathrm{e}^{-\mathrm{j}2\pi\varepsilon\tau} \\
&= \left(\frac{1}{T_0}\int_{-T_0/2}^{T_0/2} C_{YX}^{\sigma}(s,\tau)\mathrm{e}^{-\mathrm{j}2\pi\varepsilon s}\mathrm{d}s\right)\mathrm{e}^{-\mathrm{j}2\pi\varepsilon\tau} \\
&= U_{YX}^{\sigma}(\varepsilon,\tau)\mathrm{e}^{-\mathrm{j}2\pi\varepsilon\tau}
\end{aligned}
\tag{9.32}
$$

2. 循环自相关熵的时移域对称关系

性质 9.8 若 $X(t)$ 是一个循环平稳随机过程，则其循环自相关熵 $U_X^{\sigma}(\varepsilon,\tau)$ 在时移域具有对称关系，即满足如下关系式：

$$U_X^{\sigma}(\varepsilon,-\tau) = U_X^{\sigma}(\varepsilon,\tau)\mathrm{e}^{-\mathrm{j}2\pi\varepsilon\tau} \tag{9.33}$$

由于证明过程和式（9.32）类似，故而此处省略证明过程。

3. 循环互相关熵的循环频率域共轭对称关系

性质 9.9 若 $X(t)$ 和 $Y(t)$ 是两个循环平稳随机过程，则其循环互相关熵 $U_{XY}^{\sigma}(\varepsilon,\tau)$ 在循环频率域具有共轭对称关系，即满足如下关系式：

$$U_{XY}^{\sigma}(-\varepsilon,\tau) = [U_{XY}^{\sigma}(\varepsilon,\tau)]^* \tag{9.34}$$

证明 根据循环互相关熵的定义，$U_{XY}^{\sigma}(-\varepsilon,\tau)$ 满足如下关系式：

$$
\begin{aligned}
U_{XY}^{\sigma}(-\varepsilon,\tau) &= \frac{1}{T_0}\int_{-T_0/2}^{T_0/2} C_{XY}^{\sigma}(t,\tau)\mathrm{e}^{-\mathrm{j}2\pi(-\varepsilon)t}\mathrm{d}t \\
&= \left[\frac{1}{T_0}\int_{-T_0/2}^{T_0/2} C_{XY}^{\sigma}(t,\tau)\mathrm{e}^{-\mathrm{j}2\pi\varepsilon t}\mathrm{d}t\right]^* = [U_{XY}^{\sigma}(\varepsilon,\tau)]^*
\end{aligned}
\tag{9.35}
$$

4. 循环自相关熵的循环频率域共轭对称关系

性质 9.10 若 $X(t)$ 是一个循环平稳随机过程，则其循环自相关熵 $U_X^{\sigma}(\varepsilon,\tau)$ 在循环频率域具有共轭对称关系，即满足如下关系式：

$$U_X^{\sigma}(-\varepsilon,\tau) = [U_X^{\sigma}(\varepsilon,\tau)]^* \tag{9.36}$$

由于证明过程与式（9.35）类似，故而此处省略证明过程。

9.4.5 循环相关熵谱的共轭对称性质

1. 循环互相关熵谱的循环频率–循环域共轭对称关系

性质 9.11 若 $X(t)$ 和 $Y(t)$ 是两个循环平稳随机过程，则其循环互相关熵谱 $S_{XY}^\sigma(\varepsilon, f)$ 在循环频率–频率域具有共轭对称关系，即满足如下关系式：

$$S_{XY}^\sigma(-\varepsilon, -f) = [S_{XY}^\sigma(\varepsilon, f)]^* \qquad (9.37)$$

证明 根据循环互相关熵谱的定义和式（9.34）可知，$S_{XY}^\sigma(-\varepsilon, -f)$ 满足如下关系式：

$$
\begin{aligned}
S_{XY}^\sigma(-\varepsilon, -f) &= \int_{-\infty}^{\infty} U_{XY}^\sigma(-\varepsilon, \tau) \mathrm{e}^{-\mathrm{j}2\pi(-f)\tau} \mathrm{d}\tau \\
&= \int_{-\infty}^{\infty} [U_{XY}^\sigma(\varepsilon, \tau)]^* \mathrm{e}^{-\mathrm{j}2\pi(-f)\tau} \mathrm{d}\tau \\
&= \left[\int_{-\infty}^{\infty} U_{XY}^\sigma(\varepsilon, \tau) \mathrm{e}^{-\mathrm{j}2\pi f\tau} \mathrm{d}\tau \right]^* \\
&= [S_{XY}^\sigma(\varepsilon, f)]^*
\end{aligned}
\qquad (9.38)
$$

2. 循环自相关熵谱的循环频率–频率域共轭对称关系

性质 9.12 若 $X(t)$ 是一个循环平稳随机过程，则其循环自相关熵谱 $S_X^\sigma(\varepsilon, f)$ 在循环频率–频率域具有共轭对称关系，即满足如下关系式：

$$S_X^\sigma(-\varepsilon, -f) = [S_X^\sigma(\varepsilon, f)]^* \qquad (9.39)$$

由于证明过程与（9.38）类似，故而此处省略证明过程。

9.4.6 循环相关熵谱与载波频率和码元速率的关系

1. AM 调制信号循环相关熵谱与载波频率的关系

性质 9.13 若 $x(t)$ 是一个 AM 调制信号，则其循环自相关谱 $S_x^\sigma(\varepsilon, f)$ 在 $\varepsilon = \pm 2f_c$ 处存在谱峰。

为了进一步说明该性质，选取具有二阶循环平稳特性的实值 AM 调制信号作为研究对象，设其包络 $a(t)$ 是一个零均值的平稳实信号，具有各态历经性，且满足如下关系式：

$$
\begin{cases}
\langle a(t) \rangle_t = 0 \\
\langle a(t + \tau/2) a(t - \tau/2) \rangle_t \neq 0 \\
\langle a(t) \mathrm{e}^{-\mathrm{j}2\pi\varepsilon t} \rangle_t = 0 \\
\langle a(t + \tau/2) a(t - \tau/2) \mathrm{e}^{-\mathrm{j}2\pi\varepsilon t} \rangle_t = 0, \quad \forall \varepsilon \neq 0
\end{cases}
\qquad (9.40)
$$

由 $\langle a(t) \rangle_t = 0$ 和 $\langle a(t) \mathrm{e}^{-\mathrm{j}2\pi\varepsilon t} \rangle_t = 0$ 可知，AM 信号的包络 $a(t)$ 的均值为零且不具有一阶循环平稳特性；由 $\langle a(t + \tau/2) a(t - \tau/2) \rangle_t \neq 0$ 可知，包络 $a(t)$ 具有平稳的分量；又由 $\langle a(t + \tau/2) a(t - \tau/2) \mathrm{e}^{-\mathrm{j}2\pi\varepsilon t} \rangle_t = 0$ 可知，该包络 $a(t)$ 也不具有二阶循环平稳特性。则连续 AM 信号 $x(t)$ 满足如下关系式：

$$x(t) = a(t) \cos(2\pi f_c t + \varphi_0) \qquad (9.41)$$

式中，φ_0 表示初始相位，f_c 表示载波频率（简称为载频）。

为方便表示，常将循环相关熵 $U_x^\sigma(\varepsilon, \tau)$ 写成对称形式，如下式所示：

$$U_x^\sigma(\varepsilon,\tau) = \left\langle \kappa_\sigma \left(x(t-\tau/2) - x(t+\tau/2) \right) \mathrm{e}^{-\mathrm{j}2\pi\varepsilon t} \right\rangle_t \tag{9.42}$$

将循环相关熵进行泰勒级数展开，可得

$$U_x^\sigma(\varepsilon,\tau) = \frac{1}{\sqrt{2\pi}\sigma} \left\langle \left[\sum_{n=0}^{\infty} \frac{1}{n!} \left(-\frac{1}{2\sigma^2} \right)^n \left| x(t-\tau/2) - x(t+\tau/2) \right|^{2n} \right] \mathrm{e}^{-\mathrm{j}2\pi\varepsilon t} \right\rangle_t$$
$$= \frac{1}{\sqrt{2\pi}\sigma} \sum_{n=0}^{\infty} \frac{1}{n!} \left(-\frac{1}{2\sigma^2} \right)^n \left\langle \left| x(t-\tau/2) - x(t+\tau/2) \right|^{2n} \mathrm{e}^{-\mathrm{j}2\pi\varepsilon t} \right\rangle_t \tag{9.43}$$

由 9.2.3 节中对系数 $\frac{1}{n!}\left(-\frac{1}{2\sigma^2}\right)^n$ 的说明可知，无论 σ 如何取值，$2\sigma^2\sqrt[n]{n!}$ 都会随着 n 的增加而增加且趋向于无穷大，导致 $\left| \frac{1}{n!}\left(\frac{1}{2\sigma^2}\right)^n \right| = \left| \frac{1}{n!}\left(-\frac{1}{2\sigma^2}\right)^n \right|$ 迅速衰减且趋向于零，故而使得 $U_x^\sigma(\varepsilon,\tau)$ 中与高阶矩相对应的分量迅速减小。此外，考虑到如 AM 信号的许多人工信号具有二阶循环平稳特性，选取 $\left| x(t-\tau/2) - x(t+\tau/2) \right|^2$，求其傅里叶级数，结果如下：

$$\left\langle \left| x\left(t-\frac{\tau}{2}\right) - x\left(t+\frac{\tau}{2}\right) \right|^2 \mathrm{e}^{-\mathrm{j}2\pi\varepsilon t} \right\rangle_t = \begin{cases} R_a(0) - \cos(2\pi f_\mathrm{c}\tau)R_a(\tau), & \varepsilon = 0 \\ \dfrac{1}{2}\left(\cos(2\pi f_\mathrm{c}\tau)R_a(0) - R_a(\tau) \right), & \varepsilon = \pm 2f_\mathrm{c} \\ 0, & \text{其他} \end{cases} \tag{9.44}$$

式中，$R_a(\tau) = E[a(t+\tau/2)a(t-\tau/2)] = \left\langle a(t+\tau/2)a(t-\tau/2) \right\rangle_t = \overline{R_a(\tau)}$。

继续求傅里叶变换，结果如下：

$$\int_{-\infty}^{\infty} \left\langle \left| x(t-\tau/2) - x(t+\tau/2) \right|^2 \mathrm{e}^{-\mathrm{j}2\pi\varepsilon t} \right\rangle_t \mathrm{e}^{-\mathrm{j}2\pi f\tau}\mathrm{d}\tau$$
$$= \begin{cases} 2\pi R_a(0)\delta(f) - \dfrac{1}{2}\left(S_a(f-f_\mathrm{c}) + S_a(f+f_\mathrm{c}) \right), & \varepsilon = 0 \\ \dfrac{1}{2}\left(\pi R_a(0)\delta(f-f_\mathrm{c}) + \pi R(0)\delta(f+f_\mathrm{c}) - S_a(f) \right), & \varepsilon = \pm 2f_\mathrm{c} \\ 0, & \text{其他} \end{cases} \tag{9.45}$$

式中，$S_a(f)$ 表示 $R_a(\tau)$ 的傅里叶变换，即它的频率谱密度函数。

由式（9.45）可知，AM 信号的循环相关熵谱在 $\varepsilon = \pm 2f_\mathrm{c}$ 处存在谱峰。该特性可用于估计信号的载波频率。例如，对于未知载波频率的 AM 调制信号，通过估计其循环相关熵谱，并求出谱峰对应的循环频率值，根据 $\varepsilon = \pm 2f_\mathrm{c}$ 即可求得信号的载波频率 f_c。

2. PSK 调制信号循环相关熵谱与载波频率和码元速率的关系

前文的结论是基于 AM 这类模拟调制信号而得到的，那么对于其他类型的调制信号，尤其是数字调制信号，是否满足上述结论是我们进一步需要关心的问题。文献中给出了基于二阶循环统计量的研究成果，即对于数字调制信号而言，循环频率所对应的谱峰位置不仅与载波频率 f_c 有关，还与数字基带信号的码元速率 R_B 有关。下面以 2PSK 信号为例进行进一步的研究。

性质 9.14 若 $x(t)$ 是一个 2PSK 调制信号,则其循环自相关谱 $S_x^\sigma(\varepsilon, f)$ 在 $\varepsilon = \pm 2f_c + kR_B$ 处存在谱峰。

性质 9.15 若 $x(t)$ 是一个 2PSK 调制信号,则其循环自相关谱 $S_x^\sigma(\varepsilon, f)$ 在 $\varepsilon = kR_B$ 处存在谱峰。

下面从三个方面分别说明上述关系。

(1) PSK 类调制信号循环相关熵谱与载波频率和码元速率的关系

以 2PSK 的数字调制信号为例。设 2PSK 信号的表达式为 $s(t) = b(t)\cos(2\pi f_c t)$。在 $\varepsilon = kR_B$ 处,循环相关熵包含与 $R_b(\varepsilon, \tau)\cos(2\pi f_c \tau) - R_b(\varepsilon, 0)(1 + e^{j2\pi\varepsilon\tau})$ 成正比的非零分量,式中,$R_b(\varepsilon, \tau)$ 是 2PSK 信号基带包络 $b(t) = \sum_n b_n q(t - nT_B)$ 的循环自相关函数,T_B 为码元宽度,且满足 $T_B = 1/R_B$;而在 $\varepsilon = \mp 2f_c + kR_B$ 处,循环相关熵包含与 $R_b(\varepsilon \pm 2f_c, \tau) - R_b(\varepsilon \pm 2f_c, 0)(1 + e^{j2\pi\varepsilon\tau})$ 成正比的非零分量,故在循环相关熵谱中也存在对应的谱峰。

例 9.3 利用 MATLAB 编程,计算 2PSK 信号和 4PSK 的循环相关熵谱,并分析其谱峰位置与信号载波频率和码元速率的关系。

解 利用 MATLAB 编程产生 2PSK 和 4PSK 仿真信号,设采样频率为 f_s,码元速率为 $R_B = 0.05f_s$,载波频率为 $f_c = 0.1f_s = 2R_B$。计算该信号的循环相关熵谱,并将谱函数向循环频率轴投影,得到图 9.8(a)所示的投影图。然后选取 $R_B = 0.01f_s$,$f_c = 0.02f_s = 2R_B$,得到的投影图如图 9.8(b)所示。为了进一步对该问题进行拓展研究,选取 4PSK 信号和上述实验条件,并重新进行实验,实验结果如图 9.8(c)和图 9.8(d)所示。

(a) 2PSK 信号,$f_c = 0.1f_s$

(b) 2PSK 信号,$f_c = 0.02f_s$

(c) 4PSK 信号,$f_c = 0.1f_s$

(d) 4PSK 信号,$f_c = 0.02f_s$

图 9.8 循环相关熵谱投影的谱峰与载波频率和码元速率的关系

由图 9.8 可见，对于 2PSK 信号，当 $R_B = 0.05 f_s$ 时，在 $\varepsilon = kR_B$ 处的谱峰清晰；当 $R_B = 0.01 f_s$ 时，在 $\varepsilon = kR_B$ 的处谱峰也可以分辨。此外，在上述条件下，谱峰也出现在 $\varepsilon = \mp 2f_c + kR_B$ 处，初步验证了循环相关熵谱的谱峰与载波频率和码元速率之间的关系。同样，对于 4PSK 信号，也可以观察到相似的实验结果并得出相同的结论。但是由于各类谱峰此起彼伏，故在实际应用中很难通过上述办法判断与载波频率及码元速率所对应的谱峰。

（2）PSK 类调制信号循环相关熵谱与码元速率的关系

为了排除载波频率对循环相关熵谱投影中谱峰位置的影响，将高频调制信号的载波频率降至零中频，利用接收机 I 和 Q 两个输出通道的信号和正交信号模型构成复信号，并依据循环相关熵及其谱函数的公式计算循环频率域上的谱投影。

例 9.4　选取 2PSK 和 4PSK 调制信号，分别设定信号的参数为 $R_B = 0.1 f_s$，$R_B = 0.125 f_s$，$R_B = 0.2 f_s$，$R_B = 0.25 f_s$，利用 MATLAB 编程实现上述两种信号的循环相关熵谱投影，并分析循环相关熵谱与码元速率的关系。

解　利用 MATLAB 编程，分别计算 2PSK 和 4PSK 调制信号的循环相关熵谱投影，所得仿真实验结果如图 9.9 所示。

图 9.9　循环相关熵谱投影的谱峰与码元速率的关系

图 9.9　循环相关熵谱投影的谱峰与码元速率的关系（续）

　　由图 9.9（a）～（d）可见，对于 2PSK 信号，循环相关熵谱投影的谱峰出现在 $\varepsilon = kR_B$ 处，更进一步地验证了循环相关熵谱峰与码元速率的关系；与图 9.8 相比，实验结果更为清晰，对结论的验证也更为直接。此外，由图 9.9（e）～（h）可见，对于 4PSK 信号，也可以观察到相似的实验结果，即在 $\varepsilon = kR_B$ 处会出现谱峰。

　　由于循环频率与信号码元速率的关系满足 $\varepsilon = kR_B$，因此可以通过谱峰搜索对信号未知码率进行估计。

　　受篇幅限制，本章不再利用他数字调制信号对该结论进行验证。在实际应用中，而当码元速率小于循环频率分辨率时，码元速率对应的谱峰也会因为分辨率不足而难以体现。此外，当噪声较强时，码元速率对应的谱峰可能被淹没，也难以确认。但如果采用零中频输出信号，再通过复循环相关熵谱的谱峰位置来估计原始信号的码元速率，则可以得到准确的估计结果。

　　（3）各类数字调制信号循环相关熵谱与载波频率的关系

　　显而易见的是，若要实现零中频的输出，需要能够准确地估计信号的载波频率，因此，下面进一步介绍循环相关熵谱的谱峰与载波频率的关系。选取多种调制信号的循环相关熵谱投影作为研究对象，信号参数为 $R_B = 0.005f_s$，$f_c = 0.1f_s = 20R_B$，结果如图 9.10 所示。

　　由图 9.10 可见，各类常见调制信号的循环相关熵谱投影的谱峰出现在 $\varepsilon = \pm 0.2f_s$ 处，考虑到信号载波频率均为 $f_c = 0.1f_s$，故各种数字调制信号也存在类似于 AM 信号的结论，即在它们的循环相关熵谱中的 $\varepsilon = \pm 2 f_c$ 处也存在谱峰。此外，还可以发现，循环相关熵谱投影在 $\varepsilon = \pm 4 f_c$ 附近也存在谱峰，由式（9.43）可知，该处的谱峰是由谐波分量所引入的。

图 9.10　循环相关熵谱投影的谱峰与载波频率的关系

图 9.10 循环相关熵谱投影的谱峰与载波频率的关系（续）

在上述数字调制信号所对应的循环相关熵谱投影中，没有观察到码元速率对谱峰的影响。主要有三个原因，首先是载波频率远大于码元速率；其次是受限于计算量，所选取的循环频率分辨率较低；最后是与载波频率相关的谱峰强度远高于与码元速率相关的谱峰强度。通过上述方法，可以较为准确地估计信号载波频率。再借助估计值对调制信号进行降频操作，就可以基于正交信号模型利用零中频的 I、Q 双通道输出构造复信号，最后通过循环相关熵谱谱峰搜索来估计基带信号的码元速率。

通过仿真实验，本节首先验证了 2PSK 和 4PSK 等数字调制信号所对应的循环相关熵谱的谱峰位置与载波频率和码元速率的关系，然后验证了零中频输出信号的循环相关熵谱的谱峰位置与码元速率的关系，最后验证了多种数字调制信号的循环相关熵谱的谱峰位置与载波频率间的关系。

由此可见，本节所介绍的各类关系是通过循环相关熵谱估计信号载波频率或码元速率的理论依据。更重要的是，若感兴趣信号与干扰信号在时域和频域均是重叠的，则难以利用常规的时域或频域方法对它们进行分析和处理。在这种情况下，若感兴趣信号与干扰信号具有不同的码元速率，则可以借助循环相关熵及其谱函数对其进行分离，从而实现对感兴趣信号的分析和处理。此外，本节所介绍的诸多关系与性质也是第 10 章中有关循环相关熵应用的理论依据。

9.5 广义循环相关熵与广义循环相关熵谱

相关熵这一概念提出后，文献中提出了许多基于相关熵和传统信号处理算法的改进算法，在脉冲噪声下获得了较好的信号处理性能，从而使相关熵这一概念得到广泛的重视。基于相关熵这一基本概念，Chen 等人提出了基于广义高斯核函数的广义相关熵（generalized correntropy）的概念，Zhang 等人提出了基于相关熵的相关（correntropy-based correlation，CRCO）这一概念。上述广义相关熵概念的提出为更好地抑制脉冲噪声提供了可能。此外，在循环频率域，Li 等人提出了基于广义高斯核函数的广义循环相关熵的概念，在本书中称为第一类广义循环相关熵；Chen 等人提出了基于核函数加权相关的广义循环相关熵的概念，在本书中称为第二类广义循环相关熵，两类广义循环相关熵概念的提出均为抑制脉冲噪声提供了更多的选项和可能。作为对相关熵和循环相关熵理论的补充，本节对广义循环相关熵的概念和基本理论进行整理、介绍。

9.5.1 第一类广义循环相关熵及其谱函数

定义 9.9 第一类广义相关熵 若 $X(t)$ 和 $Y(t)$ 是两个循环平稳随机过程，其第一类广义相关熵的定义为

$$C_{XY}^{(1)}(t,\tau) = E[G_{\mu\nu}(X(t) - Y^*(t+\tau))] \tag{9.46}$$

式中，$G_{\mu\nu}(\cdot)$ 表示广义高斯核函数，定义为

$$G_{\mu\nu}(X(t) - Y^*(t+\tau)) = \frac{\mu}{2\nu\Gamma(1/\mu)} \exp\left(-\left|\frac{X(t) - Y^*(t+\tau)}{\nu}\right|^{\mu}\right)$$
$$= \gamma_{\mu\nu} \exp\left(-\lambda\left|X(t) - Y^*(t+\tau)\right|^{\mu}\right) \tag{9.47}$$

式中，$\Gamma(\cdot)$ 表示伽马函数，$\mu > 0$ 表示形状参数，$\nu > 0$ 表示尺度参数，$\lambda = \nu^{-\mu}$ 表示核参数，$\gamma_{\mu\nu} = \mu/(2\nu\Gamma(1/\mu))$ 表示归一化的常数。

定义 9.10 第一类广义循环相关熵 若 $C_{XY}^{(1)}(t,\tau)$ 具有周期性，不妨设其周期为 T_0，则对应的第一类广义循环相关熵 $U_{XY}^{(1)}(\varepsilon,\tau)$ 定义为 $C_{XY}^{(1)}(t,\tau)$ 傅里叶级数的系数，如下式所示：

$$U_{XY}^{(1)}(\varepsilon,\tau) = \frac{1}{T_0}\int_{-T_0/2}^{T_0/2} C_{XY}^{(1)}(t,\tau)\mathrm{e}^{-\mathrm{j}2\pi\varepsilon t}\mathrm{d}t \tag{9.48}$$

定义 9.11 第一类广义循环相关熵谱 第一类广义循环相关熵 $U_{XY}^{(1)}(\varepsilon,\tau)$ 所对应的第一类广义循环相关熵谱 $S_{XY}^{(1)}(\varepsilon,f)$ 定义为

$$S_{XY}^{(1)}(\varepsilon,f) = \int_{-\infty}^{\infty} U_{XY}^{(1)}(\varepsilon,\tau)\mathrm{e}^{-\mathrm{j}2\pi f\tau}\mathrm{d}\tau \tag{9.49}$$

例 9.5 试利用 MATLAB 编程，计算两个 AM 信号的第一类广义循环相关熵及其谱函数和投影。

解 设定参数 $\mu = 4$，$\nu = 1$，采样频率为 f_s，载波频率 $f_c = 0.1f_s$，高斯核函数的核长为 0.5。利用 MATLAB 编程，得到两个 AM 信号的第一类广义循环相关熵、谱和谱投影，仿真实验结果如图 9.11 所示。

（a）第一类广义循环互相关熵

（b）第一类广义循环互相关熵谱

（c）第一类广义循环互相关熵谱投影

图 9.11　AM 信号的第一类广义循环互相关熵、谱和谱投影

　　显然，由图 9.11 可见，对于 AM 信号而言，其第一类广义循环相关熵谱投影在循环频率 $\varepsilon = \pm 0.2 f_{\mathrm{s}} = \pm 2 f_{\mathrm{c}}$ 处存在谱峰，与之前的关系相同。限于篇幅，在此就不详细展示其他调制信号的第一类广义循环相关熵、谱和谱投影，读者可根据公式进行 MATLAB 编程并验证上述关系。

9.5.2　第一类广义循环相关熵及其谱函数的主要性质

1. 第一类广义循环互相关熵的时移关系

性质 9.16　若 $X_1(t)$、$X_2(t)$、$Y_1(t)$、$Y_2(t)$ 是 4 个循环平稳随机过程，且满足关系 $X_2(t) = X_1(t-t_0)$，$Y_2(t) = Y_1(t-t_0)$，由于随机过程间的时移关系，对应的第一类广义循环互相关熵 $U_{X_1Y_1}^{(1)}(\varepsilon,\tau)$ 和 $U_{X_2Y_2}^{(1)}(\varepsilon,\tau)$ 满足如下关系式：

$$U_{X_2Y_2}^{(1)}(\varepsilon,\tau) = U_{X_1Y_1}^{(1)}(\varepsilon,\tau)\mathrm{e}^{-\mathrm{j}2\pi\varepsilon t_0} \tag{9.50}$$

证明　根据第一类广义循环互相关熵的定义，$U_{X_2Y_2}^{(1)}(\varepsilon,\tau)$ 满足如下关系式：

$$
\begin{aligned}
U_{X_2Y_2}^{(1)}(\varepsilon,\tau) &= \frac{1}{T_0}\int_{-T_0/2}^{T_0/2} C_{X_2Y_2}^{(1)}(t,\tau)\mathrm{e}^{-\mathrm{j}2\pi\varepsilon t}\mathrm{d}t \\
&= \frac{1}{T_0}\int_{-T_0/2}^{T_0/2} E[G_{\mu\nu}(X_2(t)-Y_2^*(t+\tau))]\mathrm{e}^{-\mathrm{j}2\pi\varepsilon t}\mathrm{d}t \\
&= \frac{1}{T_0}\int_{-T_0/2}^{T_0/2} E[G_{\mu\nu}(X_1(t-t_0)-Y_1^*(t-t_0+\tau))]\mathrm{e}^{-\mathrm{j}2\pi\varepsilon t}\mathrm{d}t \\
&\overset{s=t-t_0}{=} \frac{1}{T_0}\int_{-T_0/2}^{T_0/2} E[G_{\mu\nu}(X_1(s)-Y_1^*(s+\tau))]\mathrm{e}^{-\mathrm{j}2\pi\varepsilon(s+t_0)}\mathrm{d}(s+t_0) \\
&= \left(\frac{1}{T_0}\int_{-T_0/2}^{T_0/2} E[G_{\mu\nu}(X_1(s)-Y_1^*(s+\tau))]\mathrm{e}^{-\mathrm{j}2\pi\varepsilon s}\mathrm{d}s\right)\mathrm{e}^{-\mathrm{j}2\pi\varepsilon t_0} \\
&= U_{X_1Y_1}^{(1)}(\varepsilon,\tau)\mathrm{e}^{-\mathrm{j}2\pi\varepsilon t_0}
\end{aligned}
\tag{9.51}
$$

2. 第一类广义循环自相关熵的时移关系

性质 9.16　若 $X(t)$ 和 $Y(t)$ 是两个循环平稳随机过程，且满足 $Y(t) = X(t-t_0)$，则由于随机过程间的时移关系，其第一类广义循环自相关熵 $U_X^{(1)}(\varepsilon,\tau)$ 和 $U_Y^{(1)}(\xi,\tau)$ 满足如下关系式：

$$U_Y^{(1)}(\varepsilon,\tau) = U_X^{(1)}(\varepsilon,\tau)\mathrm{e}^{-\mathrm{j}2\pi\varepsilon t_0} \tag{9.52}$$

由于证明过程和式（9.51）类似，故而此处省略证明过程。

3. 第一类广义循环互相关熵的时移域对称关系

性质 9.16　若 $X(t)$ 和 $Y(t)$ 是两个循环平稳随机过程，则其第一类广义循环互相关熵 $U_X^{(1)}(\varepsilon,\tau)$ 和 $U_{YX}^{(1)}(\varepsilon,\tau)$ 具有时移域对称关系，即满足如下关系式：

$$U_{XY}^{(1)}(\varepsilon,-\tau) = U_{YX}^{(1)}(\varepsilon,\tau)\mathrm{e}^{-\mathrm{j}2\pi\varepsilon\tau} \tag{9.53}$$

证明　根据第一类广义循环相关熵的定义，可知 $U_{XY}^{(1)}(\varepsilon,-\tau)$ 满足如下关系式：

$$
\begin{aligned}
U_{XY}^{(1)}(\varepsilon,-\tau) &= \frac{1}{T_0}\int_{-T_0/2}^{T_0/2} E[G_{\mu\nu}(X(t)-Y^*(t-\tau))]\mathrm{e}^{-\mathrm{j}2\pi\varepsilon t}\mathrm{d}t \\
&\overset{s=t-\tau}{=} \frac{1}{T_0}\int_{-T_0/2}^{T_0/2} E[G_{\mu\nu}(X(s+\tau)-Y^*(s))]\mathrm{e}^{-\mathrm{j}2\pi\varepsilon(s+\tau)}\mathrm{d}(s+\tau) \\
&= \left(\frac{1}{T_0}\int_{-T_0/2}^{T_0/2} E[G_{\mu\nu}(Y(s)-X^*(s+\tau))]\mathrm{e}^{-\mathrm{j}2\pi\varepsilon s}\mathrm{d}s\right)\mathrm{e}^{-\mathrm{j}2\pi\varepsilon\tau} \\
&= \left(\frac{1}{T_0}\int_{-T_0/2}^{T_0/2} C_{YX}^{(1)}(s,\tau)\mathrm{e}^{-\mathrm{j}2\pi\varepsilon s}\mathrm{d}s\right)\mathrm{e}^{-\mathrm{j}2\pi\varepsilon\tau} \\
&= U_{YX}^{(1)}(\varepsilon,\tau)\mathrm{e}^{-\mathrm{j}2\pi\varepsilon\tau}
\end{aligned}
\tag{9.54}
$$

4. 第一类广义循环自相关熵的时移域对称关系

性质 9.17 若 $X(t)$ 是一个循环平稳随机过程，则其第一类广义循环自相关熵 $U_X^{(1)}(\varepsilon,\tau)$ 具有时移域对称关系，即满足如下关系式：

$$U_X^{(1)}(\varepsilon,-\tau) = U_Y^{(1)}(\varepsilon,\tau)e^{-j2\pi\varepsilon\tau} \tag{9.55}$$

由于证明过程与式（9.54）类似，故省略此处的证明过程。

5. 第一类广义循环互相关熵的循环频率域共轭对称关系

性质 9.18 若 $X(t)$ 和 $Y(t)$ 是两个循环平稳随机过程，则其第一类广义循环互相关熵 $U_{XY}^{(1)}(\varepsilon,\tau)$ 在循环频率域具有共轭对称关系，即满足如下关系式：

$$U_{XY}^{(1)}(-\varepsilon,\tau) = [U_{XY}^{(1)}(\varepsilon,\tau)]^* \tag{9.56}$$

证明 根据第一类广义循环互相关熵的定义，可知 $U_{XY}^{(1)}(-\varepsilon,\tau)$ 满足如下关系式：

$$U_{XY}^{(1)}(-\varepsilon,\tau) = \frac{1}{T_0}\int_{-T_0/2}^{T_0/2} C_{XY}^{(1)}(t,\tau)e^{-j2\pi(-\varepsilon)t}dt$$

$$= \left[\frac{1}{T_0}\int_{-T_0/2}^{T_0/2} C_{XY}^{(1)}(t,\tau)e^{-j2\pi\varepsilon t}dt\right]^* = [U_{XY}^{(1)}(\varepsilon,\tau)]^* \tag{9.57}$$

6. 第一类广义循环自相关熵的循环频率域共轭对称关系

性质 9.19 若 $X(t)$ 是一个循环平稳随机过程，则其第一类广义循环自相关熵 $U_X^{(1)}(\varepsilon,\tau)$ 在循环频率域具有共轭对称关系，即满足如下关系式：

$$U_X^{(1)}(-\varepsilon,\tau) = [U_X^{(1)}(\varepsilon,\tau)]^* \tag{9.58}$$

由于证明过程与式（9.57）类似，故而此处省略证明过程。

7. 第一类广义循环互相关熵谱的循环频率−频率域共轭对称关系

性质 9.20 若 $X(t)$ 和 $Y(t)$ 是两个循环平稳随机过程，则第一类广义循环互相关熵谱 $S_{XY}^{(1)}(\varepsilon,f)$ 在循环频率−频率域具有共轭对称关系，即满足如下关系式：

$$S_{XY}^{(1)}(-\varepsilon,-f) = [S_{XY}^{(1)}(\varepsilon,f)]^* \tag{9.59}$$

证明 根据第一类广义循环互相关熵谱的定义和式（9.56）可知，$S_{XY}^{(1)}(-\varepsilon,-f)$ 满足如下关系式：

$$S_{XY}^{(1)}(-\varepsilon,-f) = \int_{-\infty}^{\infty} U_{XY}^{(1)}(-\varepsilon,\tau)e^{-j2\pi(-f)\tau}d\tau$$

$$= \left[\int_{-\infty}^{\infty} U_{XY}^{(1)}(\varepsilon,\tau)e^{-j2\pi f\tau}d\tau\right]^* \tag{9.60}$$

$$= [S_{XY}^{(1)}(\varepsilon,f)]^*$$

8. 第一类广义循环自相关熵谱的循环频率−频率域共轭对称关系

性质 9.21 若 $X(t)$ 是一个循环平稳随机过程，则第一类广义循环自相关熵谱 $S_X^{(1)}(\varepsilon,f)$ 在循环频率−频率域具有共轭对称关系，即满足如下关系式：

$$S_X^{(1)}(-\varepsilon,-f) = [S_X^{(1)}(\varepsilon,f)]^* \tag{9.61}$$

由于证明过程与式（9.60）类似，故而此处省略证明过程。

9.5.3　第二类广义循环相关熵及其谱函数

若 $X(t)$ 和 $Y(t)$ 是两个循环平稳随机过程，则基于相关熵的相关（CRCO）定义为

$$C_{XY}^{(2)}(t,\tau) = E[X(t)Y^*(t+\tau)\kappa_\sigma(X(t)-Y(t+\tau))] \tag{9.62}$$

定义 9.12　第二类广义循环相关熵　若 $C_{XY}^{(2)}(t,\tau)$ 具有周期性，不妨设其周期为 T_0，则对应的第二类广义循环相关熵 $U_{XY}^{(2)}(\xi,\tau)$ 定义为 $C_{XY}^{(2)}(t,\tau)$ 傅里叶级数的系数，其定义式为

$$U_{XY}^{(2)}(\varepsilon,\tau) = \frac{1}{T_0}\int_{-T_0/2}^{T_0/2} C_{XY}^{(2)}(t,\tau)e^{-j2\pi\varepsilon t}dt \tag{9.63}$$

定义 9.13　第二类广义循环相关熵谱　$U_{XY}^{(2)}(\varepsilon,\tau)$ 所对应的第二类广义循环相关熵谱 $S_{XY}^{(2)}(\varepsilon,f)$ 定义为

$$S_{XY}^{(2)}(\varepsilon,f) = \int_{-\infty}^{\infty} U_{XY}^{(2)}(\varepsilon,\tau)e^{-j2\pi f\tau}d\tau \tag{9.64}$$

例 9.6　试利用 MATLAB 编程，计算并分析两个 AM 信号的第二类广义相关熵及其谱函数和谱投影。

解　利用 MATLAB 编程，产生两个 AM 信号，计算得到其第二类广义相关熵、谱和谱投影，如图 9.12 所示。

（a）第二类广义循环相关熵

（b）第二类广义循环相关熵谱

图 9.12　AM 信号的第二类广义循环互相关熵、谱和谱投影

（c）第二类广义循环互相关熵谱投影

图 9.12　AM 信号的第二类广义循环互相关熵、谱和谱投影（续）

由图 9.12 可见，对于 AM 信号，其第二类广义循环相关熵谱投影在循环频率 $\varepsilon = \pm 2 f_c$ 处存在谱峰，与前文介绍的关系相同。同样，限于篇幅，在此就不详细展示其他调制信号的第二类广义循环相关熵谱、谱函数和谱投影，如果读者有兴趣，可以根据公式复现和验证上述关系。

9.5.4　第二类广义循环相关熵及其谱函数的主要性质

1．第二类广义循环互相关熵的时移关系

性质 9.23　若 $X_1(t)$、$X_2(t)$、$Y_1(t)$ 和 $Y_2(t)$ 是 4 个循环平稳随机过程，且满足关系 $X_2(t) = X_1(t - t_0)$，$Y_2(t) = Y_1(t - t_0)$，由于随机过程间的时移关系，对应的第二类广义循环互相关熵 $U_{X_1 Y_1}^{(2)}(\varepsilon, \tau)$ 和 $U_{X_2 Y_2}^{(2)}(\varepsilon, \tau)$ 满足如下关系式：

$$U_{X_2 Y_2}^{(2)}(\varepsilon, \tau) = U_{X_1 Y_1}^{(2)}(\varepsilon, \tau) \mathrm{e}^{-\mathrm{j} 2 \pi \varepsilon t_0} \tag{9.65}$$

证明　根据第二类广义循环互相关熵的定义，$U_{X_2 Y_2}^{(2)}(\varepsilon, \tau)$ 满足如下关系式：

$$
\begin{aligned}
U_{X_2 Y_2}^{(2)}(\varepsilon, \tau) &= \frac{1}{T_0} \int_{-T_0/2}^{T_0/2} C_{X_2 Y_2}^{(2)}(t, \tau) \mathrm{e}^{-\mathrm{j} 2 \pi \varepsilon t} \mathrm{d} t \\
&= \frac{1}{T_0} \int_{-T_0/2}^{T_0/2} E[X_2(t) Y_2^*(t + \tau) \kappa_\sigma (X_2(t) - Y_2(t + \tau))] \mathrm{e}^{-\mathrm{j} 2 \pi \varepsilon t} \mathrm{d} t \\
&= \frac{1}{T_0} \int_{-T_0/2}^{T_0/2} E[X_1(t - t_0) Y_1^*(t - t_0 + \tau) \kappa_\sigma (X_1(t - t_0) - Y_1(t - t_0 + \tau))] \mathrm{e}^{-\mathrm{j} 2 \pi \varepsilon t} \mathrm{d} t \\
&\overset{s = t - \tau}{=} \frac{1}{T_0} \int_{-T_0/2}^{T_0/2} E[X_1(s) Y_1^*(s + \tau) \kappa_\sigma (X_1(s) - Y_1(s + \tau))] \mathrm{e}^{-\mathrm{j} 2 \pi \varepsilon (s + t_0)} \mathrm{d}(s + t_0) \\
&= \left(\frac{1}{T_0} \int_{-T_0/2}^{T_0/2} E[X_1(s) Y_1^*(s + \tau) \kappa_\sigma (X_1(s) - Y_1(s + \tau))] \mathrm{e}^{-\mathrm{j} 2 \pi \varepsilon s} \mathrm{d} s \right) \mathrm{e}^{-\mathrm{j} 2 \pi \xi t_0} \\
&= U_{X_1 Y_1}^{(2)}(\varepsilon, \tau) \mathrm{e}^{-\mathrm{j} 2 \pi \varepsilon t_0}
\end{aligned}
\tag{9.66}
$$

2．第二类广义循环自相关熵的时移关系

性质 9.24　若 $X(t)$ 和 $Y(t)$ 是两个循环平稳随机过程，且满足 $Y(t) = X(t - t_0)$，则由于随机过程间的时移关系，对应的第二类广义循环自相关熵 $U_X^{(2)}(\varepsilon, \tau)$ 和 $U_Y^{(2)}(\varepsilon, \tau)$ 满足

$$U_Y^{(2)}(\varepsilon, \tau) = U_X^{(2)}(\varepsilon, \tau) \mathrm{e}^{-\mathrm{j} 2 \pi \varepsilon t_0} \tag{9.67}$$

由于证明过程与式（9.66）类似，故而此处省略证明过程。

3. 第二类广义循环互相关熵的循环频率–时移域共轭对称关系

性质 9.25 若 $X(t)$ 和 $Y(t)$ 是两个循环平稳随机过程，则其第二类广义循环互相关熵 $U_{XY}^{(2)}(\varepsilon,\tau)$ 和 $U_{YX}^{(2)}(\varepsilon,\tau)$ 在循环频率–时移域具有共轭对称关系，即满足如下关系式：

$$U_{XY}^{(2)}(-\varepsilon,\tau) = [U_{YX}^{(2)}(\varepsilon,-\tau)]^* e^{-j2\pi\varepsilon\tau} \tag{9.68}$$

证明 根据第二类广义循环互相关熵的定义，可知 $U_{XY}^{(2)}(-\varepsilon,\tau)$ 满足如下关系式：

$$
\begin{aligned}
U_{XY}^{(2)}(-\varepsilon,\tau) &= \frac{1}{T_0}\int_{-T_0/2}^{T_0/2} E[X(t)Y^*(t+\tau)\kappa_\sigma(X(t)-Y(t+\tau))]e^{-j2\pi(-\varepsilon)t}\mathrm{d}t \\
&\overset{s=t+\tau}{=} \frac{1}{T_0}\int_{-T_0/2}^{T_0/2} E[X(s-\tau)Y^*(s)\kappa_\sigma(X(s-\tau)-Y(s))]e^{-j2\pi(-\varepsilon)(s-\tau)}\mathrm{d}(s-\tau) \\
&= \left(\frac{1}{T_0}\int_{-T_0/2}^{T_0/2} E[Y(s)X^*(s-\tau)\kappa_\sigma(Y(s)-X(s-\tau))]e^{-j2\pi\varepsilon s}\mathrm{d}s\right)^* e^{-j2\pi\varepsilon\tau} \\
&= \left(\frac{1}{T_0}\int_{-T_0/2}^{T_0/2} C_{YX}^{(2)}(s,-\tau)e^{-j2\pi\varepsilon s}\mathrm{d}s\right)^* e^{-j2\pi\varepsilon\tau} \\
&= [U_{YX}^{(2)}(\varepsilon,-\tau)]^* e^{-j2\pi\varepsilon\tau}
\end{aligned}
\tag{9.69}
$$

4. 第二类广义循环自相关熵的循环频率–时移域共轭对称关系

性质 9.26 若 $X(t)$ 是一个循环平稳随机过程，则其第二类广义循环自相关熵 $U_X^{(2)}(\varepsilon,\tau)$ 在循环频率–时移域具有共轭对称关系，即满足如下关系式：

$$U_X^{(2)}(-\varepsilon,\tau) = [U_X^{(2)}(\varepsilon,-\tau)]^* e^{-j2\pi\varepsilon\tau} \tag{9.70}$$

由于证明过程与式（9.69）类似，故而此处省略证明过程。

5. 第二类广义循环互相关熵谱的循环频率–频率域共轭对称关系

性质 9.27 若 $X(t)$ 和 $Y(t)$ 是两个循环平稳随机过程，则第二类广义循环互相关熵谱 $S_{XY}^{(2)}(\varepsilon,f)$ 满足循环频率–频率域的共轭对称关系，即满足如下关系式：

$$S_{XY}^{(2)}(-\varepsilon,-f) = [S_{YX}^{(2)}(\varepsilon,\varepsilon+f)]^* \tag{9.71}$$

证明 根据第二类广义循环互相关熵谱的定义和式（9.68）可知，$S_{XY}^{(1)}(-\varepsilon,-f)$ 满足如下关系式：

$$
\begin{aligned}
S_{XY}^{(2)}(-\varepsilon,-f) &= \int_{-\infty}^{\infty} U_{XY}^{(2)}(-\varepsilon,\tau)e^{-j2\pi(-f)\tau}\mathrm{d}\tau \\
&= \int_{-\infty}^{\infty} (U_{YX}^{(2)}(\varepsilon,-\tau))^* e^{-j2\pi\varepsilon\tau} e^{-j2\pi f\tau}\mathrm{d}\tau \\
&\overset{s=-\tau}{=} \int_{-\infty}^{\infty} (U_{YX}^{(2)}(\varepsilon,s))^* e^{-j2\pi(\varepsilon+f)(-s)}\mathrm{d}s \\
&= \left(\int_{-\infty}^{\infty} U_{YX}^{(2)}(\varepsilon,s)e^{-j2\pi(\varepsilon+f)s}\mathrm{d}s\right)^* \\
&= [S_{YX}^{(2)}(\varepsilon,\varepsilon+f)]^*
\end{aligned}
\tag{9.72}
$$

6. 第二类广义循环自相关熵谱的循环频率–频率域共轭对称关系

性质 9.28 若 $X(t)$ 是一个循环平稳随机过程，则第二类广义循环自相关熵谱 $S_X^{(2)}(\varepsilon,f)$ 在循环频率–频率域具有共轭对称关系，即满足如下关系式：

$$S_X^{(2)}(-\varepsilon,-f) = [S_X^{(1)}(\varepsilon,\varepsilon+f)]^* \tag{9.73}$$

由于证明过程与式（9.72）类似，故而此处省略证明过程。

9.6 本章小结

循环相关熵理论的出发点，是在分数低阶循环统计量理论框架外，寻找一种能够有效抑制脉冲噪声，并同时克服同频带干扰的数学工具。由于相关熵具有"局部"相似性测度这一优势，故将其在循环频率域进行推广，进而得到了循环相关熵的概念。本章系统地介绍了实、复两类信号的循环相关熵和循环相关熵谱的概念和定义式。为了更好地理解循环相关熵及其谱函数等概念，本章还给出了多种调制的信号的循环相关熵及其谱函数等的仿真结果。

在对概念和定义介绍的基础上，本章还详细介绍了循环相关熵及其谱函数的性质，并对各结论进行了推导和论证。然后，着重介绍了循环相关熵的谱峰位置与载波频率和码元速率之间的关系。这些性质为后续章节中各类基于循环相关熵的方法提供了理论依据。

除了循环相关熵及其谱函数这一类基础概念，本章还介绍了两类广义循环相关熵及对应的广义循环相关熵谱函数的概念，并对这两类广义循环相关熵及其谱函数的性质进行了介绍和证明。

思考题与习题

1．分数低阶统计量的优点主要有哪些？缺点主要有哪些？
2．分数低阶循环统计量的优点主要有哪些？缺点主要有哪些？
3．相关熵的优点主要有哪些？缺点主要有哪些？
4．循环相关熵的优点主要有哪些？
5．循环相关熵和复循环相关熵的主要区别是什么？
6．循环相关熵谱和复循环相关熵谱的主要区别是什么？
7．编写复循环相关熵谱的 MATLAB 程序子函数。
8．描述循环相关熵的统计平均表达式。
9．什么是各态历经性？描述循环相关熵的时间平均表达式。
10．证明复循环相关熵的时移关系。
11．证明复循环相关熵的时移域对称关系。
12．证明复循环相关熵的循环频率域共轭对称关系。
13．证明复循环相关熵谱的循环频率–频率域共轭对称关系。
14．编写第一类广义循环相关熵谱的子函数。
15．证明第一类广义循环相关熵的时移关系。
16．证明第一类广义循环相关熵的时移域对称关系。
17．证明第一类广义循环相关熵的循环频率域共轭对称关系。
18．证明第一类广义循环相关熵谱的循环频率–频率域共轭对称关系。
19．编写第二类广义循环相关熵谱的子函数。
20．证明第二类广义循环相关熵的时移关系。
21．证明第二类广义循环相关熵的循环频率–时移域共轭对称关系。
22．证明第二类广义循环相关熵谱的循环频率–频率域共轭对称关系。

第 10 章　基于循环相关熵的信号处理方法及其应用

10.1　概述

伴随着无线通信技术的普及和发展，无线电传播所处的电磁环境变得愈发复杂。无论是在民用领域，还是在军用领域，复杂的电磁环境增加了通信信号分析和处理工作的难度，因此在复杂电磁环境条件下，如何提升各类信号处理方法的性能就成为重中之重。具体而言，准确的载波频率估计是接收感兴趣信号的前提，精确的波达方向（DOA）估计能为提升信噪比提供保障，精准的到达时差估计（TDOA）可以更好地解决信号源定位问题，确切的调制方式识别则是解调信号的必要条件。由此可见，上述通信信号参数估计问题和识别问题是信号接收和处理过程中的重要问题。

在不同领域进行信号处理时，有时所遇到的问题是相似的。例如，在机械信号处理领域，如何进行机械设备的模态分析和故障诊断，尤其是轴承类故障诊断，是非常普遍而又重要的问题。而在解决这类问题的过程中，会发现信号常具有循环平稳性，噪声有时也具有脉冲性。

鉴于这些问题的重要性，文献中介绍了一些相关的研究进展，但是针对复杂电磁环境，尤其是针对脉冲噪声和同频带干扰并存条件的研究成果还较少，还需要对这些问题进行进一步的研究和提炼，以便从非高斯信号处理和非平稳信号处理两大理论体系的交叠处寻得突破。

许多经典的信号处理方法是基于二阶统计量的，在没有同频带干扰的条件下，这些方法能够较好地抑制高斯噪声。但是，在诸如脉冲噪声这样的非高斯噪声条件下，由于二阶统计量自身的局限性，经典的信号处理方法会发生显著的性能退化。此外，这些方法也无法较好地抑制同频带干扰或邻近频带干扰。

由于感兴趣信号和干扰信号通常具有不同的循环频率特征，基于二阶循环统计量的信号处理方法可以有效地抑制同频干扰或邻频干扰，因此这些方法已广泛应用于通信信号处理领域。但由于上述方法是基于二阶循环统计量的，难以抑制脉冲噪声是其显著的局限性。

为了解决同频带干扰和脉冲噪声并存条件下的信号处理问题，在循环平稳信号处理理论框架下，出现了一系列新概念和新方法，如分数低阶循环统计量和基于分数低阶循环统计量的信号处理方法。但是，此类方法对于噪声先验知识的依赖性较强，当难以准确地估计噪声参数时，此类方法的性能会退化，当噪声模型失配严重时，此类方法甚至会彻底失效。

本书第 9 章介绍了循环相关熵的概念和性质等基本理论，可知基于循环相关熵概念的信号处理方法能够同时抑制脉冲噪声和同频带干扰。本章将结合各类实际应用问题，重点介绍基于循环相关熵和循环相关熵谱的信号处理方法及其应用，主要包括：基于循环相关熵的单载波频率和多载波频率估计方法，循环相关熵谱的压缩和重建方法以及对应的载波频率估计方法，基于循环相关熵的 DOA 估计方法和信号源个数估计方法，基于第一类和第二类广义循环相关熵的 TDOA 估计方法，基于循环相关熵谱的调制方式识别方法，以及基于广义循环相关熵的轴承故障诊断方法等。由于在介绍各类应用和方法的过程中会涉及循环相关熵、循环相关熵谱及其投影等一系列概念和性质，故循环相关熵基本理论是理解本章内容的关键。此外，本章还会涉及压缩感知和深度学习，因此了解相关理论的基本概念也会助于理解本章的相关应用和方法。

10.2 基于循环相关熵谱的载波频率估计

10.2.1 基于循环相关熵谱的单载波频率估计

在复杂电磁环境下，尤其是当脉冲噪声存在时，同频带干扰会增加信号参数估计的难度，导致很多基于信号频谱特征的参数估计方法难以奏效，而这一问题促进了其他方法的发展。其中，利用信号的循环平稳特性在循环频率域进行特征提取的方法获得了广泛的关注并实现了长足的发展。为此，本节将选取三种基于循环相关熵谱的载波频率估计方法进行介绍。

根据第 9 章的内容，我们知道，只要信号满足二阶循环平稳性，信号的循环相关熵谱就会包含具有特定含义的谱峰。此外，第 9 章给出的对 AM 信号和 2PSK 信号循环相关熵及其谱函数分析的结果表明，循环相关熵和/或循环相关熵谱的谱峰与信号的载波频率和码元速率具有确定的关系，这些特性或关系是基于循环相关熵的信号处理方法在实际中应用的理论基础。

1. 基于循环相关熵谱的单载波频率估计方法

（1）算法流程

所谓单载波频率是指在调制过程中载波的频率是单一的。基于循环相关熵谱的单载波频率估计方法的基本思路是，根据得到的接收信号，估计计算信号的循环自相关熵谱投影，并根据在谱投影上的谱峰搜索，得到信号载波频率的估计

$$\hat{f}_{c} = \frac{1}{2}\min\left[\arg\max_{\varepsilon}{}_{N}[Q(\varepsilon)]\right], \qquad 0 < \varepsilon < f_{s}/2 \qquad (10.1)$$

式中，$\max_{N}(\cdot)$ 表示求取 N 个最大值，$Q(\varepsilon)$ 表示循环相关熵谱 $S_{X}^{\sigma}(\varepsilon, f)$ 向 ε 轴的投影函数。这种基于循环相关熵谱的单载波频率估计方法的流程如图 10.1 所示。

图 10.1 基于循环相关熵谱的单载波频率估计方法流程

（2）循环熵谱估计举例

例 10.1 试利用 MATLAB 编程，产生 2PSK 信号，并在信号上附加 Alpha 稳定分布噪声，估计该带噪信号的循环相关熵谱，并与常规的循环谱和分数低阶循环谱进行对比分析。其中，信号、噪声及高斯核长等参数自行确定。

解 按照要求产生 2PSK 信号和 Alpha 稳定分布噪声。设定载波频率 $f_{c} = 1000\text{Hz}$，采样频率 $f_{s} = 10000\text{Hz}$，码元速率 $R_{B} = 50\text{Baud}$，信号时长 $T = 2\text{s}$，广义信噪比 GSNR$= -3\text{dB}$，Alpha 稳定分布噪声的特征指数 $\alpha = 1.3$，高斯核函数的核长 $\sigma = 0.5$。分别计算估计带噪信号的循环

相关熵谱，以及常规的循环谱和分数低阶循环谱。

不同算法所得到的循环谱估计三维曲面如图 10.2 所示。由图可见，循环相关熵谱具有最好的噪声抑制能力，并能够给出最精准的频率估计结果。而常规的循环谱受脉冲噪声的影响严重，分数低阶循环谱有一定的噪声抑制能力，但对于参数的选择比较敏感。

图 10.2　GSNR=-3dB 时 2PSK 信号的各类谱函数曲面

（3）循环相关熵谱的投影函数

例 10.2　利用 MATLAB 编程，根据给定的随机序列 X 和 Y，实现循环相关熵谱投影函数，并绘制曲线。

解　MATLAB 程序代码如下所示：

```
function CCESP = CYCLICCORRENTROPYPROFILE(X,Y,sigma,frequency_samp)
len_signal = length(X);  num_epsilon = floor(len_signal/10);
idx_epsilon = (-num_epsilon/2+1:num_epsilon/2)/num_epsilon;
CCES = CYCLICCORRENTROPY(X,Y,sigma,frequency_samp);
CCESP = max(CCES,[],2);
figure;  plot(idx_epsilon,CCESP);
xlabel('\fontname{宋体}归一化循环频率\fontname{Times New Roman} \it\epsilon',
'fontsize',14);
ylabel('\fontname{宋体}循环相关熵谱投影','fontsize',14)
axis([idx_epsilon(1) idx_epsilon(end) 0 max(max(CCES))/10])
```

该程序可用于计算并绘制循环相关熵谱投影函数曲线。

2. 单载波频率估计的仿真实验

实验 10.1 验证循环相关熵谱投影的单载波信号载波频率估计的有效性。分别选取两个 2PSK 调制信号，其载波频率分别为 $f_{c1}=1000\text{Hz}$ 和 $f_{c2}=500\text{Hz}$，采样频率 $f_s=10000\text{Hz}$，码元速率 $R_B=50\text{Baud}$，信号时长 $T=2\text{s}$，高斯核函数的核长 $\sigma=0.5$。分别计算这两个信号的循环相关熵谱投影，结果如图 10.3 所示。

图 10.3 当载波频率不同时，2PSK 信号的循环相关熵谱投影

由图 10.3（a）可见，当载波频率为 $f_{c1}=1000\text{Hz}$ 时，谱峰所对应的循环频率分别为 $\varepsilon=\pm2000\text{Hz}$，其绝对值是此时载波频率的 2 倍。由图 10.3（b）可见，当载波频率为 $f_{c2}=500\text{Hz}$ 时，谱峰所对应的循环频率分别为 $\varepsilon=\pm1000\text{Hz}$，其绝对值也是此时载波频率的 2 倍。即在实际应用中，当码元速率远小于载波频率时或者当码元速率低于循环频率的分辨率时，循环相关熵谱的谱峰位置所对应的循环频率与信号载波频率满足 $\varepsilon=\pm2f_c$，可以依据式（10.1）来进行载波频率估计。

此外，还需要说明的是，循环相关熵包含高阶谐波分量，故在循环频率域的偶数倍谐波频率处，循环相关熵谱的曲面也会出现谱峰。受到核长 σ 的大小及阶数的共同影响，例如，当核长 $\sigma<1$ 时，可能会发生某些高频分量的谱峰高于低频分量谱峰的情况，但是当 $\sigma\geq1$ 时，高频分量所对应的系数迅速衰减。此时，循环相关熵所包含的高频分量的能量较小，与能量较大的低频分量所对应的谱峰相比，高频分量所对应的谱峰较小，即使是前一种情况，即 $\sigma<1$ 时，也会随着阶数的增加，导致高频分量的谱峰迅速衰减，从而在同一尺度下很不显著。

实验 10.2 为了进一步说明基于循环相关熵谱（cyclic correntropy spectrum，CCES）的单载波频率估计方法的优势，选取循环相关谱（cyclic correlation spectrum，CCS）、分数低阶循环相关谱（fractional lower-order cyclic correlation spectrum，FLOCCS）作为比较对象，其中，循环相关谱简称为循环谱，分数低阶循环相关谱简称为分数低阶循环谱。选取 2PSK 调制信号，其载波频率 $f_c=1000\text{Hz}$，采样频率 $f_s=10000\text{Hz}$，码元速率 $R_B=50\text{Baud}$，信号时长 $T=2\text{s}$，广义信噪比的取值范围为 $\text{GSNR}\in[-10,10]\text{dB}$；FLOCCS 的参数为 $a=b=0.55$，高斯核函数的核长 $\sigma=0.5$，蒙特卡洛实验的总次数为 $N_{MC}=200$，实验结果如图 10.4 所示。

由图 10.4 可见，当广义信噪比较低时，基于循环相关熵的单载波频率估计方法的估计误差最小，该结果不仅直接验证了这一方法的有效性，还通过算法对比验证了相比于循环谱和分数低阶循环谱，循环相关熵谱对脉冲噪声的抑制能力较强。

图 10.4　载波频率估计的 RMSE-GSNR 曲线比较

3. 单载波频率估计的真实信号实验

（1）背景

民航无线电通信业务所涉及的频率范围主要为 108～137MHz。为了保障民航飞行器的安全，这一频率范围是受到严格保护的，不允许其他信号使用该范围内的频谱。然而总会有一些无线电信号有意或无意地侵入该频率范围。为此，无线电监管部门需要对此类信号进行核实并对信号源进行定位，以确保民航通信安全。

（2）实验目标与结果

为了进一步研究和研制相关的技术及设备以有效地监管此类干扰，选取 AM 信号进行载波频率估计实验。经过民航飞行器的散射，所接收到的单载波频率 AM 信号功率较小，故信噪比也较低。而本实验的目标就是在这一较为恶劣的噪声条件下，实现较为准确的载波频率估计。考虑到本实验所涉及的电磁环境较为复杂，需要能够同时抑制噪声和同频带干扰的方法，根据栾声扬论文的研究成果，最终确定在非高斯信号处理和非平稳信号处理的交叉领域去寻求突破口，在原有的概念和理论的基础上提出新的概念和方法。

实验 10.3　选取单载波频率的 AM 信号源作为模拟干扰源，它所发出的信号经过民航飞行器散射后由设置于地面的接收机接收。为了避免对民航通信频段产生干扰，模拟干扰源的载波频率 $f_c = 147\text{MHz}$，接收信号时长 $T = 300\text{s}$，降至零中频后输出信号的采样频率 $f_s = 1525\text{Hz}$。选取所得到的数据计算信号的时频谱，实验结果如图 10.5（a）所示；所选择数据的时间范围为 $t \in [99, 101]\text{s}$，计算循环相关熵谱投影，实验结果如图 10.5（b）所示。

在图 10.5（a）所示的时频谱中，存在一条红色的曲线，称为多普勒频移曲线。这是由于民航飞行器在飞行过程中，它相对于发射机和接收机的位置和速度不断发生改变，造成了地面接收机所接收到散射信号的频率随时间变化的现象，是典型的多普勒频移现象。由图 10.5（b）给出的循环相关熵谱投影曲线可见，除了在零循环频率处出现的第一个谱峰，在循环频率 $\varepsilon = 61\text{Hz}$ 处还出现了第二个谱峰，该谱峰所对应的多普勒频移的数值为 30.5Hz，根据飞机的速度和位置可以确认它是使频率不断减小的多普勒频移，故多普勒频移应为 −30.5Hz，这与图 10.5（a）时频谱中 100s 处的多普勒频移曲线所对应的数值吻合，验证了本节所介绍的基于循环相关熵谱的载波频率估计方法的有效性。

（a）时频谱 　　　　　　（b）循环相关熵谱投影

图 10.5　实测飞机散射信号的时频谱和循环相关熵谱投影

10.2.2　基于循环相关熵谱的多载波频率估计

当邻近频带中存在多个感兴趣信号，或同时存在感兴趣信号和干扰信号，且需要对其载波频率进行逐一估计时，10.2.1 节所介绍的单载波频率估计方法无法满足要求。本节介绍基于循环相关熵谱的多载波频率估计方法。

1．基于循环相关熵谱的多载波频率估计方法

以 BPSK 信号为例，循环相关熵谱在 $\varepsilon = \mp 2f_c + kR_B$ 处存在谱峰成分，且在 $\varepsilon = \mp 2f_c$ 处有谱峰，因此可以通过在载频 f_c 附近搜索谱峰同时估计混叠信号的多个载波频率。具体而言，基于循环相关熵谱的多载波频率估计方法可以按照如下步骤实现。

第一步：选取感兴趣信号的频率中心及频域带宽，分别记为 f_0 和 B。

第二步：根据公式 $C_x^\sigma(t, \tau) = E[\kappa_\sigma(x(t) - x^*(t + \tau))]$ 计算接收到的信号 $x(t)$ 所对应的相关熵 $C_x^\sigma(t, \tau)$。

第三步：根据公式 $U_x^\sigma(\varepsilon, \tau) = \dfrac{1}{T_0} \displaystyle\int_{-T_0/2}^{T_0/2} C_x^\sigma(t, \tau) \mathrm{e}^{-\mathrm{j}2\pi\varepsilon t} \mathrm{d}t$ 计算相关熵 $C_x^\sigma(t, \tau)$ 所对应的循环相关熵 $U_x^\sigma(\varepsilon, \tau)$，其中循环频率的范围是 $(2f_0 - B,\ 2f_0 + B)$。

第四步：根据公式 $S_x^\sigma(\varepsilon, f) = \displaystyle\int_{-\infty}^{\infty} U_x^\sigma(\varepsilon, \tau) \mathrm{e}^{-\mathrm{j}2\pi f \tau} \mathrm{d}\tau$ 计算循环相关熵 $U_x(\varepsilon, \tau)$ 所对应的循环相关熵谱 $S_x(\varepsilon, f)$。

第五步：在 $f = 0$ 的截面中计算循环相关熵谱的模值可得 $\big|S_x(\varepsilon, 0)\big|$，再依据 $\big|S_x(\varepsilon, 0)\big|$ 在循环频率域搜索谱峰，并由谱峰位置估计对应的载波频率。

2．仿真实验

实验 10.4　选取两个 2PSK 信号，其载波频率分别是 $f_{c1} = 4000\mathrm{Hz}$ 和 $f_{c2} = 4100\mathrm{Hz}$，码元速率均为 $R_B = 500\mathrm{Baud}$，采样频率 $f_s = 40000\mathrm{Hz}$，信号时长 $T = 0.25\mathrm{s}$；Alpha 稳定分布噪声的特征指数 $\alpha = 1.3$，广义信噪比 GSNR $= 5\mathrm{dB}$；当噪声的先验知识不足时，为分数低阶循环谱选择参数 $a = b = 0.85$，而当噪声的先验知识充足时，选择参数 $a = b = 0.45$，为循环相关熵谱选择高斯核函数的核长 $\sigma = 0.5$。实验结果如图 10.6 所示。

图 10.6　两个 2PSK 信号的各类循环谱截面

由图 10.6 可见，在相同的脉冲噪声条件下循环谱较杂乱，在红线所标识的信号 2 倍载波频率处，即在 8000Hz 和 8200Hz 处未发现显著的谱峰，这一现象与图 10.2（a）中的循环谱特征相吻合。由图 10.2（b）和图 10.2（c）可见，当噪声的先验知识存在显著差异时，分数低阶循环谱对脉冲噪声的抑制能力也存在显著差异。由图 10.2（d）可见，循环相关熵谱的谱峰更为清晰，载频估计准确。由此体现出在这三种方法中，基于循环相关熵谱的载波频率估计方法对脉冲噪声具有最好的抑制能力。

实验 10.5　为了验证本节所介绍的多载波频率估计方法的适用性，本实验所选取的两个 2PSK 信号的参数与实验 10.4 相同。首先，选取广义信噪比 GSNR = 5dB，Alpha 稳定分布噪声的特征指数的取值范围是 $\alpha \in [1.0, 2.0]$；然后，选取广义信噪比的取值范围是 $\mathrm{GSNR} \in [-4,10]\mathrm{dB}$，特征指数 $\alpha = 1.3$。对于分数低阶循环谱，先设置参数 $a = b = 0.3, 0.4, 0.6$；再重新设置参数 $a = b = 0.3, 0.4, 0.45$。高斯核函数的核长 $\sigma = 0.5$，实验结果如图 10.7 所示。

由图 10.7（a）可见，当特征指数 $\alpha \geqslant 1.4$ 时，两类方法对载波频率的估计准确率都接近 100%，但是当特征指数 $\alpha < 1.4$ 时，相比基于分数低阶循环谱的方法，基于循环相关熵谱的方法具有更高的估计准确率，基于分数低阶循环谱的方法的估计准确率显著依赖于对噪声的先验知识，即体现在对参数的选择上。由图 10.7（b）可见，当 GSNR < 4dB 时，基于循环相关熵谱的方法仍具有最高的估计准确率。

（a）准确率-特征指数曲线 　　　　　　　（b）准确率-GSNR曲线

图 10.7　不同的噪声条件下多载波频率估计方法的准确率曲线比较

10.2.3　基于压缩循环相关熵谱的载波频率估计

本节介绍一种基于压缩循环相关熵谱的载波频率估计方法。借助于循环相关熵谱谱峰的稀疏性，该方法采用压缩感知技术对循环相关熵谱进行压缩和重建，从而达到利用较少数据实现相近功能的目的。通过该方法，最终可实现数据的处理、存储和传输在时间域和空间域的分布化，即数据的处理、存储和传输不再限于一时，也不再限于一处。基于压缩循环相关熵谱的载波频率估计方法可以分为两种，一种利用了整个谱函数，另一种只利用了循环频率-频率域第 I 象限的谱函数，本节用公式和伪代码分别对其进行介绍。

1．基于压缩循环相关熵谱的多载波频率估计方法

假设随机信号 $x(t)$ 满足循环平稳特性，它所对应的循环相关熵 $U_x^\sigma(\varepsilon,\tau)$ 和循环相关熵谱 $S_x^\sigma(\varepsilon,f)$ 的定义式如下：

$$U_x^\sigma(\varepsilon,\tau) = \frac{1}{T_0}\int_{-T_0/2}^{T_0/2} C_x^\sigma(t,\tau)\mathrm{e}^{-\mathrm{j}2\pi\varepsilon t}\mathrm{d}t \tag{10.2}$$

$$S_x^\sigma(\varepsilon,f) = \int_{-\infty}^{\infty} U_x^\sigma(\varepsilon,\tau)\mathrm{e}^{-\mathrm{j}2\pi f\tau}\mathrm{d}\tau \tag{10.3}$$

在计算机处理过程中，循环相关熵的谱函数是以离散数据的方式进行存储和计算的，故以离散形式表示式（10.3）为

$$S_x^\sigma(m,n) = S_x^\sigma(m\Delta\varepsilon,n\Delta f) \tag{10.4}$$

式中，$\Delta\varepsilon$ 表示循环频率分辨率，Δf 表示频率分辨率，$m=1,2,\cdots,M$，$n=1,2,\cdots,N$，M 和 N 分别表示离散循环相关熵谱的行数和列数。

再将离散循环相关熵谱写为由列矢量集合 $\{s_n\}_{n=1}^N$ 所组成的矩阵形式 $\boldsymbol{S}_x^\sigma$，如下式所示：

$$\boldsymbol{S}_x^\sigma = [\boldsymbol{s}_1, \boldsymbol{s}_2, \cdots, \boldsymbol{s}_N] \tag{10.5}$$

引入归一化后的随机高斯矩阵 $\boldsymbol{\Phi}_n$，则观测矢量满足如下关系式：

$$\boldsymbol{z}_n = \boldsymbol{\Phi}_n \boldsymbol{s}_n \tag{10.6}$$

式中，$\boldsymbol{s}_n$ 表示列矢量，K 表示列矢量的稀疏度，随机高斯矩阵满足 $\boldsymbol{\Phi}_n \in \mathbb{R}^{K_n\times N}$ 且 $2K \leqslant K_n \ll N$。

由随机高斯矩阵集合 $\{\boldsymbol{\Phi}_n\}_{n=1}^N$ 及观测矢量集合 $\{\boldsymbol{z}_n\}_{n=1}^N$ 得到的循环相关熵谱列矢量估计的集合 $\{\hat{\boldsymbol{s}}_n\}_{n=1}^N$，如下式所示：

$$\hat{\boldsymbol{s}}_n = \arg\min \|\boldsymbol{s}_n\|_0, \quad \text{s.t.} \quad \|\boldsymbol{z}_n - \boldsymbol{\Phi}_n\hat{\boldsymbol{s}}_n\|_2 < \varsigma \tag{10.7}$$

式中，ς 表示用于控制压缩重建误差的极小值。

由循环相关熵谱列矢量估计的集合 $\{\hat{\boldsymbol{s}}_n\}_{n=1}^N$ 对循环相关熵谱进行估计，即对其进行重建，如下式所示：

$$\hat{\boldsymbol{S}}_X^\sigma = [\hat{\boldsymbol{s}}_1, \hat{\boldsymbol{s}}_2, \cdots, \hat{\boldsymbol{s}}_{N_f}] \tag{10.8}$$

由式（10.8）得到压缩重建后的循环相关熵的估计谱，将该估计谱投影到循环频率域就可以通过检测谱峰的位置实现对载波频率的估计。上面介绍的是第一种方法，该方法是对循环相关熵谱整体进行压缩和重建。接下来介绍第二种方法，该方法是对第 I 象限的循环相关熵谱投影进行压缩和重建，伪代码如表 10.1 所示。

表 10.1　第二种基于压缩循环相关熵谱的载波频率估计方法伪代码

第二种基于压缩循环相关熵谱的载波频率估计方法
输入：循环平稳信号 $x(t)$，观测矩阵 $\boldsymbol{\Phi}$
输出：重建循环相关熵谱投影的谱峰位置正确与否
01　for　ε　do
02　　　for　τ　do
03　　　　　　计算自循环相关熵 $U_X^\sigma(\varepsilon,\tau)$；
04　　　end
05　　　计算自循环相关熵谱 $S_x^\sigma(\varepsilon,f)$，并得到其离散谱 $S_x^\sigma(m,n)$；
06　end
07　for　$m>0$　do
08　　　计算第 I 象限的循环相关熵谱投影 $P_x^+(m) = \max(|S_x^\sigma(m,n)|,N)$；
09　end
10　压缩感知初始化：$\boldsymbol{p}=P_x^+(m)$，$\boldsymbol{q}=\boldsymbol{\Phi}\boldsymbol{p}$，$\boldsymbol{r}^0=\boldsymbol{q}$，$A=\varnothing$，$\Lambda=\varnothing$；
11　for　$k=1:K$　do
12　　　计算　$n^k = \arg\max_{n^k\in\Phi-\Lambda}\left|_{n^k}^{\mathsf{T}}\boldsymbol{R}^{k-1}\right|$；
13　　　计算　$A=[A,n^k]$，$\Lambda=[\Lambda,\phi_{n^k}]$；
14　　　计算　$\hat{\boldsymbol{p}}^k = (\Lambda^{\mathsf{T}}\Lambda)^{-1}\Lambda^{\mathsf{T}}$，$\boldsymbol{r}^k = \boldsymbol{q}-\Lambda\boldsymbol{p}^k$；
15　end
16　从大到小重新排序 $\boldsymbol{p}$ 和 $\boldsymbol{q}$ 中的元素 $[\boldsymbol{p},\boldsymbol{a}]=\text{sort}(\boldsymbol{p})$，$[\hat{\boldsymbol{p}}^K,\boldsymbol{b}]=\text{sort}(\hat{\boldsymbol{p}}^K)$；
17　if　$\boldsymbol{a}(1:K)==\boldsymbol{b}(1:K)$
18　　　return 重建循环相关谱投影成功；
19　else
20　　　return 重建循环相关谱投影不成功；
21　end

2. 仿真实验

实验 10.6 选取一个 2PSK 调制信号，其载波频率 $f_c = 1000\text{Hz}$，采样频率 $f_s = 5000\text{Hz}$，码元速率 $R_B = 5\ \text{Baud}$；Alpha 稳定分布噪声的特征指数 $\alpha = 1.3$，广义信噪比 GSNR = 5dB；高斯核函数核长 $\sigma = 0.5$。选取第一种方法，计算压缩前和重建后的全部循环相关熵谱及其投影，实验结果如图 10.8 所示。

（a）压缩前的循环相关熵谱　　　　　　（b）压缩前的循环相关熵谱投影

（c）重建后的循环相关熵谱　　　　　　（d）重建后的循环相关熵谱投影

图 10.8　压缩前和重建后的循环相关熵谱及其投影

由图 10.8（a）和图 10.8（c）可见，重建后循环相关熵谱的谱峰突出，与压缩前循环相关熵谱的谱峰相比没有显著差异。由图 10.8（b）和图 10.8（d）可见，压缩前和重建后谱投影的谱峰位置也没有显著差异。这表明，通过压缩感知技术所重建的谱函数和谱投影保留了与原始谱函数和谱投影一致的谱峰特征，即谱峰位置和稀疏性。

实验 10.7 选取一个 2PSK 调制信号，其载波频率 $f_c = 1000\text{Hz}$，采样频率 $f_s = 5000\text{Hz}$，码元速率 $R_B = 5\ \text{Baud}$；Alpha 稳定分布噪声的特征指数 $\alpha = 1.3$，广义信噪比 GSNR = 5dB；高斯核函数核长 $\sigma = 0.5$。选取第二种方法，计算压缩前和重建后在第 I 象限的循环相关熵谱投影，实验结果如图 10.9 所示。

图 10.9　压缩前和重建后的第 I 象限循环相关熵谱投影

由图 10.9 可见，在压缩前和重建后，第 I 象限的谱投影中谱峰位置相同。此外，由图 10.8 和图 10.9 可见，无论是在压缩前还是重建后，都可以通过循环相关熵谱投影估计载波频率。后续实验中将选取不同的特征指数，并采用不同的压缩率进一步对载波频率的估计准确率进行比较。其中，估计的准确率 P_{Acc} 定义式为

$$P_{Acc} = \frac{N_{Acc}}{N_{MC}} \tag{10.9}$$

式中，N_{Acc} 表示准确估计载波频率的次数，N_{MC} 表示蒙特卡洛实验的总次数，若载波频率估计值和真实值是相等的，则认为估计是准确的。此外，在后文中式（10.9）还可以用来描述其他的准确率，但是当方法不同时，参数 N_{Acc} 的含义也不同。

实验 10.8　选取一个 AM 调制信号，其载波频率 $f_c = 200Hz$，采样频率 $f_s = 1000Hz$，码元速率 $R_B = 5Baud$，信号时长 $T = 1s$；Alpha 稳定分布噪声的特征指数分别为 $\alpha = 1.75,\ 1.45,\ 1.25$，广义信噪比 GSNR = 10dB，压缩率的取值范围是 $\lambda \in [10\%,\ 40\%]$。参与比较的方法分别基于循环相关（cyclic correlation）、分数低阶循环相关（fractional lower-order cyclic correlation，FLOCC）和循环相关熵（cyclic correntropy）。对于分数低阶循环相关，参数分别为 $p = 0.6$ 和 $p = 0.7$；对于循环相关熵，高斯核函数的核长分别为 $\sigma = 1$、$\sigma = 2$ 和 $\sigma = 3$。分别计算不同实验条件估计下的准确率–压缩率曲线，实验结果如图 10.10 所示。

由图 10.10（a）可见，当 Alpha 稳定分布特征指数为 1.75 时，噪声的脉冲性较弱，FLOCC 方法具有较好的性能，而基于压缩循环相关熵谱的方法性能略微落后。由图 10.10（b）可见，当特征指数为 1.45 时，噪声的脉冲性变得较强，两类方法的性能比较接近，此时基于压缩循环相关熵谱的方法略微占据优势。由图 10.10（c）可见，当特征指数为 1.25 时，噪声的脉冲性变得更强，此时基于压缩循环相关熵谱的方法性能优势体现得较为明显。因此，由上述三组实验可知，当噪声的脉冲性较强时，压缩循环相关熵谱能够有效地抑制噪声中的野点，对载波频率估计的准确率较高，而当噪声幅度的概率分布接近高斯分布时，基于 FLOCC 的方法则具有更好的性能，上述结论为不同条件下的方法选择提供了参考。

图 10.10　不同噪声条件下估计准确率–压缩率曲线比较

10.3　循环相关熵在波达方向估计中的应用

在诸如无线电监测之类的无线通信技术领域，接收到的信号受到诸多因素的影响，如信道中的各类噪声、干扰及多径传播等，接收到的信号功率通常较弱，此时就需要对感兴趣的无线电信号的 DOA 进行估计，从而提升接收信号的信噪比。此外，DOA 估计也是空间谱估计的一个主要内容，是信号源目标定位的一种主要技术。空间谱主要功能是对空间信号进行定位、跟踪或为其他方法提供参数，此外，空间谱还可用于估计信号源个数、信号源的位置及空域的参数。空间谱最重要的任务之一就是对 DOA 进行估计。鉴于 DOA 估计及空间谱的重要性，本节将重点介绍两种基于循环相关熵的方法，即单一的 DOA 估计方法以及 DOA 与信号源个数的联合估计方法。

10.3.1　基于循环相关熵的 DOA 估计

1. 均匀线阵的信号模型

假设 K 个宽带远场信号入射到一个均匀线阵，阵元个数为 M，阵元间距为 d，信号快拍数为 N，则第 m 个阵元的接收信号 $x_m(t)$ 的表达式为

$$x_m(t) = \sum_{k=1}^{K} s_k(t + (m-1)d\sin(\theta_k)/c) + v_m(t) \qquad (10.10)$$

式中，$s_k(t)$ 表示第 k 个入射源，θ_k 表示其 DOA，c 为光速，$v_m(t)$ 表示第 m 个阵元上的加性脉冲噪声。

2. 基于循环相关熵的 DOA 估计方法

由式（10.10）可以计算第 m 个阵元接收信号 $x_m(t)$ 所对应的循环相关熵，如下式所示：

$$U_{x_m}^{\sigma}(\varepsilon,\tau) = \left\langle \sum_{i=1}^{K} \kappa_{\sigma}(s_k(t+\beta_m) - s_k(t+\beta_m+\tau)) \right\rangle_t = \sum_{k=1}^{K} U_{s_k}(\tau)\mathrm{e}^{\mathrm{j}2\pi\varepsilon\beta_m} \qquad (10.11)$$

构造如下虚拟阵列输出：

$$U(\varepsilon,\tau) = A(\varepsilon)z(\varepsilon,\tau) \qquad (10.12)$$

式中，矩阵 $U_x^{\sigma}(\varepsilon,\tau) = [U_{x_1}(\varepsilon,\tau), U_{x_2}(\varepsilon,\tau), \cdots, U_{x_M}(\varepsilon,\tau)]^{\mathrm{T}}$，$A(\varepsilon) = [a(\theta_1), a(\theta_2), \cdots, a(\theta_K)]$，矢量 $a(\theta_k) = [\mathrm{e}^{\mathrm{j}2\pi\varepsilon\beta_1}, \mathrm{e}^{\mathrm{j}2\pi\varepsilon\beta_2}, \cdots, \mathrm{e}^{\mathrm{j}2\pi\varepsilon\beta_M}]^{\mathrm{T}}$，$z = [U_{s_1}(\varepsilon,\tau), U_{s_2}(\varepsilon,\tau), \cdots, U_{s_K}(\varepsilon,\tau)]^{\mathrm{T}}$，$\beta_m = (m-1)d\sin(\theta_k)/c$，$c$ 为光速。

利用单时延构造该虚拟阵列输出，等价于传统 DOA 估计方法中的数据长度为单快拍。为解决单快拍下的 DOA 估计，利用稀疏重构方法进行 DOA 的估计。假设待估计信号的 DOA 存在于一个集合 Θ 中，$\Theta = [\tilde{\theta}_1, \tilde{\theta}_2, \cdots, \tilde{\theta}_{N_0}]$，$N_0 \gg K$，则针对虚拟阵列输出式（10.12），其稀疏表达式如下：

$$U = B(\Theta)\tilde{z} \qquad (10.13)$$

式中，$B(\Theta) = [a(\tilde{\theta}_1), a(\tilde{\theta}_2), \cdots, a(\tilde{\theta}_{N_0})]$ 为过完备字典，$\tilde{z}$ 为 z 的稀疏表示，其维数为 $N_0 \times 1$。对比式（10.12）与式（10.13）可知，当且仅当 $\bar{\theta}_k$ 与接收信号的真实 DOA 相等时，$\tilde{z}$ 中的第 k 个不为零的元素与之对应。因此只要稀疏重构出 $\tilde{z}$，并寻找 $\tilde{z}$ 中非零元素的位置即可完成对信号 DOA 的估计。对于稀疏重构求解，其代价函数如下：

$$\min \left\| U - B(\Theta)\tilde{z} \right\|_F^2 \quad \text{s.t.} \quad \|\tilde{z}\|_0 \leq K \qquad (10.14)$$

为保证方法效率，采用归一化迭代硬阈值方法进行上述问题的求解，假设第 j 次迭代结果为 $\tilde{z}^{(j)}$，则第 $j+1$ 次迭代结果满足如下关系式：

$$\tilde{z}^{(j+1)} = H_K(\tilde{z}^{(j)} + \eta g^{(j)}) \qquad (10.15)$$

式中，$H_K(\cdot)$ 表示仅保留 K 个最大峰值而其他元素置零的算子，η 为步长，$g^{(j)}$ 为梯度，满足如下关系式：

$$g^{(j)} = B^{\mathrm{H}}(\Theta)(V_1 - B(\Theta)\tilde{z}^{(j)}) \qquad (10.16)$$

对式（10.15）不断迭代，直到满足终止条件，然后通过下式获得 DOA 估计值：

$$\hat{\theta}_k = \tilde{\theta}_{n_0} \quad (\tilde{z}_{n_0} \neq 0) \qquad (10.17)$$

上式表示当 $\tilde{z}$ 的第 k 个非零元素又是其第 n_0 个元素 $\tilde{z}_{n_0}$ 时，第 k 个 DOA 的估计值 $\hat{\theta}_k$ 等于集合 Θ 中的第 n_0 个角度 $\tilde{\theta}_{n_0}$。该方法称为基于循环相关熵的归一化迭代硬阈值法（cyclic correntropy-based normalized iteration hard thresholding，CCE-NIHT）。

3. 仿真实验

实验 10.9　信号接收阵列为一个由 5 个阵元组成的均匀线阵，两个远场宽带 2PSK 信号入射到该接收阵列。信号源的 DOA 为 $\theta_1 = 10°$，载波频率为 $f_{c1} = 150\mathrm{MHz}$，码元速率为

$R_{\mathrm{B}} = 20\,\mathrm{MBaud}$，相对带宽近似为 $\Delta B_1 = 40\%$，干扰源的 DOA 为 $\theta_1 = 20°$，载波频率为 $f_{c2} = 150\mathrm{MHz}$，相对带宽近似为 $\Delta B_2 = 30\%$，循环频率设置为 $\varepsilon = 300\,\mathrm{MHz}$，信号的快拍数为 $N = 5000$；Alpha 稳定分布噪声的特征指数为 $\alpha = 1.4$，广义信噪比的取值范围是 $\mathrm{GSNR} \in [1,\ 7]\mathrm{dB}$。作为比较对象的方法是基于循环相关的线性预测方法（cyclic correlation based linear prediction，CYC-LP）和基于最大相关熵准则的线性预测方法（maximum correntropy criterion-based linear prediction，MCC-LP）。并采用估计准确率和均方根误差来衡量方法的性能，其中，估计准确率 P_{Acc} 的定义式如式（10.9）所示，N_{Acc} 表示准确估计 DOA 的次数，如果 DOA 角度的估计误差小于 $1°$，则认为估计准确，实验结果如图 10.11 所示。

（a）估计准确率-GSNR曲线　　　　　（b）均方根误差-GSNR曲线

图 10.11　广义信噪比不同时方法性能比较

由图 10.11 可见，随着 GSNR 的不断提高，脉冲噪声的影响也在不断减小，所有方法的性能均有显著的提升。但是当广义信噪比较低时，由于 CYC-LP 无法抵抗脉冲噪声，其估计准确率较低。此外，由于继承了稀疏重构类方法精度高的优点，因此与其他方法相比，CCE-NIHT 具有最高的估计精确率和最小的 RMSE。具体而言，当 $\mathrm{GSNR} > 2\mathrm{dB}$ 时，CCE-NIHT 的准确率达到了 90% 以上，远优于其他方法。

实验 10.10　本实验将进一步验证当噪声的特征指数不同时各方法性能的变化规律。广义信噪比 $\mathrm{GSNR} = 5\mathrm{dB}$，特征指数的变换范围是 $\alpha \in [1.1,\ 2]$；天线阵列、信号、干扰、对比的方法及其他参数与实验 10.9 相同，实验结果如图 10.12 所示。

（a）估计准确率　　　　　　　（b）均方根误差

图 10.12　不同噪声特征指数时的方法性能

由图 10.12 可见，随着 Alpha 稳定分布噪声特征指数逐渐增加，噪声的脉冲性也在逐渐减弱，故各方法的性能均逐渐改善。当 $\alpha < 1.5$ 时，噪声的脉冲性较强，由于 CYC-LP 不具有抵抗脉冲噪声的能力，估计准确率较低，而 CCE-NIHT 与 MCC-LP 具有很高的准确率，且 CCE-NIHT 优于 MCC-LP。此外，由于借助稀疏重构方法高精度的优势，当 $\alpha > 1.2$ 时，CCE-NIHT 可以完全准确地估计 DOA。而当 $\alpha > 1.6$ 时，三种方法均能呈现较高的估计准确率，但相较其他方法，CCE-NIHT 依然具有优势，仅当 $\alpha = 2$ 时，CCE-NIHT 的 RMSE 稍高于 CYC-LP 的 RMSE，这是因为此时噪声为高斯噪声，CYC-LP 所采用的二阶统计量不会发散。

实验 10.11　本实验将进一步验证当快拍数不同时各方法性能的变化规律。广义信噪比为 GSNR = 5dB，特征指数为 $\alpha = 1.5$，信号的快拍数的取值范围是 $N \in [800, 5600]$；天线阵列、信号、干扰、对比的方法及其他参数与实验 10.9 相同，实验结果如图 10.13 所示。

图 10.13　不同快拍数时的方法性能

由图 10.13 可见，当快拍数增加时，各方法的估计准确率和均方根误差均有所改善，这是由于随着快拍数增加，信号提供的信息更加丰富。相较于其他两种方法，CCE-NIHT 的性能具有显著的优势。

10.3.2　基于循环相关熵的 DOA 与信号源个数联合估计

10.3.1 节介绍了基于循环相关熵的 DOA 估计方法，该方法默认信号源个数是已知的。虽然在很多情况下，该假设是符合实际的，但在某些特殊情况下，如在进行频谱监测时，DOA 和信号源个数都是未知的，因此不但需要对 DOA 进行估计，还需要同时对信号源个数进行估计。针对此问题，本节将介绍 MCC-LP 算法，实现 DOA 与信号源个数联合估计。

1. 基于循环相关熵的 DOA 与信号源个数联合估计方法思路

10.3.1 节介绍的基于循环相关熵的 DOA 估计方法，无法应用于信号源个数未知的情况。为此，本节将以金芳晓提出并证明的定理 10.1 为依据，实现 DOA 与信号源个数的联合估计。

定理 10.1　当快拍数趋于无穷大时，具有相同循环频率的信号个数等于矩阵 $\boldsymbol{\Sigma} = \boldsymbol{\Phi}^{\mathrm{H}}\boldsymbol{\Phi}$ 的秩。

定理 10.1 中，矩阵 $\boldsymbol{\Phi}$ 的定义式将在后文中给出。由定理 10.1 可知，只要能够获得足够多的快拍数据，就可以通过估计矩阵 $\boldsymbol{\Sigma}$ 的非零特征值的个数来近似估计信号源个数。但是在实际中，信号的快拍数总是有限的，故依据有限快拍数来估计信源个数必然会引入误差。因此，还需要对所引入的误差进行分析，才能对方法进行修正。此外，近似解的求解过程还涉及估计正则化参数集和选择代价函数的问题。

本方法基于线性预测模型，借助于循环相关熵得到矩阵 $\boldsymbol{\Phi}$ 的表示形式，并依据最大相关熵准则和基于相关熵的代价函数来估计误差和正则化参数，最终实现 DOA 与信号源个数的联合估计。

2．方法流程

该方法的主要步骤如下。

第一步：计算循环相关熵矩阵 $\boldsymbol{\Phi}$。

第二步：采用奇异值分解求解矩阵 $\boldsymbol{\Phi}$ 的特征矢量矩阵 $\boldsymbol{U}$ 和特征值对角阵 $\boldsymbol{\Lambda}$。

第三步：通过迭代不断求解比值 ∂，它是特征矢量和特征值的函数，直到满足迭代终止条件。

在简单介绍了该方法的流程后，下面将通过公式具体介绍该方法的实现过程。首先依据 10.3.1 节给出的线性阵列模型，并根据式（10.10）可知，第 M 个阵元接收的信号可由前 $M-1$ 个阵元的接收信号线性表出，如下式所示：

$$x_M(t) = \sum_{i=1}^{M-1} x_{M-i}(t+\beta_i) + e_M(t) \tag{10.18}$$

式中，$\beta_i = (i-1)d\sin(\theta_k)/c$，$e_M(t)$ 表示预测误差，c 为光速。

由式（10.18）和第 9 章中介绍的循环相关熵的时移性质，可知 $U_{x_M}^{\sigma}(\varepsilon,\tau)$ 满足如下关系式：

$$U_{x_M}^{\sigma}(\varepsilon,\tau) = \sum_{i=1}^{M-1} U_{x_{M-i}}^{\sigma}(\varepsilon,\tau)\mathrm{e}^{\mathrm{j}2\pi\varepsilon\beta_i} \tag{10.19}$$

由于 $e_M(t)$ 不具有循环平稳特性，故认为在循环频率不为零处，其所对应的循环相关熵恒为零。因此，可以认为式（10.19）中不存在与 $e_M(t)$ 有关的项。

根据式（10.19）和不同的时延因子（$\tau = 0,\ 1,\ \cdots,\ N-1$）可构造虚拟输出阵列，并得到相应的线性预测映射模型，如下式所示：

$$
\begin{bmatrix} U_{x_M}^{\sigma}(\varepsilon,0) \\ U_{x_M}^{\sigma}(\varepsilon,1) \\ \vdots \\ U_{x_M}^{\sigma}(\varepsilon,N-1) \end{bmatrix} = \begin{bmatrix} U_{x_{M-1}}^{\sigma}(\varepsilon,0) & U_{x_{M-2}}^{\sigma}(\varepsilon,0) & \cdots & U_{x_1}^{\sigma}(\varepsilon,0) \\ U_{x_{M-1}}^{\sigma}(\varepsilon,1) & U_{x_{M-2}}^{\sigma}(\varepsilon,1) & \cdots & U_{x_1}^{\sigma}(\varepsilon,1) \\ \vdots & \vdots & \ddots & \vdots \\ U_{x_{M-1}}^{\sigma}(\varepsilon,N-1) & U_{x_{M-2}}^{\sigma}(\varepsilon,N-1) & \cdots & U_{x_1}^{\sigma}(\varepsilon,N-1) \end{bmatrix} \begin{bmatrix} \mathrm{e}^{\mathrm{j}2\pi\varepsilon\beta_1} \\ \mathrm{e}^{\mathrm{j}2\pi\varepsilon\beta_2} \\ \vdots \\ \mathrm{e}^{\mathrm{j}2\pi\varepsilon\beta_{M-1}} \end{bmatrix}
$$

$$
= \begin{bmatrix} \boldsymbol{\varphi}_{x_{M-1}}^{\mathrm{T}}(\varepsilon,0) \\ \boldsymbol{\varphi}_{x_{M-1}}^{\mathrm{T}}(\varepsilon,1) \\ \vdots \\ \boldsymbol{\varphi}_{x_{M-1}}^{\mathrm{T}}(\varepsilon,N-1) \end{bmatrix} \begin{bmatrix} \mathrm{e}^{\mathrm{j}2\pi\varepsilon\beta_1} \\ \mathrm{e}^{\mathrm{j}2\pi\varepsilon\beta_2} \\ \vdots \\ \mathrm{e}^{\mathrm{j}2\pi\varepsilon\beta_{M-1}} \end{bmatrix} \tag{10.20}
$$

进一步写为矩阵形式为

$$\boldsymbol{U} = \boldsymbol{\Phi}\boldsymbol{q} \tag{10.21}$$

式中，$\boldsymbol{U} = [U_{x_M}^{\sigma}(\varepsilon,0),\ U_{x_M}^{\sigma}(\varepsilon,1),\ \cdots,\ U_{x_M}^{\sigma}(\varepsilon,N-1)]^{\mathrm{T}}$，$\boldsymbol{q} = [\mathrm{e}^{\mathrm{j}2\pi\varepsilon\beta_1},\ \mathrm{e}^{\mathrm{j}2\pi\varepsilon\beta_2},\ \cdots,\ \mathrm{e}^{\mathrm{j}2\pi\varepsilon\beta_{M-1}}]^{\mathrm{T}}$，$\boldsymbol{\Phi} = [\boldsymbol{\varphi}_{x_{M-1}}(\varepsilon,0),\ \boldsymbol{\varphi}_{x_{M-1}}(\varepsilon,1),\ \cdots,\ \boldsymbol{\varphi}_{x_{M-1}}(\varepsilon,N-1)]^{\mathrm{T}}$，$\boldsymbol{\varphi}_{x_{M-1}}(\varepsilon,\tau) = [U_{x_{M-1}}^{\sigma}(\varepsilon,\tau),\ U_{x_{M-2}}^{\sigma}(\varepsilon,\tau),\ \cdots,\ U_{x_1}^{\sigma}(\varepsilon,\tau)]^{\mathrm{T}}$。

对矩阵 $\boldsymbol{\Sigma} = \boldsymbol{\Phi}^{\mathrm{H}}\boldsymbol{\Phi}$ 进行特征值分解，得到

$$\boldsymbol{\Sigma} = \boldsymbol{\Phi}^{\mathrm{H}}\boldsymbol{\Phi} = \boldsymbol{V}\boldsymbol{\Lambda}\boldsymbol{V}^{\mathrm{H}} \tag{10.22}$$

式中，$V = [v_1, v_2, \cdots, v_{M-1}]$，$\Lambda = \mathrm{diag}(\lambda_1, \lambda_2, \cdots, \lambda_{M-1})$，$\{v_i\}_{i=1}^{M-1}$ 和 $\{\lambda_i\}_{i=1}^{M-1}$ 分别是特征矢量和对应的特征值。

准备开始迭代，设定初始值 $k = 0$，方差 $\beta_k^2 = \chi$，正则化参数集 $\{\gamma_{i,k}\}_{i=1}^{M-1} = \chi$，并可设 $\chi = 10^{-50}$。再按照式（10.20）计算矩阵 q，如下式所示：

$$q_k = (\gamma_{i,k}) = \sum_{i=1}^{M-1} \frac{v_i v_i^{\mathrm{H}}}{\lambda_i - \beta_k^2 - \gamma_{i,k}} \eta \tag{10.23}$$

式中，$\eta = \Phi^{\mathrm{H}} U$。然后，按照式（10.20）更新正则化参数集合 $\{\gamma_{i,k}\}_{i=1}^{M-1}$，可得

$$\gamma_{i,k+1} = \left(\beta_k^2 \lambda_i \left(1 + \left\| q_k(\gamma_{i,k}) \right\|_2^2 \right) + \beta_k^4 \left\| v_i^{\mathrm{H}} q_k(\gamma_{i,k}) \right\|_2^2 \right) \Big/ \left(N(\lambda_i - \beta_k^2) \left\| v_i^{\mathrm{H}} q_k(\gamma_{i,k}) \right\|_2^2 \right) \tag{10.24}$$

式中，N 为采样信号的快拍数。然后，按照式（10.22）更新方差，可得

$$\beta_{k+1}^2 = \left\| U - \Phi q_k(\gamma_{i,k}) \right\|_2^2 \tag{10.25}$$

按照式（10.23）计算比值 ∂，可得

$$\partial = \frac{\left| \gamma_{M-1, k+1} \right|}{\left| \gamma_{1, k+1} \right|} \tag{10.26}$$

若 $\partial < \varsigma$，则继续迭代；若 $\partial > \varsigma$，则终止迭代。其中，ς 为设定的迭代条件值。通过分析 $\{\lambda_i - \beta^2\}_{i=1}^{M-1}$ 和 $\{\gamma_i^2\}_{i=1}^{M-1}$ 两条曲线的关系，就可以估计信号源个数 K，如下式所示：

$$K = i \quad \text{s.t.} \quad \lambda_i - \beta^2 = \gamma_i^2 \tag{10.27}$$

在估计得到信号源个数后，还需要进一步估计信号源的 DOA。首先，通过式（10.23）来计算 q_k；然后，通过搜索空间谱的谱峰来获得相对应的 DOA 估计值，空间谱的计算公式如下式所示：

$$P(\theta) = \frac{1}{\left| 1 - \sum_{i=1}^{M-1} \mathrm{e}^{\mathrm{j} 2\pi \varepsilon \beta_i} w^{-i} \right|} \tag{10.28}$$

式中，$w = \exp[\mathrm{j}(2\pi \varepsilon d \sin \theta)/c]$。

由于该方法用到了最大相关熵准则和线性预测，故称为基于最大相关熵准则的线性预测法。但是由于该方法也涉及循环相关熵，故有文献也将其称为基于循环相关熵的线性预测法（cyclic correntropy based linear prediction，CCE-LP）。

3. 仿真实验

实验 10.12　为了验证该方法的可行性，进行一组仿真实验。采用 10 阵元均匀线阵，阵元间距为 $d = c/(2\varepsilon)$，ε 为入射信号的循环频率，c 为光速；选取两个 2PSK 调制信号作为远场入射信号，载波频率均为 $f_{c1} = 100\mathrm{MHz}$，相对带宽均近似为 $\Delta B_1 = 30\%$，DOA 分别为 $\theta_1 = 25°$ 和 $\theta_2 = 50°$；选取一个 AM 信号作为干扰，载波频率 $f_{c2} = 100\mathrm{MHz}$，相对带宽近似为 $\Delta B_2 = 25\%$，DOA 为 $\theta_3 = 20°$；采样频率 $f_s = 500\mathrm{MHz}$，快拍数为 $N = 6000$，广义信噪比 GSNR $= 10\mathrm{dB}$，Alpha 稳定分布噪声的特征指数 $\alpha = 1.5$。采用 CCE-LP 对信号源个数和 DOA 进行联合估计，并充分考虑快拍数所造成的误差，实验结果如图 10.14 所示。

由图 10.14（a）可见，两条曲线分别与 $\{\lambda_i - \beta^2\}_{i=1}^{M-1}$ 和 $\{\gamma_{i,k+1}\}_{i=1}^{M-1}$ 有关，它们的交点所对应的 i 值就是信号源个数的估计值 2，与实验条件相符。而在图 10.14（b）中，该方法也可以通过谱峰准确地估计得到两个信号源信号的 DOA。

（a）信号源个数估计　　　　　　　（b）DOA估计

图 10.14　信号源个数和 DOA 联合估计实验结果图

实验 10.13　为了进一步验证在不同噪声条件下 CCE-LP 法性能的变化规律，按照如下方式设定实验参数：每次只改变一个实验参数，其他的信号和干扰参数按照实验 10.12 选取，即广义信噪比变化范围是 $GSNR \in [0,20]dB$，Alpha 稳定分布噪声的特征指数变化范围是 $\alpha \in [1,2]$，信号源角度差变化范围是 $\Delta\theta \in [1°, 68°]$。选取 MCC-LP、ROC-MUSIC、EX-POC-RMUSIC 和 W-CMSR 算法作为对比算法。各算法的性能由 DOA 的可分辨概率和均方根误差来衡量。可分辨概率 P_{res} 定义如下：

$$P_{res} = \frac{N_{res}}{N_{MC}} \tag{10.29}$$

式中，N_{res} 表示可以分辨角度的次数，N_{MC} 表示蒙特卡洛实验的总次数。此外，若信号源角度差可以被分辨，则还需要满足如下条件：

$$\Lambda(\hat{\theta}_1, \hat{\theta}_2) \triangleq F(\hat{\theta}_1 + \hat{\theta}_2/2) - \frac{1}{2}[F(\hat{\theta}_1) + F(\hat{\theta}_2)] > 0 \tag{10.30}$$

式中，$F(\theta)$ 表示空间谱式（10.28）的倒数，即满足 $F(\theta) = 1/P(\theta)$。实验结果分别如图 10.15、图 10.16 和图 10.17 所示。

（a）可分辨概率-广义信噪比曲线　　　　　　（b）RMSE-广义信噪比曲线

图 10.15　广义信噪比改变时的方法性能比较

（a）可分辨概率-特征指数曲线　　　　　　（b）RMSE-特征指数曲线

图 10.16　特征指数 α 改变时的方法性能比较

（a）可分辨概率-信号源角度差曲线　　　　　　（b）RMSE-信号源角度差曲线

图 10.17　信号源角度差改变时的方法性能比较

由图 10.15、图 10.16 和图 10.17 可见，无论是当 GSNR 变化时，还是当 Alpha 稳定分布噪声的特征指数 α 变化时，或者当信号源角度差变化时，相比于其他方法，MCC-LP 具有最高的可分辨概率和最小的 DOA 估计均方根误差，因此 MCC-LP 具有最好的性能。

此外，需要说明的是，虽然 10.3.1 节所介绍的 CCE-NIHT 在 DOA 估计性能方面优于本节介绍的 MCC-LP，但是 CCE-NIHT 默认信号源个数是已知的，而 MCC-LP 可以在信号源个数未知的前提下成功估计 DOA，故而两种方法的适用场景不同。

10.4　广义循环相关熵在到达时差估计中的应用

本章前面各节所提及的 5 种方法都是围绕循环相关熵展开的，但实际上，在循环相关熵这一概念提出后，还先后出现了两种基于循环相关熵概念的扩展形式，统称为广义循环相关熵（generalized cyclic correntropy，GCCE），一种是广义高斯核在循环频率域的推广，另一种是高斯核与相关运算在循环频率域的推广。为了方便区别，分别称二者为第一类广义循环相关熵和第二类广义循环相关熵。关于第一类和第二类广义循环相关熵的概念和性质，请参见本书第 9 章的介绍。

到达时差估计（TDOA，简称时差估计），在许多文献中也被称为时间延迟估计（TDE），是无线电信号处理领域重要的应用问题，广泛存在于诸多领域中，如无线通信、雷达、声呐及生物医学等。本节将分别介绍基于上述两类广义循环相关熵的 TDOA 估计方法。

10.4.1 基于第一类广义循环相关熵的 TDOA 估计

1．TDOA 估计的信号模型

为了描述基于第一类广义循环熵的 TDOA 估计方法，首先需要介绍该问题的信号模型，如下式所示：

$$\begin{cases} x(t) = s(t) + w(t) + v_1(t) \\ y(t) = s(t - D_1) + w(t - D_2) + v_2(t) \end{cases} \tag{10.31}$$

式中，t 表示连续时间变量，$x(t)$ 和 $y(t)$ 分别表示由两个独立传感器接收到的实信号，$s(t)$ 为循环平稳的感兴趣信号，$w(t)$ 为循环平稳的干扰信号，两种循环平稳信号具有不同的循环频率，$v_1(t)$ 和 $v_2(t)$ 为加性随机噪声，且都不具有循环平稳性。$D_1 \in \mathbb{R}$ 是感兴趣信号的 TDOA，是需要估计的参数，而 $D_2 \in \mathbb{R}$ 是干扰信号的 TDOA。为了方便分析和计算，各信号和噪声都假定为相互统计独立的。

2．基于第一类广义循环相关熵的 TDOA 估计方法

按照式（9.46）计算随机信号 $x(t)$ 和 $y(t)$ 的第一类广义循环相关熵为

$$U_{xy}^{(1)}(\varepsilon, \tau) = \gamma_{\mu\nu} \exp(-\lambda |x(t) - y^*(t + \tau)|^\mu) \tag{10.32}$$

式中，$\gamma_{\mu\nu} = \mu/(2\nu\Gamma 1/\mu)$ 表示归一化的常数，$\mu > 0$ 表示形状参数，$\nu > 0$ 表示尺度参数。

由式（10.31）和式（10.32）可知，若不存在噪声和干扰，当 $\tau = D_1$ 时，$U_{xy}^{(1)}(\varepsilon, \tau)$ 取得最大值。故不断地改变时移变量 τ，搜索 $U_{xy}^{(1)}(\varepsilon, \tau)$ 的最大值，就可得到 TDOA 的估计值 $\hat{D}_1$ 为

$$\hat{D}_1 = \arg\max_\tau (U_{xy}^{(1)}(\varepsilon, \tau)) \tag{10.33}$$

由于通常情况下假设感兴趣信号和干扰信号具有不同的循环频率，故此时估计误差主要来自噪声的影响，因此在循环频率域用于衡量信号相似性的数学工具对特定噪声的抑制能力决定了 TDOA 估计方法的性能。

3．仿真实验

实验 10.14　为了验证基于第一类广义循环相关熵的 TDOA 估计方法性能，选取一个 2PSK 调制信号作为感兴趣信号，其载波频率 $f_{c1} = 2.5\text{MHz}$，码元速率 $R_{B1} = 0.625\text{MBaud}$，TDOA 为 $D_1 = 100T_s$，其中 $T_s = 1/f_s$ 为采样间隔，$f_s = 10\text{MHz}$ 为采样频率，快拍数为 $N = 10000$；另选取一个 2PSK 调制信号作为干扰，其载波频率 $f_{c2} = 2\text{MHz}$，码元速率 $R_{B2} = 0.25\text{MBaud}$，TDOA 为 $D_2 = 50T_s$；当广义信噪比的取值范围是 $\text{GSNR} \in [-6, 10]\text{dB}$ 时，Alpha 稳定分布噪声特征指数 $\alpha = 1.3$；当 Alpha 稳定分布噪声的特征指数取值范围是 $\alpha \in [0.8, 2]$ 时，广义信噪比 $\text{GSNR} = -2\text{dB}$。另外选取三种方法参与比较，分别是基于循环相关的方法（cyclic correlation，CC）、基于分数低阶循环相关的方法（fractional lower-order cyclic correlation，FLOCC）和基于相关熵的方法（cyclic correntropy，CCE）。对于 FLOCC，$a = b = 0.6$；对于 CCE，高斯核函数的核长 $\sigma = 1$；对于 GCCE，$\mu = 5$，$\lambda = 0.01$。对每种 TDOA 估计方法进行 1000 次蒙特卡洛实验，并在不同噪声条件下，用 TDOA 的估计值与真实值的均方误差（MSE）来衡量四

种算法的性能，实验结果如图 10.18 所示。

（a）GSNR改变时的均方误差曲线

（b）特征指数 改变时的均方误差曲线

图 10.18　不同的噪声条件下 TDOA 估计方法均方误差曲线

由图 10.18（a）可见，当广义信噪比在[0, 10]dB 范围内改变时，基于循环相关熵的方法与基于第一类广义循环相关熵的方法具有相似的性能，均方误差很小，且均优于其他两种方法。而随着广义信噪比不断降低，脉冲噪声的能量不断增强，即使是基于循环相关熵的方法和基于第一类广义循环相关熵的方法也都开始出现较大的估计误差，但是在这个过程中，基于第一类广义循环相关熵的方法的均方误差仍略小于基于循环相关熵的方法的，从而体现出了本节所介绍的 TDOA 估计方法在低广义信噪比条件下抑制脉冲噪声的优势。

由图 10.18（b）可见，当 Alpha 稳定分布噪声的特征指数在[1.5, 2] 范围内改变时，基于循环相关熵的方法和基于第一类广义循环相关熵的方法也具有相似的性能，均方误差接近于零，且均优于其他两种方法；而随着 Alpha 稳定分布噪声特征指数不断减小，噪声的脉冲性不断增强，即使是基于循环相关熵的方法和基于第一类广义循环相关熵的方法也都开始出现较大的估计误差，但是在这个过程中，基于第一类广义循环相关熵的方法的均方误差仍略小于基于循环相关熵的方法的，从而也体现出了本节所介绍的 TDOA 估计方法在低广义信噪比条件下抑制脉冲噪声的优势。

由上述观察和分析可以得到如下结论：相比于其他三种方法，基于第一类广义循环相关熵的 TDOA 估计方法在强脉冲噪声条件下具有最好的估计性能，而在一般强度的脉冲噪声条件下，基于循环相关熵的 TDOA 估计方法具有与本节介绍的方法相似的性能。

10.4.2　基于第二类广义循环相关熵的 TDOA 估计

1. TDOA 估计的离散时间信号模型

本节介绍的基于第二类广义循环相关熵的 TDOA 估计方法，采用的信号模型是基于离散时间信号的，如下式所示：

$$\begin{cases} x(n) = s(n) + w(n) + v_1(n) \\ y(n) = s(n - D_1) + w(n - D_2) + v_2(n) \end{cases} \tag{10.34}$$

式中，n 表示离散时间变量，$x(n)$ 和 $y(n)$ 分别表示由两个独立的传感器接收到的实信号，$s(n)$ 为循环平稳的感兴趣信号，$w(n)$ 为循环平稳的干扰信号，两个循环平稳信号具有不同的循环频率，$v_1(n)$ 和 $v_2(n)$ 为加性随机噪声，且都不具有循环平稳性。$D_1 \in \mathbb{Z}$ 为感兴趣信号的 TDOA，是需要估计的参数，而 $D_2 \in \mathbb{Z}$ 为干扰信号的 TDOA。为了方便分析和计算，各信号和噪声都假定为相互统计独立的。

2. 基于第二类广义循环相关熵的 TDOA 估计方法

首先，计算两个离散信号的循环相关熵，如下式所示：

$$U_{xy}^{(2)}(l,m) = \frac{1}{(N-m+1)\sqrt{2\pi}\sigma} \sum_{n=1}^{N} \exp\left(-\frac{x(n)y^*(n+m)|x(n)-y(n+m)|^2}{2\sigma^2}\right) \exp\left(-\mathrm{j}2\pi\frac{l}{T_0}nT_s\right) \quad (10.35)$$

式中，T_0 为第二类广义相关熵的周期。$\varepsilon = l/T_0$ 表示模拟循环频率（即前文中所述的循环频率），$l \in \mathbb{Z}$ 表示数字循环频率。$f_0 = 1/T_0$ 为模拟循环频率的分辨率，如果 T_0 取值较大，则 f_0 较小，循环频率分辨率的精度较高，当 $T_0 \to \infty$ 时，$f_0 \to 0$，此时 ε 可以表示连续循环频率。

由式（10.34）可知，若不存在噪声和干扰信号，当 $m = D_1$ 时，$U_{xy}^{(2)}(l,m)$ 取得最大值，故搜索 $U_{xy}^{(2)}(l,m)$ 的最大值就可以得到 TDOA 的估计值 $\hat{D}_1$，具体如下式所示：

$$\hat{D}_1 = \arg\max_m \left(U_{xy}^{(2)}(l,m)\right) \quad (10.36)$$

由于该方法利用了第二类广义循环相关熵来估计 TDOA，因此称为基于第二类广义循环相关熵的 TDOA 估计方法（generalized cyclic correntropy-based time delay estimation，GCCETDE）。

3. 仿真实验

实验 10.15 为了验证基于第二类广义循环相关熵的 TDOA 估计方法性能，选取一个 2PSK 调制信号作为感兴趣信号，其载波频率 $f_{c1} = 1000\text{Hz}$，码元速率 $R_{B1} = 200\text{Baud}$，TDOA 为 $D_1 = 48T_s$，其中 $T_s = 1/f_s$ 为采样间隔，$f_s = 5000\text{Hz}$ 为采样频率，快拍数 $N = 16384$；另选取一个 2PSK 调制信号作为干扰，其波频率 $f_{c2} = 950\text{Hz}$，码元速率 $R_{B2} = 200\text{Baud}$，TDOA 为 $D_2 = 55T_s$；广义信噪比 GSNR = -3dB，Alpha 稳定分布噪声特征指数 $\alpha = 1.4$。另外选取三种方法参与比较，分别是基于二阶循环统计量的方法（spectral coherence alignment，SPECCOA）、基于分数低阶循环统计量的方法（fractional lower-order cyclic correlation，FLOCC）和基于相关熵的方法（correntropy-based time delay estimation，CETDE）。对于 FLOCC，$a = b = 0.5$；对于 CETDE 和本节所介绍的 GCCETDE，高斯核函数的核长 $\sigma = 1$。按照上述方法进行计算，并比较与 TDOA 有关的峰值的位置，实验结果如图 10.19 所示。

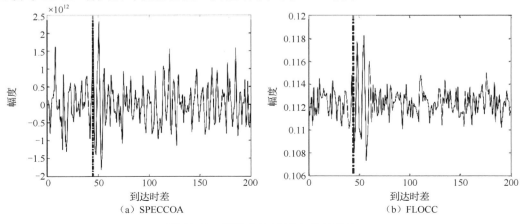

图 10.19　四种方法 TDOA 估计对比

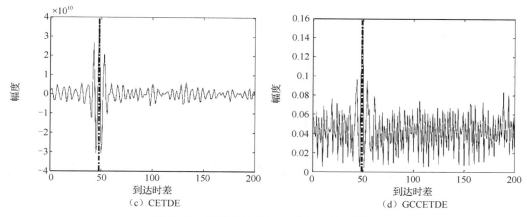

图 10.19　四种方法 TDOA 估计对比（续）

由图 10.19 可见，峰值的位置可用来估计感兴趣信号的 TDOA，由 SPECCOA、FLOCC、CETDE 和 GCCETDE 所得到的 DOA 估计结果分别为 $51T_s$、$55T_s$、$48T_s$ 和 $48T_s$。可见，只有 CETDE 和 GCCETDE 的 TDOA 估计值是准确的，相比于其他两种方法，它们具有抑制当前条件下脉冲噪声的能力。

实验 10.16　为了进一步验证基于第二类广义循环相关熵的 TDOA 估计方法的性能，当广义信噪比的取值范围是 GSNR $\in$ [−15, 7]dB 时，Alpha 稳定分布噪声特征指数为 $\alpha = 1.4$；当 Alpha 稳定分布噪声的特征指数的取值范围是 $\alpha \in$ [1.1, 2] 时，广义信噪比为 GSNR = −3dB，其他实验条件与实验 10.15 一致。继续选择 SPECCOA、FLOCC、CETDE 和 GCCETDE 四种 TDOA 估计方法进行比较。方法性能是通过估计准确率 P_{Acc} 来衡量的，估计准确率 P_{Acc} 的定义式如式（10.9）所示，N_{Acc} 表示准确估计 TDOA 的次数，如果估计的 TDOA 与真实的 TDOA 相等，则认为估计准确。实验结果如图 10.20 所示。

图 10.20　不同噪声条件下各 TDOA 估计方法的准确率比较

由图 10.20（a）可见，由于 CETDE 无法抑制同频带干扰，所以难以分辨所估计的 TDOA 是来自目标信号还是干扰，因此估计性能较差。因为 SPECCOA 不能抑制脉冲噪声，所以它的 TDOA 估计准确率较低。相比于上述两种方法，在抑制脉冲噪声影响方面，GCCETDE 和 FLOCC 有着明显的优势，并且当 GSNR<−5dB 时，GCCETDE 的性能要优于 FLOCC 的性能，

因此对低广义信噪比的适应性更强。

此外，由图 10.20（b）可见，由于的 CETDE 不能抑制同频带干扰，在同频带干扰的影响下该方法的性能较差；而在脉冲性相对较弱的条件下（$1.8 < \alpha < 2$），SPECCOA 能够准确估计出 TDOA，但是随着特征指数不断减小，噪声的脉冲性不断增强，导致 SPECCOA 的性能急剧下降；相比于前面提到的两种方法，GCCETDE 和 FLOCC 在抑制脉冲噪声影响方面有着明显的优势，但是当 $\alpha < 1.4$ 时，相比于 FLOCC，GCCETDE 对于脉冲噪声有更强的韧性，因此它的 TDOA 估计准确率也更高。

10.5 基于循环相关熵的调制方式识别

10.5.1 通信信号调制识别的基本问题与方法

1. 调制识别的背景与意义

在无线通信领域，如何对未知信号的调制方式进行识别是一类重要的问题，在诸如无线电监测、通信侦察、电子对抗、信号认证、干扰识别、频谱管理等领域受到普遍重视。未知信号调制方式的确定，是关系到能否正确恢复原始信号，并进行进一步分析和处理的关键问题。

早期的信号调制方式分类识别，基本上是采用人工的统计模式进行的。操作人员需要对各种调制方式信号的特征熟练掌握，并依据这些特征，由人工主观判断来进行信号的识别分类。显然，这种早期的方法严重依赖个人的经验，可靠性较低，远不能满足现代调制识别技术的需求。因此，迫切需要建立更加可靠、有效、准确的调制方式识别技术体系。

近些年来，随着计算机技术、高速 DSP 技术和人工智能理论方法的迅速发展，通信信号调制识别技术也产生了质的飞跃。从技术条件方面来说，早期的人工识别早已被强有力的计算机系统识别所替代，主观识别也迅速发展为自动识别，这种基于机器的自动和智能化识别方式，已成为判断信号调制方式的主流方法。特别是近年来大数据、深度学习与人工智能技术的发展，为信号调制识别的研究与应用提供了新思路与新方法。深度学习通过组合低层特征得到高层特征，从而更加抽象地表示特征或属性的类别，并进一步提炼数据的分布式特征表示。

2. 调制识别的一般原理方案

通信信号调制方式识别的一般性原理框图如图 10.21 所示。

图 10.21　通信信号调制方式识别的一般性原理框图

由图 10.21 可见，通信信号调制识别的一般性原理框图主要包括以下几个部分。

① 信号采集。即无线电接收机接收通信信号。

② 预处理。主要是对接收到的高频信号进行下变频，得到中频信号，并进行正交和同相分量分解、载频估计等，为后续分析处理提供合适的数据。

③ 特征选择与提取。这是经典调制方式识别技术的关键环节，特征选取的原则包括：不同调制方式对应的特性差别显著；特征参数具有较好的抗噪声性能和抗衰落性能；提取特征参数的计算量较小，便于实现。

④ 分类器设计与分类识别。即根据识别对象特征将其分到某个类别中去。常见的分类器算法包括决策树、神经网络、深度学习网络等。其中，决策树分类是一种典型的统计分类方法，采用概率论和假设检验理论解决信号分类问题。神经网络和深度学习网络则几乎不需要已知样本的统计特性和相关领域的先验知识，主要依据学习训练而具有较强的自适应性，并往往得到很好的分类结果，是一种很有前途的方法。

3．通信信号的主要特征及其提取

调制方式识别的主要任务之一是提取信号的某些关键特征。然后，利用这些特征本身或者利用处理过的特征来表征调制方式不同的信号，再对这些特征采取一定的分类方法，从而实现调制方式识别与分类。特征提取的主要目的是尽可能集中表征具有显著类别差异的模式信息，特征的提取和选择显著地影响分类器的设计及性能。

通信信号具有多种特征，大体上可以分为三类：瞬时参数特征、统计特征和变换域特征。

（1）瞬时参数特征

通信信号的瞬时参数特征主要包括信号的瞬时幅度、瞬时相位和瞬时频率等。在这三个主要基本特征的基础上，还有一些衍生的时域特征，包括信号中心归一化瞬时幅度的峰度、信号归一化瞬时频率的峰度、信号中心归一化瞬时幅度功率谱密度的最大值等。

（2）统计特征

通信信号的统计特征一般指信号的高阶统计特征。在调制识别问题中，常用的信号高阶统计特征为信号的各阶累积量，包括 $C_{20} = M_{20}$，$C_{21} = M_{21}$，$C_{40} = M_{40} - 3M_{20}$，$C_{41} = M_{41} - 3M_{21}M_{20}$，$C_{42} = M_{42} - 2M_{21}^2 - |M_{20}|^2$，$C_{63} = M_{63} - 9C_{42}C_{21} - 6C_{21}^3$ 等。其中，

$$M_{pq} = E[(X(n))^{p-q}(X^*(k))^q] \tag{10.37}$$

表示复随机信号的 p 阶混合矩。由于零均值高斯白噪声的二阶以上累积量恒为零，因此接收信号的高阶累积量等于有用信号的高阶累积量，而不受高斯噪声的影响。

（3）变换域特征

除了上述瞬时参数特征和统计特征，在调制识别问题中还常使用一些变换域特征，包括信号幅度谱、功率谱、四次方谱、八次方谱等。

4．基于决策树的调制识别举例

（1）决策树模型

决策树（decision tree）是一类常见的机器学习方法，其模型呈树形结构，在分类问题中，表示基于特征对实例进行分类的过程。其主要优点是模型具有可读性，以及较快的分类速度。学习时利用训练数据，根据损失函数最小化的原则建立决策树模型。预测时，对新的数据，利用决策树模型进行分类。

决策树通常包含一个根节点、若干内部节点和若干叶节点。叶节点对应于决策结果，其他节点则对应于一个属性测试；每个节点包含的样本集合根据属性测试的结果被划分到子节点中；根节点包含样本全集。图 10.22 为决策树的示意图，图中的圆和方框分别表示内部节点和叶节点。

图 10.22　决策树示意图

（2）决策树调制识别举例

例 10.3　试根据给定的通信信号数据,采用决策树方式对信号的调制方式进行分类识别。

解　根据给定的通信信号数据,采用前文介绍的一般性方案,对给定信号进行特征提取,并根据"基尼指数"进行最优属性划分,最终构建出 CART 决策树（classification and regression tree）。表 10.2 给出了对 14 种常用调制信号进行分类识别的测试结果。

表 10.2　决策树调制识别的测试结果

序　号	信号调制类型	数 据 数 量	识别正确率/%	
			决策树	深度神经网络
1	AM	42400	99.70	99.78
2	BPSK	5100	100.00	100.00
3	DMR	5300	96.47	98.09
4	2FSK	5100	96.15	99.38
5	GSM	19100	98.27	99.95
6	NFM	10900	96.79	99.04
7	OFDM	10500	99.46	99.00
8	PI/4DQPSK	16700	99.28	100.00
9	8PSK	5700	100.00	100.00
10	QAM16	5000	99.68	99.73
11	QAM32	5000	99.92	100.00
12	QAM64	5000	99.74	100.00
13	QPSK	5200	100.00	100.00
14	WFM	27600	97.45	99.76
	总体结果	168600	98.76	99.67

表 10.2 中,数据数量是指数据样本数,每个数据样本包含 65536 个数据点。由表 10.2 可见,基于决策树的调制识别方法的总体平均正确率达到 98.76%,很具有竞争性。

5. 基于深度学习的调制识别举例

例 10.4 试根据给定通信信号数据,采用深度神经网络(deep neural networks,DNN)技术实现信号的调制方式分类识别。

解 采用图 10.23 所示的基于 DNN 的调制识别原理框图,经由特征提取和 DNN 网络进行训练和测试,得到调制识别结果如表 10.2 所示(最右边一列)。显然,基于 DNN 的调制识别方法比基于决策树的方法性能更佳,总体平均识别正确率达到 99.67%。

图 10.23 基于 DNN 的调制识别原理框图

10.5.2 基于循环相关熵谱和神经网络的调制方式识别

1. 基于循环相关熵谱的调制方式自动识别方法

基于循环相关熵谱的调制方式自动识别方法分为两个主要环节,即特征提取环节和模式识别环节。

特征提取环节包括三个主要步骤:计算接收信号的循环相关熵谱;在 $\varepsilon=0, f_c, \pm 2f_c, 4f_c$ 共 5 个循环频率处提取截面;利用主成分分析法(principal component analysis,PCA)进行特征提取和降维,获得特征矢量。

模式识别环节包括利用上述特征及对应的标签训练径向基函数神经网络和利用训练好的网络对未知标签的特征进行分类。

图 10.24 给出了基于循环相关熵谱和神经网络的调制识别方法的流程示意图,依次表示接收信号的时域波形、循环相关熵谱、循环相关熵谱截面曲线、PCA 降维后的特征矢量及径向基神经网络。

2. 仿真实验

实验 10.17 为了验证基于循环相关熵谱的调制方式识别方法的性能,分别选取 2PSK、2ASK、QPSK 和 16QAM 四类调制信号作为待识别的调制信号。当广义信噪比的取值范围是 $\text{GSNR} \in [-5\text{dB}, 10\text{dB}]$ 时,Alpha 稳定分布噪声的特征指数为 $\alpha=1.8$。每种条件下每种调制信号各生成 2000 个数据样本，并按照 1:1 的比例将这些样本分为训练集和测试集。参与比较的有三种方法，分别是基于分数低阶循环统计量的识别方法、基于白化滤波器的最大似然估计识别方法、基于循环平稳特征的识别方法，并选取最好的实验结果作为对比方法的实验结果。用调制方式的估计准确率来衡量所介绍的方法（CCES-RBF）和参与比较的方法的性能，估计准确率 P_{Acc} 定义式如式（10.9）所示，N_{Acc} 表示准确估计调制方式类别的次数，也就是正确识别调试方式的次数。实验结果如图 10.25 所示。

（a）接收信号时域波形   （b）信号的循环相关熵谱

（c）循环相关熵谱截面

（d）特征矢量   （e）RBF神经网络

图 10.24　基于循环相关熵谱截面和径向基函数神经网络的调制方式识别方法

（a）特征指数为1.8时的准确率-GSNR曲线　　　　（b）特征指数为1.8时的准确率-GSNR曲线

图 10.25　GSNR 改变时方法性能比较

由图 10.25（a）可见，对于各类调制信号而言，无论 GSNR 如何变化，本节所介绍的方法都优于对比方法。由图 10.25（b）可见，将各类调制信号作为一个总体，无论 GSNR 在范围内如何变化，基于循环相关熵谱的调制方式自动识别方法的性能均优于参与对比的其他方法。

实验 10.18　本实验除了进一步验证广义信噪比对基于循环相关熵谱的调制方式自动识别方法性能的影响，还将验证不同的 Alpha 稳定分布噪声的特征指数对该方法性能的影响。当广义信噪比的取值范围是 $GSNR \in [-5, 10]dB$ 时，Alpha 稳定分布噪声的特征指数为 $\alpha = 1.3$ ；当特征指数的取值范围是 $\alpha \in [1.1, 2]$ 时，广义信噪比的取值为 $GSNR = 1dB$ 。实验结果如图 10.26 所示。

（a）特征指数为 1.3 时的准确率-GSNR曲线　　　　（b）广义信噪比为 1dB 的准确率-特征指数曲线

图 10.26　不同噪声条件下方法性能比较

由图 10.26（a）可见，对于各类调制信号而言，无论 GSNR 如何变化，本节所介绍的方法都优于参与比较的其他方法。由图 10.25（a）和图 10.26（a）可见，对于四种不同的调制信号，基于循环相关熵谱的方法始终保持最高的识别准确率。由图 10.26（b）可见，当特征指数变化时，基于循环相关熵谱的调制方式自动识别方法的性能均优于参与比较的方法。

10.6　基于广义循环相关熵谱的机械故障诊断

　　围绕着通信信号处理中常见的各类问题，本章的前几节介绍了基于循环相关熵的各类应用方法。除了调制通信信号的循环平稳性，许多机械设备的振动信号也存在具有某种特点的循环平稳性。这种循环平稳性主要是由机械设备中的某些部件的旋转或周期往复的运动机制所引起的，这些运动部件包括皮带、链、轴、螺旋桨和活塞等。这种循环平稳性使得这类机械设备的振动信号称为循环平稳（或准循环平稳）信号。因此，循环相关熵等循环平稳信号处理方法，在机械故障诊断中具有重要的应用意义。

10.6.1　基于循环平稳性的机械设备故障诊断

1．机械振动信号的循环平稳性

　　如前所述，无线电调制信号的循环平稳性是由于待调制信号与周期性载波信号的相互作用而产生的。而对于机械设备而言，若其部件的运动速度、温度和负载转矩等参数为常数，则其动态物理过程所产生的振动信号，可以建模为循环平稳（或准循环平稳）信号，这种循环平稳性来源于设备中这些运动部件的周期性旋转或往复运动。

　　以柴油发动机为例，考察其振动信号的循环平稳性和其发生故障时信号的特性。柴油发动机是一种结构复杂、构件繁多的机械系统。系统内部零部件的旋转性运动和往复运动会传递到发动机缸体，使缸体受激振动，导致发动机缸体的振动信号中包含大量内部构件的状态信息。当柴油发动机内部构件的技术状态发生改变时，发动机的工作状态必然也会发生变化，导致发动机缸体的振动也随之发生改变。依据信号处理技术，当发动机发生故障时，可以采集其振动信号，并提取故障信号特征，进而判断柴油发动机的技术状况，实现故障诊断。

　　由于柴油发动机的工作环境较为恶劣，因此故障率较高，其故障种类错综复杂。在各种故障中，发动机异响是最常见的柴油发动机故障，主要包括曲轴轴承故障导致的异响、连杆轴承异响、活塞敲缸异响、活塞销异响、气缸漏气异响等，每种异响都有其对应的特征信号。或者说，当机械设备发生故障时，对应的故障振动信号实际上是一种含有某种故障特征的循环平稳信号。

2．循环平稳性检验

　　（1）理论检验

　　在理论上，若振动信号的 n 阶循环统计量满足周期性条件，则信号的 n 阶循环统计量可以展开成傅里叶级数的形式，从而认为其具有 n 阶循环平稳性。以常见的二阶时变相关函数为例，若其具有周期性，则其傅里叶级数的系数称为循环频率 ε 处的循环相关函数，即认为其具有二阶循环平稳性。

　　（2）实际检验

　　在实际应用中，例如在上述柴油发动机故障诊断问题中，振动模型较为复杂，难以提前掌握有关循环频率的信息。在这种情况下，常把循环平稳性的检验问题转化为一个二元假设检验问题。由此可以较为方便、准确地进行信号循环平稳性的检验。

3．循环平稳性的进一步分析

设柴油发动机匀速运转时，其第 i 个内部构件相对于参考轴的角速度为 ω_i，则发动机缸体的振动信号可以表示为

$$x(\theta) = \sum_i a_i(\theta) \mathrm{e}^{\mathrm{j}\omega_i \theta} \tag{10.38}$$

式中，$a_i(\theta)$ 表示第 i 个构件的运动传递到缸体的传递函数。显然，若缸体传递特性一定，则 $a_i(\theta)$ 为平稳过程，$x(\theta)$ 为循环平稳过程。根据发动机匀速转动时角度变量 θ 与时间变量 t 的关系，可将上述角度函数 $x(\theta)$ 转变为时间函数 $X(t)$。由于柴油发动机为惯性体，是时不变系统，故当其匀速运转时，可认为 $X(t)$ 是一个循环平稳过程。而当发动机短时间内加速运转时，其缸体振动信号具有准循环平稳性。

4．在柴油发动机故障检测中的应用

根据循环平稳性理论和对柴油发动机缸体振动信号的性能分析知，在不同转速和不同故障条件下，柴油发动机缸体的振动信号均呈现二阶循环平稳性。当发动机内部构件发生故障时，会出现周期性的调制现象。采用循环统计量对信号进行分析，可解调这些调制信息，并用作故障构件的故障特征。这实质上是基于循环统计量进行故障检测的基本原理。

但是另一方面，由于背景噪声强大，致使故障信息被淹没在其中，不易直接进行分析检测。通常，可将原始振动信号进行分解（如进行 EMD 分解），分解为各固有模态函数（IMF）的形式，去除噪声后再进一步进行循环平稳性分析和故障检测。

10.6.2　基于广义循环相关熵谱的轴承故障诊断

1．滚动轴承点蚀故障的振动响应信号模型

所谓滚动轴承的点蚀，是指轴承在使用一段时间后出现的一种疲劳性表层剥落现象。这是因为轴承使用时滚动体与内外圈接触，要承受相当大的载荷，且轴承材料也有一定的使用寿命，当轴承使用达到一定次数后，应力会改变接触面的某些薄弱部位，使这些部位出现鱼鳞状的疲劳剥落点，即出现轴承点蚀故障，从而破坏轴承的平稳运行。

滚动轴承点蚀故障振动响应信号模型如下式所示：

$$x(t) = \sum_i A_i s(t - iT) + v(t) \tag{10.39}$$

式中，A_i 为瞬态脉冲幅值，T 为脉冲周期，$v(t)$ 表示平稳随机噪声。

对于式（10.39）所示的滚动轴承点蚀故障振动响应信号模型，瞬态冲击 $s(t)$ 是以系统的固有频率 f_b 为频率的振荡衰减信号。模拟轴承外圈故障振动响应信号，则 A_i 为常数，可将式（10.39）进行改写，如下式所示：

$$x(t) = \sum_{i=1}^{N} A_i \cdot \Theta(t - t_i) \mathrm{e}^{-C_i(t - t_i)} \cdot \sin\left(2\pi f_{bi}(t - t_i) + \theta_{bi}\right) + v_1(t) + v_2(t) \tag{10.40}$$

式中，C_i 为阻尼衰减因子，t_i 为冲击持续的时间，θ_{bi} 为初始相位，f_{bi} 为电动机系统的共振频率；$v_1(t)$ 为零均值高斯噪声，$v_2(t)$ 为脉冲噪声。用函数 $\Theta(t - t_i)$ 来指定冲击发生的时间，其定义式如下式所示：

$$\Theta(t - t_i) = \begin{cases} 1, & t - t_i \geq 0 \\ 0, & t - t_i < 0 \end{cases} \tag{10.41}$$

2．基于广义循环相关熵谱的轴承故障诊断方法

基于上述的滚动轴承点蚀故障的振动响应信号模型，还需要进一步进行特征提取，而在本方法中所要提取的特征是广义循环相关熵谱，因此按照如下步骤逐步进行计算，直至获得所需要的特征。基于广义循环相关熵谱的轴承故障诊断方法的流程可以概括为以下 5 个步骤：

① 设 $x(t)$ 和 $y(t)$ 为两路振动信号，对信号进行解卷积预处理，以消除传递路径的影响；

② 根据 $C_{xy}^{(1)}(t,\tau) = E[G_{\mu\nu}(x(t) - y(t+\tau))]$ 计算信号 $x(t)$ 和 $y(t)$ 的广义相关熵 $C_{xy}^{(1)}(t,\tau)$；

③ 根据 $U_{xy}^{(1)}(\varepsilon,\tau) = \dfrac{1}{T_0}\displaystyle\int_{-T_0/2}^{T_0/2} C_{xy}^{(1)}(t,\tau)\mathrm{e}^{-\mathrm{j}2\pi\varepsilon t}\mathrm{d}t$ 计算信号的广义循环相关熵函数 $U_{xy}^{(1)}(\varepsilon,\tau)$；

④ 根据 $S_{xy}^{(1)}(\varepsilon,f) = \displaystyle\int_{-\infty}^{\infty} U_{xy}^{(1)}(\varepsilon,\tau)\mathrm{e}^{-\mathrm{j}2\pi f\tau}\mathrm{d}\tau$，计算信号的广义循环相关熵谱函数 $S_{xy}^{(1)}(\varepsilon,f)$；

⑤ 根据 $S_{xy}^{(1)}(\varepsilon,f)$ 的频谱结构特征识别轴承故障。

由以上 5 个步骤可见，基于广义循环相关熵谱的轴承故障诊断方法可以分为特征提取和模式识别两个阶段。具体而言，首先，通过输入的轴承振动信号计算广义循环相关熵谱；然后，通过广义循环相关熵谱识别轴承故障。

3．仿真信号实验

实验 10.19 为了证明基于广义循环相关熵谱的轴承故障诊断方法的可行性，在无噪声条件下通过式（10.40）生成轴承外圈仿真信号，其中，设轴承外圈故障特征频率为 $f_{\mathrm{outer}} = 110\mathrm{Hz}$，电动机系统的固有振动频率 $f_{\mathrm{b}} = 1000\mathrm{Hz}$，采样频率 $f_{\mathrm{s}} = 6000\mathrm{Hz}$。信号的时域波形和频谱如图 10.27 所示，可用于故障诊断的对应的广义循环相关熵谱轮廓特征如图 10.28 所示。

（a）时域波形图

（b）频谱图

图 10.27 无噪声时轴承外圈故障仿真信号

由图 10.27（a）可对信号的时域波形形成直观的认识，由图 10.27（b）可见，信号的频谱以系统的固有频率 $f_{\rm b}=1000{\rm Hz}$ 为中心，两边分布着以轴承外圈故障特征频率 $f_{\rm outer}=110\,{\rm Hz}$ 为间隔的边频带。

（a）广义循环相关熵　　　　　　　　　　（b）广义循环相关熵谱

图 10.28　无噪声时轴承外圈故障仿真信号的广义循环相关熵及其谱函数轮廓特征图（$\beta=3$，$\sigma=0.6$）

由图 10.28 可见，这些谱峰主要分布在 $f=\pm f_{\rm b}$ 两条频线及其平行线上；在频谱中心 $(0,\,0){\rm Hz}$ 和 2 倍共振频率处 $(\pm1000,\,\pm2000){\rm Hz}$，这些平行线构成菱形，菱形在水平方向的对角线长度等于 $2f_{\rm out}$，在垂直方向的对角线长度等于 $f_{\rm out}$，这种频谱结构清晰地表达了轴承外圈故障的频谱特征，因此，根据这些频谱特征可准确识别轴承故障。

实验 10.20　为了进一步证明在噪声条件下基于广义循环相关熵谱的轴承故障诊断方法的可行性，在实验 10.19 的信号上同时添加高斯和非高斯噪声，来验证广义循环相关熵对噪声的抑制能力。其中，设轴承外圈故障特征频率为 $f_{\rm outer}=110{\rm Hz}$，电动机系统的固有振动频率 $f_{\rm b}=1000{\rm Hz}$，瞬态冲击振幅 $A_i=5$，采样频率 $f_{\rm s}=6000{\rm Hz}$。受噪声污染信号的时域波形和频谱如图 10.29 所示，与之对应的广义循环相关熵谱轮廓特征如图 10.30 所示。

（a）时域波形图

（b）频谱图

图 10.29　有噪声时轴承外圈故障仿真信号

由图 10.29 可见，信号的时域波形受到强脉冲噪声的污染，同时，受到污染后信号的频谱也受到噪声的频谱成分的影响而难以区分。

（a）循环相关谱　　　　　　　　　　　（b）广义循环相关熵谱

图 10.30　有噪声时轴承外圈故障仿真信号的循环相关谱和广义循环相关熵谱的轮廓特征（$\beta = 3$，$\sigma = 0.6$）

由图 10.30 可见，对于循环相关谱而言，信号的能量分散在整个双频平面内，循环谱密度的能量聚集性很差，轴承外圈特征频率和系统共振频率已完全被噪声掩盖，难以有效识别。而对于广义循环相关熵谱而言，信号具有很强的能量聚集性，能准确表示强噪声中信号的频率成分，能有效抑制高斯噪声和非高斯脉冲噪声。

10.7　本章小结

本章从实际应用出发，介绍了如何利用循环相关熵及其谱函数改进现有的信号处理方法，并给出能够抑制脉冲噪声和同频带干扰的各类改进方法。

所讨论的信号处理方法主要涉及两个领域，一是无线电信号处理，二是机械信号处理。在无线电信号处理领域中，分别围绕载波频率估计、DOA 估计、TDOA 估计及调制方式识别四种应用，着重介绍了基于循环相关熵及其谱函数的各类方法。此外，在机械信号处理领域，着重介绍了基于广义循环相关熵谱的轴承故障诊断与分析方法。

本章内容是依照信号的产生原理来撰写的，如果单纯以所采用的理论、概念或性质划分，则可以分为利用循环相关熵、循环相关熵谱或广义循环相关熵三种主要类别，所涉及的其他基本理论还包括阵列信号处理、压缩感知理论及深度学习理论等。其中关于循环相关熵的基本理论，可参考第 9 章的内容，其他理论则请读者参阅其他专业类的书籍文献。

需要说明的是，本书在撰写过程中，参考并借鉴了多位科研工作者围绕相关熵与循环相关熵等理论与应用所进行的多项研究工作。出于对原作者的尊重，书中引用了原始的实验条件和实验结果，在此对原作者表示感谢和致意。

思考题与习题

1．基于循环相关熵谱的单载波频率估计方法的主要流程是什么？
2．基于循环相关熵谱的多载波频率估计方法的主要流程是什么？
3．基于压缩循环相关熵谱的载波频率估计方法的主要流程是什么？
4．基于循环相关熵的 DOA 估计方法的主要步骤有哪些？

5. 基于循环相关熵的 DOA 和信号源个数联合估计方法的主要步骤有哪些？

6. 基于第一类广义循环相关熵的 TDOA 估计方法的主要步骤有哪些？

7. 基于第二类广义循环相关熵的 TDOA 估计方法的主要步骤有哪些？

8. 基于循环相关熵谱的调制方式识别方法的主要步骤有哪些？

9. 基于第一类广义循环相关熵谱的轴承故障诊断方法的主要步骤有哪些？

10. 通过查询文献说明，除了本章中所涉及的领域，还有那些领域用到了基于类循环相关熵概念的方法？

11. 通过查询文献说明，除了本章中所涉及的领域，还有那些领域用到了基于类循环相关熵谱类概念的方法？

12. 通过查询文献说明，除了本章中所涉及的领域，还有那些领域用到了基于类循环相关熵谱投影概念的方法？

13. 在了解循环相关熵等性质后，请回答对于数字调制信号，除了存在载波频率，还有什么参数也具有频率的内涵，是否可以采用循环相关熵的一系列概念对其进行估计？

14. 除了基于循环相关熵谱的 DOA 估计方法，结合广义相关熵和广义循环相关熵理论讨论还有什么方法对其进行改进？

15. 除了基于循环相关熵谱的 DOA 和信号源个数联合估计方法，结合广义相关熵和广义循环相关熵理论讨论还有什么方法对其进行改进？

16. 除了基于径向基函数和循环相关熵谱的调制方式识别方法，结合广义相关熵和广义循环相关熵理论讨论还有什么方法对其进行改进？

17. 除了基于径向基函数和循环相关熵谱的调制方式识别方法，结合深度学习理论讨论还有什么方法对其进行改进？

18. 除了基于第一类广义循环相关熵谱的调制方式识别方法，结合循环相关熵和广义循环相关熵理论讨论还有什么方法对其进行改进？

19. 除了第一类和第二类广义相关熵，还能否提出新的且有意义的广义相关熵概念？

20. 除了第一类和第二类广义相关熵，还能否提出新的且有意义的广义相关熵谱概念？

参考文献

[1] 张贤达. 矩阵分析与应用[M]. 北京：清华大学出版社，2004.

[2] 王宏禹. 信号处理方法与应用[M]. 北京：机械工业出版社，2008.

[3] 姚泽清，苏晓冰，郑琴，王在华. 应用泛函分析[M]. 北京：科学出版社，2007.

[4] 樊磊，何伟. 应用泛函分析[M]. 北京：高等教育出版社，2005.

[5] 张鸿庆. 泛函分析[M]. 大连：大连理工大学出版社，2007.

[6] Akhiezer N I, Glazman I M. Theory of linear operators in Hilbert space[M]. Courier Corporation, 2013.

[7] Babich G A, Camps O I. Weighted Parzen windows for pattern classification[J]. IEEE Transactions on Pattern Analysis & Machine Intelligence, 1996, 18(5): 567-570.

[8] Parzen E. On estimation of a probability density function and mode[J]. The annals of mathematical statistics, 1962, 33(3): 1065-1076.

[9] Sun Hongwei, Mercer theorem for RKHS on noncompact sets[J]. Journal of Complexity, 2005, 21(3): 337-349.

[10] Liu W, Principe J C, Haykin S. Kernel Adaptive Filtering[M]. John Wiley & Sons, Inc. 2010.

[11] Liu W, Pokharel P P, Principe J C. The Kernel Least-Mean-Square Algorithm[J]. IEEE Transactions on Signal Processing. 2008, 56(2):543-554.

[12] Mercer J. Functions of positive and negative type, and their connection with the theory of integral equations[J]. Royal society of Landon philosophical Transactions, 1909, 209:415-446.

[13] Gogineni V C, Talebi S P, Werner S, and Mandic D P. Fractional-order correntropy filters for tracking dynamic systems in α-Stable environments[J]. IEEE Transactions on Circuits and Systems II: Express Briefs, 2020, 67(12): 3557-3561.

[14] Wu Q, Li Y and Xue W. A parallel kernelized data-reusing maximum correntropy algorithm[J]. IEEE Transactions on Circuits and Systems II: Express Briefs, 2020, 67(11): 2792-2796.

[15] 周概容. 概率论与数理统计[M]. 北京：高等教育出版社，1984.

[16] Shao M, Nikias C L. Signal processing with fractional lower order moments: stable processes and their applications[J]. Proceedings of the IEEE, 1993, 81(7): 986-1010.

[17] Nikias C L, Shao M. Signal Processing with Alpha-Stable Distributions and Applications[M]. Wiley-Inter science, 1995.

[18] Zhou Y, Li R, Zhao Z, et al. On the alpha-stable distribution of base stations in cellular networks[J]. IEEE Communications Letters, 2015, 19(10): 1750-1753.

[19] Talebi S P, Werner S, Mandic D P. Distributed adaptive filtering of Alpha-stable signals[J]. IEEE Signal Processing Letters, 2018, 25(10): 1450-1454.

[20] Zhang G, Wang J, Yang G, et al. Nonlinear processing for correlation detection in symmetric alpha-stable noise[J]. IEEE Signal Processing Letters, 2017, 25(1): 120-124.

[21] Sheng H, Chen Y Q, Qiu T S. Fractional Processes and Fractional-order Signal Processing: Techniques and Applications[M]. Springer Science & Business Media, 2011.

[22] Ma Y, Zhu J, Baron D. Approximate message passing algorithm with universal denoising and Gaussian mixture learning[J]. IEEE Transactions on Signal Processing, 2016, 64(21): 5611-5622.

[23] Gerardo L S, Miguel L G. On the use of Alpha-stable distributions in noise modeling for PLC[J]. IEEE Transactions on Power Delivery, 2015, 30(4): 1863-1870.

[24] Crisanto-Netoa J C, Luzb M G E da, Raposo E P, et al. An efficient series approximation for the Lévy α-stable symmetric distribution[J]. Physics Letters A, 2018, 382(35): 2408-2413.

[25] Bhaskar V, Subha S T, Janarthanan S. A quantitative analysis of spectrum efficiency of various diversity combining schemes in the presence of co-channel interference[J]. Wireless Personal Communications, 2020, 114: 1313-1338.

[26] Liu M, Zhao N, Li J and Leung V C M. Spectrum sensing based on maximum generalized correntropy under symmetric Alpha stable noise[J]. IEEE Transactions on Vehicular Technology, 2019, 68(10): 10262-10266.

[27] Freitas M L D, Egan M, Clavier L, et al. Capacity bounds for additive symmetric Alpha-stable noise channels[J]. IEEE Transactions on Information Theory, 2017, 63(8): 5115-5123.

[28] Napolitano A. Cyclostationary Processes and Time Series: Theory, Applications, and Generalizations[M]. Landon, Academic Press, 2020.

[29] Liu W, Pokharel P P, Principe J C. Correntropy: properties and applications in non-Gaussian signal processing[J]. IEEE Transactions on Signal Processing, 2007, 55(11): 5286-5298.

[30] Miller G. Properties of certain symmetric stable distribution[J]. J. Multivariate Analy., 1978, 8: 346-360.

[31] Camnanis S, Miller G. Linear problems in pth order and stable process[J]. SIAM J. Appl. Math., 1981, 41(8): 43-49.

[32] Said L A, Ismail S M, Radwan A G, et al. On the optimization of fractional order low-pass filters[J]. Circuits, Systems, and Signal Processing, 2016, 35(6): 2017-2039.

[33] Liu W, Príncipe J C, Simon H. Kernel affine projection algorithms[J]. Eurasip Journal on Advances in Signal Processing, 2008, 2008(1): 1-12.

[34] Engel Y, Mannor S, Meir R. The kernel recursive least-squares algorithm[J]. IEEE Transactions on Signal Processing, 2004, 52(8):2275-2285.

[35] Zeng W J, So H C, Huang L. Lp-MUSIC: robust direction-of-arrival estimator for impulsive noise environments[J]. IEEE Transactions on Signal Processing, 2013, 61(17): 4296-4308.

[36] Knapp C, Carter G C. The generalized correlation method for estimation of time delay[J]. IEEE Transactions on Acoustics, Speech, and Signal Processing, 1976, 24(4): 320-327.

[37] 何劲，刘中. 利用分数低阶空时矩阵进行冲击噪声环境下的 DOA 估计[J]. 航空学报，2006, 27(1): 104-108.

[38] Zhang J, Qiu T. The fractional lower order moments based ESPRIT algorithm for noncircular signals in impulsive noise environments[J]. Wireless Personal Communications, 2017, 96(2): 1673-1690.

[39] 朝乐蒙，邱天爽，李景春，等. 广义复相关熵与相干分布式非圆信号 DOA 估计[J]. 信号处理，2019, 35(5): 795-801.

[40] Zhang J, Qiu T, Luan S, et al. Bounded non-linear covariance based ESPRIT method for noncircular signals in presence of impulsive noise[J]. Digital Signal Processing, 2019, 87: 104-111.

[41] 赵知劲，金明明. α 稳定分布噪声下的核最小平均 p 范数算法[J]，计算机应用研究，2017, 34(11): 3308-3310+3315.

[42] 张金凤，脉冲噪声环境下波达方向估计方法研究[D]. 大连：大连理工大学，2017.

[43] Gardner W A. The spectral correlation theory of cyclostationary time-series[J], Signal Processing, 1986, 11(1): 13-36.

[44] Gardner W A, Napolitano A, Pauar L. Cyclostationarity: Half a century of research[J]. Signal Processing, 2006, 86: 639-697.

[45] Spooner C M, Mody A N. Wideband cyslostationary signal processing using sparse subsets of narrowband subchannels[J]. IEEE Transactions on Cognitive Communications and Networking, 2018, 4(2): 162-176.

[46] Bennett W R. Statistics of regenerative digital transmission[J] Bell System Technical Journal, 1958, 37(12):1501-1542.

[47] 张贤达，保铮. 通信信号处理[M]. 北京：国防工业出版社，2002.

[48] 黄知涛，周一宇，姜文利. 循环平稳信号处理与应用[M]. 北京：科学出版社，2006.

[49] 王宏禹，邱天爽，陈喆. 非平稳随机信号分析与处理，2 版[M]. 北京：国防工业出版社，2008.

[50] Ma J, and Qiu T. Automatic modulation classification using cyclic correntropy spectrum in impulsive noise[J]. IEEE Wireless Communications Letters, 2018, 8(2): 440-443.

[51] Luan S, Qiu T, Zhu Y, et al. Cyclic correntropy and its spectrum in frequency estimation in the presence of impulsive noise[J]. Signal Processing 2016, 120(3): 503-508.

[52] Liu T, Qiu T, and Luan S. Cyclic frequency estimation by compressed cyclic correntropy spectrum in impulsive noise[J]. IEEE Signal Processing Letters, 2019, 26(6): 888-892.

[53] Jin F, Qiu T, and Liu T. Robust cyclic beamforming against cycle frequency error in Gaussian and impulsive noise environments[J]. International Journal of Electronics and Communications, 2019, 99(2): 153-160.

[54] Spooner C M. Theory and Application of Higher-order Cyclostationary[D]. Berkeley: University of California, 1992.

[55] Liu T, Qiu T, and Luan S. Cyclic correntropy: foundations and theories[J]. IEEE Access, 2018, 6: 34659-34669.

[56] Napolitano A. Cyclostationary: limits and generalizations[J]. Signal Processing, 2016, 120, 323-347.

[57] Napolitano A. Cyclostationary: new trend and applications [J]. Signal Processing, 2016, 120, 385-408.

[58] Napolitano A. Cyclic statistic estimators with uncertain cycle frequencies[J]. IEEE Transactions on Information Theory, 2017, 63(1): 649-675.

[59] Gardner W A, Spooner C M. The cumulant theory of cyclostationary time series. Paer I: foundation. Part II: development and application [J]. IEEE Transactions on signal Processing, 1994, 42: 3387-3429.

[60] Chan Y T, Ho K C. Joint time-scale and TDOA estimation: analysis and fast approximation[J]. IEEE Transactions on Signal Processing, 2005, 53(8): 2625-2634.

[61] Huang Z T, Zhou Y Y, Jiang W L. Joint estimation of Doppler and time-difference-of-arrival by exploiting cyclostationarity property [J]. IEE Proceedings Radar, Sonar, and Navigation, 2002, 149(4): 161-165.

[62] Huang Z T, Zhou Y Y, Jiang W L. TDOA and Doppler estimation for cyclostationary signals based on multi-cycle frequencies [J]. IEEE Transactions on Aerospace and Electronic Systems, 2008, 44(4): 1251-1264.

[63] 郭莹. 稳定分布环境下的时延估计新方法研究[D]. 大连：大连理工大学，2009.

[64] 刘洋. 稳定分布噪声下循环平稳信号时延与多普勒频移估计方法研究[D]. 大连：大连理工大学，2012.

[65] 尤国红. 无线定位中波达方向与时延估计研究[D]. 大连：大连理工大学，2013.

[66] 夏天. 基于循环平稳理论的柴油发动机振动信号分析及故障诊断研究[D]. 解放军理工大学，2010.

[67] 吴华佳，赵晓鸥，邱天爽，查代奉. 脉冲噪声环境下基于分数低阶循环相关的 MUSIC 算法[J]. 电子与信息学报，2009, 31(09): 2269-2273.

[68] 邱天爽. 相关熵与循环相关熵信号处理研究进展[J]. 电子与信息学报，2020, 42(1): 105-118.

[69] Liu Y, Qiu T, Sheng H. Time-difference-of-arrival estimation algorithms for cyclostationary signal in impulsive noise[J]. Signal Processing, 2012, 92(9): 2238-2247.

[70] Santamaria I, Pokharel P P, Principe J C. Generalized correlation function: definition, properties, and application to blind equalization[J]. IEEE Transactions on Signal Processing, 2006, 54(6): 2187-2197.

[71] 王鹏，邱天爽，等. 脉冲噪声下基于稀疏表示的韧性 DOA 估计方法[J]. 电子学报，2017, 46(7): 1537-1544.

[72] Wan L, Han G, Jiang J, et al. DOA estimation for coherently distributed sources considering circular and noncircular signals in massive MIMO systems[J]. IEEE Systems Journal，2017, 11(1): 41-49.

[73] Shahbazpanahi S, Valaee S, Bastani M H. Distributed source localization using ESPRIT algorithm[J]. IEEE Transactions on Signal Processing, 2001, 49(10): 2169-2178.

[74] Roy R, Kailath T. ESPRIT-estimation of signal parameters via rotational invariance techniques[J]. IEEE Transactions on Acoustics, Speech, and Signal Processing, 1989, 37(7): 984-995.

[75] Tsakalides P, Nikias C L. Maximum likelihood localization of sources in noise modeled as a stable process[J]. IEEE Transactions on Signal Processing, 1995, 43(11): 2700-2713.

[76] Das, A. Theoretical and experimental comparison of off-grid sparse Bayesian direction-of-arrival estimation algorithms[J]. IEEE Access. 2017, 5: 18075-18087.

[77] Liu T H, Mendel J M. A subspace-based direction finding algorithm using fractional lower order statistics[J]. IEEE Transactions on Signal Processing. 2001, 49(8): 1605-1613.

[78] Fontes A I R, Rego J B A, Martins A M, et al. Cyclostationary correntropy: Definition and applications[J]. Expert Systems with Applications, 2017, 69: 110-117.

[79] Swami A, Sadler B M. On some detection and estimation problems in heavy-tailed noise[J]. Signal Process. 2002, 82(12): 1829-1846.

[80] Zhang J, Qiu T, Song A, Tang H. A novel correntropy based DOA estimation algorithm in impulsive noise environments[J]. Signal Processing. 2014, 104: 346-357.

[81] You G, Qiu T, Song A. Novel direction findings for cyclostationary signals in impulsive noise environments[J]. Circuits, Systems, and Signal Processing, 2013, 32(6): 2939-2956.

[82] Wu Z, Shi J, Zhang X, et al. Kernel recursive maximum correntropy[J]. Signal Processing, 2015, 117: 11-16.

[83] Krim H, Viberg M. Two decades of array signal processing research: the parametric approach[J]. IEEE Signal Processing Magazine, 1996, 13(4): 67-94.

[84] Shi J, Hu G, Zong B, et al. DOA estimation using multipath echo power for MIMO radar in low-grazing angle[J]. IEEE Sensors Journal, 2016, 16(15): 6087-6094.

[85] Zhu C, Wang W Q, Chen H, et al. Impaired sensor diagnosis, beamforming, and DOA estimation with difference co-array processing[J]. IEEE Sensors Journal, 2015, 15(7): 3773-3780.

[86] 郭莹, 邱天爽, 等. 脉冲噪声环境下基于分数低阶循环相关的自适应时延估计方法[J]. 通信学报, 2007, 28(3): 8-14.

[87] He R, Zheng W S, Hu B G. Maximum correntropy criterion for robust face recognition[J]. IEEE Transactions on Pattern Analysis and Machine Intelligence, 2010, 33(8): 1561-1576.

[88] 宋爱民. 稳定分布噪声下时延估计与波束形成新算法[D]. 大连: 大连理工大学, 2015.

[89] 田全. 基于相关熵与循环相关熵的波达方向估计方法研究[D]. 大连: 大连理工大学, 2020.

[90] Chen B, Xing L, Liang J, et al. Steady-state mean-square error analysis for adaptive filtering under the maximum correntropy criterion[J]. IEEE Signal Processing Letters, 2014, 21(7): 880-884.

[91] Kong L, Principe J C. Life detection based on correntropy spectral density[C]. International Conference on Signal Processing Proceedings. IEEE, 2010: 168-171.

[92] Ma W, Qu H, Gui G, et al. Maximum correntropy criterion based sparse adaptive filtering algorithms for robust channel estimation under non-Gaussian environments[J]. Journal of the Franklin Institute, 2015, 352(7): 2708-2727.

[93] Shi L, Lin Y. Convex combination of adaptive filters under the maximum correntropy criterion in impulsive interference[J]. IEEE Signal Processing Letters, 2014, 21(11): 1385-1388.

[94] Chen B, Wang X, Li Y, et al. Maximum correntropy criterion with variable center[J]. IEEE Signal Processing Letters, 2019, 26(8): 1212-1216.

[95] He R, Hu B G, Zheng W S, et al. Robust principal component analysis based on maximum correntropy criterion[J]. IEEE Transactions on Image Processing, 2011, 20(6): 1485-1494.

[96] Tian Q, Qiu T, Li J, et al. Robust adaptive DOA estimation method in an impulsive noise environment considering coherently distributed sources[J]. Signal Processing, 2019, 165: 343-356.

[97] Tan Y, Fang Y, Li Y, Dai W. Adaptive kernel size selection for correntropy based metric[C]. In Asian Conference on Computer Vision. Springer, Berlin, Heidelberg, 2012, 50-60.

[98] Chen B D, Principe J C. Maximum correntropy estimation is a smoothed MAP estimation[J]. IEEE Signal Processing Letters, 2012, 19(8): 491-494.

[99] Singh A, Principe J C. Using correntropy as a cost function in linear adaptive filters[C]. 2009 International Joint Conference on Neural Networks. IEEE, 2009: 2950-2955.

[100] Zhao S, Chen B D, Principe J C. Kernel adaptive filtering with maximum correntropy criterion[C]. Proceedings of International Joint Conference on Neural Networks, San Jose, California, USA, 2011, 2012-2017.

[101] Peng S Y, Chen B D, Sun L, et al. Constrained maximum correntropy adaptive filtering[J], Signal Processing, 2017, 140: 116-126.

[102] Chen B D, Liu X, Zhao H Q, et al. Maximum correntropy Kalman filter[J]. Automatica, 2017, 76: 70-77.

[103] Liu X, Chen B D, Zhao H Q, et al. Maximum correntropy Kalman filter with state constraints[J]. IEEE Access, 2017, 5: 25846-25853.

[104] Liu X, Chen B D, Xu B, et al. Maximum correntropy unscented filter[J], International Journal of Systems Science, 2017, 48(8): 1607-1615.

[105] Chen B D, Xing L, Liang J, et al. Steady-state mean-square error analysis for adaptive filtering under the maximum correntropy criterion[J]. IEEE Signal Processing Letters, 2014, 21(7): 880-884.

[106] Wang G Q, Li N, Zhang Y G. Maximum correntropy unscented Kalman and information filters for non-Gaussian measurement noise[J]. Journal of the Franklin Institute, 2017, 354(18): 8659-8677.

[107] Gunduz A, Principe J C. Correntropy as a novel measure for nonlinearity tests[J], Signal Processing, 2009，89: 14-23.

[108] 王宏禹，邱天爽. 自适应噪声抵消与时间延迟估计[M]. 大连：大连理工大学出版社，1999.

[109] Wang P, Qiu T S, Ren F Q, et al. A robust DOA estimator based on the correntropy in alpha-stable noise environments[J]. Digital Signal Processing, 2017, 60: 242-251.

[110] Mohammadi M, Hodtani G A, Yassi M. A robust correntropy-based method for analyzing multisample aCGH data[J]. Genomics, 2015, 106(5): 257-264.

[111] Bessa R J, Miranda V, Gama J. Entropy and correntropy against minimum square error in offline and online three-day ahead wind power forecasting[J]. IEEE Transactions on Power Systems, 2009, 24(4): 1657-1666.

[112] Melia U, Guaita M, Vallverdú M, et al. Correntropy measures to detect daytime sleepiness from EEG signals[J]. Physiological Measurement, 2014, 35(10): 2067-2083.

[113] Hajiabadi M, Khoshbin H, Hodtani G A. Adaptive beamforming based on linearly constrained maximum correntropy learning algorithm[C]. 7th International Conference on Computer and Knowledge Engineering (ICCKE). IEEE, 2017: 42-46.

[114] Bo C J, Zhang R B, Tang J B, et al. Visual tracking based on fragment-based correntropy induced metric[J]. Optik, 2014, 125(18): 5229-5233.

[115] Wang L F, Pan C H. Robust level set image segmentation via a local correntropy-based K-means clustering[J]. Pattern Recognition, 2014, 47: 1917-1925.

[116] Garde A, Sörnmo L, Jané R, et al. Correntropy-based spectral characterization of respiratory patterns in patients with chronic heart failure[J]. IEEE Transactions on Biomedical Engineering, 2010, 57(8): 1964-1972.

[117] Huijse P, Estevez P A, ZEGERS P, et al. Period estimation in astronomical time series using slotted correntropy[J]. IEEE Signal Processing Letters, 2011, 18(6): 371-374.

[118] Qu H, Ma W T, Zhao J H, et al. Prediction method for network traffic based on maximum correntropy criterion[J]. China Communications, 2013, 10(1): 134-145.

[119] Qin X M, Zheng Y F, Chen B D. Extract EEG features by combining power spectral density and correntropy spectral density[C]. 2019 Chinese Automation Congress (CAC), IEEE, 2019: 2455-2459.

[120] Huber P J. Robust Statistics[M]. John Wiley & Sons, 2004.

[121] Principe J C, Xu D, Fisher J, et al. Information theoretic learning[J]. Unsupervised Adaptive Filtering, 2000, 1: 265-319.

[122] Shawe-Taylor J, Cristianini N. Kernel Methods for Pattern Analysis[M]. Cambridge University Press, 2004.

[123] Guimaraes J P F, Fontes A I R, Rego J B A, et al. Complex correntropy: probabilistic interpretation and application to complex-valued data[J]. IEEE Signal Processing Letters, 2016, 24(1): 42-45.

[124] Guimaraes J P F, Fontes A I R, Rego J B A, et al. Complex correntropy function: properties, and application to a channel equalization problem[J]. Expert Systems with Applications, 2018, 107: 173-181.

[125] Belkacemi H, Marcos S. Robust subspace-based algorithms for joint angle/Doppler estimation in non-Gaussian clutter[J]. Signal Processing, 2007, 87(7): 1547-1558.

[126] Jeong K H, Principe J C. The correntropy MACE filter for image recognition[C]. Signal Processing Society Workshop on Machine Learning for Signal Processing. IEEE, 2006: 9-14.

[127] Parzen E. Statistical methods on time series by Hilbert space methods[J]. Applied Mathematics and Statistics Laboratory, Stanford Univ., Stanford, CA, Tech. Rep, 1959, 23.

[128] Jenssen R, Erdogmus D, Principe J C, et al. Towards a unification of information theoretic learning and kernel methods[C]. Proceedings of the IEEE Signal Processing Society Workshop Machine Learning for Signal Processing. IEEE, 2004: 93-102.

[129] 王鹏. 无线定位中波达方向与多普勒频移估计研究[D]. 大连：大连理工大学，2016.

[130] Santamaria I, Erdogmus D, Principe J C. Entropy minimization for supervised digital communications channel equalization[J]. IEEE Transactions on Signal Processing, 2002, 50(5): 1184-1192.

[131] Aronszajn N. Theory of reproducing kernels[J]. Transactions of the American Mathematical Society, 1950, 68(3): 337-404.

[132] Gretton A, Herbrich R, Smola A, et al. Kernel methods for measuring independence[J]. Journal of Machine Learning Research, 2005, 6: 2075-2129.

[133] Dai T, Lu W, Wang W, et al. Entropy-based bilateral filtering with a new range kernel[J]. Signal Processing, 2017, 137: 223-234.

[134] Shannon C E. A mathematical theory of communication[J]. ACM SIGMOBILE mobile computing and communications review, 2001, 5(1): 3-55.

[135] Kapur J N, Sahoo P K, Wong A K C. A new method for gray-level picture thresholding using the entropy of the histogram[J]. Computer vision, graphics, and image processing, 1985, 29(3): 273-285.

[136] Rousseeuw P J, Hubert M. Robust statistics for outlier detection[J]. Wiley Interdisciplinary Reviews: Data Mining and Knowledge Discovery, 2011, 1(1): 73-79.

[137] Santamatia I, Erdgmus D, and Principe J C. Entropy minimization for supervised digital communications channel equalization[J]. IEEE Transactions on Signal Processing, 2002, 50(5): 1184-1192.

[138] Wang W, Zhao J, Qu H, et al. An adaptive kernel width update method of correntropy for channel estimation[C]. International conference on digital signal processing (DSP). IEEE, 2015: 916-920.

[139] Erdogmus D, Principe J C. Generalized information potential criterion for adaptive system training[J]. IEEE Transactions on Neural Networks, 2002, 13(5): 1035-1044.

[140] Liu W, Pokharel P P, Príncipe J C. Correntropy: properties and applications in non-Gaussian signal processing[J]. IEEE Transactions on Signal Processing, 2007, 55(11): 5286-5298.

[141] Liu W, Pokharel P P, Principe J C. Correntropy: A localized similarity measure[C]. The 2006 IEEE International Joint Conference on Neural Network Proceedings. IEEE, 2006: 4919-4924.

[142] Liu T, Qiu T, Luan S. Cyclic frequency estimation by compressed cyclic correntropy spectrum in impulsive noise[J]. IEEE Signal Processing Letters, 2019, 26(6): 888-892.

[143] Chen B, Xing L, Zhao H, et al. Generalized correntropy for robust adaptive filtering[J]. IEEE Transactions on Signal Processing, 2016, 64(13): 3376-3387.

[144] Chen L, Qu H, Zhao J. Generalized Correntropy based deep learning in presence of non-Gaussian noises[J]. Neurocomputing, 2018, 278: 41-50.

[145] Liu T, Qiu T, Jin F, et al. Phased fractional lower-order cyclic moment processed in compressive signal processing[J]. IEEE Access, 2019, 7: 98811-98819.

[146] 金艳，郝浪浪，姬红兵. 脉冲噪声下基于循环相关熵的 PSK 信号码速率估计[J]. 控制与决策，2020, 35(03):226-230.

[147] 李辉，郝如江. 基于循环多核相关熵的故障检测方法及应用[J]. 仪器仪表学报，2020，41(5): 252-260.

[148] 邱天爽，栾声扬，王鹏，等. 一种基于循环相关熵的载频估计方法：中国，2015105913129[P]. 2016-02-03.

[149] 栾声扬. 有界非线性协方差与相关熵及在无线定位中的应用[D]. 大连：大连理工大学，2017.

[150] Tian Q, Qiu T, Cai R. DOA Estimation for CD Sources by Complex Cyclic Correntropy in an Impulsive Noise Environment[J]. IEEE Communications Letters, 2020, 24(5): 1015-1019.

[151] Jin F, Qiu T, Luan S, et al. Joint estimation of the DOA and the number of sources for wideband signals using cyclic correntropy[J]. IEEE Access, 2019, 7: 42482-42494.

[152] Li S, Lin B, Ding Y, et al. Signal-Selective Time Difference of Arrival Estimation Based on Generalized Cyclic Correntropy in Impulsive Noise Environments[C]. International Conference on Wireless Algorithms, Systems, and Applications. Springer, Cham, 2018: 274-283.

[153] Chen X, Qiu T, Liu C, et al. TDOA Estimation algorithm based on generalized cyclic correntropy in impulsive noise and cochannel interference[J]. IEICE Transactions on Fundamentals of Electronics, Communications and Computer Sciences, 2018, 101(10): 1625-1630.

[154] Zhao X, Qin Y, He C, et al. Rolling element bearing fault diagnosis under impulsive noise environment based on cyclic correntropy spectrum[J]. Entropy, 2019, 21(1): 50.

[155] 邱天爽，陈兴，马济通，等. 基于循环相关熵谱的时频混叠信号载波频率估计方法[J]. 通信学报，2018, 39(6): 20-26.